"十四五"时期国家重点出版物出版专项规划项目

现代绿色高质量养猪

XIANDAI LÜSE GAO ZHILIANG YANGZHU

张宏福　等　著

中国农业科学技术出版社

图书在版编目（CIP）数据

现代绿色高质量养猪 / 张宏福等著. 北京：中国农业科学技术
出版社，2023.6

ISBN 978-7-5116-6066-4

Ⅰ.①现… Ⅱ.①张… Ⅲ.①养猪学—指南 Ⅳ.①S828-62

中国版本图书馆CIP数据核字（2022）第229293号

责任编辑　金　迪
责任校对　贾若妍　李向荣
责任印制　姜义伟　王思文

出 版 者　中国农业科学技术出版社
　　　　　北京市中关村南大街12号　邮编：100081
电　　话　（010）82106625（编辑室）　　　（010）82109704（发行部）
　　　　　（010）82109709（读者服务部）
网　　址　https：//castp.caas.cn
经 销 者　各地新华书店
印 刷 者　北京地大彩印有限公司
开　　本　185 mm×260 mm　1/16
印　　张　20.25
字　　数　468千字
版　　次　2023年6月第1版　2023年6月第1次印刷
定　　价　98.00元

《现代绿色高质量养猪》
著者名单

主　著　张宏福

副主著　张克强　唐中林　李国兴　闫　峻　汪开英

　　　　于　莹　华泽峰

著　者（按姓氏拼音排序）：

陈　亮　高庆涛　贾艳艳　李　凯　李　宁

刘　真　刘正群　马　腾　孙　波　孙　元

万　凡　王金涛　魏建超　沃野千里　杨　鹏

杨增军　翟中葳　钟儒清

前　言

改革开放以来，我国畜牧业发展取得了重大成就，在人均粮食产量提高 0.5 倍的资源背景下，肉、蛋、奶的人均产量分别增长了 4.5 倍、7.3 倍和 28 倍；2021 年畜牧业产值达 3.99 万亿元，占农业总产值的 27.1%，已成为农业和农村经济发展的重要支柱产业。"猪为六畜之首"，我国猪肉产量和消费量均占全球的 50% 以上，生猪全产业链就业人员高达 7000 万人以上。我国生猪产业的快速发展受益于科技进步和专业化、规模化经营方式，但由此也产生了亟待解决的一系列重大问题：规模化养殖经营模式和生产方式过度依赖耗粮型日粮结构，饲料用粮已达粮食总消费量的 50% 以上，而且还将继续提高，龙头企业拼规模的粗放增长方式存在潜在重大风险，人畜争粮加剧了粮食安全问题；种 – 养分离产生了畜禽粪尿肥料化、资源化利用的困难；高密度饲养对养殖场生物安全、疾病防控、养殖环境控制的要求提高，非洲猪瘟等重大疫情时有反复，过度依赖兽药、疫苗的陋习仍未得到根本改变，饲料"禁抗"后过渡期阵痛困扰凸显；快速生长、高产经营模式在一定程度上抑制了传统特色优质畜禽产业的发展，饲料粮短缺，原料价格持续走高，传统农副产品饲料化难度加大。

当前，我国正站在"向第二个百年"进发，实现中华民族伟大复兴的历史征程中，历经百年未有之大变局和中美战略竞争、新冠病毒疫情、全球供应链受阻的严峻考验，经济和社会发展不确定性增强。畜牧业"保供给、强安全、优生态、促发展"是国民经济和社会发展"六稳""六保"的重要任务。

随着社会经济的发展和人们生活水平的提高，"绿色高质量发展已成时代主题"，"营养、健康、低碳"消费理念渐入人心。2020 年初，发生新冠病毒感染疫情以来，人们对健康理念和食品安全的重视提高到了前所未有的高度，大众对绿色产品的需求日益增加。环保新常态，2019 年 8 月发生非洲猪瘟及 2020 年饲料"禁抗"政策的实施，进一步推动了贯穿于养殖业全产业链、养殖全过程的"生产高效、动物健康、产品优质安全、环境友好"绿色健康养殖技术落地。发展绿色养殖业，改善养殖环境，保障养殖动物健康高效生产，成为养殖行业发展和进步的迫切需求。

2020年9月，国务院印发《关于促进畜牧业高质量发展的意见》（国办发〔2020〕31号），要求"全面提升绿色养殖水平"；同时，笔者一直倡导的少用药、慎用苗、维护动物自身健康与免疫抗病能力的健康养殖技术体系的理念渐成行业共识。我国作为2016年联合国发布的193个国家承诺的加强抗生素管制《政治宣言》成员国，全面落实抗生素减量化行动，从2020年7月1日起全面实施"饲料禁抗"等措施。中国农业科学院科技创新工程为发挥国家战略科技力量支撑农业绿色高质量发展的使命，于2017年开始先后实施"猪绿色养殖提质增效技术集成创新""生猪高产高效技术集成与示范推广"任务，组织院内外相关创新团队开展研产结合协同创新，研发推广新技术、集成示范新模式。

本书由中国农业科学院"生猪产业高质量发展协同创新团队"首席张宏福研究员牵头，组织科研、生产一线资深专家、技术人员撰写完成。全书共分8章，内容涉及种猪高效抗病选育、精准营养与绿色健康养殖、现代猪场建设与工艺设计、猪场疫病预防与生物安全、养猪废弃物减排与资源化利用、数字化智能化养殖发展及应用等。内容围绕绿色健康高效养猪生产链，介绍"种猪、饲料营养、工艺设施、生物安全、废弃物减排与资源化利用、信息化智能化智慧养殖技术"等生猪生产全过程"良种、良饲、良法"的理论与方法。重点回答在"非洲猪瘟常态化、养殖减抗、饲料禁抗、环保节地"新常态下生猪健康高效生产应该"怎么做"。

本书理论结合实际，体现了生猪产业绿色高质量发展的方向性、先进性和实用性，可作为广大从业人员、大中专院校师生的参考书。

绿色高质量发展是一种理念，猪绿色健康养殖也随着实践和认识不断提高、不断发展。书中有不足之处，敬请读者批评指正。

本书的出版得到了新希望六和股份有限公司的大力支持，在此表示感谢。

著者

2022年12月

目 录

第1章 绪论

1.1 国内外养猪业生产概况

1.1.1 我国养猪业生产概况

我国是世界养猪大国，生猪存栏量和猪肉产量稳居世界首位，2018 年数据显示我国猪肉产量占全球猪肉总产量的 48.28%，表 1-1 列出了我国 2011—2021 年生猪生产的基本情况（数据来源：United States Department of Agriculture，USDA）。2011 年以来，我国每年生猪出栏量保持在 7 亿头左右，猪肉产量约 5 400 万 t，存栏量约 4.5 亿头。2019 年，受"非洲猪瘟"、部分地域不合理禁限养等因素影响，我国生猪出栏量、猪肉产量及年末存栏量均同比下降，生猪出栏量为 5.44 亿头（同比下降 21.6%），猪肉产量为 4 255 万 t（同比下降 21.3%），年末存栏量 3.10 亿头（同比下降 27.6%）。2020 年，在中央稳产保供一系列政策的支持下，生猪产能有所恢复，但受新冠病毒感染疫情、非洲猪瘟等因素影响，形势依然严峻，全年生猪出栏 5.27 亿头，年末存栏量 4.07 万头，猪肉产量 4 113 万 t。至 2021 年底，生猪养殖恢复非洲猪瘟之前的水平，全年生猪出栏量 6.71 亿头，年末存栏量 4.49 万头，猪肉产量 5 296 万 t。

表 1-1　2011—2021 年我国生猪生产基本情况

年度	出栏量（亿头）	猪肉产量（万 t）	年末存栏量（亿头）
2011	6.62	5 053	4.68
2012	6.96	5 335	4.75
2013	7.16	5 493	4.74
2014	7.35	5 671	4.66
2015	7.08	5 487	4.51
2016	6.85	5 299	4.35
2017	6.89	5 340	4.33
2018	6.94	5 404	4.28
2019	5.44	4 255	3.10
2020	5.27	4 113	4.07
2021	6.71	5 296	4.49

1.1.2 世界养猪业生产概况

根据 USDA 的统计数据，2012 年以来，全球猪肉产量保持在 1.1 亿 t 左右，生猪存栏量在 8 亿头左右（Westcott，2010），表 1-2 列出了 2012—2021 年全球生猪生产基本情况。从 2021 年全球主要国家地区生猪生产情况来看（图 1-1，图 1-2），中国是全球第一的猪肉生产大国，拥有世界上最高的猪肉产量和生猪存栏量。欧盟和美国为全球其次的主要猪肉产地，生猪存栏量排名靠前的国家和地区包括中国、欧盟、美国、巴西、俄罗斯、加拿大、墨西哥、韩国和日本。

表 1-2　2012—2021 年全球生猪生产基本情况

年度	猪肉产量（万 t）	存栏量（亿头）
2012	10 885	8.02
2013	11 065	7.98
2014	11 201	8.02
2015	11 139	7.92
2016	11 207	7.77
2017	11 294	7.81
2018	11 192	7.78
2019	10 103	7.65
2020	9 576	6.49
2021	10 761	7.50

数据来源：USDA。

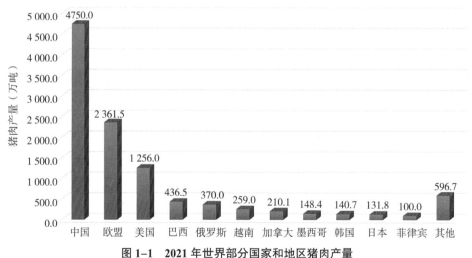

图 1-1　2021 年世界部分国家和地区猪肉产量

（数据来源：USDA）

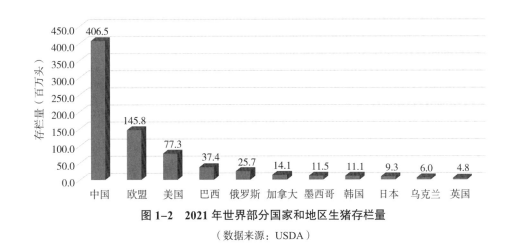

图 1-2　2021 年世界部分国家和地区生猪存栏量

（数据来源：USDA）

1.2　国内外养猪业发展历程

1.2.1　我国养猪业发展历程

党的"十八大"以来，习近平总书记就国家粮食安全发表一系列重要论述，强调解决好吃饭问题始终是治国理政的头等大事，手中有粮、心中不慌在任何时候都是真理。"民以食为天，猪粮安天下"不仅是中华农耕文明的千年传承，也是我国实现现代化建设征途上不可或缺的"压舱石"。

我国养猪业的发展具有悠久的历史，是世界上猪驯化及饲养最早的国家之一（Lewis，2000）。考古学家在新石器时代的仰韶文化遗址中发现了大量猪骨，证明当时养猪已盛行一时。我国劳动人民在长期的生产实践中，针对养猪生产积累了极其丰富的宝贵经验。①猪种的选育。早在商代已开始对猪种进行选育，在先秦时期产生了"六畜相法"，并在秦汉之后的时期得到了巨大发展。在劳动人民的精心选育下，我国各地培育了不少优良猪种，李时珍在《本草纲目》中对华南猪进行了高度评价。我国猪种以早熟、易肥、耐粗饲、肉质好和繁殖力强闻名于世。在汉唐时期，罗马帝国引进中国华南猪对其本地猪种进行改良培育了罗马猪，18 世纪，英国将华南猪种引入并与英国约克夏地方的本地猪杂交改良培育了大约克夏猪，此外英国巴克夏猪、美国波中猪、折斯特白猪等世界著名猪种均含有中国猪的血液（图 1-3）。②广辟饲料资源。《齐民要术·卷六》中记载"春夏草生，随时放牧。糟糠之属，当日别与。糟糠经夏辄败，不中停故。八、九、十月，放而不饲。所有糟糠，则蓄待穷冬春初，猪性甚便水生之草，把搂水藻等令近岸，猪则食之，皆肥。"意思是在春夏时，除放牧外还应补充糠糟等饲料，在八、九、十月时只需放牧不再补充饲料，将糠糟储存起来用于冬末和初春无法放牧时饲喂，即采用"吊架子"方式进行育肥，并利用水藻等青绿饲料对猪进行育肥。③猪饲养管理。《齐民要术·卷六》中的对于初产母猪需"初产者，宜煮谷饲之"，以保证其泌乳对养分的需要；对于冬天初生仔猪需要"十一、十二月生子豚，一宿，蒸之……，不蒸则脑冻不合，不出旬便死"，即初生仔猪体温调节能力差，易受外界气温变化，对冷刺激非常敏感，易着凉引起腹泻，或因受冻行动迟缓被母猪踩踏致死。对母仔猪的管理提出了要求，"牝者，子母不同圈。子母同圈，喜相聚不食，则死伤。牡者同圈则无嫌。牡性游荡，若非家生，则喜浪失。"即不要使小母猪和母猪同处一个圈舍，以防聚集降低采食量，增加死亡率，而对于小公猪可以与母猪饲于一圈，小公猪生性爱活动，四处游荡，若没有养成"家"的习惯，容易丢失。对仔猪提出了"其子三日便掐尾，六十日后犍……，犍者，骨细肉多；不犍者，骨粗肉少"，即须对仔猪在出生 3 日时进行断尾，并在 60 日时进行阉割，断尾的目的是防止在阉割时感染破伤风，此外猪阉割后产肉更多且口感更好。④圈舍建设。对于圈舍设计提出"圈不厌小，圈小则肥疾。处不厌秽，泥污得避暑。亦须小厂，以避雨雪。"即圈舍小可限制育肥猪活动以缩短育肥时间，猪可以利用圈舍泥污涂裹身体在夏天达到防暑降温的效果，另外圈舍设立小厂以为猪只遮蔽风雨（张仲葛，1976）。此外许多出土文物及典籍无不体现着我国养猪的悠久历史和取得的辉煌灿烂成果（王剑农，1984）。这是我国先民留给中华民族的一份极其宝贵的遗产，我们应十分珍惜并对其加以研究总结，研究畜牧史（养猪史）为的是了解历代畜牧业和畜牧科技的发展历程，说明历代畜牧业的发展情况，指出该历史阶段促进和制约畜牧业发展的关键因素（王成，2002）。

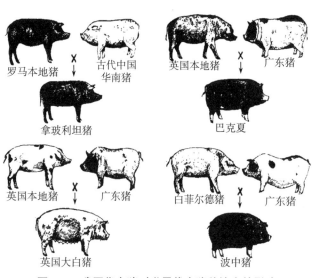

图 1-3　我国华南猪对世界优良猪种培育的影响
（张仲葛，1976）

19 世纪末，以英法美德为代表的西方世界迅速崛起，快速走向政治开化、科技文明和工业革命大发展时代，而此时清王朝闭关锁国，清帝国饱受现代化与老传统的落差之痛，民国年间，长期的战争阻碍了人们的正常生产生活实践，使国民经济发展受到严重影响，中国畜牧业在这长期动荡的年代遭受了巨大损失。随着晚晴民国时期人口的增长和对外交流活动的增加，畜禽养殖规模不断扩大。但到近代，随着畜禽数量和品种的不断增加，家畜疾病种类越加繁多，严重阻碍了当时畜牧业的发展，各地畜禽因疫病造成的损失难以计数。随着西方科技的传入，西方畜牧兽医科技开始传入我国，一批有识之士和外国侨胞开始引进畜禽品种到国内，如 20 世纪初，引进了约克夏、巴克夏、杜洛克、波中、切斯特白等猪种，通过级进杂交方式使外国血统优良品种的优良性状可在杂交品种中得到最大限度的发挥。此外，国外大量的繁殖生理知识和技术被引入中国，并在对引进的新品种和杂交品种饲养中开展了饲料营养价值评定工作。

清末政局动荡，在洋务运动和维新思想的影响下，教育思想和人才观念深入人心，并成为近代农业教育产生的思想动因，在民国早期催生出许多农业教育机构，如北洋马医学学堂兽医科（开设养猪学）、北京农业专门学校畜牧兽医科、国立东南大学畜牧科及国立中央大学畜牧兽医系，设立的畜牧科对我国养猪业产生了深远的影响，如许振英教授编著的《中国的畜牧》《家畜饲养学》作为全国高校统一教材，并译有《养猪生产》《猪的营养与饲养》等著作。许振英教授利用兰德瑞斯猪与东北民猪互为父、母本的正反杂交，突破了国内惯用的以引进品种猪作为父本改良地方猪的传统方式。许教授还首创了母猪头胎仔猪留种法，大大加快了育种进程，并用 10 年时间，培育成我国第一个既有民猪的耐寒冷、性早熟、产仔多、肉质好等长处，又有长白猪生长快、瘦肉多、脂肪少等优点的瘦肉型猪种三江白猪，培育时间比世界上公认育成速度最快的加拿大"拉康比"猪少用了 2 年。早在 20 世纪 40 年代初期，许振英就撰文指出，中国的畜种，比外国纯种和杂交种有更强的消化力，为此，他提出了建立我国自己的畜禽营养体系和饲养标准的正确主张，并主持制订了《中国肉脂型猪的饲养标准》。国立中央大学与四川农业改进所合办"内江种猪场"，推广了内江以东繁育基地的具有"皮薄肉嫩，瘦肉多"特点的荣昌猪（李妍，2013）。

晚清时期，作为较发达的猪肉重要生产区，江苏在继承发扬传统养猪生产技术经验的基础上，培育了许多优良猪品种，如淮北平原的淮北猪，丘陵山区的山猪，沿海垦区的灶猪，沿江和太湖地区的大花脸、小花脸、二花脸猪、米猪、姜曲海猪等约十余个猪种类型。此时，养猪多以舍饲为主，以利用人不能食用的农副产品及残羹剩饭，养猪不仅可以获得猪肉，还能为稻田提供所需的肥料，在此期间积累了切短、浸泡、蒸煮、发酵等多种加工调制饲料技术及定时、定量、边喂边添、圈干槽净的更为精细的饲养管理办法，也更加注重对农副产品及废弃物的高效利用。当时对猪种改良认为脂肪式猪育肥必须依靠玉蜀黍，与彼时国情不符，而腌肉式猪种，背狭体瘠，骨粗鼻长，近于野种，不能对国内猪种进行很好的改良，因此，选择兼式肥瘦适中，品质最佳。汪德章教授的《改良猪种计划书》是在西方现代猪种杂交改良试验的基础上制定的，该计划提出以盘克县猪、金华猪、里口种猪、江西猪为种猪进行多次杂交、纯交试验，选取其中最优秀的种猪改良江苏猪种，并计划在江苏省内农民之中推广养殖，使江苏猪种改良十年内取得可观成效。此计划的提出在当时极具科学性与可行性，在畜牧界引起了较大反响。

民国时期江苏畜禽业发展的有益启示是我国畜牧业发展中的一大特色，也是我国畜牧业由传统走向现代发展的开始，对我国当代畜禽业发展有着重要的借鉴和启发意义，主要包括 3 个方面：①多重力量及外力因素的推动和介入，主要包括政府和畜牧兽医专家等知识分子两大推动力；②注重对国外优良畜禽品种的引进和畜产合作经验的学习；③采取多种措施鼓励发展畜禽业。但由于南京政府实施的现代畜禽业发展政策起步较晚，且在 20 世纪 30 年代实施不久后，因为抗日战争的全面爆发而中断，加之其自身存在的缺陷和缺乏全盘的整体计划而使其收效甚微。存在的问题主要包括：①民间资本对畜禽业投入较少，畜禽业在农家经济中所占比重较低；②政府及畜牧业专家缺乏深入到农村的实地调研；③政府缺乏对国外市场及外国资本经济入侵的控制及防范意识；④政府与专家主导下的现代畜禽业发展导致农民主体性地位的缺失；⑤政府及民众缺乏对本国优良地方畜禽品种的自主保护意识（朱冠楠，2015）。

新中国成立后，我国逐步建立了国家科学技术体系，养猪业在国家的大力支持下得到了长足的发展。新中国成立后我国养猪业的发展历程大致分为以下4个历史阶段。

1.2.1.1 农村副业阶段（1949—1978年）

该阶段以千家万户农民传统分散型养殖为主体，作为农村副业，养猪的目的主要是积肥和利用农副产品自给自足生产猪肉，养猪生产设施简单，处于低投入、低产出、低效益水平（熊远著，2005）。饲料以青粗饲料和农副产品（糠麸、糟渣等）为主。引进的品种主要包括约克夏、巴克夏、苏联大白猪和地方猪种及杂交的二元等兼用型和脂肪型品种，瘦肉型品种很少。在猪的育种技术上多凭经验，以外形为主进行性状选择。1972年全国猪育种科研协作组在北京成立，提出了"着重加强地方品种选育，同时积极培育新猪种"的方针，着手整理我国地方猪种资源，强调以杂交为基础的新品种培育。1973年全国15个省、市、自治区，92个县达到或超过一人一猪或一亩一猪，集体养猪有了很大的发展，并且推动了"猪育种培训班"的形成。1975年在农业部成立的"猪育种培训班"上，许振英教授提出我国育种方法上的不足，倡导应在育种方法上采取多世代表型选择。本次培训会为我国猪育种培养了以熊远著为代表的一大批猪育种人才（张晶，2009）。繁育技术方面，人工授精技术在一些地区得到了推广并基本形成了人工授精体系，最具代表的是广西玉林和江苏苏州。据全国猪冻精协作组统计，1975—1978年累计输精母猪6 079头，情期受胎率为42.1%～61.3%。疫病防治方面，以"预防为主，治疗为辅"为原则，建立了全国性的兽医防疫体系，推广了猪瘟、猪丹毒、猪肺疫等疫病的疫苗和控制技术。

1.2.1.2 快速发展阶段（1978—1997年）

1978年十一届三中全会召开为养猪业提供了一个安定团结的大环境，我国开始农村改革，农村土地联产承包制逐步落实，同年国家农林部畜牧总局成立。1978年我国第一个猪培育品种——哈白猪获得认可，由许振英教授主持的首个"猪营养需要与饲料配方的研究"课题得到落实，并出版了适用于我国猪的《猪饲料营养价值表》；以"上海白猪"品种鉴定为契机，提出了对猪新品种鉴定的科学标准。1979年，《中共中央关于加快农业发展若干问题的决定》指出"要大力发展畜牧业，提高畜牧业在农业中的比重"，同年我国投资1 560万元、历时3年建成的大型机械化养猪场——辽宁马三家猪场，年出栏能力可达10万头，并同步建立屠宰场（张晶，2009）。1985年，中共中央、国务院发布了《关于进一步活跃农村经济的十项政策》，决定取消生猪派养、派购，实行自由交易，生猪购销政策全部开放。1988年，农业部提出了建设"菜篮子工程"。随着一系列改革政策的出台，使得农户养殖积极性大幅提高，养猪业得到快速发展。1978 年，我国生猪出栏量为 16 110 万头，到 1996 年，生猪出栏量增长到 46 484 万头，增长了 1.9 倍。这一时期，猪的育种目标逐步由脂肪型和兼用型猪向瘦肉型猪改变，通过从英国、丹麦、美国等引进世界著名瘦肉型种猪资源及育种科技，与本地猪进行杂交培育瘦肉型新品种。1983 年我国自己培育的第一个瘦肉型新品种猪"三江白猪"通过品种鉴定，随后湖北白猪、浙江中白猪等许多瘦肉型新品种相继通过鉴定。1984 年完成了我国猪品种资源调查工作并出版了《中国猪品种志》，为以后猪种研究和育种工作提供参考。1985 年我国第一个种猪测定中心"中国武汉种猪测定中心"成立，通过规定统一测定制度和方法加快了我国生猪育种进度。1987 年猪育种新技术研究专题协作组成立，进一步促进了我国猪育种科技。猪的繁育方面，人工授精技术有了较大发展，但冻精、冻胚技术还处于引进消化阶段，与国外相比有较大差距。饲料营养方面，1978 年出版《猪鸡饲料成分与营养价值表》及《猪的饲养标准》（草案）、1980 年出版《猪的暂行饲养标准》，1983 年和 1985 年分别对肉脂型猪、瘦肉型猪制定了饲养标准，1988 年明确了后备猪的主要营养需要，这些参数和标准的出版，支撑了改革开放初期快速发展的养猪业生产的急需。养殖生产方式方面，由于实施菜篮子工程，集体猪场和专业户养猪快速发展，养猪数量和猪肉产量也快速增长，养猪模式开始向规模化和集约化发展；养猪设备的研究与应用也开始发展，自动饮水器、刮粪机和送料斗等简单的设备引入国内，同时，环境控制技术、粪污处理技术也开始被研究。疫病防治方面，逐渐向立体化控制、疫苗开发以及病毒病诊断技术等方向发展（李和国，2009）。

1.2.1.3 结构调整阶段（1997—2007 年）

从 20 世纪末开始，我国畜牧业发展进入了一个新的阶段，但制约发展的内外部因素也日益复杂多样，生猪产业面临市场和资源的双重约束以及保护生态环境的压力，促使生猪产业进入以市场为导向，以提高质量、优化结构和增加效益为主线的调整发展阶段。国务院办公厅先后转发了农业部 1999 年提出的《关于当前调整农业生产结构的若干意见》和《关于加快畜牧业发展的意见》，旨在推广优新品种，改变养殖方式，调整优化结构布局，加强良种繁育、饲料生产和疫病防治体系建设，提高畜产品质量安全水平（肖红波，2009）。2000 年《全国种猪遗传评估方案（试行）》的颁布，使我国猪育种工作走向规范化、标准化的道路。从 20 世纪 90 年代开始，我国大量引进国外新品系，同时，大力利用国内外猪种资源，到 2007 年初成功培育了 8 个猪配套系（余霞，2018）。同时，种猪测定和遗传评估工作广泛开展，至 2007 年我国已经建成 8 个种猪中心测定站。饲料工业在这一时期得到快速发展，全国饲料企业已达 10 000 余家，年生产饲料产品 6 000 多万吨，新型饲料研究取得了很大成就，例如，抗应激仔猪料、早期断奶饲料配方等新产品的开发和应用；同时，信息技术在饲料配合上的广泛应用促进了饲料配方开发速度和效率的提高。养猪生产可按照哺乳仔猪、保育仔猪、育成猪、后备猪、妊娠母猪等不同阶段的营养需求，使用系列化日粮。

随着专业化养猪设备的开发和应用，养猪业逐步推广标准化的生产技术和生产工艺。再加上国外先进养殖设备的不断引进，智能设备开始用于养猪生产，推动了养猪工艺改进。这一时期还引进开发了粪污处理设施生产生物有机复合肥，建设沼气池等进行粪污处理和再生利用，减少了环境污染，提高了养猪的综合经济效益。

1.2.1.4 现代化发展阶段（2007年至今）

在这一阶段，我国畜牧业进入新世纪发展方式快速转变时期，其主要特点是构建长效发展机制，促进我国畜牧业持续健康发展，推进畜牧业现代化。自进入21世纪以来，我国的生猪产业在保持快速增长的同时，也面临着生猪生产和猪肉价格周期性波动的困扰。面对生猪产业存在的新问题和新挑战，2007年国务院发布了《关于促进生猪生产发展和稳定市场供应的意见》，提出要加大扶植生猪产业发展的政策支持力度，建立保障生猪生产稳定发展的长效机制，并出台了一系列扶持生猪生产发展的政策。这些政策措施对于提高养猪户的养殖积极性起到了重要作用，对于促进生猪产业养殖方式的转变以及推动生猪产业向产业化、规模化和标准化发展，保障我国生猪产业的长期稳定，起到了非常重要的作用（郑文堂，2015）。

2010年起，农业部开始组织实施畜禽标准化示范场创建活动，在全国创建了1 567个生猪标准化示范场，推广标准化生产技术，以点带面，辐射带动全国标准化生产水平的提高。在全行业的共同推动下，生猪规模养殖发展步伐明显加快。2014年至今，生猪养殖产业结构正在发生巨大变化，全国年出栏500头以上的规模养殖企业占比不断增加，尤其是集团公司占比快速增加，而一些散养户受制于养殖收益低、环保水平不达标、抗病抗疫情能力差等原因正在逐步退出市场。

2016年，农业部颁布《全国生猪生产发展规划（2016—2020年）》，生猪养殖产业踏上现代化高质量发展的进程。

自2018年8月中国首次报道非洲猪瘟以来，养猪业正面临着严峻的考验，各地纷纷禁养、禁运，给养猪业带来巨大的挑战。在非洲猪瘟的影响下，散户和专业户养猪面临被淘汰出局的局面；一些养猪业重点龙头企业"公司＋农户/合作社"生产模式，农户/合作社面临非洲猪瘟防控的重大难题，有的出现生产断崖式下滑（李桂玲，2020）。全国猪肉产量下降30%以上，猪肉价格上升到前所未有的高价，影响居民消费价格指数（CPI），受到了国家的高度关注。而同时，受养猪"暴利"驱动和国家政策支持，2020年底，大公司、专业户养猪投资热情高涨，不仅一批大型"堡垒式"猪场拔地而起，各种规模的专业户中小猪场也因地制宜快速重建或改建复产，到2021年上半年，生猪出栏数量和猪肉产量快速恢复到"非瘟"前的水平，猪肉价格快速下降，跌落到成本线以下。

我国养猪业在快速发展的同时，面临着成本攀升、环保压力增大、疫情和市场风险增加、政策体系调整变化等多种问题，产业发展亟待进行结构调整、转型升级。2017年发布的国务院办公厅《关于加快推进畜禽养殖废弃物资源化利用的意见》为畜禽粪污资源化利用指明了方向，提倡畜牧业绿色发展理念。2019年，《国务院办公厅关于稳定生猪生产促进转型升级的意见》为我国现代化养猪业提出了明确的发展目标：

生猪产业发展的质量效益和竞争力稳步提升，稳产保供的约束激励机制和政策保障体系不断完善，带动中小养猪场（户）发展的社会化服务体系逐步健全，猪肉供应保障能力持续增强，自给率保持在 95% 左右；到 2022 年，产业转型升级取得重要进展，养殖规模化率达到 58% 左右，规模养猪场（户）粪污综合利用率达到 78% 以上；到 2025 年产业素质明显提升，养殖规模化率达到 65% 以上，规模养猪场（户）粪污综合利用率达到 85% 以上。践行绿色发展理念，推广应用绿色养猪技术，加快畜禽粪污资源化利用进程，促进种养循环、产加配套、粮饲兼顾、农牧结合，有利于优化调整产业结构、转变发展方式、实现生猪产业转型升级。

1.2.2　国外养猪业发展历程

1.2.2.1　欧洲养猪业发展历程

欧美国家的养猪业发展大致经历 3 个阶段，即传统养殖阶段（1960 年以前）、规模化产业化养殖阶段（1960—1990 年）和健康养殖阶段（1990 年以后）（萨仁娜，2016）。

在猪种改良方面，20 世纪下半叶，英国、瑞典等国家应用数量遗传学理论选育出生长速度快、瘦肉率高的猪品种，从育种角度提高了生猪的饲料转化率。1980 年以后，分子育种技术在长白猪和大白猪育种中得到了广泛应用，对猪的生产性状、繁殖性状、使用年限和肉品质进行遗传改良。欧洲一直追求高生产速度和高瘦肉率，猪的主要经济性状在不断提高。目前，育种学家开始采用遗传学方法从遗传本质上提高畜禽的抗病能力，实施抗病育种（Knap 等，2020）。

欧洲在准确评定动物营养需要及标准化体系建立方面起步较早。1859 年，格洛文提出了第一个饲养标准——格洛文标准。1864 年，沃尔夫提出以可消化营养成分为基础的沃尔夫饲养标准。19 世纪末，克尔纳提出反映饲料净能值的淀粉等价体制。1967 年，英国农业研究委员会（Agricultural Research Council，ARC）出版了第一版的《猪的营养需要》专著。随着各国对猪能量、蛋白代谢和微量营养素认识的不断深入，各国先后建立猪营养需要标准体系，其中包括英国 ARC（1981）、德国（1991）、法国 AEC（1993）、丹麦（2002）（Wu 等，2020）。

1960 年以前，欧洲畜牧养殖模式以草地放养为主的生产模式存在营养不平衡、生产效率低的问题。饲草为主要饲料原料，大麦、玉米谷物饲料和动物源性饲料使用较少。

1960—1970 年，欧洲开始推广集约化、工厂化养殖模式，采用限位、拴系、笼架、圈栏以及漏缝地板等设施，饲养密度高、集约化程度较高，方便管理和降低成本。1980 年以后，猪的规模化、标准化养殖在欧洲迅速推广，同时，动物性饲料和添加剂饲料得到了普遍应用。但是，欧洲这一时期畜牧业的发展牺牲动物福利，猪的行为、习性等与集约化养殖环境难以协调，导致猪的生产性能和抗病能力降低。在追求工业化、自动化的同时，发展耗粮型饲料，养殖废弃物问题没有得到重视，生态环境遭到了严重破坏。

1990 年以后，针对上述问题，欧洲各国开始关注规模养殖带来的负面影响，特别是环境污染、抗生素等添加剂使用的安全问题（Angkana 等，2019）。欧洲各国开始重视并建立起了较完善的猪饲养环境标准，涉及温度、湿度、光照、噪声和空间、有害气体等物理环境条件，以及有害微生物、寄生虫、蚊虫鼠害等生物安全问题。工厂化猪场的猪舍都配备了自动化控制环境的设备，使猪舍的温度、湿度、通风都经常保持在一个比较合理的水平，很多猪场还采取空气过滤，降低猪舍内空气中颗粒物（PM）及微生物含量，对提高猪群健康和生产性能效果显著。

进入 21 世纪之后，欧洲各国开始关注动物福利、健康养殖。先后提出了生态养殖、自然畜牧业和有机畜牧业的养殖模式（Silvia 等，2021）。目前，欧洲饲料工业已经高度发达，表现为建立的饲料工业体系健全，区域化布局，工厂化、自动化、专业化生产，规范化经营等。欧盟的饲料生产行业结构分为 4 种，即一条龙式、商业饲料厂、特种饲料厂、预混料厂。其中，一条龙企业按资产情况分为个人独资和农业合作社两种形式。

1.2.2.2 北美养猪业发展历程

美国和加拿大是世界上重要的猪肉生产国和出口大国。

在猪种改良方面，美国和加拿大主要追求提高瘦肉率、生长速度和产肉成本。加拿大畜禽育种工作一直走在世界前列，早在 1889 年，加拿大就已成立了约克夏猪品种协会，通过品种登记和性能测定得到遗传信息，并于 1935 年建立了第一个种猪性能测定站。到目前，加拿大已经建立了多个测定站以实施不同来源公猪的测定比较工作（Boyd 等，2019）。

美国和加拿大共同出版和修订的美国全国科学研究委员会（NRC）猪营养标准，是全世界范围内猪营养需要的重要数据参考（Wu 等，2020）。美国猪营养标准的设立可追溯到 1915 年，美国人亨利对德国的沃尔夫—莱曼标准做了增补；此后，莫里森以干物质、可消化粗蛋白、总消化成分和营养比 4 项为主要指标，制定了猪日营养需要量标准。康奈尔大学 Morrison 教授在《饲料和饲养》中提出了一些"推荐"的配方。1944 年，美国 NRC 猪营养学分会出版了第一版《猪营养需要》，至今该出版物已修订了 10 次，最新版本于 2012 年出版。其中，1998 年第十版《猪营养需要》首次提出了预测妊娠母猪、泌乳母猪和生长肥育猪营养需要量的模型。2012 年，第十一版《猪营养需要》出版，在《猪营养需要》（2012）中饲料原料种类增加到 122 种，新增了碳水化合物、能值、矿物质等多项概略养分的细分标准。

在养猪疾病防控方面，美国在防疫过程中强调综合性措施，常以检疫、诊断为主，疫苗注射为辅；坚持扑杀病畜和政府给予经济补贴的政策。从 2010 年开始，美国食品药品监督管理局（FDA）开始逐步限制养殖业中使用人类临床应用的抗生素。2013年，FDA 发布了《兽医饲料指令》，要求有执照的兽医监督抗生素的使用，并且到 2017 年全面禁止在牲畜饲料中使用预防性抗生素，最大限度地减少抗生素耐药性问题

（Angkana 等，2019）。

随着现代化养猪技术的发展，美国和加拿大养猪自动化程度提高得很快，养猪场数量逐年减少，养殖规模扩大。规模化养猪带动了养猪场建筑设计及设备制造业的发展（Boyd 等，2019）。

1.2.2.3　日本养猪业发展历程

目前，日本的畜牧产业一体化水平非常高，是以农户小规模饲养为特征的生态畜牧业模式的典型代表（萨仁娜，2016）。

日本同样开展了系统的猪营养需要及标准化工作，先后制定了各个版本的营养标准，最近版本是《猪的营养需要》（2005 版）。在抗生素饲料添加剂应用方面，1940 年以后，日本就开始了在饲料中添加抗生素的研究，随后饲用抗生素的使用量逐年增加，然而在 1970 年以后，日本开始认识到饲用抗生素的消极影响，并且制定了人畜共用抗生素的使用规范，随后严格执行养殖端抗生素使用规范，并且通过立法的形式规定畜产品中严禁出现抗生素残留。目前，日本也已经全面禁止了饲用抗生素的使用。

1960—1970 年，由于工业化、规模化养殖迅速发展，日本的畜禽环境污染问题突出。1970 年之后，日本政府先后颁布了 7 项畜禽环境污染相关的法律，如《废弃物处理及清扫法》《恶臭防止法》《防止水质污染法》等。截至 1991 年，日本的《恶臭防止法》已经经过两次大修订，其中规定的恶臭物质从 4 种增加到 30 种。同时，每年 7 月日本在全国范围内对畜禽生产中引起的环境污染情况开展调查，并采取相应的措施加以控制。同时，积极开展各种畜禽粪尿治理技术以及添加剂产品和有关处理设备的研究工作。对于畜禽场治污设施的投入资金，政府给予一定的经济补贴。

1.2.2.4　东南亚养猪业发展历程

东南亚地区各国的畜牧业生产方式各有不同。东南亚各个国家中，泰国畜牧业相对发达。下面以泰国为例介绍其养猪业发展历程和概况（萨仁娜，2016）。

20 世纪 60 年代以后，泰国畜牧业迅速发展，创办了大量现代养猪场。1974 年，泰国建立了国家养猪研究培训中心，由国家畜牧厅和国家农业大学合办，并扶持了如正大集团和卜蜂集团等一批大型饲料和养猪生产企业。

在育种和繁殖方面，自 1985 年以来，泰国的国家养猪研究培训中心已经为许多养猪户做了猪的繁殖与人工授精的培训。1997 年，国家养猪研究培训中心建成了一栋能容纳 100 多头种公猪的全封闭式猪舍，它们产生的精液服务于全国的猪场，为猪场提供品质优良的精液，减少了猪场饲养公猪的成本。

饲料工业发展方面，泰国大力发展本国不消费的饲料作物，如木薯和高粱，用于代替玉米、碎米和米糠等原料，目前，已在猪饲料中成功应用。在畜禽营养需要标准研究方面，泰国主要采取参考美国 NRC 标准的途径，改进本国和企业的营养需要标准。泰国畜牧业在很大程度上充分考虑可持续发展战略，坚持健康养殖，对废弃物水净化处理作循环利用，建立起了一个高效无污染的配套系统，把资源开发与环境保护有机地结合起来，配套且完善物质循环和能量循环网络（Lekagul 等，2020）。

1.3 绿色健康养猪的需求与展望

1.3.1 绿色健康养猪技术的概念

生猪产业是畜牧业支柱产业，生猪生产发展直接关系农民增收和农村经济的持续发展，2018 年中国肉类消费中，猪肉消费占比达 62.9%，远远高于其他肉类，猪肉是 CPI 中占比最大的食品消费品种。随着时代的进步和科技的发展，养殖行业迅速进入一个全新的发展时期，国家对养殖行业的要求和监管日益严格。此外，随着人们对食品安全的重视及对生态绿色猪肉要求的提高，使用健康养殖技术进一步提高猪肉品质势在必行。2006 年中共中央、国务院发布的《中华人民共和国国民经济和社会发展第十一个五年规划纲要》指出，"要加快发展畜牧业和奶业，保护天然草场，建设饲草料基地，改进畜禽饲养方式，提高规模化、集约化和标准化水平"；同年的中共中央 1 号文件《关于推进社会主义新农村建设的若干意见》中明确提出，要"大力发展畜牧业，扩大畜禽良种补贴规模，推广健康养殖方式"。基于上述需要，《国家中长期科学和技术发展规划纲要（2006—2020 年）》重点领域优先主题中第 18 项即为"畜禽水产健康养殖与疫病防控"，明确提出"重点研究安全优质高效饲料和规模化健康养殖技术及设施开发"等任务。

绿色养猪技术是将多门学科有机结合，包括养猪学、畜禽环境生物学、动物营养学、动物繁殖学、生态环境学等。绿色养猪技术包含四层含义：一是动物健康；二是生产高效；三是产品优质安全；四是环境友好（李家洋，2016）。其核心是给生猪提供良好的、有利于动物快速生长的环境条件和营养丰富均衡的饲料，以便生产出安全、优质的猪肉产品，而且生产过程产生的粪尿等废弃物对周围环境不造成污染。首先，绿色养猪技术关注动物福利，核心是生猪健康；其次，绿色养猪技术利用标准化、智能化等技术，是具有较高生产效率和经济效益的生产模式；再次，生产的产品必须优质、安全，能被消费者接受；最后，绿色养猪模式对于资源的开发和利用应该是良性的，其对于环境的影响是有限的，其生产模式应该是可持续的。绿色养猪技术立足于传统养猪业基础，着眼于当前先进科学信息技术，解决养猪业规模化、标准化、智能化、安全优质、生态环保、无公害等问题，实现基础设施完善、管理科学、资源节约、环境友好目标。绿色养猪技术是一项系统工程，是一整套系统全面、科学合理的措施，包括猪场建设、种猪选育、饲养管理、疫病防控、粪污处理、资源利用等方面，要通盘考虑，整体规划，才能实现养猪业绿色、健康、可持续发展（董彩梅，2019；李金容，2018）。

1.3.2 绿色健康养猪技术的时代背景

2018 年，我国畜牧业总产值 28 697.4 亿元，养猪业产值为 11 202.7 亿元，占畜牧业总产值的 39.0%。我国是猪肉生产大国和消费大国，每年出栏生猪近 7 亿头，猪肉消费量占肉类消费总量的 60% 以上，在 CPI 的权重中占 2.5% 左右（周荣柱，2020）。2018 年 4 月以来，受环保政策、"猪周期"下行、非洲猪瘟疫情冲击等多重因素影响，我国生猪产能持续下滑，猪肉供应相对偏紧，价格上涨较快。

　　我国养猪业在快速发展的同时，面临着成本攀升、环保压力增大、疫情和市场风险增加、政策体系调整变化等问题。据测算，我国养猪业每年产生约 18 亿 t 粪污，已成为制约产业发展的突出问题，产业发展亟待进行结构调整、转型升级。党的十九大提出实施乡村振兴战略，生猪稳产保供、青山绿水就是金山银山理念、优化国土资源的规划、粮食安全底线思维等一系列新时代发展理念，新形势对生猪的绿色健康生产提出了更为现实的迫切需求。2017 年发布的《国务院办公厅关于加快推进畜禽养殖废弃物资源化利用的意见》为畜禽粪污资源化利用指明了方向，各级农业农村部门、生态环境部门齐心协力、上下联动，广泛宣传畜禽粪污资源化利用的重要意义，提倡畜牧业绿色发展理念。2019 年《国务院办公厅关于稳定生猪生产促进转型升级的意见》明确提出，到 2025 年产业素质明显提升，养殖规模化率达到 65% 以上，规模养猪场（户）粪污综合利用率达到 85% 以上。践行绿色发展理念，推广应用绿色养猪技术，加快畜禽粪污资源化利用进程，促进种养循环、产加配套、粮饲兼顾、农牧结合，有利于优化调整产业结构、转变发展方式、实现生猪产业转型升级（李金祥，2018）。

1.3.3　绿色健康养猪的发展方向

　　绿色健康养猪技术的内涵是实现猪群健康、生产高效、产品优质安全和环境友好（张宏福，2022）。新时代生猪绿色健康生产发展提倡精准饲喂、提高饲料转化率、开发节粮型日粮配方技术，缓解人畜争粮矛盾，保证国家粮食安全；发展畜禽养殖环境控制、粪污无害化处理等技术；因地制宜，发展种养结合、资源循环利用模式，发展环境友好型养殖模式；提倡少用药，慎用疫苗，推广无抗饲养技术，科学防控非洲猪瘟等重大传染病，通过健康养殖提高猪自身免疫健康水平；企业发展自动化、智能化饲养管理技术；养殖企业采用科学的发展战略，降本增效，提高养猪业生产效率和精细化饲养管理水平（张宏福，2018）。

撰稿：张宏福　刘真　李凯　沃野千里

主要参考文献

董彩梅，2019. 健康养猪的重要性及存在的问题［J］. 畜牧兽医科技信息（10）：126.

李桂怜，2020. 关于养猪业发展趋向的讨论［J］. 中国畜禽种业，16（9）：34.

李和国，2009. 我国养猪业的发展历程及问题概述［J］. 贵州畜牧兽医，33（1）：16-18.

李家洋，2016. 跨越 2030 农业科技发展战略［M］. 北京：中国农业科学技术出版社.

李金容，刘新，尚卫敏，等，2018. 生猪健康养殖技术探析［J］. 中国畜牧兽医文摘，34（5）：114.

李金祥，2018. 中国畜牧业发展与科技创新［M］. 北京：中国农业科学技术出版社.

李妍，2013. 国立中央大学畜牧兽医系史研究（1928—1949）［D］. 南京：南京农业大学.

王成，2002. 重视中国畜牧史研究［J］. 四川畜牧兽医（7）：55-56.

王剑农，1984. 我国养猪历史综观——从出土文物与史籍看我国养猪业的发展进程［J］. 湖南农学院学报（3）：93-98.

肖红波，浦华，王济民，2009. 我国生猪业发展的历史回顾与现状分析［J］. 中国畜牧杂志，45（16）：8-12.

熊远，2005. 养猪业技术发展回顾与展望［J］. 养殖与饲料（10）：4-8.

余霞，黄庆华，2018. 我国养猪科技的发展历程［J］. 内江科技，39（5）：87-88.

张宏福，2018. 加强环境生理研究应用支撑畜禽养殖绿色发展［J］. 中国农业科学，51（16）：3159-3161.

张宏福，2022. 生猪养殖节本增效专题［J］. 中国猪业，17（2）：12.

张晶，2009. 上世纪70年代，我国养猪历史辉煌的一页［J］. 猪业科学，26（9）：108.

张仲葛，1976. 我国养猪业的历史［J］. 动物学报（1）：14-25，119-120.

郑文堂，邓蓉，肖红波，等，2015. 我国生猪产业发展历程及未来发展趋势分析［J］. 现代化农业（5）：48-51.

周荣柱，2020. 践行绿色发展理念推动生猪稳产保供［J］. 中国畜牧业（20）：35-37.

朱冠楠，2015. 民国时期江苏畜禽业发展研究［D］. 南京：南京农业大学.

ANGKANA L, VIROJ T, SHUNMAYY, et al., 2019. Patterns of antibiotic use in global pig production：A systematic review［J］. Veterinary and Animal Science，7：100058.

BOYD R D, ZIER-RUSH C E, MOESER A J, et al., 2019. Review：innovation through research in the North American pork industry［J］. Animal，13（12）：2951-2966.

KNAP P W, 2020. The scientific development that we need in the animal breeding industry［J］. Journal of Animal Breeding Genetics，137（4）：343-344.

LEKAGUL A, TANGCHAROENSATHIEN V, MILLS A, et al., 2020. How antibiotics are used in pig farming：a mixed-methods study of pig farmers, feed mills and veterinarians in Thailand［J］. BMJ Global Health，5（2）：e001918.

LEWIS A J, SOUTHERN L L, 2000. Swine Nutrition［M］. 2nd ed. Boca Raton：CRC Press.

NRC, 1998. Nutrient Requirements of Swine［M］. 10th ed. Washington, DC：National Academy Press.

NRC, 2012. Nutrient Requirements of Swine［M］. 11th ed. Washington, DC：National Academy Press.

SILVIA B, BOJAN B, SIMONE B, et al., 2021. Food chain information in the European pork industry：Where are we［J］. Trends in Food Science & Technology，118：833-839.

WESTCOTT P, HANSEN J, 2010. USDA Agricultural Projections to 2024［J］. Situation & Outlook Report Rice.（OCE-151）：97.

WU Y, ZHAO J, XU C, et al., 2020. Progress towards pig nutrition in the last 27 years［J］. Journal of Science and Food Agriculture，100（14）：5102-5110.

第 2 章　种猪高效抗病选育

2.1　国内外猪育种发展概述

2.1.1　国际生猪选育工作发展情况

2.1.1.1　国际生猪育种整体发展趋势概述

国外生猪育种体系集中在两个方面。一种是以 PIC、HY-POR、TOPIGS、JSR 和 SEGHER 等公司为代表的大型专业化封闭式育种体系。另一种是以美国国家种猪登记协会（NSR）、加拿大育种者协会（CSBA）、加拿大种猪改良中心（CCSI）、丹麦种猪繁育计划（Dan Bred）等为代表的中小型种猪专业机构形成的公众型联合育种体系。国外种猪的育种导向在长期育种过程中都在逐渐变化。美国变化历程为"大型晚熟脂肪型"→"短矮早熟型"→"大型瘦肉型"→"中间型瘦肉型"。英国由"脂肪型"转变为"瘦肉型"。国际上的生猪育种产业发展日新月异，各个育种强国的育种体系和特色各有不同。

（1）美国生猪育种情况。

美国早在 1985 年就由美国农业部、普渡大学、美国约克夏俱乐部和美国猪肉生产协会共同建立了种猪性能测定和遗传评估系统（STAGES）负责系谱和生产性能登记、品种改良等。其育种工作主要包括繁殖力、生长速度、饲料转化率、胴体质量的研究。根据傅衍教授的考察报告，美国自 2012 年开始运用基因组选择育种（PIC 公司通过实施基因组选择，综合选择指数的遗传进展提高了 40%）。美国长期重视生猪育种工作和种猪品牌培育，通过建立健全良种繁育体系，实施良种登记、性能测定、遗传评估，利用先进的育种方法（如 BLUP 法、分子遗传育种技术），实施父系母系分向育种策略（譬如针对杜洛克、长白、大约克、汉普夏、巴克夏等品种的分向选育），其遗传信息高度集中但育种场地高度分散且可追溯，种猪性能持续提升，育种进程随着 BLUP/DNA 探针等新技术的加入不断加快。

（2）法国生猪育种情况。

法国成立了由生猪选育部、经济部、肉质监测部和养猪生产部构成的一个全国性的生猪和猪肉产业学会（IFIP），负责全国 80% 猪场数据的搜集和产业评估。由三四家育种公司专门从事联合育种，负责整个法国的生猪育种工作。法国的生猪育种方向因其猪肉消费要求而定（如消费猪肉对猪的后臀要求很高等）。不仅重视其生产性能，如日增重、饲料报酬等，而且注重其抗病性能、肉质能否符合法国人传统消费习惯的需求、深加工的方式等进行选育。比如肌间脂肪含量、瘦肉率、含水量、屠宰率、氮等的排放等。因此，母猪的淘汰更新率相对较高。以母系大白种猪、母系长白种猪为代表的法国母系种猪是目前世界上高繁殖性能的主要种猪来源。法国通过品种选育的组织和监控，引进高产基因，高度良种化、人工授精标准化、自动化、数字化、母猪繁殖周期批次化管理、联合育种、多留严选、基因组选择等技术措施建立了金字塔模式的纯种选育体系。法国种猪育种优势主要在于联合育种体系健全、核心育种场硬件设施先进、科学，育种环节切入点的附加值高。

（3）芬兰生猪育种情况。

芬兰的生猪育种工作由芬兰家畜育种协会养猪部（1908年成立，1971年更名）负责。该部门由行政职员和育种官员组成，与猪只检定站、屠宰场、人工授精协会、学者及农业推广组织均有极密切协作。育种工作主要集中在核心猪群（21个蓝瑞斯猪场，25个约克夏猪场）的育种控制作业、人工授精、泌乳成绩记录、仔猪的数目及重量记录、种猪性能检定（标准为：长寿、繁殖力高、良好的哺育力、窝数大、仔猪强壮、分割屠体的精确重量、平均日增重、胴体肉质、脂肪－精肉比、后裔猪群的年龄等）及名录分级［优势级（prize）、核心级（elite）、马拉松级（marathon）］，且配备有6家专门的人工授精协会。芬兰自1969年开始实施后裔检定制度以来，其测定指数根据精肉及屠体的重量、相对生产量以及后裔猪群的年龄计算，可以有效屏蔽主观因素，遗传率高（尤其是精肉百分比）改良速度快。值得一提的是芬兰种猪场传染病绝迹，这得益于种猪群保健和每年4次的临床诊断，直接关系到养猪管理部门对种猪场的认定。芬兰多年来以培育薄脂肪层的猪肉作为肉质改良的育种目标。主要育成品种有约克夏和兰德瑞斯，且改良速度相当快。

（4）加拿大生猪育种情况。

加拿大1889年建立约克夏猪品种协会，1935年建立第一个种猪性能测定站［约克夏（44%）、兰德瑞斯（36%）、杜洛克（9%）、汉普夏（6%）和拉康比（5%）］，有计划地进行纯种种猪性能的现场测定，并采用最佳线性无偏预测（BLUP）法评定猪的预期育种值（EBV）。加拿大育种主要目标是提高瘦肉率、生长速度和母猪生产力。为瑞典、新西兰、澳大利亚的全部杜洛克猪，以及荷、丹麦和英国的大部分杜洛克猪提供纯繁种猪。

（5）丹麦生猪育种情况。

丹麦早在1896年成立兰德瑞斯纯繁育种场，1907年设立了第一所后裔测定站，在世界上率先以高瘦肉率为育种目标。由国家批准定点育种场，由种猪改良繁育全国委员会制订育种方案，按照平均日增重、料肉比、胴体肉质检查成绩为指标进行选育。定点育种场的监督、年度认定、等级评分（按照测定成绩、胴体品质、卫生及饲养管理等次进行评分），受种猪改良繁育全国委员会和当地种猪改良指导员的监督。丹麦育种体系的雏形是非政府组织的种猪研究中心，涉猎生猪的品种及遗传育种、营养及繁殖、生产体系及环控科技、疾病防治等各个环节。丹麦育种组织（丹育）结构包括核心猪群（核心场）、繁育猪群（扩繁场）、人工授精站、经销商、商品猪群（商品猪场）。丹麦生猪育种方向［如育种结构（核心群及种猪数量）、育种目标、对新育种性状的研究等］由来自猪核心场、扩繁场、商品猪场及屠宰场的 12 名代表组成的研究中心董事会决定。目前主要研究方向包括：母猪的健壮与种用寿命、母猪产仔能力、增重速度、胴体肉质、饲料转化率、生产效率、新育种性状的研发（如公猪异味等）、基因组测试、死亡率等，依靠先进的现代生物技术，拥有世界一流的优良种猪。

2.1.2　我国生猪选育工作发展历程

2.1.2.1　我国生猪育种大事记

我国生猪育种大事记见表 2-1。

表 2-1　我国生猪育种大事件概要

时间	事件
20 世纪 70 年代末以前	引进猪和地方猪二元杂交
1972 年	"三化"：公猪外来化，母猪本地化，商品猪杂交化
1976 年	起草《猪杂种优势利用试验设计》
1976 年	出版《中国猪种（一）》
1979 年	"四化"：母猪地方良种化，公猪外来良种化，肥猪杂种一代化，配种人工授精化
1982 年	出版《中国猪种（二）》
1985 年	建成中国武汉种猪测定站
1986 年	育成湖北白猪
1986 年	出版《中国猪品种志》
1989 年	出版《中国地方猪种质特性》
1994 年	成立农业部种猪质量监督检验测试中心（武汉）
1996 年	成立广东省种猪测定中心，国家畜禽品种审定委员会
1997 年	成立四川省种猪性能测定中心
1997 年	成立全国种猪遗传评估中心
1998 年	成立浙江省种猪性能测定中心
1998 年	出版《广东省种猪场场内种猪测定规范（试行）》
1999 年	成立北京市顺义种猪测定站
2000 年	颁布《全国种猪遗传评估方案（试行）》
2000 年	出版《四川省种猪场内测定试行办法》
2001 年	中国科学院北京基因组研究所和丹麦猪育种与生产委员会（DCPBP）开启猪基因组测序项目：Sino-Danish Pig Genome Project

时间	事件
2003 年	通过《瘦肉型种猪遗传评估技术规范》
2004 年	出版《湖北省家畜家禽品种志》
2005 年	公布家猪基因组序列
2006 年	施行《中华人民共和国畜牧法》《畜禽遗传资源保种场保护区和基因库管理办法》《畜禽新品种配套系审定和畜禽遗传资源鉴定办法》
2006 年	成立上海市种猪测定中心、河南省种猪性能测定中心
2007 年	成立广西种猪性能测定中心
2010 年	出版《全国猪育种协作组章程（草案）》
2010 年	实施《全国生猪遗传改良计划（2009—2020）方案》
2011 年	出版《中国畜禽遗传资源志·猪志》
2011 年	发布《国家生猪核心育种场管理办法（试行）》
2019 年	实施《国家畜禽良种联合攻关计划（2019—2022 年）》
2021 年	通过《湖南省瘦肉型猪联合育种实施方案（2021—2025）（草案）》
2023 年	实施修订版《中华人民共和国畜牧法》

2.1.2.2　我国生猪育种发展历程

我国猪育种发展经历了地方猪种时期、瘦肉型品种时期、育种配套系时期和个性化智能化时期这 4 个阶段。20 世纪 70 年代之前，逐渐依托中约克夏、巴克夏、苏联大白猪及地方猪种等，开展以引进的脂肪型和兼用型猪与地方猪进行二元杂交为主生产育肥猪，加强了地方品种猪的培育，也开启了育种工作的序幕。但当时保种意识不强且纯繁技术落后，可能也会导致我国部分的地方品种猪核心育种群群落和种质资源的淘汰、消失，最终会因损失多样性群体资源影响将来长期的育种工作。20 世纪 70—90 年代我国生猪育种方向由培育脂肪、兼用型向瘦肉型转变。以引进的世界著名瘦肉型猪种：丹麦长白猪、英国大约克猪、美国杜洛克猪和汉普夏猪等为代表，加速了我国瘦肉型猪杂交育种工作。当时全国广泛采用的育成杂交、级进杂交、品系繁育、后裔测定、同胞选择、活体测膘、无偏线性回归（BLUP）、约束最大似然（REML）等育种技术方法促进了我国瘦肉型商品猪育种的飞速发展。1990—2015 年，我国更加重视猪种质资源的科学保护与合理开发、分子选育以及遗传评估鉴定。以分子标记辅助选择（MAS）、主效基因及数量性状的定位（QTL）、分选鉴定等为代表的分子生物学技术广泛应用于猪重要性状：瘦肉率、背膘厚、肉质性状、生长速度、产仔数等的改良育种，培育出了性能和技术接近国际先进水平的多个专门化父母本品系及配套系。这期间虽然提出"联合育种"，但推进艰难，收效甚微。2015 年以来，依托于基因多组学技术的猪基因组设计育种飞速发展，基于物联网、猪脸谱识别、云计算和大数据机器学习的 AI 人工智能生猪育种开启了新篇章。生猪育种工作更加注重个性化的"私人订制"模式和人工智能模式。

2.1.2.3　我国生猪育种侧重的方法及取得的成果

我国生猪育种手段包括纯种繁育和杂交繁育。两者各有优势，相辅相成。我国一般不花大力气去培育新品种，而是注重专门化品系或配套系的培育。目前，应用的新品系培育方法主要包括：杂交合成、全同胞配、亲子交配、祖孙配近交系、闭锁继代选育、半同胞交配、二/三/四系配套；其中杂交方法又有二元、三元、轮回、终端、合成之区别。目前育成的配套系主要有：光明猪配套系、深农猪配套系、华特猪配套系、冀合白猪配套系、中育猪配套系、撒坝猪配套系、湘虹猪配套系、湘益猪配套系、华农温室 1 号猪配套系、渝荣 1 号猪配套系、鲁农 I/II 号猪配套系、松辽黑猪配套系、罗牛山瘦肉猪配套系、秦台猪配套系、白塔猪配套系；引进的稳定品系主要有母系的大白、长白、大约克夏和父系的杜洛克、皮特兰等。

2.1.3　我国生猪育种现状

2.1.3.1　我国生猪育种总体状况简介

对于生猪育种而言，选种是核心，测定是基础，遗传评估是依据。我国目前的种猪性能测定项目主要包括：活产仔数、总产仔数、瘦肉率、眼肌面积、100 kg 体重的活体背膘厚、达 100 kg 体重日龄、屠宰率、饲料利用率等。我国已初步建立生猪育种体系和国家生猪育种核心群，目前共有 99 家核心育种场分布在全国 24 个省（区、市），建立了由约 15 万头母猪和 12 000 头公猪组成的育种核心群，辐射了 60 万头母猪的扩繁群以及至少 3 亿头商品猪。作为中国生猪育种行业的标杆，国家核心育种场也代表了中国生猪育种的最高水平。中国"大而全"的生猪育种体系虽已初步建立，但是缺少专业化、精细化、流程化等分工明确的优势，与美国、加拿大和丹麦等育种强国相比，仍有一定的差距。优良品系的系统性选育工作仍然有待提高。

2.1.3.2　我国生猪育种目前存在的主要问题

（1）技术短板问题。

由于生猪育种需要长期系统化的科研投入，而我国起步晚，时间短，导致无法一时赶超有着几百年积累的部分育种强国。我们必须正视，以瘦肉型品种猪为主的核心种质长期依赖进口，再加上我国的地方猪种质资源的挖掘相对滞后，技术创新不足，无法形成核心竞争力。比如，种猪性能测定（个体性能测定、同胞测定和后裔测定）规模小，性能指标少；留种不理想，选择差太小。再加上抗病性状遗传力低，生长性状中肉质下降、肌内脂肪含量下降、产仔数下降、极易产生应激综合征及适应性等问题。同时，资产安全、安防、生物安全、健康管理、物联网、遗传育种、生产管理等方面的数字化养猪技术成熟度不一，使得育种大数据一致性差，数字化生猪育种管理体系建设面临挑战。

（2）育种理念的问题。

国外育种强国很早就开始重视生猪育种体系的搭建和种质资源的保护、留种、选育、开发，并以第一时机抢占国际市场巨头的地位。我国幅员辽阔且猪种质资源丰富却对育种重视程度不够，曾以"泱泱养猪大国"自居，缺乏对本土品种猪的重视和利用，时不时以"崇洋媚外"和"外来和尚会念经"的理念无节制接纳外来猪种，却忽略甚至遗弃对地方猪种质资源的保护和开发。我国部分地方猪核心育种群不断缩减，濒危地方猪种质资源多样性在不断丢失，外来猪种的单一引进等，也给我国育种工作的开展带来了潜在隐患。

（3）育种系统不健全。

从机构设置到法律法规都相对滞后且有漏洞。国际上很多育种强国都有稳定的生猪育种体系和独立的统一育种机构，以及权威的育种法典涵盖育种工作的方方面面。而我国从农业农村部到地方各级农业局、畜牧兽医站，没有专门的组织架构和统一有效的管理手段，尽管都强调生猪育种已经关系到了种业"卡脖子"的关键地步，但是，执行解读及政策执行参差不齐，仍然缺乏育种管理制度，难以取得切实成效。加之科研院所和地方畜牧单位、企业等的育种理念不统一，育种场过多且参差不齐，场间遗传联系和遗传交流低，种猪来源渠道多元、遗传背景差异大，种猪系谱不完善等共同导致育种场间遗传联系偏低，政府主导推行的联合育种策略难见成效，长期依赖于企业和市场导向的育种行为很难长期发展。

（4）育种工作不力。

生猪育种工作包括种猪系谱记录、种用性能测定登记等一系列系统繁杂的专业技术知识，需要育种专业技术人员进行精细分工、紧密合作，才能充分发挥育种优势。而我国虽然育种理论发展已瞄准国际前沿，但是落地困难，缺乏真正的推广应用。猪育种工作的基层从业人员的专业技术层级不够，知识贮备不足，加上育种管理工作"可有可无"，导致大家都看不到育种工作的价值，造成只引种不育种，淘汰了就重新再引种，再好的育种理论最终也都没能形成真正的育种实践。譬如自主培育的配套系再好，但规模化、产业化推广应用难。这都导致资源的浪费和猪育种发展缓慢。

（5）疫情风险等不可控的客观因素。

由于我国土地、水源和环境等客观条件的限制，猪育种无法与发达国家自动化、智能化或自由化（放牧散养）的低成本高收益相比，为了追求效益不得不选择集约化、规模化，这将带来极大的疫病滋生和传播风险。加之我国抗病育种技术正在发展阶段，一旦面临重大疫情，除了采取掩埋、焚烧、隔离、"拔牙"等措施外，其他束手无策，育种工作也一度中断。因此这也给我国抗病育种工作提出了更高的要求。

2.1.3.3　我国未来猪育种发展方向预测

我国的生猪育种当前乃至相当一段时期内主要任务仍然是纯种选育、杂交利用和新品种培育。生猪育种方向绝对不再单一，而是一个360°全方位、多层次、个性化的未来。育种策略将由"联合育种"向"价值育种"（更多关注瘦肉量、PSY/MSY、生长速度、胴体重、总体经济效益）和"私人订制"的个性化特色育种调整。未来生猪育种将充分结合互联网、物联网、大数据、云计算、人工智能等技术，以育种企业为主体、政府政策为辅助、经济市场为主导、龙头育种企业为引领，加大区域化一体化育种产业链布局，为京津冀、长三角、珠三角大城市群的食品供应基地提供优良种猪源。趋势将朝着集约化、智能化、流程化、规模化、一体化、数字化、安全性、自主性跨国育种强国迈进。此外，种养结合的"中医农业"、抗生素禁用、动物福利或适应力等要素也将纳入我国育种发展需求。具体的育种目标是：提高育种技术含量，综合运用多组学等国际前沿技术提升遗传改良速率（缩短世代间隔、增加选择强度、提高选择精准度、定向改变遗传变异性），提高繁殖性能（窝产健仔数、繁殖率、死亡率、泌乳能力）、保育性能（产健仔数、断奶健仔数）、胴体性状（背膘厚、日增重、肉质、100 ～ 150 kg 体重日龄）、抗病性能（广谱抗病、特异性抗病）。开发我国本土各地方品种猪优良种质资源，培育出具有国际市场竞争力和影响力的猪品种，实现"良种猪国产化"，打造世界一流品牌。此外生猪育种的智能化管理将是未来的一个重要发展趋势。随着物联网 +AI 人工智能技术建设在育种中的开发和研究，利用前端物联网 + 技术和后台云计算数据库实现现代化猪育种信息资源流通、管理、分类分级、鉴定存储等不同需求，探索人工智能在规模化生猪育种创新管理平台建设中的应用，为规模化养猪场提供智能化育种管理将是未来发展的一大趋势。

2.2　种猪高效育种发展前沿与应用现状

2.2.1　高效育种概念及遗传基础

2.2.1.1　猪高效育种的概念

猪高效育种是采用现代化生物技术，以猪群的主要有益经济性状的大幅度提高和快速遗传改良为目标，以期获得最大经济效益的精确育种。有别于传统的选育、杂交等经验育种模式。高效育种目标既可以是常规的猪的繁殖性状、胴体性状、肉质性状、生长性状、抗病力、降低背膘厚度、提高生长速度等的培育，也可以是猪育种行业的新需求：提高瘦肉率、提高繁殖性能（健仔数、早期存活率、母性），增强抗病性能以及更多关注猪肉的品质和体型均匀度、对环境的排泄危害程度及动物福利等。

2.2.1.2　猪高效育种的遗传基础

我国生猪育种目前正在从传统育种向高效育种转变。其根本区别是现代生物技术、超声技术、分子生物学、细胞生物学、基因新技术、多组学技术、物联网技术、机器学习 / 深度学习等计算机技术、AI 人工智能技术等的创新拓展及应用。利用现代生物技术对猪群种质资源库进行高遗传率筛选，对有益的变异类型进行定向选育和精准选育并推广应用于育种实践，这是猪高效育种的物质性遗传基础。而在此基础之上进行的育种信息搜集、记录、追溯、随机抽样测定，数据模型分析及遗传参数研究，遗传动态预测等则是技术性基础。猪高效育种效果的好坏直接取决于遗传基础的开发利用程度。

2.2.2　高效育种技术手段及进展

2.2.2.1　我国猪高效育种技术手段

猪的高效育种技术是指能应用于猪优良遗传性状高效育种的性能测定技术、超声波 CT 扫描等目标性状选择技术、基因新技术（RNAi 性别控制技术、芯片技术、分子技术、一步法基因评估、基因编辑及生物反应器技术、基因组分析多组学技术等），联合育种技术体系、物联网信息采集记录及实时追踪技术、计算机和网络分析和计算等现代化生物技术。

2.2.2.2 我国猪高效育种资源开发现状

目前，我国各级科研院所和企事业单位等已经开发出多个层级的针对育种产业应用和科研探索等的数据库。例如 Animal QTLdb 数据库中已囊括了 663 个猪经济性状共 27 465 个数量性状基因座（QTLs）、肉质和胴体性状 14 748 个、健康相关性状 6 074 个、繁殖性状 2 058 个等。相关主效基因已经成功应用于我国猪育种实践；猪基因表达调控数据库（GereDB），为从基因水平解释猪的生长发育规律，以及为遗传育种和疾病防控等提供科学依据；首个农业动物的环状 RNA 数据库的构建，猪环状 RNA 时空图谱的绘制以及环状 RNA 对猪产肉性状形成调控机制的破译为分子育种提供了宝贵资源；长白猪甲基化数据库系统绘制了妊娠前 33 天至出生后 180 天共 27 个生长发育时间点的骨骼肌全基因组甲基化和转录组图谱，并基于关键 DNA 甲基化位点构建了猪骨骼肌生长发育的分子时钟，为多组学整合分析育种创造了条件；以 EST 数据库和 HTGS 数据库为主的猪专门化分子生物学核酸数据库为猪育种和科研奠定了基础；中国地方猪品种资源信息库共收集了 76 个地方猪品种，涉及每个品种从群体规模、分布状况、种质特征到品种内群体结构等的信息，系统功能涵盖检索查询、系统管理、数据管理及网络支持等，完善了我国猪品种信息网络平台。

2.2.2.3 我国目前研发的生猪高效育种管理系统

目前，有研究利用前端开发工具开发了基于 Django 框架的小型规模化猪场管理系统，包括基础数据管理、生猪管理、母猪管理、饲料管理、药品管理和环境监控 6 个基础模块及智能预警和统计分析 2 个重点模块，解决了我国小型规模化养猪场饲养管理粗放、缺乏系统化、标准化和流程化管理等问题；GPS 种猪育种数据处理系统，用于生产和育种数据的采集，采集生产过程中的种猪配种、配种受胎情况检查、种猪分娩、断奶数据；生长猪转群、销售、购买、死淘和生产饲料使用数据；种猪、肉猪的免疫情况，种猪育种测定数据等实际猪场在生产和育种过程中发生的数据信息。中国农业大学动物科技学院研发的 GBS（猪种生产管理及育种分析系统）和四川农业大学动物科技学院与重庆市养猪科学研究院联合研发的 NETPIG（种猪场网络管理系统），在保证测定数据真实可靠的基础上，还可以通过遗传评估进行选择以发挥育种的效果，即育种值估计；内蒙古农业大学的王春光课题组基于 Django 框架及 Python 编程语言，实现系统结构功能，使饲养各个环节的管理，包括以上所述的 6 个基础模块及 2 个重点模块，实现全程数字化（青林，2020）；安徽农业大学宋祥军课题组针对用户信息、猪场信息、生产数据、物料信息、猪病诊断、知识库等功能模块，设计开发了用于安徽地方猪健康养殖管理系统（王佩佩，2019）；涂健课题组基于 3D 物联网，构建集登录功能、猪场人员信息管理功能、猪场基本信息管理功能、猪场 3D 可视化页面管理功能、猪场环境数据监控功能、生产数据监控功能、猪病远程诊断功能及物联网远程控制功能于一体的猪场可视化管理及远程诊断系统（何晓，2020）；东北农业大学冯江课题组设计并开发生猪背膘厚度自动检测系统软件，对生猪背膘厚度管理网站进行总体分析，实现生猪信息管理、用户信息管理、用户权限设定、系统参数设定等功能，方便管理人员及时掌握生猪的体况（王鹏宇，2020）；王甲福课题组研发猪体尺的三维测量装置，利用 Kinect 相机获取黑猪的点云数据，研究点云数据预处理算法，点云配准算法和体尺提取算法，实现猪体尺的非接触测量（秦昊，2020）；刘涛课题组编写了育肥猪生长信息检测程序，运用双目视觉技术，对育肥猪的三维体尺信息进行提取，实现了基于多特征点匹配的育肥猪体尺检测系统，实现育肥猪生长信息监测（景壮壮，2020）；霍刚等引进智能化自动化设备，通过性能测定、育种值计算、智能化自动化环控和给料给水、精细化疫病防控和管理等手段的研究运用，创建种猪场智能化管理模型，使公司母猪 PSY 由现在的 26 头提高到 29 头，同时编制完成种猪选育繁育智能化管理工艺等规程（霍刚，2020）；焦俊课题组根据养殖场管理的需求，开发出基于数字化管理系统的种猪遗传育种评估，实现种猪信息管理、谱系查询、亲缘关系查询、遗传数据的校正以及遗传评估等基本功能，实现种猪育种的管理，简化育种管理难度，实现种猪精细化管理及遗传育种计算效率的提高（袁晨晨，2017）；此外，PEST、MTEBV、GENESIS 等相应软件用于遗传评估，提高种猪性能测定的准确性；超声波技术可用于活体猪的背膘厚和眼肌面积测定；自动计料系统可以自动准确地计量猪的体重以及饲料转化率；CT 和核磁技术应用于种猪活体肉质测定；人工智能 AI 自动识别猪只体重、体尺、体温；TOPIGS 公司的 GS 技术识别选择公猪膻味、母猪繁殖力；广东温氏集团已经率先启动猪的基因组选择研究。

2.2.3　我国生猪高效育种面临的挑战及发展趋势

2.2.3.1　我国生猪育种常态化进程

目前，我们的常规育种目标在今后一段时期内会长期持续下去。我国虽然是养猪第一大国，但生产效率距离养猪强国仍然有不小的差距。比如，每头母猪年提供断奶仔猪数，美国平均水平是 25.28 头（2018 年，Pig CHAMP 对标报告），而中国只有19.49 头（2019 年，微猪数据年报）。见微知著，我国生猪育种，在重要常规的育种性状方面的提升依然任重道远。再者，我国长期引种，育种独立自主性差，本土猪种科技含量低，种用价值开发程度低。高效育种，打造全新的本土品种，在育种技术、育种组织模式以及主流商业化品种 / 品系等方面都面临着巨大挑战。

2.2.3.2　高效育种将是我国猪育种产业长期发展的大趋势

2018 年至今，非洲猪瘟沉重打击了我国猪育种工作，加速了生猪产业由"调肉"向"调猪"转变，育种目标也由屠宰后的肉质性状转向猪的抗病育种。同时，随着核心种群萎缩和种源紧缺，依靠传统引进种猪的育种方式面临困难。预计在今后相当长的时期内，我国生猪高效育种将面临着种质资源丢失、重大不可控疫情常态化等系列风险。提高猪育种效率，特别是高效育种成为当前阶段行业发展的大趋势。

2.2.3.3 育种模式由传统育种向现代育种转变

借鉴国际育种带来的启示。国际上,丹麦(持续10～17世代长期选育某一性状)、加拿大(12个世代以上的高选择压仍然不能降低待淘汰性状)等多国长期通过表型进行自然人工选育效果不理想,究其根本原因是世代间隔周期长、效力低。因此,提高种猪选育的速度和准确度,缩短世代间隔,加快遗传进展,降低测定成本,防止近交衰退迫在眉睫。随着现代生物技术的发展,传统的育种技术即将逐渐淡出育种的历史舞台,以多组学为基础的全基因组设计育种将结合计算机技术、物联网技术以及人工智能对猪育种产业带来史无前例的革新。当前,我国猪育种已整体进入基因组育种时代,表现出大数据化、国际化、精细化等多个特点。相对应的育种体系、软硬件设施、制度法案等配套条件有待进一步完善。

2.2.3.4 高效育种将具备"个性化""多元化"等新的发展目标

随着生物技术的发展,我国现代猪育种已经能够开展种猪基因针对性改良和精准育种,满足消费个性化需求。高效育种模式将不断创新且蓬勃发展。新的挑战将来自以往育种难以改良的性状,市场和不同消费群体的个性化需求,非传统的育种元素的掺入,育种伦理学、人工肉生产技术等带来的新冲击等。随着世界人口的进一步增长,人类对肉产品的需求将更加多样化和个性化,未来猪育种将根据不同猪品种群体和特点的要求,向满足"私人订制型"个性化育种方向发展,以满足人们对猪肉品质、功能等不同方面的心理和消费需求。而且将会更多考虑社会文化价值、环境、资源、动物健康和福利等更多非传统的育种元素,纳入更多生产性能之外的育种目标,逐步形成一种新的绿色健康可持续的发展模式。

2.3 种猪抗病育种发展前沿与应用现状

2.3.1 抗病育种内涵及遗传基础

2.3.1.1 抗病育种概念

抗病育科是指利用现有的猪品种资源基因库,通过生物技术(包括基因新技术)定向选择或改变某些基因型来培育抗逆性好、适应性强、抗病力强的新品种(系)的方法。在抗病育种研究中,猪的抗病力是指对机体抵制病原体的入侵和在体内增殖的能力,多数属于低等到中等遗传力水平的数量性状和阈性状的复合性状。

2.3.1.2 抗病育种分类及遗传机理解析

猪的抗病育种按照遗传基础的不同可分为一般抗病力育种和特殊抗病力育种。一般抗病力受多个基因及环境的综合影响,体现了机体对疾病的整体防御功能。比如,猪的MHC各种单倍型受体对猪的传染性萎缩性鼻炎、初生重、仔猪死亡率、血清补体水平等都有显著影响。特殊抗病力是指猪对某种特定疾病或病原体的抗性,这种抗性或易感性主要受一个主基因位点控制,也可能不同程度地受其他未知位点(调控因子)及环境因素的影响,其本质在于猪体内存在或缺少某种分子或其变体(猪的特异性遗传缺陷)。因此，外显子组或全基因组测序、高密度芯片与全基因组关联分析等研究找到常见的猪遗传缺陷的相关 QTL 区域以及候选基因是关键，如影响仔猪腹泻的大肠杆菌 K88 和 F18 受体基因等。大部分的猪遗传缺陷受多基因控制，遗传机制比较复杂。目前报道的猪的抗病新品种（系）只是针对特定致病性病原，归于特殊抗病力育种，特殊抗病力育种在本质上属于质量性状或阈性状，因而培育相对容易，但是对于培育针对更多类型病原的高抗病力新品种则要困难得多。因此要统筹运用更综合的基因新技术。

2.3.2　抗病育种技术手段及进展

2.3.2.1　抗病育种途径包括直接选择和间接选择

直接选择通过观察种猪群、攻击种猪群、攻击种猪的同胞和后裔、攻击克隆等方法进行。直接选择虽具有直观、准确等优点，但也有疾病性状的遗传力较低、准确性差、世代间隔长及有些抗病性状和生产性状存在负相关等难以克服的缺点。例如，早在 1958 年，德国兽医 Hutt 利用猪对猪丹毒的接种反应经过数代的选育，培育出抵抗猪丹毒的品系。Mallard 等运用基于细胞免疫应答指标和体液免疫应答指标的综合选择，将约克夏猪经过多代选择，分别育成了猪高、低免疫应答系。间接选择包括体外试验、遗传标记等方法，以及采用分子遗传学中的基因图谱，外显子组或全基因组测序，高密度芯片与全基因组多组学关联分析，数量性状位点（QTL）扫描等深度关联的技术手段对猪进行的抗病辅助育种。

2.3.2.2　猪抗病育种的基因新技术

基因新技术主要有：以 RNAi 为代表的基因沉默与过表达；以 TALENs、CRISPR 为标志的基因编辑；以 Heredity variation 为代表的基因突变与基因重组；克隆、无性繁殖、孤雌生殖；SNP、QTL、GWAS 进行的基因分型与鉴定、数量性状定位、抗病性状关联分析；MAS 分子标记辅助选择抗病育种；Microarray 基因芯片抗病育种；以 DNA-Sequencing 为代表的多组学数据分析和全基因组设计抗病育种。

（1）RNAi 与基因沉默及过表达。

作为 20 世纪排名靠前的生物技术，RNA 干扰是转录后水平的基因沉默，可以特异性剔除或关闭特定基因的表达，影响蛋白合成与 RNA 降解，被 *Science* 杂志评为 2001 年、2002 年的十大科学进展。该技术应用于生猪抗病育种，主要体现在猪蓝耳病、猪瘟、猪腹泻和乳腺生物反应器等。

（2）TALENs、CRISPR 与基因编辑、敲入与敲除。

基因组精准编辑可删除介导病毒入侵的猪受体基因，让病毒无法进入猪体内，从而有效预防这些疾病，为解决重大传染性疫病问题提供新的途径。李奎课题组采用基因编辑技术同时对 CD163 基因第七外显子和 pAPN 基因第二外显子进行编辑，使病毒受体 CD163 和 pAPN 蛋白失活，成功获得 CD163 和 pAPN 双基因编辑猪。该双基因编辑猪可同时抵抗猪繁殖与呼吸综合征病毒、传染性胃肠炎病毒感染和猪德尔塔冠状病毒的感染。作为当今最为高效的基因编辑技术，CRISPR 自问世至今备受推崇。目前报道其主要应用于猪血管性血友病、基因组中病毒敲除模型、猪特异性抗药筛选、神经退行性疾病、猪瘟、乙型脑炎、伪狂犬病等。

（3）Heredity variation 与基因突变及基因重组。

作为染色体上 DNA 水平的定点靶向突变技术，基因突变与重组发挥着不可替代的作用。基因突变与重组技术主要应用于抗病育种猪的基因编辑，包括抗口蹄疫病毒猪、单碱基突变抗猪瘟猪、抗流行性腹泻病毒猪、口蹄疫病毒与猪肠道病毒重组猪的制备。除此之外，基因编辑也用于对病毒功能的研究中，如葡激酶基因重组治疗幼猪急性脑梗死，基因重组构建猪流行性腹泻病毒纤突蛋白 COE 基因的重组毒株、猪圆环病毒 Ⅱ 型 ORF2 和猪 IL-2 基因重组猪伪狂犬病毒株、猪流行性腹泻病毒和猪伪狂犬病病毒二联活疫苗、猪蓝耳病和猪霍乱沙门氏菌疫苗、猪肺炎支原体 p52 基因重组腺病毒、猪干扰素，以及基因重组构建猪大肠杆菌基因植入型"环保猪"等领域均有广泛应用。

（4）克隆、无性繁殖、孤雌生殖。

在猪育种过程中，抗病力性状通常会被认为是低到中遗传力的数量性状，但是由于生产繁殖周期世代间隔时间长和种用年限有限等问题，以体细胞克隆、无性繁殖和孤雌生殖等技术可以快速生产出特定抗病猪品种。比如第一头体细胞克隆小香猪，丹麦奥胡斯大学人工克隆猪和玻璃化冷冻手工克隆胚胎后代，上海科技兴农重点攻关项目《猪体细胞克隆技术的建立及其优化》，利用连续克隆技术生产的孤雌生殖克隆猪，机器人操刀的体细胞克隆猪，体细胞克隆青峪猪，冷冻体细胞克隆纯种金华猪等都为实现无性繁殖猪抗病育种创造了条件。

（5）Microarray 与基因芯片抗病育种。

基因芯片技术具有高通量、并行性和微型化的特点，现已广泛应用于遗传性疾病的诊断。针对目前我国猪传染病流行的多病原混合感染、繁殖障碍性传染病普遍存在、呼吸道传染病日益突出的主要特点，采用基因芯片技术，借助多重 PCR、核酸杂交以及酶标技术，建立了由猪瘟病毒（Classical swine fever virus，CSFV）、猪繁殖与呼吸综合征病毒（Porcine reproductive and respiratory syndrome virus，PRRSV）、猪细小病毒（Porcine parvovirus，PPV）、猪圆环病毒 2（Porcine cirocovirus-2，PCV-2）、日本乙型脑炎病毒（Japanese B encephalitis virus，JEV）、抗高热病基因和猪伪狂犬病病毒（Porcine pseudorabies virus，PRV）等多种病毒引发的猪病毒性繁殖障碍病低密度基因芯片诊断方法。

（6）转录组分析抗病育种。

转录组技术应用于猪的抗病育种研究主要是探讨猪在不同病原刺激、不同病理状态下免疫器官、免疫细胞中的基因表达变化规律，以此揭示宿主免疫系统对病原的响应机制或病原诱导的免疫应答机制，从而解析宿主的抗病机制。转录组分析涉及的组织器官和细胞类型主要包括肺或肺泡巨噬细胞、脾脏、肝脏、骨髓、外周血单核细胞（PBMCs）、淋巴结、呼吸道或胃肠黏膜等。

（7）转基因工程抗病育种。

从 20 世纪 80 年代开始，人们尝试进行转基因工程抗病育种。转基因动物是将部分内源基因或个体重组基因的克隆片段转移到动物体内得以整合表达，以产生有新的遗传特征或性状的动物，并能将新的遗传信息稳定传递给后代。较有抗病价值的候选基因包括干扰素基因、干扰素受体基因、抗流感病毒基因、反义核酸、MHC 基因、核酶、病毒衣壳蛋白基因和病毒中和性单克隆抗体基因，这些基因的克隆片段可通过细胞显微注射、精子载体法、胚胎干细胞组建、体细胞克隆和逆转录病毒载体法等基因方法重组于猪的细胞内获得表达，使猪的抗病功能增强，培养特定的抗病猪群。现在已培育成功抗流感病毒（MX）的转基因猪。我国已将核酶抗猪瘟育种列入"863 计划"，并成功获得转移抗猪瘟病毒核酶的转基因兔。

（8）抗病基因育种。

对 MAS、SNP 基因分型、GWAS 关联分析、QTL 与鉴定、抗病性状定位研究及其染色体开放区域的了解为我们抗病育种提供了丰富的素材。

QTL 抗病育种：20 世纪 80 年代以来，随着分子生物学和基因工程技术的发展，多种基于 DNA 水平的多态性分子标记被广泛应用于绘制遗传连锁图谱、遗传多态性分析、定位经济性状基因或 QTL 中。目前国外利用分子标记寻找抗性 / 易感性基因或 QTL 成为一大研究热点，许多疾病的抗性 / 易感性基因、候选基因、QTL 找到了与其紧密连锁的分子标记，从而可以通过标记辅助选择（MAS）进行动物的抗病育种。遗传标记辅助抗病育种：MAS 定位与抗性性状紧密连锁的 DNA 分子标记，通过间接对标记选择，达到抗病选择的目的，这种方法主要是确定抗病性状的遗传标记。目前，应用于猪 MAS 的遗传标记主要有：① MHC 单倍型：MHC 作为分子标记进行辅助选择，可同时对多种疾病进行选择，对一般抗病力选择效果较好；② *FUT1* 标记：PCR–RFLP 分析，并结合细菌肠黏附试验发现该基因的 307 位点具多态性。例如，美国 ARS 公司运用 RLFP 技术以 *FUT1* 基因的 AA 基因型为标记，在大约克中育成了泻痢的抗性猪，华中农业大学在培育多个湖北白猪新品系基础上，通过 I 型兰尼定受体基因（*RYR1*）分子标记的辅助选择，剔除氟烷敏感基因，成功育成湖北白猪的抗应激新品系。目前，筛选出的与猪疾病抗性有关的候选基因主要有：导致仔猪腹泻的肠毒素型大肠杆菌 K88 受体或 F18 受体的候选基因 *FUT1*，鉴定猪应激综合征（PSS）的 I 型兰尼定受体基因（*RYR1*），抗流感病毒活性的猪黏液病毒（流感）抗性因子 2 基因（*MX2*）和抗疱疹性口炎病毒候选基因 *MX1*，黏液病毒（流感）抗性因子家族其他成员、干扰素（IFN）家族其他成员、肿瘤坏死因子（TNF）、肠毒素大肠杆菌受体基因 [*K88*（*F4*）、*K99*（*F5*）、*987P*、*1741*（*F6*）、*F17*（*FY*、*Att25*）、*F18*、*F42*、*F165*]，氟烷基因，主要组织相容性复合体（MHC）超基因群，巨噬细胞天然抗性蛋白 1，*BPI* 基因（杀菌通透性增强蛋白），抗原处理相关转运体 1（TAP1）基因，猪天然抗性相关巨噬细胞蛋白基因 1（Naturalresistance–associated marophage protein 1，NRAMP1），补体等编码基因，Mx 抗病毒蛋白，铁蛋白（FHC）基因，猪源 Toll 样受体家族（TLRs），促进肠道屏障的结构稳定和功能发挥的大肠杆菌抗性相关的猪 *DLG5* 基因，与仔猪腹泻相关的 *MUC4* 基因，精子短尾症个体的致因基因 *KPL2* 和导致精子发生阻滞症的 *Tex14* 基因，与疾病易感性相关的 *FUT1*（1-α-岩藻糖基转移酶）基因和 SLA complex（猪白细胞抗原复合体，或称猪主要组织相容性复合体），导致沙子岭猪双侧外耳先天性缺失的致因基因 *HOXA1*。此外，我国地方猪种大蒲莲猪的抗病性和免疫能力明显优于国外长白猪，大蒲莲猪的这种特性可以作为抗病育种的优质品种与种质资源，为寻找猪抗病育种候选基因提供优良的素材。杨丹丹等（2018）研究了大蒲莲猪和长白猪两个品种猪在不同月龄猪的心脏、肝脏、脾脏、肺脏、肾脏、扁桃体、下颌淋巴结、肠系膜淋巴结等组织中的表达，并进行差异表达分析，寻找大蒲莲猪和长白猪中免疫相关差异表达基因，进而为猪抗病育种提供理论依据，加速实现抗病育种的最终目标。相信这些重要发现对我国地方猪种的提纯复壮、选育提高具有重要的应用价值。

（9）DNA-Sequencing 与全基因组设计育种。

基因组学、蛋白质组学、代谢组学、表观遗传学、三维基因组学、各种高通量生物技术的发展，特别是以蛋白质互作网络和基因调控网络为代表的生物网络显示了很好的基因间的复杂作用关系，为复杂疾病和动物抗病育种提供了大量可靠的数据支持。对于免疫基因网络的构建评估及在猪抗病育种高通量数据分析中的应用，有研究旨在发展高通量的免疫基因组学分析平台和方法，在哺乳动物全免疫或近全免疫基因组数据收集、整理的基础上，通过全免疫或近全免疫基因网络的构建与评估，深入解析动物免疫基因组的特点，并将免疫基因组 / 免疫网络作为工具，初步运用于表达谱和全基因组关联研究（GWAS）。表观遗传学抗病育种研究表明，猪的 CD4 基因 DNA 甲基化可调控宿主细胞的免疫反应，对于猪的抗病育种具有重要作用。赵书红课题组结合 Illumina 公司猪 60 k SNP 芯片分型，以血液中 T 淋巴细胞亚群、细胞因子、免疫球蛋白 G、抗体水平等作为主要研究对象，运用单标记全基因组关联分析与单倍型全基因组关联分析，从基因组水平解析猪外周血免疫性状的遗传结构并挖掘猪抗病力的重要候选基因（张杰，2017）。李明课题组采用高通量测序技术，结合在线免疫数据库和生物信息学分析技术，从全基因组水平分析不同发育阶段及不同品种猪脾脏组织的转录表达差异，构建免疫基因相关的表达网络，为猪免疫基因分子调控机制的研究奠定了基础，同时为猪抗病育种的研究提供了参考（孙彩霞，2017）。朱猛进课题组基于蛋白质数据库（BioGRID、InAct、HPRD、Innatedb、Reactom、MINT）和基因通路数据库（NCI/Nature pathway interaction、IMID、HumanCyc、Cancer cell map）建立全免疫或近全免疫基因组数据的免疫基因网络，应用于猪抗病育种高通量表达谱芯片和 SNP 芯片的分析（赵明，2013）。免疫基因网络结合 GWAS 定位区段基因得到的"致因网络"分析为 GWAS 候选基因的进一步分析提供了可靠的信息推断。赵书红课题组通过转录组变化及差异表达基因分析猪伪狂犬病毒感染早期致病机理（杨高娟，2019）；此外赵书红课题组设计和构建了一个聚焦型 CRISPR 敲除文库，用以筛选参与乙型脑炎病毒复制的内质网相关蛋白，为抗乙脑猪品系培育提供支撑（刘海龙，2020）。滚双宝课题组采用高通量测序技术对 C 型产气荚膜梭菌腹泻仔猪的回肠组织进行 Small RNA 测序，获取差异表达 miRNA miR-500，为腹泻抗性猪品系的培育提供了参考（王鹏飞，2020）；孙奴奴等（2019）基于机器学习方法——支持向量机（SVM），采集免疫群体相关数据构建了一个种猪疾病早期诊断模型，该模型可以通过测量数个相关的生理生化指标较准确地预测初生仔猪的健康状况，用于高抗病型种猪的早期选种。

2.3.3　我国生猪抗病育种的当前形势及未来发展

2.3.3.1　我国猪病防控形势严峻，亟待抗病育种的推广应用

目前，猪病防控滥用抗生素，特殊重大疫病无药可治的情况普遍存在。猪病（尤其是传染性疾病）对生猪养殖产业危害严重。通过加强饲养管理或药物防控虽然短期奏效，但不能完全控制和消灭传染病的流行。我国近十年出现的猪的多个重大疫情有：非洲猪瘟、猪蓝耳病、猪流行性腹泻等病毒病，以及回肠炎、副猪嗜血杆菌病、猪链球菌病、猪丹毒、猪肺疫、猪水泡病、猪链球菌、猪乙型脑炎、附红细胞体病、伪狂犬病、猪细小病毒、猪传染性萎缩性鼻炎、猪支原体肺炎、旋毛虫病、猪囊尾、蚴病、猪副伤寒、猪圆环病毒病、猪传染性胃肠炎、猪魏氏梭菌病、口蹄疫、猪瘟、高致病性蓝耳病等。同时，我国外来引进种猪占有一定的比例，很多所谓"高产"的国际化品种适应性差，也难以获得本地土猪的部分优良抗病性状，这就需要高效抗病育种的有的放矢。2020 年，是我国生猪养殖禁抗第一年，随着"禁抗令"的实施，采用遗传学方法从遗传本质上提高猪对病原的抗性，具有治本的功效。养猪生产将从限抗、替抗到无抗，任重而道远。

2.3.3.2　我国抗病育种策略的选择

抗病育种策略有助于从设计层面改善猪抵抗疫病和保健存壮的效率。选择科学合理的抗病育种策略对于保证猪的健壮性至关重要。猪的疫情发生具有时效性、随机暴发性和复杂性等。这给抗病育种策略的选择提出了要求。针对广泛长期存在的低致病性病原开展的抗病育种应该以提高猪自身的常规免疫体质为主，通过多组学等手段选育健壮性好的广谱抗病的种猪以及核心育种群是最根本的策略。针对突发式或者特定时期特殊环境条件以及地域性的特别疫病，不仅要有"拔牙式"防疫，还要运用分子生物学技术、细胞生物学技术和克隆技术等快速检测诊断分离病原并短期培育出抗特定病原的种猪个体和群体。针对客观上难以完全治愈或者难以根除的疫病，我们需要综合运用多种育种手段，通过减少病毒交流传播、防止病毒变异、重组的方式进行病毒的驯化，将其毒性、传染性和致病性把握在合理掌控范围之内。

2.3.3.3　抗病育种技术瓶颈

目前，猪的抗病育种在技术层面正面临着前所未有的诸多难题，已迫在眉睫。首先是随着抗生素的持久累积和大量滥用，有相当一部分病原已经产生耐药性，病原微生物抗原表位识别基因的进化速度远远快于抗病育种新品系的培育速度。再加上"替抗、禁抗、无抗令"的逐步实施，给病源的实时监控检测以及致病机理的研究和抗病

育种技术的迭代更新提出了更高的要求。其次是针对重大疫病防控，所有的致病感染猪群都被"全出"清理和掩埋焚烧等处理，加之国家的高规格安全级别实验室数量极其有限，严重缺乏临床表型数据和试验，这给抗病育种的研究带来了直接障碍。再者，尽管先进的基因编辑等生物技术发展超前，但是有相当一部分技术仅停留在科研探索阶段和一定规格的实验室范围内，囿于其成本、技术方面的壁垒难以大规模推广应用，其育种生产中的抗病效果有待于进一步观察。

2.3.3.4　生猪抗病育种未来发展方向

我国生猪抗病育种工作目前仍处于一个初级阶段。由于国外饲养环境条件、模式差异，以及规模化、自动化、现代化等特点有利避开了生猪规模性群发的部分疫病，因此，缺乏可完全复制的模式或经验。所以我国生猪抗病育种必须要根据实际生产条件和育种现状，走自主研发的抗病育种新道路。利用新一代测序技术和多组学分析技术，结合现代化的前端物联网技术和后台云数据平台构建智能化、自动化的抗病育种配套体系或许会成为未来发展的主流趋势。

撰稿：唐中林

主要参考文献

何晓，2020. 基于3D物联网的猪场可视化管理及远程诊断系统的开发设计与实现［D］. 合肥：安徽农业大学.

霍刚，周宁聪，刘书廷，等，2020. 智能化种猪选育繁育技术研发及示范［R］. 内蒙古朋诚农牧业发展有限公司.

景壮壮，2020. 基于机器视觉的育肥猪生长信息监测研究［D］. 呼和浩特：内蒙古农业大学.

刘海龙，2021. 聚焦型CRISPR敲除文库筛选参与乙型脑炎病毒复制的内质网相关蛋白及其功能研究［D］. 武汉：华中农业大学.

秦昊，2020. 基于双Kinect的三维测量装置研究［D］. 长春：长春工业大学.

青林，2020. 北方地区小型养猪场数字化管理系统研究［D］. 呼和浩特：内蒙古农业大学.

孙彩霞，2017. 确山黑猪和约克夏猪脾脏组织转录组测序及分析［D］. 郑州：河南农业大学.

孙奴奴，黄廷华，吴珍芳，2019. 一种基于支持向量机的种猪疾病早期预测方法［J］. 黑龙江畜牧兽医（16）：69-72.

王佩佩，2019. 基于Web的安徽地方猪健康养殖管理系统的设计与开发［D］. 合肥：安徽农业大学.

王鹏飞，2021. C型产气荚膜梭菌性腹泻仔猪回肠miRNA的鉴定及miR-500的生物学功能研究［D］. 兰州：甘肃农业大学.

王鹏宇，2020. 生猪背膘厚度自动检测系统设计与实现［D］. 哈尔滨：东北农业大学.

杨丹丹，2018. 大蒲莲猪和长白猪TLRs、NLRs和AMPs基因的组织差异表达分析［D］. 泰安：山东农业大学.

杨高娟，2019. 猪伪狂犬病毒感染早期引起PK-15细胞转录组变化及差异表达基因分析［D］. 武汉：华中农业大学.

袁晨晨，2017. 种猪遗传育种的分析与信息化管理［D］. 合肥：安徽农业大学.

张杰，2017. 杜洛克 × 二花脸 F_2 资源群体免疫相关性状全基因组关联分析及候选基因功能初步研究［D］. 武汉：华中农业大学.

赵明，2013. 免疫基因网络的构建和评估及在猪抗病育种高通量数据分析中的初步应用［D］. 武汉：华中农业大学.

HAI T, TENG F, GUO R F, et al., 2014. One-step generation of knockout pigs by zygote injection of CRISPR/Cas system［J］. Cell Research, 24（3）：372-375.

NIU D, WE H J, LIN L, et al., 2017. Inactivation of porcine endogenous retrovirus in pigs using CRISPR-Cas9［J］. Science, 357（6357）：1303-1307.

RUAN J X, LI H G, XU K, et al., 2015. Highly efficient CRISPR/Cas9-mediated transgene knock in at the H11 locus in pigs［J］. Scientific Reports, 18（5）：14253.

XIE Z C, PANG D X, YUAN H M, et al., 2018. Genetically modified pigs are protected from classical swine fever virus［J］. PloS Pathogens, 14（12）：e1007193.

YAN S, TU Z C, LIU Z M, et al., 2018. A huntingtin knockin pig model recapitulates features of selective neurodegeneration in huntington's disease［J］. Cell, 173（4）：989-1002.

ZHAO C Z, LIU H L, XIAO T H, et al., 2020. CRISPR screening of porcine sgRNA library identifies host factors associated with Japanese encephalitis virus replication［J］. Nature Communication, 11（1）：5178.

第3章 精准营养与绿色健康养殖

3.1 精准营养概念及理论基础

3.1.1 精准营养概念内涵

精准营养是根据动物不同品种、性别、年龄和生理阶段的营养需求，通过对不同饲料原料进行科学合理的配比，为动物群体中的个体提供适量且适宜的营养，实现不同个体的精准饲养，在保证动物生长发育性能的同时，提高对营养物质的消化利用。2014年，Richard 和 Phil 提出应根据母猪和育肥猪的精准营养需求为其提供精准饲料，以此来降低饲养成本，其饲料节约量可达10%，但该系统的初始投资较高。2015年，云南省畜牧兽医科学院吴金亮等提出：精准营养也称精准饲养，是基于群体中动物的年龄、体重和生产潜能等方面的不同，以个体不同营养需要的事实为依据，在恰当的时间给群体中的每个个体供给成分适当、数量适宜日粮的饲养技术。

非洲猪瘟疫情后，随着养猪规模和饲料需求量的逐年递增，粮食资源短缺、原料高度依赖进口的问题日益严重，饲料成本节节攀升，而生猪市场行情波动较大，控制养殖成本成为行业普遍关心的热点问题，同时，智能化技术在养猪生产中的开发利用、精准营养的理念被行业高度关注。养猪生产中，饲料成本通常占总养殖成本的60%～70%，在很大程度上决定了养猪的经济效益，但是，饲料在猪体内的消化吸收率仍有较大的提升空间。猪对日粮饲料中氮的转化利用率一般在55%以下，钙磷利用率在50%以下，其他微量元素则更低。传统养殖一般是按照猪的最大营养需要量进行饲喂，虽然可以保障猪的生长性能，但是，大部分个体营养摄入过多，造成饲料利用率较低，养殖成本增加，并且过多的营养摄入会对动物的健康以及产品质量造成不利影响，还会给生态环境造成较大负担，因此，针对不同个体精准的营养需求，进行精准饲喂，在保证猪只健康生长的基础上，可以提高饲料利用率，节约养殖成本，同时减少营养物的排放，减轻养殖排泄物对环境的污染，对实现猪的绿色健康养殖以及畜牧业的可持续发展具有重要意义。

印遇龙院士在报告中指出，精准营养的必需要素包括：①准确评定饲料原料中可利用营养物质含量；②对动物营养需要量的精准评估；③平衡日粮的配方设计；④根据群体中每只动物的需要量相应地调整日粮营养素的供给浓度；⑤精准生产管理。除此之外，精准营养还需要正确使用添加剂，如益生菌、酶等，以及改进饲料加工技术，提高养分利用率。

准确评定饲料原料的营养价值并根据动物营养需求进行配比对精准饲喂至关重要。评定饲料原料的营养价值，包括基本的成分分析，如粗蛋白质、粗纤维、粗脂肪、粗灰分、无氮浸出物、中性洗涤纤维、酸性洗涤纤维、酸性洗涤木质素、氨基酸、脂肪酸、维生素以及其他物质；更重要的是不同的饲料原料的生物利用率，即动物可吸收利用的营养价值的测定，包括饲料的能量、氨基酸、纤维以及其他养分的营养价值评定。饲料的能量评定包括消化能（饲料总能 – 未消化粪能）、代谢能（消化能 – 尿能 –气能）以及净能（代谢能 – 热增耗），测定方法包括全收粪法与指示剂法、差异法与回归法等。饲料氨基酸的生物利用率常用氨基酸的消化率表示，包括表观回肠末端消化率、真回肠末端消化率和标准回肠末端消化率。除此之外，体外消化法以及近红外光谱（NIRS）法由于其方便快捷的优势也逐渐在生产中应用，各种能量测定的具体使用方法将在本章中展开论述。

猪的群体内营养需求量差异很大，不同个体由于其遗传、年龄、生长阶段、生理状态及生存环境的不同，对营养的需求量也呈现动态变化的趋势，因此，在饲养过程中，准确掌握动物个体的营养需要对精准饲喂至关重要。当前，构建猪营养需要量模型的主流方法包括综合法和析因法。母猪、仔猪和生长育肥猪对能量、蛋白质及其他营养物质的需求量差异很大，在母猪生产中，日粮需满足母猪提高繁殖性能和泌乳能力的营养需要，且要根据空怀、孕前、中孕、晚孕、泌乳的不同阶段调整配方；仔猪断奶后是生长发育的重要阶段，面临多种环境应激，死亡率最高，需对其进行精准的营养需求量评估以及精细化管理；育肥猪生长过程主要是沉积脂肪和蛋白质，在生长期以肌肉增长为主，则蛋白质需求量较大，在育肥期则以脂肪沉积为主，能量需求量较大，本章将从母猪、仔猪、育肥猪 3 个不同阶段介绍其营养需要量及精准评估方式。

能量营养是猪只生存和生产活动的基础，日粮中能量水平的高低对猪的采食量、生长速度、饲料利用率以及胴体瘦肉率都有重要影响。能量不足时，会抑制猪的生长性能，尤其是断奶仔猪和妊娠期及泌乳期的母猪，摄入能量不足会极大影响其生长潜力和生产性能；能量过多时，则会导致瘦肉率下降、胴体品质变差等一系列问题。氨基酸的摄入对猪的生长发育也起着至关重要的作用，现今日粮配制大多采用可利用氨基酸体系，通过氨基酸平衡日粮的配比，可以使蛋白质的利用率达到最高。要确定氨基酸的需要量，首先要确定维持和沉积的赖氨酸的需要量，再根据理想氨基酸平衡模式计算得到其他氨基酸需要量，对于最终营养方案的确定，不仅要参考猪的遗传因素和生理状态，还要兼顾环境和疾病等影响因素。

精准营养的实现不仅要依靠营养科学，还要联合其他学科，借助生理学、生物化学、计算机等不同方面的知识，共同实现精准营养的目标。图 3-1 总结了自然营养科学、精准营养和其他相关学科之间的关系。

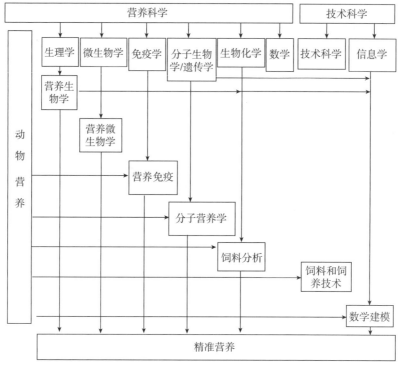

图 3–1　自然营养科学、精准营养和其他相关学科之间的关系（杨海天 等，2018）

将精准营养理念应用到养猪生产中，可以使动物保持良好的生长性能并减少养分的浪费，在减少饲料成本的同时还能保护环境。尽管在实际生产中，养殖传统和饲养习惯有所不同，且技术层面还有许多不完善的地方，使得精准饲养在实际实施中有一定困难，但是随着各学科、技术的发展以及饲养技术的成熟，精准营养技术将会越来越成熟，并具有广阔的发展前景。

3.1.2　精准饲养管理方法

精准营养技术的应用前提是建立精准饲养管理方法。精准饲养的方式包括多阶段饲喂、分性别饲喂、按预算饲喂等，同时可结合多样化营养方案为猪群提供精准营养供给，以此来有效地控制猪养殖成本。

3.1.2.1　多阶段饲喂

随着猪的生长发育，其生理阶段和营养需求也随之变化，多阶段饲喂法便是根据养猪的实际营养需求和生产目标需要，将猪的生长发育划分为不同的阶段，每个阶段采取特定的营养方案及饲料配方，以尽量满足不同个体及不同阶段的营养需要，实现精准饲养的目标。猪的生长发育一般按照 S 形曲线逐渐递增，猪的营养需要量每天都在发生变化，但由于饲料配制、贮存较复杂以及管理成本的限制，在实际生产中很难做到太频繁更换饲料，因此，可以根据猪的营养需求将猪的饲养大致划分为几个阶段，

从而分阶段饲养（图 3-2），阶段划
分得越细致，所提供的营养量越符合
实际需求，但饲料配方调整次数也越
多，应根据实际需要制订具体方案，
由此便可在一定程度上实现猪的精
准饲养，进而提高饲料利用率，获得
猪养殖的经济效益和环境效益的双重
提高。

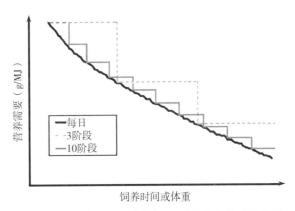

图 3-2　用于每日、3 阶段和 10 阶段饲养体系猪饲料的营养浓度（杨海天，2018）

3.1.2.2　分性别饲喂

实际生产中，阉猪的瘦肉和脂肪
的沉积模式与母猪的不同，体重相同
时，母猪的瘦肉日增重及上市时的胴体瘦肉率都高于阉猪的，由于营养物质转化为瘦肉
的效率远高于转化为脂肪的效率，而阉猪的瘦肉沉积率低于母猪的，因此，阉猪的饲料
转化率低于母猪的，而料重比高于母猪的，因此可根据母猪及阉猪不同的生理特点，将其分开饲养。饲养时，阉猪采食量和日增重比母猪高且日益增加，为满足母猪增重需要，则需提供比阉猪更高的日粮营养浓度（图 3-3），为了保证饲喂高效，可采用相同生长阶段内以不同饲料营养水平（预算）的方式进行饲喂，从而实现分性别精准饲喂的可行性。

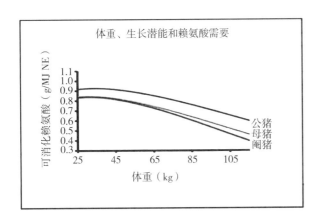

图 3-3　不同性别猪群营养浓度的差异（李向飞，2018）

3.1.2.3　按预算饲喂

传统的养猪模式，一般是根据猪的体重变化来更换饲料，而规模养猪场一般采用
按饲料预算来更换饲料配方，按预算饲喂一般是测验出猪的生长曲线和采食曲线，再
根据体重确定每个阶段的饲喂量，以此确定猪的饲料预算。不同场区根据饲料预算进
行饲喂，再根据猪的健康情况以及猪的实际体重进行微调，这种方式可以避免只按体
重换料的不足，并有效提高猪的饲养管理水平及生产水平。

3.1.2.4　低蛋白氨基酸平衡日粮方案

此方案能降低日粮中粗蛋白质水平，利用氨基酸模型制订营养方案，并补充特定
氨基酸，可在不影响猪群生长性能的条件下，减少过量的氮排泄及相应的热损失，提
高能量的利用率，有研究结果显示，日粮蛋白质水平降低后，氮排放水平显著降低，
与此同时，猪群的日增重提高，料重比降低。

3.1.3 精准营养与环保需求

随着我国养猪规模的不断发展，养猪产生的大量粪尿和污水以及有毒有害气体成为污染环境的重要来源，近年来备受关注。据统计，我国养猪场每年向环境排放的粪尿达 $1.2×10^9$ t，如何有效控制粪污及氮磷等多余养分的排放以减轻环境污染已经成为养猪业可持续发展的关键难题。其中，源头减排是猪绿色健康养殖中的一个重要环节，通过准确、快速评定饲料生物学效价，按照猪的营养需要精确配制饲料进行饲喂，可提高饲料利用率，减少多余养分排放，还能提高猪的抗应激能力，降低死亡率，在满足市场需要的前提下减少养殖量，达到从养殖源头减少废弃物产生的目的。

传统的生猪养殖习惯于添加过量的营养以保证猪的生长性能，但是，过量的营养摄入会造成多余养分的排放，严重威胁环境。猪的饲料氮沉积范围仅为30%～60%，过量的蛋白质添加会导致大部分氨基酸未被吸收，以微生物氮形式排出体外，且由于猪对不同氨基酸的需求差异，导致很多未利用氨基酸以尿氮的形式排出体外，大量的氮排放到环境中会造成水体富营养化，影响土壤结构，且日粮蛋白质摄入量还会影响后续粪尿中氨气的排放。精确掌握猪的氨基酸需要，结合低蛋白氨基酸平衡日粮，可以通过补充特定氨基酸来降低日粮蛋白水平，从而大幅度降低氮的排泄，减少环境污染。

日粮中的钙磷只有20%～50%留在动物体内，其他都随粪尿排出，导致水质恶化，钙磷比例会影响其吸收及体内留存状况。其他微量元素也普遍较低，铜、铁和锌的体内留存率为5%～40%，养殖时高铜和高锌的添加可以在一定程度上提高生产性能，但会使其中90%以上无法吸收，随着粪尿排出体外，在环境中逐渐富集积累，造成环境污染。准确评估猪的微量元素需要量，对于减少钙磷等的添加及环境排放具有重要意义。

此外，抗生素的过度使用会造成猪体内的抗生素残留，且容易增加细菌的耐药性，抗生素和耐药细菌经粪尿进入环境后，会进入生物循环，对人类的公共安全产生威胁。抗生素替代品的开发利用，饲料添加剂的开发及适量合理的使用可以提高猪群的免疫力，从而减少各类药品的使用，减少环境污染。

Pomar等（2019）研究表明，在育肥猪场利用精确的喂养技术，可以通过提高个体营养利用率，大大降低生产成本（>8%）、蛋白质和磷的摄入量（25%）及排泄量（40%）以及温室气体排放（6%），提高个体营养利用率。因此通过对饲料价值的准确把握和动物需求量的准确评估，可以在很大程度上提高饲料利用率、减少养分的浪费，从而降低氮磷等营养成分的排放，降低环境污染程度，实现猪的绿色健康养殖和可持续发展。

3.2　饲料营养价值精准评价

3.2.1　猪饲料能量评定

3.2.1.1　能量评价体系

猪饲料有效能评价体系随着饲料总能（gross energy，GE）在猪体内分配研究的深入而不断发展（图 3-4），包括由摄取饲料总能扣除动物未消化粪能后的消化能（digestible energy，DE）体系，消化能扣除尿能和气体能后的代谢能（metabolizable energy，ME）体系，在代谢能基础上扣除热增耗的净能（net energy，NE）体系。

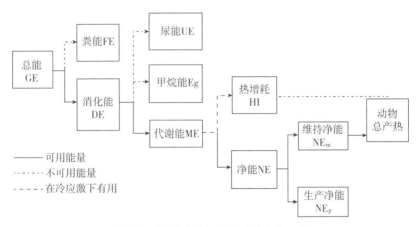

图 3-4　饲料中的能量在猪体内的流向

（1）总能。

总能（GE）又称为燃烧热，是饲料能量值的最基本表述体系，指饲料中物质完全被氧化时所产生的全部能量，主要为碳水化合物、蛋白质和脂肪能量的总和。GE 含量可以直接用氧弹式测热器进行测定，即将一定量的样品完全氧化，测定其所释放的全部热量。通过测定饲料原料和饲料、粪便、尿液、气体及动物体组织的 GE 含量可估算出饲料或饲料原料中的 DE、ME 和 NE 值。

不同饲料养分的 GE 值不同，脂肪的 GE 值最高，蛋白质次之，碳水化合物最低。对于不同的饲料原料或饲料，不论其结构如何，只要碳水化合物、蛋白质或脂肪元素组成相同，其 GE 值则相近，故以总能描述动物对不同饲料原料或饲料的利用率意义不大。

（2）消化能。

消化能（DE）是试验期动物所采食饲料的 GE 和粪便 GE 之差。DE 可直接利用消化试验进行测定，即将试验猪置于代谢笼内，预饲 7 d 以让试验猪适应环境及饲料，记录至少 5 d 的饲料采食量并收集 5 d 所排放的全部粪便，计算出饲料 DE 值。目前全收粪法常基于时间法和指示剂颜色法，时间法即在试验期内固定粪便收集的开始时间和结束时间，收集此间的粪便；指示剂法则为在正式期第一天上午所喂饲料中添加如三氧化二铁等带有颜色的指示剂，待粪便出现相应颜色时开始收集粪便，在正式期结束后的第一天上午同样饲喂加入相应的指示剂的饲料，待粪便出现颜色时停止收集。

鉴于全收粪法工作量大，亦可向试验饲料中加入指示剂来计算 DE 值，目前常用的指示剂有 Cr_2O_3、TiO_2 和酸不溶灰分（acid insoluble ash，AIA）。指示剂法计算饲料中各养分的消化率公式如下（Zhang 和 Adeola，2017）：

$$Di = 100 - [100 \times \frac{M_{feed} \times C_{feces}}{M_{feces} \times C_{feed}}]$$

式中，M_{feed} 和 M_{feces} 分别表示饲料中和粪中的指示剂含量；C_{feed} 和 C_{feces} 分别表示相应养分在饲料中及粪中的含量。

（3）代谢能。

代谢能（ME）是 DE 减去尿能和消化道发酵气体能后剩余的能量。猪产生的甲烷量可通过呼吸舱直接测定，亦可通过发酵纤维的含量进行估计。仔猪和生长猪由于甲烷损失的能量很少，很多情况下忽略不计。维持水平下母猪损失的甲烷能约占 DE 的1.5%，采食高纤维饲料母猪的气体能量损失可达 DE 的 3%。因此，在测定成年猪的 ME 时需要考虑甲烷产量。尿能是影响 DE 转化为 ME 效率的主要因素。尿素是尿中能量损失的主要来源，是超过机体沉积所需的氨基酸脱氨形成的。

（4）净能。

净能（NE）是在 ME 的基础上扣除了热增耗的能量，根据净能的用途可以分为维持净能（NE_m）和生产净能（NE_p）。NE_m 指用于动物维持自身生命活动的净能。根据生产目的不同，生产净能表述存在差异。对于生长猪，摄取的能量主要用于增重，故用于增重的净能称为增重净能，育肥猪用于脂肪沉积的净能称为产脂净能，泌乳母猪用于泌乳的净能称为泌乳净能。相较于 DE 和 ME 体系，NE 体系可更真实地反映饲料的能量利用率，而且 NE 体系也是唯一在相同基础上考虑饲料能值和动物能量需要量的有效能体系。

3.2.1.2 能量评价方法

（1）全收粪法与指示剂法。

全收粪法即收集试验期试验猪所排泄的粪便，并结合试验期试验猪饲料采食量及饲料总能、粪便总能和气体总能计算出 DE 或 ME。如前所述，粪便及尿液的收集可以基于时间法和指示剂法。但在实际试验时，难以完全收集试验猪的粪便及准确记录动物采食量，进而造成试验误差；加之全收粪法工作量较大，因此研究者发展出了指示剂法。目前常用的指示剂有 Cr_2O_3、TiO_2 和 AIA。理想指示剂需具有以下几个特点：①对动物无毒无害且为惰性，不会对动物产生物理、生理、心理等方面的伤害；②不被动物及其消化道中的微生物消化、吸收，并可全部回收；③能和饲料混合均匀，且在消化道中均匀移行、分布和排出；④用量较小但易于检出。但是，指示剂法的稳定性和重复性受指示剂检测准确性的影响极大，变异一般高于全收粪法。

（2）差异法与回归法。

对于适口性差及营养组成不均衡的饲料原料，如蛋白类饲料、加工副产物等，需使用差异法及回归法测定。差异法是指在开展消化代谢试验时，需配制营养均衡的基础饲料，将待测原料按比例添加到基础饲料中配制成试验饲料，通过基础饲料和试验饲料的能值及待测原料的添加比例计算出待测原料的 DE 或 ME。此法的基本假设为基础日粮的营养物质消化率和能值在两种日粮中保持不变，且具有可加性，不考虑饲料间的协同效应，即饲料间的组合效应为零。但若考虑待测原料与基础日粮之间的组合效应，对于同一替代比例的同一原料可得出多种结论。研究发现由差异法获得的 DE、ME 可能会因为替代比例的不同而产生差异。Huang 等（2013）测得小麦次粉添加比例为 9.6%、19.2%、28.8%、38.4%、48.0% 的 DE 分别为 8.9 MJ/kg DM、11.3 MJ/kg DM、11.9 MJ/kg DM、10.7 MJ/kg DM、11.18 MJ/kg DM（$P < 0.01$），ME 分别为 8.4 MJ/kg DM、10.8 MJ/kg DM、11.7 MJ/kg DM、10.2 MJ/kg DM、11.4 MJ/kg DM（$P < 0.01$）；而添加比例为 22.2%、33.6% 测得的 DE 为 16.3 MJ/kg DM、16.2 MJ/kg DM（$P = 0.97$），ME 为 15.5 MJ/kg DM、15.2 MJ/kg DM（$P = 0.16$）。因此，研究者们又研究出回归法。

回归法即在试验时配制不同添加比例的试验日粮，并以试验饲料的 DE 或 ME 为因变量 y，以待测原料的添加比例为自变量 x，构建回归方程，并将 x 外推至 100%，即可计算出待测原料的 DE 或 ME 值。Zhao 等（2018）利用此法，以添加比例为 8%、15%、25%、31% 测定了生长猪豆粕的 DE 和 ME 值分别为 18.13 MJ/kg DM、17.58 MJ/kg DM，且与各比例下的差异法测得的结果无显著差异，但当加入晶体氨基酸时，由差异法测得的 DE 和 ME 高于回归法测得的值。Liu 等（2021b）基于此法报道了甜菜粕的 DE 和 ME 分别为 10.72 MJ/kg DM 和 10.34 MJ/kg DM，脱脂米糠的 DE 和 ME 分别为 11.23 MJ/kg DM 和 10.90 MJ/kg DM；同时，发现使用回归法测定甜菜粕、脱脂米糠的 DE 和 ME 与使用添加比例为 20%、30% 的差异法测得的 DE 和 ME 无显著差异，并推荐当试验动物有限时，对于高纤维原料在基础日粮中的添加比例至少为 20%。因此，在测定原料有效能值时，推荐使用回归法，但因场地或实验场地的限制，可使用差异法，但需确定待测原料的合适替代比例，以减少因替代比例过低或过高导致测定结果的偏差。

（3）净能的测定。

净能（NE）的测定较 DE 和 ME 测定更为复杂，在猪上一般采用比较屠宰法或间接测热法测定，前者需要专业的屠宰分割设备及人员，后者需要借助专用的呼吸测热舱，两种方法均费时、费力。比较屠宰法是指在试验初期屠宰一批动物，然后在饲喂试验结束时再屠宰一批试验动物，根据血液、内脏、屠体的重量及其中的蛋白、脂质含量计算出蛋白质和脂质总量，并分别乘以蛋白质的转化系数 k_p = 5.66 kcal/g（1 kcal=4.1856 kJ）、脂质的转化系数 k_f = 9.46 kcal/g，即获得两次屠宰动物体成分的 GE，做差计算出动物在试验期能量的沉积量（retained energy，RE），然后用试验期动物的代谢能摄入量（metabolizable energy intake，MEI）减去 RE 即可得到产热量（heat production，HP）。

使用间接测热法一般基于试验期 O_2 的消耗量和 CO_2、CH_4 的产生量及尿氮的产生量进行换算：总产热量（total heat production，THP）（kJ）= 16.18 × O_2（L）+ 5.02 × CO_2（L）– 2.17 × CH_4（L）– 5.99 × N_u（g）。目前，由国家饲料工程技术中心利用自主研发的猪专用呼吸测热装置，测定了 30 多种原料在生长猪上的 NE 值，尤其获得了禽油、棕榈油、鱼油、玉米油、亚麻油等油脂的 NE 值，亦建立了各类饲料原料的 NE 预测模型。

3.2.2 氨基酸生物学效价评定

饲料原料中的氨基酸（amino acid，AA）组成及含量可通过化学分析进行测定，但这些数值并未反映出可被动物利用的 AA 的量。AA 的生物利用率被定义为饲料中氨基酸被以化学形式吸收的比例，这些 AA 可被用于蛋白质的合成代谢，传统上 AA 的生物利用率由斜率比法进行测定，但此法烦琐且昂贵，对实验条件有独特要求，最终的测定值为相对值，且测定的标准误差较大。因此，常以 AA 的体内消化率来表示其生物利用率。

3.2.2.1 表观回肠消化率和标准回肠消化率

小肠是 AA 消化吸收的主要器官，为了避免后肠微生物发酵对 AA 代谢的影响，AA 消化率评定经历了从全肠道表观消化率（apparent total tract digestibility，ATTD）到回肠消化率的发展。回肠食糜中 AA 包括饲料中未消化的 AA 和总内源损失 AA（ileal endogenous losses of AA，IAA_{end}），其中，IAA_{end} 包括基础内源 AA 损失和特异性内源 AA 损失（图 3-5）。基础内源 AA 损失是指无论饲料如何，动物体内都会损失的 AA 最少量；特异性内源 AA 损失表示由饲料因素引起的损失。因此根据其内源损失的校正情况又进一步分为表观回肠末端消化率（apparent ileal digestibility，AID）、真回肠末端消化率（true ileal digestibility，TID）和标准回肠末端消化率（standard ileal digestibility，SID）。

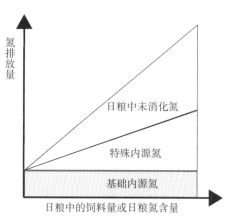

图 3-5　回肠氨基酸流出量剖分（Adeola 等，2016）

TID 是在 AID 的基础上扣除了总内源损失（基础内源损失 + 特异性内源损失），SID 是在 AID 的基础上扣除了基础内源 AA 损失。计算方法如下：

AID % = [（AA 摄入量 – 回肠 AA 流出量）/AA 摄入量] × 100；

TID % = {[AA 摄入量 –（回肠 AA 流出量 – 总回肠内源 AA 损失量）] / AA 摄入量 } × 100；

SID % = {[AA 摄入量 –（回肠 AA 流出量 – 基础回肠内源 AA 损失量）] / AA 摄入量 } × 100。

如果 AID 已测得，则可使用以下公式：

TID% = AID +（总回肠内源 AA 损失量 / AA $_{日粮}$）× 100；

SID% = AID +（基础回肠内源 AA 损失量 / AA $_{日粮}$）× 100。

由于总 AA 内源损失量的测定程序复杂且昂贵，加之 TID 扣除的总内源损失，并不能区分产生特异性内源损失的饲料原料，因此，TID 不能表征在猪体内用于蛋白质合成的氨基酸量（李德发，2020）。SID 间接考虑了与采食量密切相关的特异性内源氨基酸的分泌量，并不受氨基酸消化率的影响，而且 SID 比 TID 在饲料配方中更具可加性，故 SID 被广泛应用于饲料原料 AA 消化率的评定中。

3.2.2.2 氨基酸内源损失的测定方法

目前，测定 AA 内源损失主要方法有：无氮日粮法（nitrogen-free diet，NFD）、酶解蛋白日粮法、回归法、高精氨酸日粮法及 ^{15}N 同位素标记法。饲喂高纯度或可消化蛋白质日粮被认为是测定回肠基础内源 AA 损失更贴近猪生理的方法，且 NFD 法可能会高估回肠脯氨酸及甘氨酸的内源损失，低估总的基础内源 AA 损失。但由饲喂 NFD 获得的基础内源 AA 损失与饲喂高消化蛋白质日粮获得值相似或略低，且由 NFD 获得的值与由回归法获得的值相一致。因此，NFD 结合指示剂是普遍的测定基础内源 AA 损失的方法。

NFD 的组成亦会影响对基础内源损失的测定，故有必要设计标准的 NFD。Stein 等（2007）给出了测定断奶仔猪、生长育肥猪基础内源 AA 损失的推荐 NFD（表 3-1）。除标准化的 NFD 外，试验动物的基因型、肠道健康、食糜采样及分析程序的不同必然会造成基础内源 AA 值的变异，因此基础内源 AA 损失的测定应作为评价氨基酸消化率的基础工作，尽可能获取自己试验动物的基础内源 AA 损失值。基础内源 AA 损失采用下面公式计算：

基础内源 AA 损失 = AA $_{回肠}$ ×（指示剂 $_{日粮}$ / 指示剂 $_{回肠食糜}$）

表 3-1 测定基础内源 AA 损失推荐的 NFD 组成（%，风干基础）

饲料原料（%）	猪生长阶段	
	断奶仔猪	生长 – 育肥猪
玉米淀粉	54.5	79.1
葡萄糖	15.0	10.0
乳糖	20.0	—
植物油	3.0	3.0
合成纤维	3.0	4.0
石粉	0.5	0.5
磷酸二氢钙	2.4	1.9
指示剂	0.4	0.4

续表

饲料原料（%）	猪生长阶段	
	断奶仔猪	生长－育肥猪
食盐	0.5	0.4
维生素预混料[1]	0.05	0.05
矿物质预混料[1]	0.15	0.15
碳酸钾	0.4	0.4
氧化镁	0.1	0.1
总计	100.0	100.0

注：[1] 维生素预混料及矿物质预混料应满足 NRC（2012）及中国《猪营养需要》中的最低要求。

资料来源：Stein 等，2007。

3.2.2.3 氨基酸消化率测定方法

如前所述，全收粪法是测定饲料中营养物质常用的方法，但对于回肠食糜全收集以确定回肠消化率是一项挑战。采集回肠食糜的方法有：桥式瘘管法、T-型瘘管法、回－直肠吻合术。由于桥式瘘管法手术复杂，取样烦琐，瘘管可利用时间短，现在多采用 T-型瘘管法，且必须结合使用指示剂。根据瘘管的位置和特点又分为以下几种方法：

（1）简单 T-型瘘管（simple T-cannulation，STC）。

该法是通过外科手术在距离回盲瓣前 5～10 cm 处植入 T-型瘘管。该法手术简单易行，术后动物易于管理；取样对动物消化道影响较小；但此法要求在多时间段进行采样以保证所取样品的代表性。套管外伸于体外，容易在动物皮肤摩擦中脱落或断裂，另外回肠直径较细，套管直径受到限制，较易发生食糜堵塞和渗漏。

（2）瓣后盲肠 T-型瘘管法（post-value T-caecum cannulation，PVTC）。

该法将 T-型瘘管从回肠末端移到了盲肠，保留了回盲瓣的完整性。这可延长液态食糜在小肠中的停留时间，使得饲料氨基酸消化率的测定值更接近真实值。此法可使用直径更大的套管，减少了食糜在套管中的堵塞，但该法几乎切除了盲肠，势必会影响猪的生理状况。

（3）可控回盲瓣 T-型瘘管法（steered ileo-cecal value cannulation，SICV）。

此法是对 PVTC 的一种改进，可以全收集食糜。不用切除盲肠，只需在正对回盲瓣对侧的盲肠上安装一个 T-型瘘管，利用两个表面附有硅胶的金属环，直径较小的环套在末端回肠的外面，紧贴盲肠，直径较大的环置于回肠末端肠腔中，大环上系一根长约 30 cm 的尼龙绳，绳的一头通过回盲瓣从套管中穿出体外（图 3-6）。当收集食糜时，拉紧尼龙绳，使回盲瓣伸进 T-型套管，外环使盲肠贴近套管。堵住食糜向盲肠和结肠的通道，即可实现全收集食糜。但此法瘘管接头容易脱落，造成使用寿命不长。两环接触面积较小，使得压强较大，易引起损伤修复组织增生，造成回肠末端膨大。

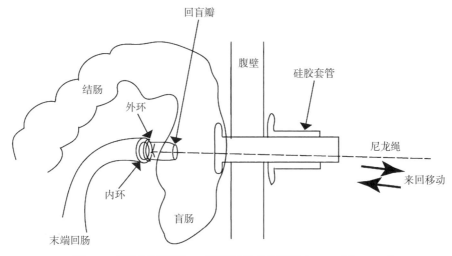

图 3–6　猪可控回盲瓣 T– 型瘘管技术示意图（Mroz 等 , 1996）

3.2.3　生长育肥猪与成年母猪的纤维营养价值评定

饲料成本占生猪生产成本的 60% ～ 70%，人畜争粮矛盾日益严重，加之与生物燃料行业的竞争，生猪生产成本不断上升，利用谷物类加工副产物替代常规玉米、豆粕等常规饲料原料已然成为最有前景的解决方案，这些加工副产物通常含有较高水平的膳食纤维，在一定程度上限制了其在动物饲料的应用。但饲料中包含一定的膳食纤维，可优化肠道菌群，调节肠道屏障，促进猪肠道的健康发育与完整功能的实现；也可增加妊娠母猪的饱腹感，提升动物福利；亦可提升仔猪初产及断奶窝仔重。

3.2.3.1　纤维的分类及理化性质

要想实现对纤维饲料的价值评定，首先有必要了解膳食纤维的组成及分类（图 3–7）。传统上，膳食纤维主要来源于植物细胞壁的结构和非结构部分。植物细胞壁的结构成分主要由木质素、纤维素、半纤维素、果胶、树胶等各种多糖组成。木聚糖是植物细胞壁中的主要半纤维素，其次是阿拉伯木聚糖、葡甘聚糖和半乳甘露聚糖，在结构上与猪肠道发酵能力有限的纤维素同源。果胶具有高黏度和高发酵力的特点，由 3 种不同的多糖组成，包括高半乳糖醛酸、鼠李半乳糖醛酸和半乳甘露聚糖。另外，植物细胞壁的非结构部分是紧密附着于纤维成分的混合组分，例如植酸盐、蛋白质和酚络合物。根据目前的分析技术，膳食纤维通常分为粗纤维（CF）、中性洗涤剂纤维（NDF）、酸性洗涤剂纤维（ADF）、总膳食纤维（TDF）和非淀粉多糖（NSP），这些分类之间存在一些重叠。根据 TDF 和 NSP 在水中的溶解度，TDF 和 NSP 可分为可溶性膳食纤维（SDF）和不溶性膳食纤维（IDF），以及不溶性 NSP 和可溶性 NSP。猪饲料中常见的包含 IDF 的原料主要包括谷物及豆类的外壳及麸皮，如苜蓿草粉、燕麦壳、玉米加工副产物、小麦加工副产物；包含 SDF 的主要原料有甜菜渣、燕麦麸皮及魔芋粉；大豆皮同时含有大量的 IDF 和 SDF。

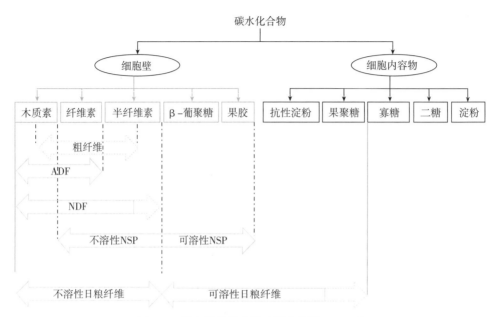

图 3-7　膳食纤维的分类（张宏福等，2019）

在评价猪饲料原料的纤维成分时，TDF 系统更值得推荐。然而，在目前的生猪生产系统中，考虑到饲料成分分析的成本、效率和准确性，更多地使用 CF、NDF 和 ADF 指标。

除上面提到的可溶性、不可溶性等物理特性外，纤维的水合能力（hydration capacity，HC）、持水能力（water holding capacity，WHC）、水结合能力（water binding capacity，WBC）、溶胀性（swelling property，SWP）、缓冲能力（linear buffering rate，LBR）及可发酵性亦是评价纤维营养价值的重要指标。

3.2.3.2　纤维原料的营养价值评定

目前，已有许多关于纤维原料在生长 - 育肥猪、母猪上的有效能值、AA 及其他养分消化率的报道。但纤维原料的有效能值及养分消化率因原料的产地、加工工艺等因素存在变异，所以在实际生产时要结合原料的产地、加工工艺及物理特性等因素慎重使用这些数据。

如前所述，富含纤维的原料不能使用直接法进行测定，必须使用差异法及回归法。Liu 等（2021b）比较了差异法和回归法测定甜菜粕、脱脂米糠的 DE、ME，认为回归法的稳健性优于差异法的，若在试验动物受限的情况下，则甜菜粕或脱脂米糠的添加比例至少是 20%。此外，该研究还就全收粪法的收粪程序及收粪时长进行了研究，对于大豆皮或脱脂米糠等高纤维原料，生长猪对高纤维日粮的适应期应至少 7 d，收粪时间至少 5 d。此外研究者们亦比较了全收粪法与指示剂法之间的差异，Liu 等（2021a）报道了由 IM 测定的脱脂米糠、大豆皮及甜菜粕的 DE、ME 值低于全收粪法的测定值。Wang 等（2018）比较了不同指示剂（Cr_2O_3、TiO_2）及其添加水平（2.5 g/kg、5.0 g/kg、

7.5 g/kg）对生长猪的燕麦麸养分消化率及有效能的影响，表明养分的消化率仅受指示剂类型的影响，而不受指示剂添加水平的影响；同时，发现收粪时长（3 d、5 d）对养分消化率 GE 的表观全肠道消化率（ATTD）无影响；由全收粪法测得的 GE 的 ATTD 高于由 TiO$_2$ 测得的值，且前两者均高于由 Cr$_2$O$_3$ 测得的值。综合以上研究，在评定纤维原料有效能值及消化率方面，在考虑准确性时，全收粪法或优于指示剂法。

3.2.4 体外消化法评定饲料营养价值的研究进展

由于动物代谢试验法耗资、费力、效率低，同时测定值又受到种种测试条件的限制。因此，自 20 世纪 50 年代以来，许多学者探索体外模拟饲料养分在畜禽体内的消化代谢，提出了种种简捷、易于执行的饲料养分生物学效价的评定方法，并且对于动物消化酶的变异规律及其对不同养分的水解环境，从不同的角度进行过大量研究工作。体外法可分为 4 类：透析袋法、pH 降低和 pH 稳定法、比色法和过滤法。亦可分为密闭环境下的简单和复杂方法，体外消化可以使用来源于工业的或肠液中的酶或菌种进行包括 1 个、2 个或 3 个阶段的模拟消化阶段。但文献报道的频率和实际应用方面则显得不够系统。总体来说，体外消化的发展时起时落，尤其是在体外消化法的研究方面更显得分散。粗略概括，大致是从早期的简单模拟胃酶消化过程到中期的模拟胃、肠道多步消化，最后向近期的全消化道仿生酶谱的建立到电脑仿生程控的方向发展。

3.2.4.1 手工仿生酶法

早期体外仿生法多以三角瓶作为消化反应容器，加入猪胃蛋白酶对饲料进行酶解，用以评定饲料中能量及蛋白质的生物学效价。胃部的主要消化酶是胃蛋白酶，其他酶的含量较低，一般忽略不计。用胃蛋白酶水解法评定饲料或食物的可消化性，只能反映在规范水解条件下某一饲料或食物中的蛋白质生物学效价。

鉴于用单一胃酶法评定饲料生物学效价的局限性。从 20 世纪 70 年代以后，许多学者在单一胃酶处理的基础上用胰液、猪小肠液（porcine intestinal fluids，PIF）以及商品复合酶（如 Viscozyme）乃至 20% 磺基水杨酸（PSA）等用于饲料有效能或蛋白质氨基酸的"生物学效价"评定。Furuya 等（1979）利用商业胃蛋白酶和从空肠上部装有瘘管的猪的体内获取的肠液，模拟了猪胃和肠道两阶段消化，评估了猪日粮中 DM 和 CP 的表观消化率，发现 DM 和 CP 体外消化率与动物体内消化率高度相关，R^2 值均达 0.98。体外蛋白质消化率是根据样品中的氮含量和未消化残留物之间的差异来计算的。体外消化率的值不包括任何内源损失，因此被认为是蛋白质的 TID。

体外三步法主要用于预测营养物质在全消化道的消化率。它们涉及饲料样品与胃、小肠和大肠中模拟消化的酶的连续培养，如胃蛋白酶、胰酶和纤维降解酶或胃蛋白酶、胰酶和瘤胃液，以纤维素酶和含有阿拉伯糖、纤维素酶、β-葡聚糖酶、半纤维素酶、木聚糖酶和果胶酶的多酶复合物作为纤维降解酶。

以上研究中所有加酶过程均需人工操作，易造成较大的系统误差，同时整个消化过程在三角瓶（试管）中发生，与动物消化吸收生理过程不符，消化产物可能会对酶活性产生抑制作用。

3.2.4.2 电脑程控式的单胃仿生消化系统

为了克服以上弊端，动物营养学国家重点实验室基于单胃动物在不同环境、不同组合效应，以及不同畜禽的消化生理、营养代谢等方面的研究，成功开发出单胃动物体外消化系统（simulated digestion system，SDS）及相关消化酶谱试剂盒。

经过多年的研究，猪、鸡和鸭的仿生参数及酶谱已建立，在快速评定饲料营养价值及非淀粉酶谱筛选中发挥着重要作用。Chen 等（2014）利用 SDS 测定了生长猪饲料原料的体外酶解物能值（IVDE），IVDE、IVDE/GE 对体内测定的 DE、DE/GE 有较好的拟合，表明用较高准确性和重复性的 SDS 测定的 IVDE 可用于预测生长猪饲料原料的 DE。仿生法与其他体外消化法相比，主要优势为：使用仿生消化管代替了三角瓶，可通过直接更换系统的缓冲液避免调节反应体系 pH 值的琐碎操作，反应体系总体积保证相对稳定，使用的消化酶及用量、缓冲液组成、pH 值和反应温度均有体内数据的佐证，避免了其他体外方法中参数的随意性。

虽然 IVDE（EHGE）对 DE（ME）有较好的拟合，且有较好的重复性，可快速预测饲料的能值。然而体外法无法模拟与动物、饲料相关因素对消化吸收的影响，如无法模拟抗营养因子、饲料加工、日粮形态、颗粒大小对动物肠道的食糜转运速率、食糜黏度以及动物机体对以上因素产生的反馈应答，故体外法亦有其局限性。期望体内、体外完全一致是不可能的，但体外法对于筛选原料并对其分级具有重要意义，同时，还需研究者结合规范的体内法对当前的体外法进行不断的评估优化。

3.2.5 近红外光谱（NIRS）快速评价饲料养分在生产中的应用

近红外光（NIR）是波长介于 780～2526 nm 的电磁波，近红外反射光谱（near infrared reflectance spectroscopy，NIRS）是运用近红外光谱探知物质理化性质的检测技术，已被应用于饲料工业中对常规项目的预测，该法具有检测速度快、样品用量少、无污染、非破坏性测定及一次光谱可同时获得多种品质成分含量的优点。其工作原理为 NIR 记录待测样品中含氢基团（–OH、–CH、–NH、–SH）对光谱的吸收信息，并结合化学计量学对样品进行定量或定性分析，把各种饲料表示为对各特定波长近红外光的吸收，进而根据样品中有机物对近红外光在特定波长处的特征吸收来预测有机物的含量。

影响 NIRS 检验结果的最主要因素有：①样品粒度和分布。②定标样品群的选择及标样设计。标样数量的多少直接影响分析结果的准确性，样品太少不足以反映被测饲料群体常态分布规律，数量太多则增加定标的工作量。③样品温度。

惠明弟等（2014）建立了罗曼蛋鸡对菜籽粕的氨基酸利用率（amino acid availability，AAA）和 ME 的 NIRS 预测模型，ME 和部分 AAA 的定标方程的相关系数均在 90% 以上，表明用 NIRS 进行定标具有可行性。Losada 等（2010）比较了基于化学成分、体外酶水解干物质（有机物）消化率及 NIRS 3 种方法建立的对豆粕、全脂大豆、菜籽粕、葵花籽粕、棕榈粕的 AMEn 和 AMEn/GE 预测方程，结果显示，基于 NIRS 方法建立的预测模型最精确，其交叉验证决定系数（coefficient of determination of cross-validation，R^2cv）分别为 0.952、0.926。张正帆（2010）通过控制豆粕样品不同含水量建立了 3 个水分区间及全局豆粕 NE 的 NIRS 预测模型，模型校正决定系数（coefficient of determination of calibration，R^2cal）分别为 0.96、0.98、0.97、0.94，R^2cv 分别为 0.92、0.95、0.95、0.93，并认为用 NIRS 建立的 NE 预测模型与只基于用化学成分建立的预测模型相当，但低于基于 AME 结合化学成分所建立的预测模型。

相比较于原料化学成分，基于 NIRS 建立预测方程，可快速更新原料的营养成分，最大限度将预测值应用于饲料配方中，开发基于 NIRS 的大型在线数据库是未来畜禽营养研究的重要任务。

3.3 动物营养需要量的精确评估

在现代化猪生产中，饲料成本占养殖成本的 60% ~ 70%，饲料对养殖效益、动物健康、产品品质和环境均有重大影响。因此，依据饲料原料的营养价值和动物的营养需要量，实现精准营养配方设计，是缓解以上问题的重要手段。

动物营养需要（nutrient requirements）也称营养需要量，是指动物在最适环境条件下，正常、健康生长或达到理性生产成绩时对各种营养物质种类和数量的最低要求。然而，在一个特定猪群中，营养物质的需要量存在明显的个体差异，并随个体年龄和体重的增加而不断变化；在以最小的饲料成本获得最大生产性能的生产目标下，为了获得最大的生产性能，通常按个体最高需要量供给营养，结果是多数个体的营养摄入量高于实际需要量。此外，随着猪遗传选育的进展、养殖水平的提高以及养殖环境和设施的全面升级，猪的主要生长性能指标如出栏体重、饲料利用率、生长曲线等也在逐年变化，其营养需要量较过去有着显著差别。因此，根据每头动物每日的营养需要量供给日粮，实现精准营养需要量评估是节省饲料资源、提高养殖效率的基础性工作，可为我国畜牧业生产中健康高效养殖提供数据参考，对我国畜牧业可持续发展具有重要意义。为此，本节围绕营养需要精确评估方法以及仔猪、生长育肥猪、妊娠及泌乳母猪的能量、蛋白质/AA 需要研究进展进行综述，旨在为猪的精准饲养以及猪养殖产业的科学发展提供帮助。

3.3.1 猪营养需要量的评估方法

对于一些特定的营养物质（如能量、必需氨基酸）来说，当其他所有营养物质均以足够量的水平供给时，为了满足特定的生产目的如生长、产奶、繁殖等所需要的营养物质量即为这些特定营养物质的需要量。依据生产目的和营养成分的不同，营养物质需要量可被看作是当所有的其他营养物质都以足够量的水平给予时，能阻止营养缺乏症的出现，并保证动物能以正常的方式执行其必须功能时所需要的最小量。对于家畜来说，营养需要受动物（如遗传潜力、年龄、体重和性别）、饲料（如营养组成、消化率和抗营养因子）及环境（如温度和空间容量）等相关因素的影响。对于猪群体来说，营养需要是指为了达到理想的生长速度和蛋白沉积等特定生产目的所需要的营养物质量。目前，构建猪营养需要量模型的主流方法包括综合法和析因法，通过两种方法分别可以建立营养需要量的经验模型（empirical model）和机理模型（mechanistic model）。从试验方法来讲，评定营养需要的两种方法都是以研究营养摄入和动物反应之间关系的试验结果为基础。在剂量反应法（综合法）中，这种关系被用来评定具有一定程度异质性的动物群体对不同营养水平的最佳反应。相反，析因法是评定在特定生长状态下一个动物个体的维持营养需要量和允许最大生长的需要量。剂量反应法和析因法之间的关系比较难以确立，并且受动物、生长状态和群体异质性等许多因素的影响。

3.3.1.1 综合法

我国现行的猪饲养标准（2020），是以试验性研究为基础建立的营养标准，优势是针对我国国情和实际生产条件，可以直接运用至养猪生产，极大地促进了我国畜牧业的发展。综合法会综合考虑猪的维持需要量和生产需要量，一般采用剂量效应试验。确定动物的营养需要量是从一个群体的观点出发，用含不同水平的某一营养物质的日粮饲喂一个动物群体，通过评估动物群体对不同浓度日粮的反应建立二者间的动态模型关系，从而来确定动物对这一营养物质的需要量。在该方法中，需要量是指某一特定体重范围或生理阶段（如生长或育肥阶段）的需要量，这个需要量并不适用于其他体重范围或生理阶段。因此，在评定营养需要量时，必须考虑环境条件、日粮条件（营养物质间的相互作用、纤维含量及抗营养因子等）、历史饲喂水平及社会因素等方面。

在剂量效应试验中，常用的评估模型有多重比较、线性模型和非线性模型等（图3-8）。其中，非线性模型有单斜率折线模型、二次曲线模型、曲线平台模型和渐近线模型。在以往研究中，多重比较常被误用于剂量效应试验的需要量评估，但是，多重比较没有相应的函数，其评估值为某一设置的剂量水平，而动物需要量是连续性的数据，可能在两个设置水平之间，故不能得到精确的需要量。此外，多重比较也不适用于连续的数据类型。一次线性模型由于没有平台或最大值，不适用于剂量效应试验最后那个需要量的评估。二次曲线模型对剂量水平和数据类型要求较宽泛，容易得到最佳评估值，即极值对应的剂量，因此，是需要量评估最常用的模型，但是，其评估值易受实际需要量附近剂量水平的影响，且对高剂量没有进一步反应的数据类型的评估存在局限性。单斜率折线模型假设猪的生长速率与营养素的摄入存在一个线性增长的关系，当营养供给满足猪的需要量时，其生长速度基本维持一致，从而达到一个稳定期，模型选择的拐点被认为是猪的营养需要量。在剂量效应评估试验中，单斜率折线模型的评估值被认为是最低需要量，且不考虑群体间的变异。曲线平台模型是对单斜率直线模型的一种改善型模型，低剂量时，随剂量的增加效应呈二次变化，达到极值后以平台表示。渐近线模型是指数模型的一种，低剂量时效应随剂量的增加大幅提高，高剂量时效应表现出不断趋近最大值。该模型动物性能达到 95% 效应时，对应的剂量为动物的营养需要量。总之，模型的选择取决于评估值的用途、经济性、安全性、便利性和拟合度等因素均影响其选择，在报道需要量评估值时，需给出相应的评估模型。

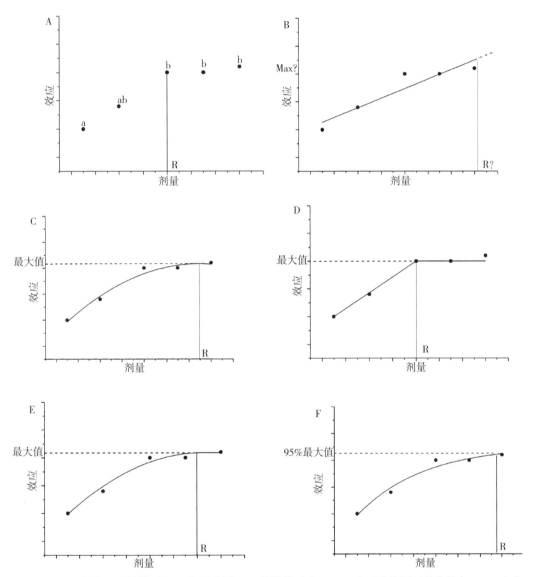

图 3-8 需要量常用评估模型 A. 多重比较；B. 线性模型（Max？为无法估测到最大值）；C. 二次曲线模型；D. 单斜率折线模型；E. 曲线平台模型；F. 渐近线模型（谢春元，2013）

近年来，国内开展的对于商品猪或者地方品种猪能量需要量和氨基酸需要量的评定工作均基于综合法。李鹏飞（2012）利用二次曲线模型分析了仔猪和生长猪标准回肠可消化（SID）Lys∶ME 需要量；时梦（2017）利用二次曲线模型分析了后备母猪 NE 需要量；张荣飞（2011）利用二次曲线模型分析了 DE、Lys 和 Thr∶Lys 需要量，谢春元（2013）利用单斜率折线模型和二次曲线模型分析了育肥猪 Lys 需要量等。综合法建立的经验模型可以在特定试验条件下有效预测动物群体的营养需要，但却无法揭示自变量（某种养分含量）与因变量（效应指标）之间内在的生理生化机制和变化规律，因此，属于黑箱模型，只在特定环境条件下具有代表性，无法进行大范围的推广应用。

3.3.1.2 析因法

随着现代养猪业生产规模的不断扩大以及愈加精细的分阶段饲养管理模式的出现，能够准确解析不同阶段和不同生产目标下猪营养需要量的析因法受到了越来越多的关注。利用析因法构建的机制模型可以准确描述营养素在动物体内的流动与转化率，赋予了数学模型以生物学意义，从而可以更有效地指导生产实践。析因法是以动物的营养物质代谢机理为基础，根据营养物质在动物体内的每日沉积量（即生产需要）和代谢过程损耗（即维持需要）来确定动物对营养物质的净需要量，然后，利用该营养物质的生物学效价，确定其在饲料中的适宜含量。生长猪营养需要量可以分为维持需要量和组织生长需要量两部分。组织生长的营养需要量由蛋白沉积和非脂肪组织生长的速率，而非脂肪组织和蛋白沉积随着动物体重的增加而增加。析因法基本的原则是根据动物个体来评定营养物质的维持需要量和生产需要量，需要考虑能量与营养物质的利用率。因此，析因法是一种更为客观的营养需要量评定方法，它综合了动物代谢及营养物质生物学利用等方面的知识。然而，析因法具有静态性和确定性，即析因法是在一个特殊的点去估计动物的营养需要量，是根据可代表群体平均水平的某一动物个体来估计维持需要量和生产需要量。用一个简单直观的等式来描述如下：

$$E = M/Km + PC/Kc$$

式中，E 是某一营养物质的需要量，M 是动物的维持需要量，C 是动物生产的营养需要量，参数 P 为营养物质在动物产品 C 中所占的比例。参数 Km 和 Kc 分别为日粮中营养物质用于维持和生产的效率。

一些权威机构发布的营养标准，主要是通过析因法推导能量、氨基酸等养分的需要量。首先，建立可变化的数学模型，设置参数使整个模型更加灵活，从而适应不同生产条件下不同猪对养分需要量的评估。NRC（2012）提供了一个可供参考的数学模型。使用者可以通过输入观测到的体组成（如背膘厚）和体重变化值，进而将该模型的估测值与观测值进行对比，当观测值和估测值接近时，模型生成的营养需要量的估测值可信度较高。在不断发展和完善动态模型的过程中，需要大量的试验性数据进行验证，才能对观察值和预测值进行拟合，使其不断丰富和发展，提高模型的准确性。Whittemore 等（1976）提出了最早的生长猪机制模型，对生长猪蛋白质沉积和脂肪沉积的能量需要量进行了动态描述。此后，法国国家农业科学研究院（INRA）的科学家基于消化代谢、间接测热和比较屠宰等一系列试验的数据积累，利用析因法建立了生长猪的 ME 和 NE 需要量模型和母猪的 ME 和 NE 需要量模型，并于 2008 年发布。在国内，研究者通过饲养试验、消化代谢试验和比较屠宰试验相结合的方法，系统分析了圩猪（阉公猪）生长期（35 ～ 60 kg）的能量和蛋白质的代谢规律及需要量，并通过线性方程和异速生长方程拟合出 ME、NE 和蛋白质需要量的析因模型。此外，山东农业大学杨在宾教授团队近年来通过饲养试验、消化代谢试验和屠宰试验的方法先后分析了莱芜猪、沂蒙黑猪和江泉白猪等我国地方特色猪种在生长期（15 ～ 90 kg）的 DE、ME 与蛋白质的代谢规律，并由此构建了这些猪种在生长期的 DE、ME 和蛋白质需要量的析因模型。

3.3.2　母猪的营养需要量

3.3.2.1　能量需要量

妊娠期的能量需求可分为机体的维持、胎儿的发育以及母体乳房生长、初乳产生和子宫发育。这些需要还取决于母猪的体重、胎次和环境条件。在围产期，母猪营养需要发生指数性变化，体现在胎儿快速生长、乳腺发育、子宫成分变化和初乳合成增加等方面。Feyera 和 Theil（2017）使用析因法建立妊娠最后 12 d 的代谢能（ME）需要模型，估计出代谢能的需求量增加了 60%，从 33.9 MJ ME/d 增至 55.6 MJ ME/d。根据母猪的体增重，代谢能的需要量 75% ～ 80% 用于维持需要。虽然围产期能量供应对于满足不断变化的组织需求至关重要，但更重要的是，能量供应额外增重和背膘厚度增加，将对哺乳期采食量、产奶能力和仔猪生长造成负面影响。Guillemet 等（2010）观察到母猪妊娠期饲喂高纤维日粮（12.8% ～ 3.5% 粗纤维）能更快地过渡到高营养浓度的哺乳料，同时，整个哺乳期的背膘损失降低。有研究表明，日粮添加可溶性纤维可缩短产程。然而，分娩前 8 ～ 10 d 饲喂高纤维日粮对仔猪初生重、窝增重、初乳量和母猪代谢标准没有影响。因此，在妊娠前期饲喂高纤维日粮，对母猪健康和繁殖性能益处更大，在过渡期添加纤维能帮助母猪顺利过渡到哺乳料，可降低死胎率，但对初乳、仔猪增重没有影响。

泌乳期母猪的能量需要量随着带仔猪数的增加而增加。产奶占泌乳母猪能量需要量的 65% ～ 80%（图 3-9，NRC，2012），在分娩第 1 周内能量需要量突然增加 3 倍。哺乳期能量需要量会迫使母猪面临代谢挑战。如果能量摄入不足，母猪会优先分解体储备来维持产奶。能量摄入量低于哺乳需要量，导致母猪大部分哺乳期处于能量负平衡。这表明哺乳期母猪在生物学上无法消耗足够的饲料来满足能量需求，同时，也为最低限度调动体储备的营养策略带来机会。哺乳日粮营养浓度很重要，通常由脂肪、油或纤维来调整。在采食量相同的情况下，日粮能量浓度提高通常代表能量摄入量的提高，但能量浓度过高会降低采食量。将泌乳日粮的能量浓度从 12.8 MJ ME/kg 提高到 13.4 MJ ME/kg，可提高能量摄入量，从而减少体损失，提高仔猪生长速度。然而，哺乳期日粮能量浓度从 13.8 MJ ME/kg 提高至 14.2 MJ ME/kg 时，因对采食量有负面影响，而不能进一步提高能量摄入量。

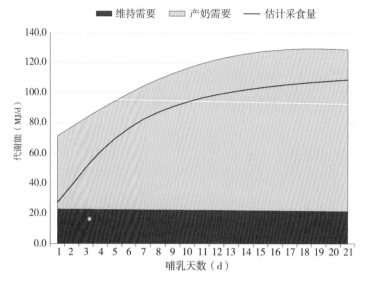

图 3-9　根据维持和产奶能量需要估算哺乳母猪能量摄入量
（**Feyera 和 Theil，2017**）

注：根据 NRC2012 模型估算，假定经产母猪哺乳期为 21 d，带仔数为 14 头，
断奶重为 6.4 kg/ 头。

3.3.2.2　氨基酸的需要量

胎儿生长（22.7%）、乳腺生长（16.8%）和初乳合成（16.1%）占妊娠后期所需标准回肠可消化（SID）Lys 总量的大部分，剩下的需要量用于氧化 / 转氨作用、维持需要和子宫组成需要。与妊娠 104 d 相比，妊娠 115 d SID Lys 需要量增加 149%，达到 35 g SID Lys/d（图 3-10）。在目前商业生产中，Lys 的需要量比通常提供的水平要显著增加。因此，母猪在分娩前几天似乎会出现 Lys 负平衡。分娩前 10 d 乳腺快速生长，会持续增加至分娩后 10 d。带仔数决定了 Lys 的需要量，如果母猪的采食量或日粮品质不佳，将会动员体脂和体蛋白来满足仔猪的生长。初产母猪在妊娠 107 ~ 113 d 摄入 40 g SID Lys 会提高仔猪初生重。此外，如果满足了胎儿生长需要量，母体会把多余的营养分配给背膘。体蛋白在哺乳期是否增加还不清楚，但可以认为初产母猪体蛋白的沉积需要量高于经产母猪的。因此，初产母猪从过渡日粮高 Lys 和其他氨基酸中可能会受益更多，并用于体蛋白储备和胎儿生长。关于过渡期氨基酸需要量的研究除 Lys 外，其他氨基酸需要量的研究数据有限。在妊娠后期，母猪精氨酸和亮氨酸的需要量增加，且被用于胎儿和乳腺实质组织中。因此，虽然在过渡期日粮高赖氨酸有益，但需要更多的研究来了解其他氨基酸是否有利于初乳合成和胎儿的生长。

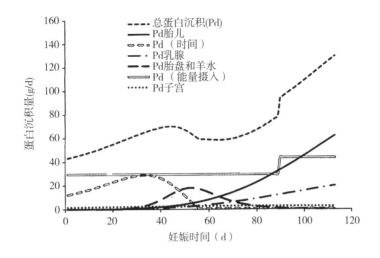

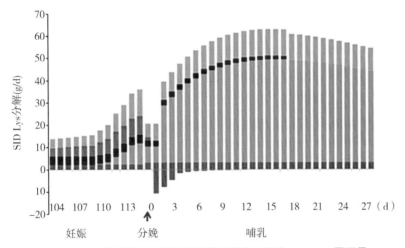

图 3-10　估算母猪妊娠期和哺乳期总蛋白沉积和 SID Lys 需要量
[NRC（2012），Feyera 和 Theil，2017]

　　为了满足更大的仔猪生长需求，高产泌乳母猪的氨基酸需要量大幅度增加。窝带仔数和窝增重决定了哺乳母猪的氨基酸需要量（图 3-11）。用于产奶的氨基酸需要为主要的氨基酸需要，接近 70% 的日粮蛋白用于乳蛋白的合成。母猪能动用体储备，所以，乳合成很难受日粮的影响。然而，日粮提供的氨基酸和蛋白质越接近乳蛋白合成需要，肌肉蛋白分解代谢就越会减少。最近的研究强调，均衡蛋白质和必需氨基酸的日粮摄入对母猪和仔猪在哺乳期的表现很重要。高产母猪在哺乳期平衡蛋白质摄入，有利于提高窝增重和减少体重损失。将可消化蛋白提高到 13.5%（约 15.5% 粗蛋白）可通过增加乳蛋白的合成而提高仔猪窝增重。更高水平的可消化蛋白 14.3%（约 16.5% 粗蛋白）似乎更有利于降低肌肉蛋白分解。因此，哺乳日粮需要的最低限度可消化蛋白为 13.5% ~ 14.3%。近年来，一些研究已经评估了高产母猪泌乳期的氨基酸需要量。一般来说，氨基酸需要量估计依赖于性能标准和统计方法。赖氨酸需要量估计是最常见的研究，模型预测窝增重更快时，氨基酸需要量会大量增加。文献关于氨基酸摄入量增加会降低体损失和体蛋白分解代谢方面的报道较一致，但对于日粮摄入对窝增重和下一胎繁殖性能方面存在不一致的报道。在 0.5 ～ 0.81 g SID Lys/MJ ME 范围的研究发现，要使体损失降到最低，整个哺乳期应为 0.72 ～ 0.79 g SID Lys/MJ ME。虽然对初产和经产母猪的估计似乎在相同的范围内，但初产母猪体损失要高于经产母猪的，分别为 12% 和 7%。赖氨酸摄入增加，血浆尿素氮和肌酐浓度降低，有助于降低母猪体蛋白利用率和肌肉分解代谢。然而，对于日粮氨基酸对体脂储存的影响并无共识。有人提出，能量和蛋白质的动员并不是完全独立的。因为，氨基酸和能量需求之间的相互作用更为复杂，并受到引起营养不足因素的影响，包括能量和蛋白质的摄入、乳能量和蛋白质合成、窝增重和哺乳期长短等因素。

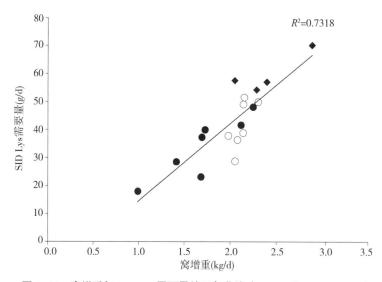

图 3-11　窝增重与 SID Lys 需要量的回归曲线（Feyera 和 Theil，2017）

3.3.3　仔猪营养需要量

仔猪从断奶至 70 日龄为保育阶段，是仔猪生长发育的重要阶段之一，此阶段仔猪生理上发育不完全，环境上面临多种应激，是死亡率最高的时期，直接影响经济效益。因此，对断奶仔猪提供合适的营养及精细化管理尤为重要，而断奶仔猪营养需要的精准评估是实施营养策略的基础和前提。

3.3.3.1　仔猪能量需要量

断奶仔猪的能量需要量评估相对比较困难。因为断奶造成生长抑制的程度和持续的时间有很大的变异性。断奶仔猪通常需要 2 ～ 3 周时间恢复其能量摄入量，重新达到断奶前的生长速度。而是否能将生长抑制的程度降到最低取决于仔猪的采食量。以21 日龄断奶仔猪生长速度为 280 g/d（与哺乳期间的生长速度相似）计算，那么每天需要摄入 7.8 MJ 的消化能。因此，需要摄入 500 g 消化能为 15.5 MJ 的教槽料，如此高的采食量在生产和试验条件下均难以达到。

从表 3-2 可以看出，在仔猪体重 5 ～ 10 kg 阶段，日粮消化能和代谢能水平分别为 13.87 MJ/kg 和 13.32 MJ/kg，远远低于 NRC（1998）推荐的 14.23 MJ/kg 和 13.66 MJ/kg，但与国内《猪饲养标准》（2004）推荐的 14.02 MJ/kg 和 13.46 MJ/kg 接近；而国外文献报道日粮消化能和代谢能水平分别为 14.91 MJ/kg 和 14.31 MJ/kg，远远高于 NRC（1998）推荐的 14.23 MJ/kg 和 13.66 MJ/kg，但与美国全国猪营养指南 NSNG（2010）推荐的 15.17 MJ/kg 和 14.56 MJ/kg 接近。

表 3-2　5 ～ 10 kg 体重范围仔猪能量需要

数据来源	消化能（MJ/kg）	代谢能（MJ/kg）	采食量（g/d）	消化能摄入量（MJ/d）	代谢能摄入量（MJ/d）	日增重（g/d）
国内文献	13.87	13.32	351	4.87	4.68	190
国外文献	14.91	14.31	327	4.87	4.68	223
NRC（1998）	14.23	13.66	500	7.11	6.83	—
国内《猪饲养标准》（2004）	14.02	13.46	300	4.21	4.04	240
NSNG（2010）	15.17	14.56	375	5.69	5.46	280

资料来源：易梦霞等，2012。

国内外文献两组数据中猪每天摄入的消化能和代谢能相当，均为 4.87 MJ/d 和 4.68 MJ/d，但均低于 NRC（1998）推荐的能量摄入量水平，这主要是由于采食量的差异造成。虽然该阶段两组能量摄入量相近，但是仔猪的日增重却相差较远，国内文献统计的平均日增重仅为 190 g，远远低于国外的 223 g。这表明，国内日粮能量摄入体内后转化为仔猪体内生长沉积的效率低于国外的研究，而这最主要的原因除了仔猪品种差异外，可能是仔猪能量原料的选择和利用的差异。

在 10 ～ 20 kg 阶段（表 3-3），日粮消化能和代谢能水平与前一阶段不一样，分别为 14.15 MJ/kg 和 13.58 MJ/kg，高于国内《猪饲养标准》推荐的 13.60 MJ/kg 和 13.06 MJ/kg，与 NRC（1998）和 NSNG（2010）推荐的消化能和代谢能水平较为接近，但低于国外研究报道的 14.77 MJ/kg 和 14.18 MJ/kg。由于 10 ～ 20 kg 阶段国内研究仔猪日采食量的研究数据比国外降低了 133 g/d，导致 10 ～ 20 kg 断奶仔猪的消化能和代谢能（9.03 MJ/d 和 8.67 MJ/d）实际摄入量大幅度低于国外文献数据（11.39 MJ/d 和 10.93 MJ/d），不到 NRC（1998）和 NSNG（2010）推荐能量摄入量的 70%，也同样低于国内《猪饲养标准》推荐的能量摄入量。该阶段国内文献研究统计的仔猪日增重（378 g/d）低于国外文献数据和国内《猪饲养标准》推荐数据（485 g/d 和 440 g/d），仅为国外文献数据的 77.94%。这表明，在 10 ～ 20 kg 阶段，目前，国内试验研究得到的断奶仔猪日粮能量原料质量有所欠缺，对仔猪的采食量有一定影响，导致能量实际摄入量远远低于 NRC（1998）和《猪饲养标准》的水平。

表3-3　10～20 kg 体重范围仔猪能量需要

数据来源	消化能（MJ/kg）	代谢能（MJ/kg）	采食量（g/d）	消化能摄入量（MJ/d）	代谢能摄入量（MJ/d）	日增重（g/d）
国内文献	14.15	13.58	638	9.03	8.67	378
国外文献	14.77	14.18	771	11.39	10.93	485
NRC（1998）	14.23	13.66	1 000	14.23	13.66	
国内《猪饲养标准》（2004）	13.60	13.06	750	10.20	9.79	440
NSNG（2010）	14.38	13.81	1 000	14.38	13.81	560

资料来源：易梦霞等，2012。

3.3.3.2　蛋白质 / 氨基酸需要量

NRC（2012）推荐了不同阶段仔猪的 Lys 需要量，其中，断奶仔猪在 5～25 kg 的 Lys 需要量被分为 3 个阶段，5～7 kg、8～11 kg 和 12～25 kg 推荐需要量分别为 1.50%、1.35% 和 1.23%。但在我国实际养猪生产中，仔猪通常在 21～23 d 断奶，断奶体重接近 7 kg；然后继续用教槽料饲喂 2 周，体重达到 10 kg 左右；然后用保育料饲喂到 9 周龄或 10 周龄，体重 25～30 kg。为此，向全航（2017）综合了 10～25 kg 仔猪 SID Lys 需要量进行 Meta 分析，研究纳入了满足筛选标准的所有与 Lys 需要量相关的文献，其中，包括中国地方猪种和瘦肉型猪种。将中国地方猪种和瘦肉型猪种比较分析（图 3-12），结果发现，中国地方猪种的生长性能低于瘦肉型猪种的，二者 SID Lys 需要量分别为 1.06% 和 1.334%，相应的 ADG 分别为 425.4 g/d 和 632.2 g/d。结果表明，中国地方猪的遗传潜力较差，生长速度较慢，因此，满足其生长所需的日粮 SID Lys 含量较低。而对于生长性能更好的瘦肉型猪种来说，其 ADG 比 NRC（2012）估计值高 47.2 g/d。动物品种及饲养管理在近些年不断改进提升，使得猪日粮的利用率不断提高，NRC（1998）推荐的日粮 Lys 含量不足（10～20 kg，1.01%），且 NRC（2012）在 Lys 需要量方面做了相应的上调。

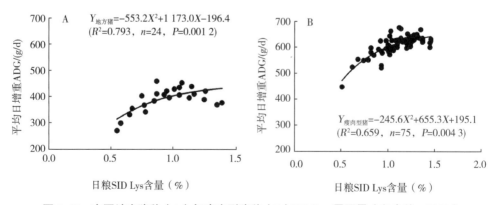

图 3-12　中国地方猪种（A）与瘦肉型猪种（B）SID Lys 需要量（向全航，2017）

饲料配方设计及制定要根据仔猪品种及其消化特点，选择适口性好、易于消化的饲料原料，尽量减少饲料中过敏因子和抗原成分，在兼具性价比的情况下，使得其配比合理及营养丰富。建议在断奶 1 周仔猪饲料中粗蛋白质含量为 20% ～ 22%（赖氨酸1.38%），消化能 15.4 MJ/kg；断奶 2 ～ 3 周仔猪饲料中粗蛋白质含量为 20%（赖氨酸1.35%），消化能 15.02 MJ/kg；断奶 4 ～ 6 周仔猪饲料中粗蛋白质含量为 20%（赖氨酸1.35%），消化能 14.56 MJ/kg 为宜。蛋白原料可以选择血粉、乳清蛋白粉、鱼粉、肠膜蛋白粉、膨化大豆等优质蛋白原料；能量原料可以选择乳清粉、膨化玉米、植物油等优质能量原料。

3.3.4　生长育肥猪营养需要量

生长育肥猪的饲养管理是养猪生产的重要环节，也是生猪养殖的最终目标。因此，根据生猪营养需要精准提供各种养分是降低饲养成本、获得最佳生猪养殖经济效益的关键。

3.3.4.1　能量的需要

生长育肥猪对于能量的需要主要是为了维持需要、生长发育的需要和增重的需要。当日粮中的能量水平满足维持需要后，剩余的能量则用来确保育肥猪正常的生长发育和增重。日粮中的能量水平增加，则能量的摄入量增加，日增重越大，饲料转化率越高，脂肪的沉积量也越多，但是猪的瘦肉率会降低，胴体的品质会变差。

相对于西方国家，我国对能量代谢的研究起步甚晚，到 20 世纪 60 年代，只对猪做了饲料能量价值评估。20 世纪 80 年代，我国的能量代谢研究进入迅速发展阶段，创建了不同类型的动物呼吸测热研究中心。至此，我国关于能量代谢的研究也得到了突飞猛进的进步。Noblet 等（1991）对大白猪皮特兰与中国梅山猪进行了研究，测得它们的维持代谢能需要量分别为 250.88 kcal/$BW^{0.6}$ 与 215.07 kcal/$BW^{0.6}$（1 Mcal ≈ 4.184 MJ）。对低蛋白日粮下生长育肥猪的净能需要量进行研究发现粗蛋白水平下降 4% 后，日粮净能水平分别为 2.36 Mcal/kg 和 2.4 Mcal/kg，能够分别满足生长猪和育肥猪的最佳生长需要。通过比较屠宰试验，研究了贵州香猪能量沉积与代谢规律，得出贵州香猪维持消化能需要量为 0.484 MJ/$BW^{0.75}$。通过饲养试验和比较屠宰试验研究了 50 ～ 80 kg 外二元去势公猪的能量沉积与代谢规律，结果表明，其代谢能维持需要量为 0.472 MJ/$BW^{0.75}$，代谢能需要模型为 ME（MJ/d）= 0.472 $BW^{0.75}$+22.12 ΔBW。采用饲养试验与比较屠宰试验相结合的方法，对不同体重阶段的二元健康后备母猪的能量需要进行了研究，其能量需要量模型为：20 ～ 50 kg 体重阶段：ME（MJ/d）= 0.467 $BW^{0.75}$+18.80 ΔBW；50 ～ 100 kg 体重阶段：ME（MJ/d）= 0.467 $BW^{0.75}$+28.21 ΔBW。采用饲养试验、消化试验和比较屠宰试验相结合的方法，建立了 20 ～ 110 kg二元去势公猪的代谢能需要模型：20 ～ 60 kg 体重阶段：ME（MJ/d）= 0.468 $BW^{0.75}$+19.61 ΔBW；60 ～ 110 kg 体重阶段：ME（MJ/d）=0.468 $BW^{0.75}$+ 30.69 ΔBW。不同品种与不同性别猪的生长代谢能需要存在差异，变异范围为 6.5 ～ 12.2 Mcal/d。

3.3.4.2　蛋白质及氨基酸的需要量

能量过高会使脂肪沉积量过多，从而使胴体品质变差，而适量的蛋白质则可以改善胴体的品质。生长育肥猪对蛋白质的需要是为了满足体蛋白的沉积，对蛋白质的需要实际上就是对氨基酸的需要，尤其是要注意对必需氨基酸的需要。因此，需要根据每天氨基酸的摄入水平来对育肥猪的日粮进行配比。在育肥猪的生长期，主要是肌肉的增长，对蛋白质的需要量较大，要注意提高日粮中的蛋白质水平。育肥期以脂肪生长为主，此时能量需要量增加，蛋白质需要量减少。猪对蛋白质的需要与对能量的需要是有一定关系的，要注意日粮中的能蛋比，从而确保育肥猪摄入适宜的能量和蛋白质，以满足生长发育和增重的需要。

张国华（2011）采用 Meta 分析，系统分析了生长育肥猪对日粮赖氨酸浓度需要变化的反应（图 3-13）。将试验作为统计分析模型中的固定效应，去除了一些潜在的内外因素的差异影响。结果表明，日粮赖氨酸浓度并没有显著地影响采食量。然而，当严格限制赖氨酸的摄入时，采食量会显著减低。当日粮 SID Lys：NE 浓度变化时，不同性别动物的 ADG 和 G：F 不同。而且在生长和育肥阶段，随着日粮赖氨酸浓度的增加，ADG 和 G：F 呈二次方增加趋势，在生长阶段获得最大 ADG 和 G：F 所需要的日粮 SID Lys：NE 分别为 1.10 g/MJ 和 1.18 g/MJ，而在育肥阶段获得最大 ADG 和 G：F 所需要的日粮 SID Lys：NE 分别为 0.97 g/MJ 和 1.02 g/MJ。在生长阶段和育肥阶段，日粮赖氨酸浓度（SID Lys：NE）影响试验动物的平均日增重和增重耗料比。在生长阶段和育肥阶段的所有动物，获得最佳 ADG 和 G：F 的日粮 SID Lys：NE 水平均在数据库所涉及的日粮 SID Lys：NE 水平范围内，即在日粮赖氨酸浓度增加时，动物生长速率本质上呈曲线反应形式。生长猪群体的这种曲线反应被许多研究人员用来估计群体最佳养分需要量。体重为 20 ～ 50 kg 的母猪和阉公猪，获得最大生长表型和瘦肉沉积率所需要的日粮可消化赖氨酸与消化能之比为 0.72 g/MJ（SID Lys：NE 为 1 g/MJ）。20.5 ～ 35 kg 的生长猪获得最大 ADG 和 G：F 所需要的日粮总赖氨酸为 0.95%（SID Lys：NE 为 1.1 g/MJ）。粗蛋白质水平下降 4% 后并补充合成氨基酸，20 ～ 50 kg 体重阶段生长猪 SID Lys 需要量为 1.02%，50 ～ 80 kg 的育肥猪 SID Lys 需要量为 0.86%，80 ～ 110 kg 的育肥猪 SID Lys 需要量为 0.59%。

在我国地方猪的生产中，饲料配方中蛋白质需要量主要参照长白、大白等外种猪的营养需要量。虽然地方猪和外来引进种猪在生理代谢等方面有许多相同或相似之处，但也存在很大的差异，这种借鉴的配方与地方猪的营养需要并不完全适应。我国地方猪品种资源丰富，针对不同品种猪的蛋白质及氨基酸需要量研究较多。B 系生长肥育猪 20 ～ 35 kg、35 ～ 60 kg 和 60 ～ 90 kg 的日粮最佳蛋白质水平分别为 17%、15%、14%；7 ～ 25 kg 的贵州香猪的每千克增重的可消化蛋白质需要量模型为 247.38-0.95 BW（g）；日粮中蛋白质含量分别为 14.03% 和 13.03% 可分别满足 35 ～ 65 kg 和 65 ～ 100 kg 阶段湘沙猪配套系母系猪

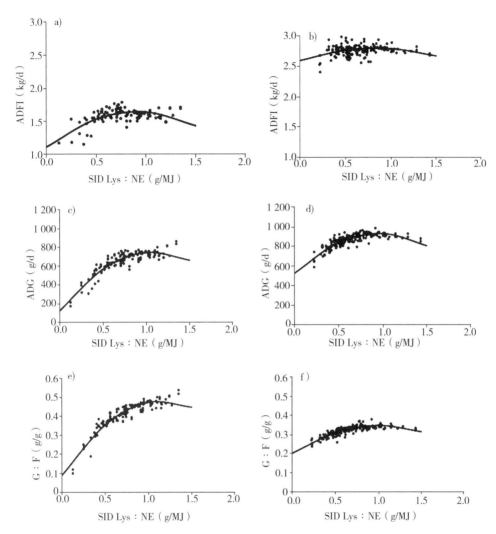

图 3-13　生长育肥猪日均采食量（kg/d），平均日增重（g/d）及增重耗料比随日粮 SID Lys 与净能值之比的变化（张国华，2011）

的生长；湘村黑猪的前后期蛋白质维持需要量为 2.71 g/（$BW^{0.75}$/d）、1.63 g/（$BW^{0.75}$/d）；不同生理阶段（15 ～ 30 kg、30 ～ 60 kg 和 60 ～ 90 kg）沂蒙黑猪的维持粗蛋白质需要量为：6.38g/（$BW^{0.75} \cdot d$）、5.54g/（$BW^{0.75} \cdot d$）和 5.37 g/（$BW^{0.75} \cdot d$），适宜蛋白质水平分别为：15.71%、13.73% 和 12.76%，每增重 1 kg 需要的粗蛋白质为 438.28 g、480.08 g 和 572.46 g。唐倩等（2016）对 35 ～ 60 kg 圩猪蛋白质需要量进行了研究，确定净蛋白需要量（NPR）的析因模型为：

$$NPR = NPm + NPg = 0.725 \times EBW1^{0.75} + 10 [2.340 + 0.915 \times \mathrm{Log}_{10}(EBW2)] - 10 [2.340 + 0.915 \times \mathrm{Log}_{10}(EBW1)]$$

式中，*EBW1* 为初始空腹体重（kg）；*EBW2* 为初始空腹体重与日增重之和（kg）；*NPR* 为净蛋白总需要量（g/d）；*NPm* 为维持净蛋白质需要量［g/（$EBW^{0.75}$/d）］；*NPg*

为生长净蛋白质需要量（g/d）。

3.4 低蛋白氨基酸平衡日粮技术现状及未来

3.4.1 猪低蛋白日粮调控技术研究进展

3.4.1.1 低蛋白日粮的概念

低蛋白日粮是指将日粮蛋白质水平按 NRC 推荐标准降低 2% ～ 4%，通过添加晶体氨基酸，降低蛋白原料用量来满足动物对氨基酸需求（即保持氨基酸的平衡）的日粮。

过去，由于氨基酸工业化生产水平不高，传统日粮中主要以粗蛋白质为基础，然而蛋白质饲料资源缺乏是我国以及世界饲料行业普遍面临的问题，我国 2019 年豆粕、豆饼进口量达 9 543 t，大豆进口量达 8 851 万 t。而低蛋白日粮与传统日粮配方设计相比，其主要以可消化氨基酸为基础，同时大量使用含硫氨基酸、赖氨酸、色氨酸、苏氨酸等晶体氨基酸，其中，总硫氨基酸被认为是饲喂以玉米 – 豆粕为基础日粮的育肥猪的第二或第三限制性氨基酸。在过去几年的时间里，许多研究发现，低蛋白日粮是一种很有前景的营养策略，它可以调节资源、环境以及生物代谢之间的平衡，从而影响能量状态和脂肪合成的相关基因。同时，随着晶体氨基酸工业化生产技术越来越成熟，规模越来越大，低蛋白氨基酸平衡日粮的应用能够在一定程度上有效缓解我国畜牧业中蛋白质资源紧缺的现状。

3.4.1.2 低蛋白氨基酸平衡日粮理论研究基础

早在 1964 年，Mitchell 就对理想蛋白质做出解释，即"日粮所提供蛋白质中的各种氨基酸含量与动物维持生长和生产所需的氨基酸含量应该完全一致"。Wang 和 Fuller 于 1990 年将理想蛋白质定义为每一种必需氨基酸和非必需氨基酸的总量都具同等限制性的日粮蛋白质。如果一种日粮缺乏一种或几种必需氨基酸，则可以通过添加不足的必需氨基酸来改变蛋白质的沉积速度，如果日粮中缺乏非必需氨基酸，则添加任何氨基酸都会改变氮沉积。而现今普遍认为，理想蛋白质是指这种蛋白质的氨基酸在组成和比例上与动物所需蛋白质的氨基酸组成和比例一致，包括必需氨基酸之间以及必需氨基酸和非必需氨基酸之间的组成和比例，动物对该种蛋白质的利用率应为 100%。近几年来，许多科学家致力于猪的理想蛋白质模式的研究，并已经颇有成效，而将晶体氨基酸作为添加剂同时降低日粮中蛋白质水平，就是将理想蛋白质理论付诸实践。通常情况下，猪对饲料中蛋白质的利用率取决于动物的生长阶段以及其需要量、日粮中氨基酸组成以及供给量和需要量的多少。当供大于求时，过量的氨基酸形成尿素，通过尿液排出。因而，维持氨基酸的供给量和需要量之间的平衡对于蛋白质的高效利用十分重要。

从微观角度来讲，mTORC1 作为合成蛋白质的中枢调节因子，必须整合大量的细胞内和细胞外信号（包括能量状态、激素、生长因子和营养物质如氨基酸和葡萄糖）来控制蛋白质的转化、自噬和细胞生长。氨基酸作为蛋白质合成的基本底物，可以作为信号分子，调节一系列细胞内信号通路的活动。亮氨酸、精氨酸和谷氨酰胺已被证明是有效的 mTORC1 激活剂，氨基酸受体可以感受不同的原子吸收，通过不同的信号通路将信号传递给 mTORC1，最大限度地激活 mTORC1。给不同生长阶段的猪饲喂含有赖氨酸、色氨酸、苏氨酸、蛋氨酸的低蛋白氨基酸平衡日粮，当比 NRC 推荐标准降低 3% 后，其生产以及生长性能不受影响，但是，当蛋白质含量降低 6% 后，mTORC1 蛋白质合成通路会出现下调的现象，同时，对猪的生产以及生长性能造成影响。故在 NRC 标准的基础上降低 3% 的低蛋白氨基酸日粮并补充一些晶体氨基酸，其生产以及生长性能不受影响。

3.4.2　低蛋白日粮的应用现状

3.4.2.1　提高猪生产性能

近年来，随着人们消费水平的提高，消费者们对猪肉的品质要求也随之上升，受其需求的影响，猪肉市场经历了几次变化，这些变化使行业生产集中在更健康、更安全、更美味的肉类上。其中，肌内脂肪（IMF）对肉类的适口性（如嫩度和多汁）至关重要，也是猪肉生产中的一个重要经济性状，一般认为营养策略是影响其肌内脂肪含量的主要因素，例如，在生长或肥育阶段，饲喂低赖氨酸或蛋白质缺乏的饲料会显著增加肌内脂肪的含量。从这个方面来说，低蛋白饮食能够提高生产性能。除了关注肌内脂肪的含量外，消费者对含有高浓度多不饱和脂肪酸（PUFA）的食品也越来越感兴趣。其中，多不饱和脂肪酸被认为是预防心血管疾病的功能性成分。因此，肉类生产商要求生产和供应含有适当较高肌内脂肪含量和多不饱和脂肪酸的肉类。背最长肌（LM）是多种纤维类型的混合物，其也常用来评定猪肉品质的好坏。因为各种纤维类型具有不同的收缩、代谢、生化和生物物理特性，其在肉质中起着重要的作用。有研究表明，肌肉纤维的比例可以通过饮食来调节。此外，我们知道，饮食中蛋白质供应不足，必然会引起肌肉中游离氨基酸浓度的相应变化，而早期的研究指出游离氨基酸的含量可以提高猪肉的品质，使其更加美味。Li 等（2018）对此进行了研究，其随机选取了 18 头生长育肥猪，分为 3 组，分别饲喂 18% CP（正常蛋白质，np）、15% CP（低蛋白质，lp）和 12% CP（极低蛋白质，vlp）的 3 种玉米 – 豆粕日粮，同时，3 组均添加晶体氨基酸，以获得等量标准化回肠可消化赖氨酸、蛋氨酸、苏氨酸和色氨酸，结果表明，相较正常蛋白质日粮组，低蛋白质日粮组背最长肌的红度值增加，同时，肌内脂肪含量以及多种纤维含量较正常蛋白质组的高。在低蛋白日粮上合理补充晶体氨基酸，可以节约仔猪日粮蛋白质 4 个百分点，同时仔猪的生长体重以及采食量、饲料利用率均有所提高。另外，低蛋白质日粮可以通过针对肌肉组织的脂质代谢、纤维特性和氨基酸代谢来提高生长肥育猪的肉品质。

3.4.2.2　促进仔猪肠道健康

断奶后仔猪由于环境以及营养的改变，通常会出现肠道功能障碍，导致腹泻，更严重的会导致死亡。解决这一问题的有效策略是降低膳食蛋白水平，这可以改善断奶后胃肠道的健康和功能，从而使仔猪健康地生长。众所周知，饲料中蛋白质的数量和质量会影响动物体内的微生物群落结构。膳食蛋白质水平对肠道微生物群落结构的影响十分显著。低蛋白日粮中添加组氨酸可提高断奶仔猪血清中组氨酸浓度，影响肠道微生物区系，但不能改善生长性能和肠道形态结构。而仔猪的氨基酸营养需求随着日粮总蛋白水平的降低而降低，同时也降低了仔猪的代谢负担。这通常会减少腹泻次数，改善肠道功能。15% 的饮食蛋白质限制可以通过增加有益微生物相对于有害细菌的比例来优化肠道微生物群落结构。同时，肠道紧密连接蛋白的功能以及上皮细胞的增殖都得到了极大的改善。当母猪食用含有 12.7% 蛋白质的日粮时，哺乳仔猪的营养需求得到了满足，同时减少腹泻的次数。此外，限制氨基酸不会降低乳蛋白产量或仔猪生长速度，同时，还会提高 N、Arg、Leu、Phe、Tyr 和 Trp 的利用率。罗洪明等（2005）就 5 种不同豆粕 – 玉米 – 小麦型等能等氨基酸日粮（其中粗蛋白质水平分别为 26%、23%、20%、17% 和 14%），研究对早期断奶仔猪采食量、平均日增重、腹泻率以及血液生化指标的影响，结果显示，当蛋白含量为 17% 时，仔猪的生产性能达到最佳，其中，平均日采食量比 26% 蛋白质水平提高了 65.53%，平均日增重也以蛋白质含量 17% 最佳。从腹泻率的角度来看，除了蛋白质含量 14% 的腹泻率极显著高于其他组外，其余各组腹泻率差异均不显著。综合在仔猪低蛋白日粮中的应用研究（表 3-4），可以发现仔猪体重在 6 ～ 8 kg 时，仔猪日粮标准高蛋白组与低蛋白组差异不大，均在 130 g 左右，并且 L-CP 显著改善仔猪腹泻，尽管这些数据有限，但再次从侧面证明氨基酸的平衡营养以及回肠可消化赖氨酸含量才是改善仔猪腹泻的关键。

表 3-4　低蛋白日粮在仔猪日粮中的应用研究

体重（kg）	CP（%）		能量（MJ/kg）*	L-CP				H-CP 组	高低蛋白日粮组差异	
	L-CP	H-CP		SID Lys（%）*	SID Lys : CP（%）	晶体氨基酸	氨基酸	ADG（g）	ADG（g）	FCR
6 ～ 8	24.3	17.3	13.8 DE	1.1	6.4	Lys、Thr、Met、Trp、Val、Ile	适当	148	−5	−0.09
6 ～ 8	24	17.5	13.8 DE	1.08	6.2	Lys、Thr、Met、Trp、Val、Ile	适当	129	21	0.08
6 ～ 14	24	19	14.4 ME	1.4	7.4	Lys、Thr、Met、Trp、Val、Ile	适当	368	−7	0.16
6 ～ 16	21	15	13.3 ME	1.33	8.9	Lys、Thr、Met、Trp、Val、Ile	适当	348	1	0

续表

体重（kg）	CP（%）		能量（MJ/kg）*	L-CP				H-CP组	高低蛋白日粮组差异	
	L-CP	H-CP		SID Lys（%）*	SID Lys：CP（%）	晶体氨基酸	氨基酸	ADG（g）	ADG（g）	FCR
7～10	23.9	19	14.1 DE	1.13	5.9	Lys、Thr、Met、Trp、Val、Ile	适当	212	14	—
7～12	21.1	20.3	14.0 ME	1.3	6.4	Lys、Thr、Met、Trp、Val	适当	376	4	0.03
7～13	21.1	19.4	14.0 ME	1.3	6.7	Lys、Thr、Met、Trp、Val	适当	347	40	0
		18.9	14.0 ME	1.3	6.9	Lys、Thr、Met、Trp、Val	适当		−11	0.01
8～17	23.9	20	10.7 NE	1.3	6.5	Lys、Thr、Met、Trp	适当	429	−19	0.01
12～26	22.4	16.9	10.5 NE	1.07	6.3	Lys、Thr、Met、Trp、Val、Ile	适当	642	21	0.08
13～27	19.7	16.6	14.6 DE	1.14	6.9	Lys、Thr、Met、Trp	适当	590	−19	0.12
14～28	18	15	14.1 ME	0.95	6.3	Lys、Thr、Met、Trp	适当	646	4	0.02

注：H-CP 为高蛋白处理组，L-CP 为低蛋白处理组；DE 为消化能，ME 为代谢能，NE 净能；Lys 为赖氨酸，Thr 为色氨酸，Met 为蛋氨酸，Trp 为苏氨酸，Val 为缬氨酸，Ile 为异亮氨酸；* 表示在大多数试验中，H-CP 和 L-CP 的能量浓度和 SID Lys 的浓度相同，当不同时，取 L-CP 的数值。

资料来源：张涛，2018。

3.4.2.3　减少氮排放量

在许多国家，人们越来越关注猪的排泄物对环境的污染问题，包括粪便和生产场所排放氨（NH_3）在内的污染物都会对环境产生不利影响。氨在粪便中的挥发会引起周围自然生态系统的富营养化，从而会严重影响当地的环境条件。新的饮食干预措施可以减少猪生产系统的总氮和尿液中氮排泄量以及 NH_3 排放量。低蛋白日粮可以改善饲料的转化率，减少营养物质的流失，尤其是氮的利用率会提高，从而缓解养殖生产过程中对环境的压力。不同日粮粗蛋白质含量（18%、15% 和 13.5%）的低蛋白日粮对猪（40 kg）氮平衡的影响研究结果发现，当粗蛋白质含量从 18% 降低至 15% 时，肝脏中尿素的生成量减少。此外，当饲料中粗蛋白质含量从 18% 减少到 13.5% 时，NH_3、甘氨酸和丙氨酸的净通量减少，同时肝脏中尿素的含量也减少。

3.4.2.4 维持生长性能

动物的骨骼肌生长很大一部分取决于体内蛋白质的沉积，其本质是蛋白质合成以及降解动态平衡的最终结果。骨骼肌蛋白质合成对于机体生长、修复、维持骨骼肌组织整体性是必须的。一方面，如果日粮中蛋白质含量达不到机体生长所需，骨骼肌蛋白质合成就会受到影响，导致动物生长速度缓慢；另一方面，如果蛋白质含量高于机体所需，则会造成浪费，同时会增加氮排放量，造成环境污染，且不能消化的蛋白质会进入消化道后端，引起一些肠道有害微生物的繁殖，从而会加大动物感染疾病的风险，同时对于仔猪而言，还会引起腹泻。因此要根据动物所需蛋白质含量来选择适宜的蛋白质平衡日粮。而功能性氨基酸（AAS）可以调节猪的肌肉蛋白的更替，在生长反应中能够发挥关键作用。故在动物营养中使用功能性氨基酸可使猪日粮中的粗蛋白质水平降低，从而保持足够的必需氨基酸供应和肌肉生长（表3-5）。利用粗蛋白质含量为14%、17%、20%的添加了赖氨酸（lys）、蛋氨酸（Met）、苏氨酸（Thr）和色氨酸（Trp）的平衡日粮饲喂猪，粗蛋白质含量为17%的组，其背最长肌肌小节形态结构相对完整，同时其背最长肌线粒体损伤程度较低，氧化磷酸化发生水平也最低，猪的生长性能不受影响。与正常蛋白含量组以及低蛋白含量组相比，低蛋白日粮中添加α酮戊二酸可提高血清和肌内游离氨基酸浓度，同时可以提高氨基酸转运子mRNA丰度，激活mTOR蛋白质合成途径，改善骨骼肌蛋白的代谢，提高猪的生长速度。比NCR标准降低5个百分点的蛋白质含量与18%的粗蛋白质含量相比，仔猪日增重以及料肉比都有所增加，但是继续降低蛋白质含量，则会降低仔猪的生长性能。饲喂蛋白质含量为14%的猪的全期日增重显著高于蛋白质含量为8%的全期日增重，增重以蛋白质含量为14%和17%为最快。

表3-5 低蛋白日粮对生长肥育猪生长性能的影响

蛋白水平（%）	体重（kg）	氨基酸添加种类及比例（%）	平均日采食量（kg/d）	平均日增重（kg/d）	饲料转化率 G/F
14	70	不平衡	2.29	0.77	2.94
10	70	Thr 0.67，Trp 0.60，Lys 0.20	2.52	0.83	3.03
14.5	55	Lys 0.28，Met 0.06，Thr 0.11，Trp 0.03	2.34	0.82	2.85
12.5	55	Lys 0.45，Met 0.12，Thr 0.19，Trp 0.05	2.33	0.80	2.93
14	55	Lys 0.17，Met 0.03，Thr 0.04，Trp 0.01，Cys 0.02	2.36	0.95	4.0
12.5	55	Lys 0.31，Met 0.05，Thr 0.10，Trp 0.03，Cys 0.04，Glu 0.43	2.44	0.96	3.9
11	55	Lys 0.48，Met 0.08，Thr 0.18，Trp 0.05，Cys 0.07，Val 0.10，Ile 0.08，Phe 0.02，Glu 0.87	2.59	0.95	3.7

资料来源：邓盾，2019。

3.4.3　我国饲用氨基酸工业现状及总结

3.4.3.1　我国氨基酸工业现状

作为蛋白质的基本组成单位，氨基酸不仅在维持动物营养健康中占据重要地位。同时其工业在发酵工业中也占据十分重要的地位，目前世界的氨基酸工业发展十分迅速，已经发展成为一个相对成熟的产业体系。由于每年的氨基酸需求上涨，一方面使得氨基酸工业化市场竞争激烈，另一方面促进了氨基酸工业化技术的发展。

我国作为氨基酸生产以及消费大国，无论是在工业总产量还是在年产值方面均居于世界前列。而氨基酸也在我国国民经济中占据重要的地位。我国氨基酸工业始于 20 世纪 60 年代，伴随着其发展越来越迅速，其范围也从最开始的蛋白质氨基酸慢慢过渡到包括非蛋白质氨基酸、氨基酸衍生物等在内的一大类产品类群，同时随着氨基酸包括新型抗生素替代物、化妆品、功能食品（饮料）、运动饮料和各种保健食品在内的功能的不断发掘，其也变得与人们生产生活更加紧密。在我国，工业化生产的氨基酸品种逐年递增。目前，我国已经能够工业化生产的氨基酸品种包括酸性氨基酸、碱性氨基酸，几种非极性氨基酸如缬氨酸、丙氨酸、异亮氨酸、亮氨酸、苯丙氨酸、脯氨酸等，以及几种极性氨基酸如谷氨酰胺、苏氨酸、半胱氨酸、酪氨酸等。在我国工业化生产的合成氨基酸中，以苏氨酸、赖氨酸、谷氨酸等低值大宗氨基酸为主。相较一些大宗氨基酸而言，一些小品种氨基酸如色氨酸、组氨酸、丝氨酸因具有附加值高、节能减排压力小的优点而被广泛生产，开发速度迅速，而一些大宗氨基酸由于产量大、附加值低，节能减排压力大，其开发速度比较滞后。

目前，已经有 4 种实现了工业化生产的氨基酸用于猪日粮的配制，它们分别是赖氨酸、蛋氨酸、色氨酸和苏氨酸。其中，作为猪第一限制性氨基酸的赖氨酸，L- 赖氨酸是猪能够利用的唯一具有生物活性的形式，故在氨基酸工业中最常见的合成氨基酸形式是 L- 赖氨酸。而对于蛋氨酸的 D- 或 L- 形式，猪的利用效率相近，故饲料级蛋氨酸的有效形式是 DL- 蛋氨酸（纯度为 99%）和蛋氨酸羟基类似物（纯度为 88%）。D- 色氨酸利用效率在猪的不同品种中差异较大，因而大多数合成氨基酸是 L- 色氨酸（纯度为 98.5%）。苏氨酸有 4 种化学异构体：D- 苏氨酸和 L- 苏氨酸，D- 别苏氨酸和 L- 别苏氨酸，其中猪只能够利用 L- 苏氨酸。因而，工业化生产一般多以 L- 苏氨酸（纯度为 98.5%）为主。

尽管我国氨基酸需求量很大，但是氨基酸工业化生产的开发速度不高，新型氨基酸产品相较国外较少，新产品投入市场比例较少，即产业化能力不足，同时拥有自主知识产权的氨基酸产品也较少。与此同时，我国氨基酸生产技术水平有待完善，其中一些高端氨基酸产品的品种以及数量不足，一些产品仍然需要从国外进口。

3.4.3.2　发展趋势

从 20 世纪 60 年代至今，我国氨基酸市场始终处于上升阶段。尽管我国氨基酸行业目前面临一些问题与竞争压力，但纵观世界来看，氨基酸市场增量可观，机遇与挑战并存。因而针对行业内来讲，提高自主研发水平，加大新产品产业化生产，提高生产质量就显得尤为重要，而针对外部环境来讲，需要通过国家政府加大政策引导力度，促进氨基酸产业链可持续发展。

伴随着我国生物信息以及工程技术的不断发展和完善，我国在氨基酸工业化生产水平、生产过程自动化控制，高端氨基酸产品的开发等方面仍具有十分广阔的发展前景。相信随着产业化的加强，技术创新能力的提高，在不久的将来，我国氨基酸产业必将赶超国际先进水平，成为国家经济增长的一大支柱。

3.5 抗生素替代技术发展与应用

抗生素原称抗菌素，是指由微生物（如细菌、放线菌、真菌、蓝藻等）或多细胞高等动植物在生长过程中所产生的一种次级代谢产物，通过干扰其他生物正常发育达到抑制或杀灭病原体等有害生物的目的。随着越来越多的抗生素的发展，陆续发现了抗病毒、抗衣原体、抗支原体、抗肿瘤的抗生素。因此，现代抗生素是指由某些微生物产生的化学物质，能够抑制微生物和其他细胞增殖的物质。1928年英国细菌学家亚历山大·弗莱明首次发现点青霉菌周围的葡萄球菌菌落被溶解，后经鉴定表明，是点青霉菌的分泌物产生抑菌效果，于是将该物质命名为青霉素。Moore于1946年首次报道了在饲料中添加链霉素能显著增加肉鸡的日增重。此后不同的抗生素在动物实验中出现，主要用作增强试验动物的抗病力、提高试验动物的生长性能。本节主要围绕抗生素的主要功效及替代抗生素绿色健康养殖进展进行综述，旨在为猪的绿色健康养殖产业提供科学帮助。

3.5.1 抗生素的主要功效及危害

抗生素自20世纪60年代被用于动物生产以来，作为饲料添加剂的主要功能在于预防和治疗疾病，促生长和提高饲料转化率，提高动物产品产量和产品质量，改善动物饲养环境等方面。抗生素主要分为喹诺酮类抗生素、β–内酰胺类抗生素、大环内酯类抗生素、氨基糖苷类抗生素等。抗生素主要作为预防疾病药物出现，如喹诺酮类抗生素对于革兰氏阴性菌有杀菌作用，广泛用于动物生殖系统、胃肠道以及呼吸道、皮肤组织的革兰氏阴性菌感染治疗。β–内酰胺类抗生素是最普遍的一类抗生素，包括青霉素及其衍生物、头孢菌素、单酰胺环类、碳青霉烯类和青霉烯类酶抑制剂等，β–内酰胺类是猪源大肠杆菌、猪源沙门氏菌、猪源链球菌、副猪嗜血杆菌、大肠埃希菌、葡萄球菌等多种致病菌的首选药物；大环内酯类抗生素是指链霉菌产生的广谱抗生素，具有基本的内酯环结构，对革兰氏阳性菌和革兰氏阴性菌均有效，尤其对支原体、衣原体、军团菌、螺旋体和立克次体有较强的作用，用于治疗猪呼吸系统、消化系统方面的疾病，常与内酰胺类抗生素联合使用来增强其抗菌能力；氨基糖苷类抗生素（Aminoglycosides）是由氨基糖与氨基环醇通过氧桥连接而成的苷类抗生素，养猪生产中在治疗肠杆菌科细菌、铜绿假单胞菌、猪传染性胸膜肺炎放线杆菌等方面有良好疗效。

随着我国畜牧业的巨大发展，生猪养殖业的规模化程度显著提升，随之导致抗生素的使用更加密集和常态化。与国外不同，基于我国农业的基本国情和畜禽行业的局限性，我国在畜禽养殖中抗生素的使用仍旧普遍，在抗生素的使用过程中主要存在以下几个问题：抗生素的盲目和滥用问题较为突出，养殖场对抗生素的抗病机理不清，在使用过程中用药盲目、滥用、缺乏针对性；大量、长期、不按规定休药期用药现象普遍存在，对用药剂量、用药时间和休药期执行不严，不能做到规范使用；与其他药物配伍不当现象明显，由于对药理不明，在使用过程中随意配伍、乱用现象严重。为此，农业农村部发布第 194 号公告，"自 2020 年 7 月 1 日起，饲料生产企业停止生产含有促进生长类药物饲料添加剂（中草药除外）的商品饲料"。

3.5.2　饲用抗生素替代方案的选择与应用

抗生素替代是养猪生产中不使用抗生素的情况下生猪发病率、生长性能、繁殖性能等生产指标与使用抗生素时的指标接近或超过使用抗生素时的指标。抗生素替代并不是简单的替换，需要在生产过程中从管理、营养、可替代补充物等多个方面结合提高，猪精细营养详见其他章节。生猪生产中的每个阶段需要抗生素的量不同，替代抗生素时也需要根据动物生长阶段制订合适的方案，多措并举提高猪只抵抗病原菌侵害的能力。其中，可替代补充物是抗生素替代过程中的重点和难点。饲料抗生素替代品主要包括酸制剂、矿物质、益生元、益生菌、核苷酸和植物提取物。

3.5.2.1　酸制剂

在替代抗生素的大背景下，各种酸在饲料中的使用策略已经从简单的防腐剂、酸制剂转变为饲料的促生长添加剂和抗生素替代的重要产品。自 2006 年欧盟禁止抗生素添加剂以来，酸制剂便成为猪饲料中常见的抗生素替代物之一，主要应用于断奶仔猪、妊娠和哺乳期母猪以改善生长性能和饲料报酬。酸制剂的主要作用方式是通过调节胃肠道微生物、维护肠道黏膜形态、提高酶活和增强动物能量代谢来实现的。进入胃肠道后，酸制剂解离提供质子，能够稳定断奶仔猪胃中的 pH 值，阻碍胃肠道中病原微生物的定植生长，激活胃蛋白酶原，提高仔猪的消化能力；未解离的酸穿过病原微生物的细胞膜并作用于膜上的酶和细胞质内功能分子，起到抑菌杀菌的作用；部分有机酸还能够作为上皮黏膜细胞的能量底物参与三羧酸循环。

现有酸制剂主要包括有机酸、无机酸、脂肪酸、酸盐和复合酸。无机酸以盐酸、硫酸、磷酸为主。与有机酸相比，添加盐酸更能够提高平均日增重和平均日采食量。在断奶后的前 2 周，仔猪胃酸难以达到消化蛋白质最佳量，在此期间适量添加无机酸能够提高其生产性能和氮的沉积率。断奶后的最初 2 周，添加盐酸能够显著提高仔猪对干血浆和干乳清粉的日粮氮消化率。

常见的有机酸主要为乳酸、富马酸、苹果酸、酒石酸、α - 酮戊二酸、柠檬酸、绿原酸、苯甲酸等。甲酸钙有助于提升生长性能、降低腹泻率，但甲酸钙没有二甲酸钾的效果好。日粮中添加 0.3% 柠檬酸可显著提高麦芽糖酶活性。在复合有机酸添加量为

0.1% 时，可有效提高断奶仔猪的日增重，并且随着添加量的增加日增重逐渐增加。在实际使用过程中人们发现有机酸与有机酸复合、有机酸和无机酸复合不但能够提高猪的生长性能，还可以增加粪便中乳酸菌的数量，降低大肠杆菌的数量。

3.5.2.2 矿物质

矿物质是维持猪生长和生产的重要物质，饲料中矿物质添加量大于 100 mg/kg 的称为大量元素，小于这个量的称为微量元素，而部分微量元素是维持动物生长、增强动物免疫机能必不可少的元素。日粮中添加 160 mg/kg 铜能够显著增加仔猪的日增重和平均日采食量。在哺乳期第 18 d，日粮中添加矿物蛋氨酸羟基似物螯合物可促进胎儿蛋白乙酰化和编程，进而调节仔猪出生和断奶时肠道健康和骨骼肌发育，促进仔猪生长，并有降低母猪体重损失的趋势。同样结果表明，日粮中添加有机微量矿物质能够显著降低 24 h 猪肉中的 pH 值，显著降低血清和猪肉中丙二醛的水平。日粮中提高锌的水平不仅能够保持肠道微生物群落的稳定性，还能够促进淋巴细胞的增殖。铜元素是多种金属酶的重要组成部分，同时还参与机体多种生化反应。随着生产工艺的发展，有机矿物质有取代无机矿物质的潜力，日粮中有机锌水平添加量为无机锌 1/3 时血清免疫球蛋白 G 含量显著高于无机锌，且能够显著降低粪便中铜锌铁锰等矿物质含量。

3.5.2.3 益生元

益生元主要是一类难以被机体消化的低聚糖并且能够促进肠道中某些肠道微生物的生长进而改善宿主的健康水平。低聚糖、菊粉、乳果糖和半乳糖等低聚糖是最常见的益生元，这类低分子碳水化合物更容易被微生物发酵和利用。同时，还能够作用于一种或有限数量的细菌，通过竞争的方式抑制病原微生物生长，进而改变肠道内环境，有助于机体对营养物质的消化吸收和有益菌的定植。断奶仔猪日粮中添加果寡糖可提高仔猪的生长性能和营养物质的消化率，降低腹泻率，改善肠道形态，这种情况可能和益生元在仔猪肠道内发酵降解为短链脂肪酸、降低肠道 pH 值有关。饲喂菊粉、乳果糖、小麦淀粉和甜菜粕发酵物后，断奶仔猪结肠的微生物群落多样性显著高于对照组的，且有利于回肠和结肠中罗伊氏乳杆菌、淀粉样乳杆菌等特定乳酸菌的生长。日粮中添加 0.2% 益生元（0.1% 甘露寡糖 +0.1% 低聚糖）后，育肥猪的眼肌面积显著改善，生长性能无显著性差异。仔猪断奶前 2 周在日粮中添加 4% 果糖寡糖，能够增加内源性双歧杆菌数量。图 3-4 显示了黏膜免疫与肠道微生物的作用。

3.5.2.4 微生物制剂

肠道菌群是否均衡是关系到猪健康状况的重要因素，有益菌和有害菌的动态平衡可以减少动物发病风险并促进其生长。乳酸菌、双歧杆菌、啤酒酵母、枯草芽孢杆菌和地衣芽孢杆菌等常被用在幼龄动物饲料中。微生物制剂在提高幼龄动物生长性能、维护肠道结构、增加纤维日粮中能量和营养物质的消化率等方面有良好的效果。肠道菌群失衡会导致细菌结构改变，破坏肠道屏障功能，影响机体健康。肠道微生物能够代谢宿主摄入的营养物质并发酵形成多种代谢物，为宿主提供多种营养元素，此外微生物还被证明可以合成维生素 K，调节胆汁代谢，刺激肠道免疫系统的发育和成熟。

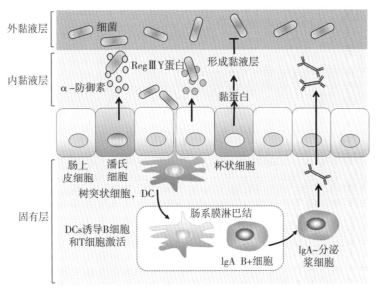

外黏液层　细菌

内黏液层　Reg ⅢY蛋白　形成黏液层
α–防御素　黏蛋白

肠上皮细胞　潘氏细胞　杯状细胞
树突状细胞，DC

固有层　肠系膜淋巴结
DCs诱导B细胞和T细胞激活　IgA B+细胞　IgA–分泌浆细胞

图 3-14　黏膜免疫与肠道微生物的作用（Peng 等，2021）

罗伊氏乳杆菌和植物乳杆菌可替代仔猪饲料中的部分抗生素而不影响仔猪的生长性能。酵母作为一种抗生素替代物，在生长促进、增强主动免疫、抑制病原微生物、维护肠道细菌定植和维持肠道形态完整性等方面有促进作用。添加益生菌能够促进上皮细胞的竞争性黏附，从而减少空肠弯曲杆菌定植，减少其传播，最终降低人类弯曲杆菌的发病率。益生菌在调节细胞免疫上也有显著疗效，在公猪日粮中添加酿酒酵母和乳酸菌、芽孢杆菌后，公猪的黏膜嗜酸性粒细胞、单核细胞浸润和细胞因子（肿瘤坏死因子和白细胞介素 6）降低。

3.5.2.5　核苷酸

核苷酸是一类存在于所有生物中的大分子物质，动物核苷酸合成需要谷氨酰胺作为原料、三磷酸腺苷（ATP）提供能量，而补救途径只需要利用核苷酸分解代谢产物或日粮中提供的核苷酸来完成。补充日粮中的核苷酸可以增加仔猪回肠上皮内淋巴细胞的数量，减少血液淋巴细胞 DNA 的损伤。补充核苷酸或核苷酸提取物都可以改善猪的生长性能。

3.5.2.6　植物提取物

植物提取物是将植物的次级代谢产物通过物理或化学方法从植物体内提取得到，一般会得到固体和液体两种可利用物，而大多数液体不溶于水，又被称为精油。植物提取物由于其来源广、种类多、效果显著，被广泛应用于动物生产中。植物提取物可抑制脂多糖（LPS）诱导产生的 TNF-α、IL-1β 等炎性因子，能够显著提高猪血清溶菌酶、免疫球蛋白含量和 CD4/CD8 的比值。同时，日粮中添加植物提取物可以显著提高仔猪肠道中胰蛋白酶和糜蛋白酶的活性，增加仔猪对营养物质的消化率。植物提取物通过为动物提供质子，抑制生物膜的过氧化反应，减少细胞结构的破坏。植物提取物具有较强的金属离子螯合活性，能够螯合部分催化过氧化反应的金属离子，进而终止自由基链式反应、减少自由基的产生。

3.5.2.7 抗菌肽

抗菌肽原指昆虫体内经诱导而产生的一类具有抗菌活性的碱性多肽物质，分子量为 2 000 ～ 7 000 Da，由 20 ～ 60 个氨基酸残基组成。这类活性多肽多数具有强碱性、热稳定性以及广谱抗菌等特点。世界上第一个被发现的抗菌肽是 1980 年由瑞典科学家 G.Boman 等经注射阴沟肠杆菌及大肠杆菌诱导惜古比天蚕蛹产生的具有抗菌活性的多肽，命名为 Cecropins。抗菌肽通常有二硫键连接的偶数半胱氨酸残基存在，这个结构使抗菌肽有足够的热稳定性；其广谱抗菌性主要基于它们的氨基酸组成、两亲性、螺旋性、阳离子性和大小使它们能够插入脂质膜，进而导致微生物死亡。抗菌肽不同于很多其他抗生素类药物，能够作用于细胞的 DNA、RNA、调节酶和其他蛋白质来杀死多重耐药性细菌。在断奶仔猪日粮中添加抗菌肽，仔猪的末重和平均日增重均有线性提高，但是对平均日采食量和饲料报酬没有显著影响。与抗生素组相比，抗菌肽组对猪的干物质和粗蛋白质的全肠道表观消化率系数有线性提高，但是对回肠总厌氧菌、梭状芽孢杆菌和大肠杆菌无显著性影响。

撰稿：闫峻　李宁　高庆涛　李凯

主要参考文献

邓盾，王刚，陈卫东，等，2019. 低蛋白日粮在不同生长阶段猪上的应用研究进展［J］. 广东农业科学，46（4）：101–108.

惠明弟，贾刚，范斌，等，2014. 罗曼蛋鸡对菜籽粕代谢能和氨基酸利用率的评定［J］. 动物营养学报，26（4）：893–907.

李德发，2020. 中国猪营养需要［M］. 北京：中国农业出版社.

李鹏飞，2012. 仔猪和生长肥育猪适宜标准回肠可消化赖氨酸与代谢能比例的研究［D］. 北京：中国农业大学.

李向飞，2018. 规模猪场生长育肥猪精准营养技术应用［J］. 猪业科学，35（5）：47–50.

罗洪明，陈代文，2005. 不同蛋白水平对早期断奶仔猪生产性能、血液生化指标的影响［J］. 饲料研究（8）：3–8.

时梦，2017. 后备母猪适宜净能需要量的研究［D］. 北京：中国农业大学.

唐倩，2016. 35 ～ 60 kg 圩猪能量和蛋白质需要量研究［D］. 合肥：安徽农业大学.

向全航，夏茂，夏雄，等，2017. 10 ～ 25 kg 仔猪赖氨酸需要量及其影响因素的 Meta 分析［J］. 动物营养学报，29（6）：2078–2091.

谢春元，2013. 肥育猪低蛋白日粮标准回肠可消化苏氨酸、含硫氨基酸和色氨酸与赖氨酸适宜比例的研究［D］. 北京：中国农业大学.

杨海天，孔祥杰，等，2018. 猪精准营养技术简述 [J]. 猪业科学，35（5）：34-40.

易孟霞，易学武，范志勇，等，2012. 断奶仔猪日粮能量原料选择和能量需要量研究进展 [J]. 饲料与畜牧（6）：8-14.

张国华，2011. 精准饲养模式下生长育肥猪赖氨酸动态需要量的评估 [D]. 杨陵：西北农林科技大学.

张宏福，吴维达，张莉，2019. 日粮纤维调节猪肠道微生物和肠黏膜屏障功能的研究进展 [J]. 饲料工业，40（1）：2-12.

张荣飞，2011. 妊娠母猪能量与赖氨酸需要的研究 [D]. 北京：中国农业大学.

张涛，HTOO J K，高俊，等，2018. 仔猪低蛋白日粮的应用研究 [J]. 中国畜牧杂志，54（11）：11-16.

张正帆，2010. 应用化学成分及傅里叶近红外建立 0～3 周龄黄羽肉鸡豆粕净能预测模型的研究 [D]. 雅安：四川农业大学.

中华人民共和国农业部，2004. 猪饲养标准：NY/T 65-2004 [M]. 北京：中国农业出版社.

ADEOLA O，XUE P，COWIESON A J，et al.，2016. Basal endogenous losses of amino acids in protein nutrition research for swine and poultry [J]. Animal Feed Science Technology，221：274-283.

CHEN L，GAO L X，HUANG Q H，et al.，2014. Prediction of digestible energy of feed ingredients for growing pigs using a computer-controlled simulated digestion system [J]. Journal of Animal Science，92（9）：3887-3894.

FEYERA T，THEIL P K，2017. Energy and lysine requirements and balances of sows during transition and lactation：A factorial approach [J]. Livestock Science，201（Supplement C）：50-57.

FURUYA S，SAKAMATO K，Takahashi S，1979. A new in vitro method for the estimation of digestibility using the intestinal fluid of the pig [J]. British Journal of Nutrition，41（3）：511-520.

GUILLEMET R，GUERIN C，RICHARD F，et al.，2010. Feed transition between gestation and lactation is exhibited earlier in sows fed a high-fiber diet during gestation [J]. Journal of Animal Science，88（8）：2637-2647.

HUANG Q，PIAO X，LIU L，et al.，2013. Effects of inclusion level on nutrient digestibility and energy content of wheat middlings and soya bean meal for growing pigs [J]. Archive Animal Nutrition，67（5）：356-367.

KIL D Y，JI F，STEWART L L，et al.，2013. Effects of dietary soybean oil on pig growth performance，retention of protein，lipids，and energy，and the net energy of corn in diets fed to growing or finishing pigs [J]. Journal of Animal Science，91（7）：3283-3290.

LI Y H，LI F N，DUAN Y H，et al.，2018. Low-protein diet improves meat quality of growing and finishing pigs through changing lipid metabolism，fiber characteristics，and free amino acid profile of the muscle [J]. Journal of Animal Science，96（8）：3221-3232.

LIU Z，ZHONG R，LI K，et al.，2021a. Evaluation of energy values of high-fiber dietary ingredients with different solubility fed to growing pigs using the difference and regression methods [J]. Animal

Nutrition, 7（2）: 569-575.

LIU Z, LI K, ZHONG R, et al., 2021b. Energy values of fiber-rich ingredients with different solubility estimated by different evaluation methods in growing pigs [J]. Animal Feed Science Technology, 279: 115022.

LOSADA B, GARCÍAA-REBOLLAR P, ÁLVAREZ C, et al., 2010. The prediction of apparent metabolisable energy content of oil seeds and oil seed by-products for poultry from its chemical components, in vitro analysis or near-infrared reflectance spectroscopy [J]. Animal Feed Science Technology, 160（1-2）: 62-72.

MROZZ Z, BAKKER G C, JONGELOED A W, et al., 1996. Apparent digestibility of nutrients in diets with different energy density, as estimated by direct and marker methods for pigs with or without ileo-cecal cannulas [J]. Journal of Animal Science, 74（2）: 403-412.

NOBLET J, KAREGE C, DUBOIS S, 1991. Influence of growth potential on energy requirements for maintenance in growing pigs [J]. Energy Metabolism in Farm Animals（58）: 107-110.

NRC, 1998. Nutrient Requirements of Swine [M]. 10th ed. Washington, DC: National Academy Press.

NRC, 2012. Nutrient Requirements of Swine [M]. 11th ed. Washington, DC: National Academy Press.

POMAR C, REMUS A, 2019. Precision pig feeding: a breakthrough toward sustainability [J]. Animal Frontiers, 9（2）: 52-59.

PENG J, TANG Y, HUANG Y, 2021. Gut health: The results of microbial and mucosal immune interactions in pigs [J]. Animal Nutrition, 7（2）: 282-294.

STEIN H H, SEVE B, FULLER M F, et al., 2007. Invited review: Amino acid bioavailability and digestibility in pig feed ingredients: Terminology and application[J]. Journal of Animal Science, 85（1）: 172-180.

WANG T, ADEOLA O, 2018. Digestibility index marker type, but not inclusion level affects apparent digestibility of energy and nitrogen and marker recovery in growing pigs regardless of added oat bran [J]. Journal of Animal Science, 96（7）: 2817-2825.

WHITTEMORE, 1976. Theoretical aspects of a flexible model to stimulate protein and lipid growth in pigs [J]. Animal Production, 22（1）: 87-96.

ZHAO J, SHI C, LI Z, et al., 2018. Effects of supplementary amino acids on available energy of soybean meal determined by difference and regression methods fed to growing pigs [J]. Animal Science Journal, 89（2）: 404-411.

第4章 现代猪场建设与工艺设计

4.1 养猪新业态及其对现代猪场规划设计的影响

4.1.1 非洲猪瘟多发下的猪场规划设计

2018年非洲猪瘟在我国肆虐以来，我国养猪业面临严峻的生物安全防控形势。近年来，非洲猪瘟疫情虽总体平稳，但非洲猪瘟病毒已在我国定殖并形成较大的污染面，疫情发生风险依然较高，防控形势依然严峻，防控压力依然巨大。

猪场的生物安全不仅涉及猪场建成运行后的生产管理，还应在规划设计之初就将猪场的生物安全因素考虑在内，并贯穿设计和建设的全过程。

现代猪场设计应从选址开始，并从周边环境、场区环境与布局、防疫设施设备情况、生物安全制度、洗消管理、防疫和应急处置、无害化处理等方面着手，防止猪场以外的病原微生物（包括寄生虫）进入猪场、猪场内部病原微生物的传播扩散以及内部病原微生物向外传播扩散。

现代猪场规划设计应遵循《规模猪场建设》（GB/T 17824.1）、《规模猪场环境参数及环境管理》（GB/T 17824.3）等标准规范。其中，涉及猪场生物安全方面的内容有：

（1）场界与外界用围墙隔开，各功能区之间设置隔离带，并设置专用通道和消毒设施，保证生物安全。

（2）大门设置值班室、更衣消毒室和车辆消毒通道；生产人员进出生产区要走专用通道，该通道由更衣间、淋浴间和消毒间组成。

（3）生产区门口应设有更衣换鞋区域、消毒室或淋浴室。猪场入口处要设置长1 m以上的消毒池，或设置消毒盆以供进场人员消毒。

（4）净道和污道严格分开，避免交叉。

（5）料塔应确保内部饲料车不出场，外部饲料车不进场。

（6）猪舍全封闭设计，避免鸟、鼠、蚊、蝇进入猪舍。猪舍实行单元化生产，进风、排风独立运行。宜采用自动化、智能化设计，尽量减少人员流动和车辆的使用；选购优质设备，减少人员维护。

（7）隔离舍主要用于引种的隔离和驯化，一般建在猪场一角并处于下风向，尽量远离其他猪舍，通过封闭式赶猪通道和场内其他猪舍连通。隔离舍配备独立进猪通道，以及独立的人员进场通道、物资通道、人员生活区。隔离期间应与猪场内部其他人员和猪群没有交叉。

（8）出猪台是猪场与外界连通的直接通道，一般包括赶猪通道区、缓存区、装猪台区（升降台）3 个区，每个区之间通过猪门洞连通。出猪台宜建为封闭式建筑，做成密封连廊式，顶部做挡雨板。出猪台应防蚊蝇、防鼠。出猪时，应单向通过，人员在各区之间不交叉。出猪台宜设置淋浴间，配备淋浴设备、自动喷淋消毒系统和烘干消毒设备。出猪台应有独立的粪污流通管道，污水不得回流入场。出猪台（通道）须有标识，净区、污区应物理隔开，淘汰猪出猪台和正常售猪出猪台确保分开，有条件的猪场可设立中转站。

（9）淋浴室设置应严格区分污区更衣间、淋浴间、净区更衣间，污水无交叉，各区无积水；更衣间配备无门衣柜、鞋架、脏衣桶、垃圾桶、防滑垫；淋浴室配备导水脚垫、洗漱用品架、热水器，水温适宜，水量充足。淋浴室需要安装取暖设施等。

（10）隔离场所。有条件的猪场，宜建设场外人员隔离场所，且应远离其他猪场、市场、屠宰场、中心路等风险较高的区域；须有人员淋浴通道、物品消毒间、独立的隔离间、厨房、洗衣间等设施。

（11）洗消和烘干中心。规模猪场应建立车辆洗消中心，对车辆进行检查、清洗、消毒、烘干。需建设配置有检查区、清洗区、消毒区、烘干房、污区与净区停车场，每个区域应有明显的标识划分。洗消中心设置净区、污区，洗消车辆必须单向流动。有条件的猪场还可以在洗消中心建立检测室，对水质、消毒剂等洗消用品进行监测，同时，对消毒效果进行检测评估，确保洗消效果。一般应设置三级洗消中心：一级洗消中心（服务中心）、二级洗消中心、三级洗消中心（猪场门口）。

（12）病死猪处理区应设立洗消间，并配备专用工作服。

（13）猪舍、仓库等建筑物应设置防蚊蝇窗纱、防鸟网以及 1 m 宽、3～5 cm 厚的防鼠碎石带等，能实现防鼠防鸟和防蚊蝇等。

（14）采用洁净猪舍设计，进风口应采用多次过滤技术，排风口也需过滤抽排，避免颗粒物和病菌通过风口进出对猪的健康造成影响。

（15）应根据猪群规模生产周转量规划建设小单元，采取批次化生产，执行全进全出模式。同一单元不应同时共存不同批次猪只，一批次转运后应对空栏全面消杀，不应连续生产挤占空栏的消毒时间。病弱猪应统一转入隔离单元。通过单元的全进全出工艺，加速非正常个体从正常生产序列中淘汰，以此过程提升猪群整体健康水平。

（16）好的动物福利能促进猪只生长，在猪场规划建设中注重动物福利理念与生物安全相结合，保持高度一致性，有利于猪只的健康成长。

4.1.2　数字化快速发展背景下的猪场规划设计

随着人工智能、大数据、5G 等新技术、新业态的快速发展，全球数字化势在必行，数字化经济深刻影响全球产业结构和科技创新。近年来，我国数字化建设成就瞩目，5G 技术、虚拟现实等数字化技术已深刻融入各个领域，促进了我国经济高效、高质发展。2022 年国务院发布的《政府工作报告》中明确提到，要促进数字经济发展。加强数字中国建设整体布局。建设数字信息基础设施，推进 5G 规模化应用，促进产业数字化转型，发展智慧城市、数字乡村。

在数字经济的浪潮下，农业数字化也在数字化发展中占据着重要赛道。生猪养殖业作为农业的重要组成部分，数字化发展是必然趋势。生猪养殖数字化发展不仅是对传统养殖技术的革新和优化，更是推动生猪产业持续健康发展的关键。在对现代猪场进行规划设计时应根据实际需要，合理配置数字化养殖装备和管理平台，以数字赋能生猪全产业链，整合优质资源，实现生猪产业的降本增效，为生猪养殖业的发展注入新生和活力。

现代猪场规划设计涉及数字化方面的内容主要包括：

（1）基础网络设计；

（2）数字化养殖装备选配；

（3）智能化装备的运行；

（4）牧场的智能化管理。

4.1.3　高标准绿色低碳发展要求下的猪场规划设计

2020 年，国务院办公厅印发《关于促进畜牧业高质量发展的意见》中指出，"坚持绿色发展。统筹资源环境承载能力、畜禽产品供给保障能力和养殖废弃物资源化利用能力，协同推进畜禽养殖和环境保护，促进可持续发展。"2022 年，农业农村部印发的《推进生态农场建设的指导意见》中指出加快农业绿色转型，必须建立绿色低碳循环的农业产业体系，构建绿色发展支撑体系和生产方式。生猪养殖过程中的污水、废气、固废、土壤污染是制约生猪养殖发展的关键因素，污染物排放破坏了生态环境，加剧了温室效应，使水体富营养化严重、土壤重金属含量超标等。因此，绿色发展是践行"绿水青山就是金山银山"生态理念的关键，是生猪养殖业可持续发展的基础。

近年来，我国生猪养殖业从绿色发展理念到绿色发展实践，走出了一条经济、环境两手抓的新型生猪养殖道路，生猪养殖业绿色发展成效明显，养殖废弃物资源化利用率稳步提升，生猪养殖废水、臭气排放量显著下降。在现代猪场规划设计时要科学配套布置粪污的无害化处理与资源化利用、废气的减量化与经济高效去除等环保设施，大力推广应用适用于生猪养殖的环保新技术、新理念，逐步构建高效绿色的生猪养殖发展体系。

现代猪场规划设计涉及绿色发展方面的内容主要包括：

（1）选址与布局：生物安全和环保安全双重保障；

（2）环保设施规划：处理能力、配套设施容量、消纳场所等；

（3）源头减量化设计：臭气减量化设计、固液分离设计；

（4）过程控制设计：污染全程封闭式管控与转运；

（5）无害化处理与资源化利用；

（6）智能监管系统：全程监控、在线监测、超标和故障预警、区域联网等。

4.1.4 劳动力结构性紧缺矛盾下的猪场规划设计

劳动力短缺对生猪养殖业的影响显著，这导致人工成本全面上升。随着城市经济的发展，城市吸引了大量的农村劳动力，二三产业劳动力急剧增加，反观养殖业，由于作业环境差、劳动强度高等特点，从事养殖业的劳动力越来越少。我国生猪养殖业发展所需的劳动力数量和质量都严重不足，劳动力紧缺已成为我国生猪养殖业发展的短板。

生猪养殖业劳动力结构性紧缺主要表现在以下几个方面：①基层劳动者匮乏，生猪养殖劳动力紧缺，除作业环境差、劳动强度高等原因外，另一重要原因是非洲猪瘟的影响，生猪养殖场实行严格的封闭式管理，养殖场劳动者不能随意进出猪场，这导致许多劳动者不愿从事养殖业，养殖劳动者缺乏有效的补充机制。②技术性人才数量不足。根据2021年养殖龙头企业的年报统计可以看出，各养殖龙头企业对在职员工中本科及以上高学历人员的数量进行了扩充，随着养殖业智能化的发展，生猪养殖对高学历技术性人才的需求量增大，各龙头企业对人才的争夺更加激烈。③生猪养殖业信息技术人才紧缺。上文也提到，数字化发展对生猪养殖业影响深远，在养殖企业数字化转型的过程中，随之而来的是养殖业对信息系统开发等技术工程师的需求增多。而比起工业软件工程师，从事农业，特别是生猪养殖业的软件工程师人才储备量较少，这也是影响生猪养殖业数字化发展的一大障碍。

生猪养殖业劳动力匮乏如何破局，养殖人员知识储备和整体素质如何提升，已成为未来生猪养殖业发展的核心问题。因此，在现代养猪场规划设计时要充分考虑养殖业劳动力结构性紧缺的实际情况，通过数字赋能现代养猪业，帮助养殖场降低劳动力需求，改善从业人员作业环境条件，提升生猪养殖业的生产效率，进而缓解生猪养殖业劳动力紧缺的压力。因此，一要提升养殖机械化水平，实现机器换人；二要提升养殖装备智能化水平，增强装备可操作性；三要进行人性化设计，改善员工工作条件，营造拴心留人环境。

4.2　现代猪场的规划设计

4.2.1　猪场选址

规模猪场选址与其生物安全、环境控制和日常管理息息相关。在猪场选址前，要充分评估相关政策和生物安全风险，综合考虑占地规模、地形地貌、周边环境、交通条件、区域基础设施、生物安全、生产规模与饲养管理水平等因素，科学匹配养殖规模、养殖工艺和管理措施。

4.2.1.1　自然条件

（1）地势地貌。

猪场的场址应选择在地势高燥、相对平坦、通风良好、排水顺畅的开阔区域，避开低洼潮湿的场所。此类区域能够减少圈舍环境的潮湿，减少病原微生物滋生。平原地带的场址选择要注意略高于周围，且保持建筑标高在地下水位 0.5 ～ 1 m 以上。河谷地带的场址选择要预防涨水受淹，可参照当地水文资料。建筑标高要比当地历史最高水位高出 1 ～ 2 m。山区丘陵地带的场址宜选择位于向阳的缓坡上，坡度不超过 25%；坡度过大，施工时需大量平整土方，显著改变地势构造，不利于场区安全和水土保持，还增加建设成本，也会给场区的交通组织和生产管理增添不便。要避开山坳和山区谷地。这样的地势特征易形成局部空气涡流，造成场区空气留滞，产生空气污浊、潮湿、闷热或阴冷等不利于猪只生长的气候环境。

（2）水源水质。

生猪养殖需要消耗大量的水，包括猪只饮用水、栏舍冲洗用水、洗消用水、降温除臭用水及员工生活用水等。猪场场址需选择水质好、水量大、便于取用和进行卫生防护的水源地。如果水质差，则会影响猪的健康；水量少，则不能满足猪的生产需求。

猪场水源主要有地面水、地下水和自来水。

地面水包括江、河、湖、塘及水库等水源，由降水和地下水汇聚而成，因而水量和水质状况存在较大差异。地面水通常因水量充足、水质较软（矿物质含量低）、取用方便等而被养猪场普遍采用。但是，地面水由于存储于地表，容易出现水质浑浊、细菌含量超标、易受污染等问题，一般不能直接取用，应经过适当净化和消毒处理后才能作为养猪场水源。

地下水是经过地层过滤，水中的悬浮物、有机物及细菌含量较低的水源，尤其是深层地下水，几乎不存在污染，是养猪场优质的用水来源之一。但地下水矿物质含量高，硬度较大，有些还含有某些有毒物质，选用时应进行水质检测，确定是否可用作水源。有些地下水需进行特殊处理后方可用做猪场水源。地下水取用应遵循国务院制订的《地下水管理条例》相关规定。

目前，我国畜禽用水标准参考《无公害食品　畜禽饮用水水质要求》（NY 5027—2008），其中对饮用水水质的要求做出了相应的规定（表 4-1）。

表 4-1 合格畜禽产品畜禽饮用水水质要求

项目		标准值	
		畜	禽
感官性状及一般化学指标	色	色度不超过 30º	
	浑浊度	不超过 20º	
	臭和味	不应有异味、异臭	
	肉眼可见物	不得含有	
	总硬度（以 $CaCO_3$ 计）/（mg/L）	1 500	
	pH 值	5.5～9	6.4～8
	溶解性总固体 /（mg/L）	4 000	2 000
	氯化物（Cl^- 计）/（mg/L）	1 000	250
	硫酸盐（SO_4^{2-} 计）/（mg/L）	500	250
细菌学指标	总大肠菌群 /（个 /mL）	成年畜 10，幼畜 1	
毒理学指标	氟化物（以 F^- 计）/（mg/L）	2.0	2.0
	氰化物 /（mg/L）	0.2	0.05
	总砷 /（mg/L）	0.2	0.2
	总汞 /（mg/L）	0.01	0.001
	铅 /（mg/L）	0.1	0.1
	铬（六价）/（mg/L）	0.1	0.05
	镉 /（mg/L）	0.05	0.01
	硝酸盐（以 N 计）/（mg/L）	30	30

猪场用水量估算主要依据猪只需水量、栏舍冲洗量、洗消用水量、"三废"处理用水量、职工生活用水量等进行核算。夏季增加湿帘降温用水，用水量要高于冬季。为避免暴发非洲猪瘟疫情，洗消用水量比之前有显著增加。部分猪场因环境敏感度高，需要大量臭气处理用水。不同生长阶段的猪所需水量参见表 4-2。

表 4-2 不同生长阶段的猪所需用水量

类别	总需水量（L）	饮水量（L）
种公猪	40	10
空怀及妊娠母猪	40	12
带仔母猪	75	20
断奶仔猪	5	2
育成猪	15	6
育肥猪	25	6

（3）气候条件。

猪场选址还需考虑气温、风力、风向及灾害性天气等气候条件，气候条件与猪场分区布局和猪舍建筑方位、朝向、间距、排列次序等设计紧密相关。在进行场区规划设计前，应详细了解掌握当地历年的气象资料，为猪场的科学合理布局、猪场的通风、隔热、保温等方案的制定提供参考。

4.2.1.2 社会条件

（1）政策要求。

根据国家政策，各地划分了明确的禁养区和限养区。猪场选址时，应充分考虑是否涉及饮用水源保护地、自然保护区、风景名胜区、城镇居民区、Ⅰ类和Ⅱ类水源地、河流、主要交通干线等，同时要结合当地政策，进行科学选址。

（2）土地征用。

场址选择要符合当地城乡发展总体规划和农业生产发展规划，土地性质以设施农用地为宜，尽量利用荒地建场，不得占用基本农田、生态林和公益林。场区要远离生活饮用水水源地、自然保护区和风景名胜区，避开自然灾害多发地带和环境严重污染地区。节约并合理利用土地，以满足生产需要即可。

猪场的占地面积应根据猪场类型、规模和场地情况而定。通常来说，生产区面积可按每头繁殖母猪 40 ～ 50 m² 或每头上市商品猪 3 ～ 4 m² 计算。建筑面积通常按每头出栏生猪配套 0.9 ～ 1.05 m² 计算。饲养规模越大，相应配套面积越小，一般年出栏 1 万头的猪场按每头出栏生猪配套 1 ～ 1.05 m²，出栏 5 万头以上猪场按每头出栏生猪配套 0.9 ～ 0.95 m²。场区占地面积通常为场区建筑面积的 3 倍左右，条件允许的情况下可选择更大的地域。在土地资源受限时猪舍也可采用多层建筑，楼房养猪建设成本略高于平房，但土地利用率高，单位土地的产出显著提高。目前，全国已有多地建有 2 ～ 6 层的楼房猪舍，个别猪场甚至建有层数高于 10 层的楼房猪舍。

（3）交通条件。

猪场日常有大量物资进出，选址应在交通便利的地方，但考虑到猪场的防疫需要和对周边环境无污染特性，又不能太靠近交通要道，猪场应距离交通要道 1 km 以上。

（4）水电保障。

随着城乡基础设施建设的日益完善，当前已有越来越多的养殖场选择自来水作为生产生活用水水源。引进自来水时要充分考虑用水量能否满足需要，可以修建储水设施以备不时之需。

生猪生产离不开电力供应保障，无论通风、降温、保暖、自动喂料，还是机械清粪、清洗消毒烘干、粪污和臭气处理等，均离不开用电，因而要求猪场必须配置充足稳定的电力供应体系。电力容量配置以场区用电设备总功率为基准，自备电源应不少于总功率的一半，以满足夏季通风降温和料水供应的基础用电需求。

（5）污染消纳。

规模猪场的粪污量排放很大，场址的选择应提前考虑粪污的消纳地，要保证有足够的消纳空间，防止沼液、有机肥过度施用导致周围土地的毁坏。具备条件时应预先签订用户消纳协议。

4.2.2 猪场规划布局

猪场的总体规划布局应与基建投资、生产经营、经济效益以及生物安全相适应。总体规划主要内容包括场区功能分区与布局、建筑设施的布置、场内交通组织及竖向设计等。猪场的总体规划应遵循以下主要原则：

（1）充分利用原有的地形，尽量减少土方工程量，降低基建成本。

（2）根据猪场生产工艺要求，结合当地气候条件、场域地势地形特点进行场区功能分区，合理布置建（构）筑物，合乎生产流程规范要求。

（3）合理组织猪场内外人流、车流和物流，满足净污分流要求，既确保生物安全，又方便生产实施。

（4）建筑物布置符合采光、通风、防疫和防火要求。

（5）猪场废弃物实现无害化处理和资源化利用，同时最大限度降低对周围生态环境的影响。

（6）节约土地，提高单位土地产出率，防止占用和破坏耕地、生态保护林。

4.2.2.1 生产功能分区

根据生产功能，猪场通常可分为场外洗消中心、生产区、生产辅助区、生活区、办公区、隔离区、粪污处理区和出猪区等。

（1）生物安全防控区划分。

根据生物安全防护需要，可将规模猪场整个场区划分为红、橙、黄、绿4个等级。布局上以生产单元为中心向外拓展，安全风险等级依次由绿区、黄区递进到橙区、红区，各区域之间通常有实体围墙或栅栏隔开，保证区域间没有交叉，各区域之间应设有消毒通道，人员、物资由外向内必须经消毒通道方可进入。

红区为猪场外部不可控区域（缓冲区），可在该区域建立人员隔离中心、物品处理中心、中转场、车辆洗消中心等。

橙区为猪场围墙至外部可控区域，包括环保处理区（粪污池和污水处理系统）、无害化处理区等。

黄区为猪舍外部区域至猪场围墙内，包括生活区、隔离区、门卫区等。

绿区为猪舍及猪舍连廊内部等生产区。该区域仅生产人员和应急工作人员可以进入，原则上其他人员不得进入。

猪场功能区从红到绿区，生物安全等级依次递增。在生产区内，依照生物安全等级从高到低依次为：种公猪舍、后备舍、配怀舍、妊娠舍、分娩舍、保育舍、育肥舍、隔离舍。

（2）净污分区。

猪场生物安全区域按洁净程度可划分为净区、污区。净区和污区是一个相对概念，在猪场的任何一个区域，都有净区与污区之分。生物安全级别高的区域为相对的净区，生物安全级别低的区域为相对的污区。

净区和污区不能有直接交叉，禁止逆向流动。猪只和人员只能从生物安全级别高的地方到生物安全级别低的地方单向流动。净区和污区必须有明确的分界线，并清楚标识。

此外，经消毒处理的环境区域也为净区，包括经过消毒处理的人员、车辆、物资接触区域，以及正常生猪直接饲养区域。未经消毒处理的环境区域为污区，包括未经消毒处理的人员、车辆、物资接触区域，以及病死猪接触区域和粪污处理区等。

（3）生产区。

生产区是猪场的主体组成和核心区域，占地面积最大。生产区又分为种猪舍、配种室（人工授精室）、妊娠母猪舍、分娩母猪舍（产房）、保育舍、育肥舍。

（4）其他功能分区。

① 生产辅助区是保障生产正常进行的配套设施与场所，主要包括饲料加工厂及饲料仓库、兽医实验室、洗消中心和洗消室、水电保障和设备维护间、仓库等。

② 生活区是员工生活和娱乐的场所，独立于办公区与生产区，既有助于猪场的生物安全防护，又能给员工一个生活的空间。

③ 办公区是管理人员办公和接待外来人员的主要场所，是外界与生产区的缓冲地带。

④ 隔离区是用来新引进种猪检疫观察、场内病猪及发生局部疫情时隔离治疗的场所。

⑤ 粪污处理区是猪场粪污集中收集与处理的场所，主要包括粪便发酵处理场、污水处理池、有机肥仓库等设施。有些猪场将死猪临贮冷库和处理场所也设置在粪污处理区。

⑥ 出猪区主要是由出猪台和洗消设施组成，是与外界接触最多的地方，也是疾病最容易侵入的地方。

4.2.2.2　总体布局

养猪场的总平面布局要从打造良好的员工生活工作条件和猪只的生产环境、有利于猪场生物安全、方便生产活动开展等方面考虑，应遵循以下要求：

① 除生产辅助区外，猪舍在总体布局上应将各功能区严格分开。各功能区应独立布置，相互之间用围墙、绿篱或地形隔离，并设置专用通道和消毒设施，保障生物安全。

② 办公区、生活区、生产辅助区通常位于场区常年主导风向的上风处和地势较高位置，销售区、隔离区、排污区位于场区常年主导风向的下风处和地势较低位置。当主导风向与地势高低不一致时，从防疫角度出发应优先考虑风向，地势的矛盾可以通过挖沟设障等工程措施加以解决。

③ 生产区位于场区的中心地带，按主导风向顺序排列依次为种猪舍、配种室（人工授精室）、妊娠母猪舍、哺乳母猪舍（产房）、保育舍、育肥舍。各区域保持相对独立，用围墙或绿篱隔断。公猪舍靠近母猪舍布置，且位于母猪舍上风向。为配种方便，人工授精室可设在公猪舍与母猪舍之间或公猪舍一端。育肥舍应设在猪场出口较近的地方，设一通道连接出猪台。

④ 健康猪与病猪分开、净道与污道分开。人员、动物和物资运转应采取单一流向，

进料和出粪通道严格分开，防止交叉污染和疫病传播。

⑤ 生产辅助区靠近生产区或场区主干道周围布置，集中料站及饲料仓库由于同场外运输联系频繁，应设在靠近猪场大门口或主要道路入口处，减少与场内接触，防止疫病传播。

⑥ 办公区通常靠近场区大门，在非瘟疫情下建议办公区最好远离生产区配置，这样更有利于猪场生物安全，降低疫病风险。

⑦ 病猪隔离舍每栏面积约为 4 m²，总容量应为全场猪总量的 5% ～ 10% 以上。兽医室应设在隔离区的下风向。

⑧ 粪污处理区应靠近污道出口配置，设置在下风向、地势较低的位置。猪场应配置两条排水系统，雨污分离。

⑨ 在距猪场较远位置设立专门的售猪区并严格管理，减少运猪车辆靠近和接触场区的机会。出猪台应设置在猪场的下风向处。

4.2.2.3 建筑设施的布置

猪场建筑设施主要包括生产性建筑设施、辅助生产建筑设施、粪污处理建筑设施及生活管理用建筑设施，其中以生产性建筑设施为主。

猪场的建筑设施应根据生产工艺流程、疫病防控需要布置，力求合理、科学、实用。应正确安排各建筑物位置、朝向、间距，同时要考虑建筑物之间的关系、卫生防疫、防火采光、节约占地等。

4.2.2.4 场内交通组织

猪场道路规划不但影响猪场正常生产活动，而且对卫生防疫也起着重要的作用。猪场道路包括场外道路和场内道路。场外道路主要担负进出货物和人员的运输任务。场内道路除了运输功能，还担负卫生防疫职能，因此道路规划设计要满足功能分工、便于运输、防疫防护等要求。

（1）道路分类。

场内的道路要严格区分净道、污道，互不交叉，出入口分开。净道主要用于饲料配送、产品运输，污道则用于运输粪污、病死猪等。

（2）道路设计标准。

场外道路路面宽度应能保证两车交会，宽为 6 ～ 7 m。场内净道多为场区的主干道，通常为水泥路面，路面最小宽度要保证饲料运输车辆的通行，单车道宽度 3.5 m，双车道宽度 6.0 m。污道宽度 3.0 ～ 3.5 m，为水泥路面。与畜舍、兽医室、生活管理房、仓库等连接的次干道和支道，宽度一般为 2.0 ～ 3 m。

（3）道路规划设计要求。

① 净污道分开，严禁交叉，应建有通往兽医室的专用道路。

② 路线简洁，方便猪场各生产部门联系。

③ 路面质量好，要求坚实防滑、排水良好。

④ 道路两侧配套建排水沟，并有绿化与生产设施隔开。

4.2.2.5　竖向设计

竖向设计的任务是在分析场区地形条件的基础上，对原来地形进行利用和改造，使之达到满足建筑布置、排水顺畅、造价经济、景观优美等要求。竖向设计主要内容包括：

① 根据地形特点和施工要求，研究建筑物、道路、场地、绿化及其他设施之间的标高联系，确定场地平整方式和地面的连接形式。

② 合理确定建筑物和场地的整平标高。

③ 确定道路的设计标高和设计坡度。

④ 确定粪污运输方向与拟订粪污线路基本走向。

⑤ 计算挖填的土方工程量。

⑥ 合理设置挡土墙、护坡、排水沟、防洪沟等工程构筑物。

4.2.3　现代猪场生产工艺设计

4.2.3.1　生产工艺设计思路

猪场生产工艺与生产运行、经营管理紧密相关。良好的畜牧生产工艺设计能很好地衔接各生产环节，充分挖掘猪场生产潜力，提高生产效率和经济效益。生猪生产工艺设计应以满足猪只生长的环境需要和实现猪场生物安全防护要求为前提。

（1）形成现代化、标准化、基地化的生产模式。

（2）采用早期断奶、全进全出、分阶段、单元化、分区饲养的生产模式，切断疫病播散途径，保障生产安全。

（3）猪舍设置符合生猪生产工艺流程和饲养规模，各阶段猪的数量、栏位数、设备应按比例配套，尽可能使猪舍得到充分的利用。

（4）加强环境调控措施，消除不同季节的气候差异和减少环境对生产的影响，实现全年均衡生产。

（5）工艺技术可行，经济合理。

4.2.3.2　生产工艺设计内容

猪场生产工艺设计可按猪场性质规模、猪的饲养阶段进行设计。

（1）猪场性质与规模。

商品猪场一般根据生产任务，可分为母猪场、育肥猪场、自繁自育场。

母猪场在场址选择、规划布局、猪舍建筑等方面有着十分严格的要求，而且场内设备必须齐全。育肥猪场猪种单一，技术要求相对简单。目前，规模猪场大多将母猪和肉猪集中在同一猪场饲养，进行自繁自养。通过实行严格的疾病控制和标准化饲养，实现"全进全出"的生产方式。非洲猪瘟疫情发生以来，自繁自养生产模式因其具备良好的生物安全防控基础被广泛认可和大力推广。但这类猪场往往需要大量的固定资产投入，对管理技术水平也有很高的要求。

（2）猪饲养阶段划分。

① 种公猪。种公猪的饲养阶段划分比较简单，公猪出生至 6 月龄，一般与育肥猪一起饲养，6 月龄选种后称为后备公猪，8 ～ 10 月龄开始配种后称为成年公猪。

② 种母猪。由于种母猪的生理过程变化较大，因此，饲养阶段划分较多。母猪 6 月龄选种后饲养至 8～10 月龄开始配种，直至第一次分娩，称为后备母猪。经过第一次分娩后的母猪称为经产母猪。经产母猪根据不同生产阶段分为空怀母猪、妊娠母猪和哺乳母猪。

③ 哺乳仔猪。指初生至断奶（即 0～25 日龄）的仔猪，考虑批次化生产，一般 21～25 日龄应进行断奶。

④ 保育仔猪。保育仔猪指断奶至 70 日龄左右的仔猪。

⑤ 生长育肥猪或待售种猪。生长育肥猪或待售种猪指 71～203 日龄的猪，饲养周期为 133 d。商品猪场采用混养至体重 125 kg 时出售。作为种猪选留的仔猪，70 日龄后转入待售种猪群或进入后备种猪舍，淘汰种猪则全部育肥。有些猪场将生长育肥期细分为育成期（71～126 d）和育肥期（127～203 d）。

（3）生产工艺流程。

现代养猪生产一般采用分段饲养、批次化生产工艺。

① 分段饲养流程。通常有二段式、三段式、四段式、五段式等，其特点及各自转群次数见表 4-3。

表 4-3　几种常用养猪工艺流程的转群次数及其特点

工艺流程	二段式	三段式	四段式	五段式
	空怀妊娠、哺乳期－生长育肥期	空怀及妊娠期－哺乳期－生长育肥期	空怀及妊娠期－哺乳期－仔猪保育期－生长育肥期	空怀及妊娠期－哺乳期－仔猪保育期－育成期－生长育肥期
一般猪舍种类	母猪、育肥	妊娠、分娩、育肥	妊娠、分娩、保育、育肥	妊娠、分娩、保育、育成、育肥
转群次数	无	1 次	2 次	3 次
猪舍及设备利用率	半年一周期	一般	高	最高
操作管理方面	简单	一般	一般	复杂

需要指出，生产工艺流程中饲养阶段的划分不是固定不变的。比如，为提高母猪年产窝数，不少猪场将仔猪断奶时间由原来常采用的 5 周减少到 4 周或 3 周。根据各地对出栏猪体重的不同要求，猪的育肥期长短也有很大差别，同时养殖生猪的品种对饲养周期也有一定影响，特别是一些地方猪种，生长缓慢，需要的育肥时间更长。

② 批次化生产工艺。根据母猪的繁殖周期，将母猪分成若干个群体，利用生物技术实现同一群母猪按照生产计划分批次进行配种和分娩。按照采用的母猪繁殖节律，通常分为 1 周、3 周、4 周和 5 周批次生产模式。

（4）猪场的主要参数。

规模化猪场的工艺参数主要考虑猪群结构、繁殖周期、种猪生产指标、其他猪群生产指标等。下面以万头规模猪场为基数，列出主要生产工艺参数供参考（表 4-4）。

表 4-4　规模猪场主要生产工艺参数案例

项目	参数	项目	参数
繁殖节律	7 d	保育期	49 d
哺乳期成活率	92%	育肥期	133 d
保育期成活率	96%	母猪年产胎次	2～3 胎
育肥期成活率	98%	产活仔数	12 头/胎
两胎间隔期	163～177 d	初情期受精的受胎率	85%
断奶至受胎	7～28 d	母猪分娩率	90%
妊娠期	114 d	年更新率	40%
哺乳期	28 d	公母比例	1:（80～100）
断奶仔猪日龄	21～25 d		

（5）母猪饲养工艺模式。

现代养猪生产的工艺与设备经过多年的发展和变革，逐渐形成了母猪定位饲养、群养等生产工艺模式。

① 定位饲养工艺。配种、妊娠及哺乳母猪均采用限位栏饲养，断奶仔猪及育肥猪大栏饲养，全部或部分漏缝地板，猪群以周为单位进行周转。该工艺养猪工厂化水平高，劳动组织合理，产出和效率高；但限位栏过于限制母猪的运动，使母猪的淘汰率提高，缩短了母猪的使用年限。

② 群养饲养工艺。与定位饲养工艺所不同的是，该工艺配种母猪、妊娠母猪在大栏中饲养，栏内占地面积大，使母猪有充足的空间活动，运动量提高，从而提高了母猪的体质，符合福利化养殖的要求；但大栏饲养每只母猪采食量不能确定，产生体重参差不齐的现象，并且容易产生应激、相互打架、疾病传播等情况。

（6）猪群结构与猪群周转。

在明确了猪场生产性质、规模、生产工艺以及相应的各种参数后，即可确定各类猪群及其饲养天数，然后对每个阶段的存栏数量进行计算，确定猪群结构组成。年出栏万头规模猪场的猪群结构见表 4-5。

表 4-5　年出栏万头规模猪场的猪群结构

猪生长阶段	存栏数（头）	饲养周期（d）
公猪	4	365
空怀母猪	97	7～28
妊娠母猪	249	107
哺乳母猪	74	28
哺乳仔猪	666	21～25
保育猪	1 430	49
育肥猪	3 725	133

如年出栏 10 000 头的商品猪场，采用 7 d 繁殖节律、四段式饲养工艺，猪群的周转流程如图 4-1 所示。

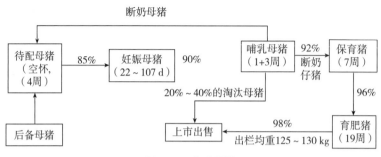

图 4-1　猪群周转

（7）主要工艺技术。

① 母猪同期发情配种技术。同期发情是指利用激素人为控制并调整一群母猪发情周期，使之在预定的时间内集中发情。它是现代化养猪生产实现同一繁殖节律内按时组建规定规模的繁殖母猪群的技术保证。

② 仔猪早期断奶技术。在传统养猪中，仔猪的哺乳时间一般在 50 日龄以上。随着营养科学和环境调控技术的进步，仔猪断奶日龄有所提前，多数猪场采用 21 日龄的早期断奶，有些甚至采用超早期断奶，即 0 ～ 2 日龄断奶。超早期断奶主要因某些特殊需要而被采取，如培育 SPF 猪等，由于该技术超越了母猪、仔猪双方的"断奶生理限度"，因此，为保证仔猪的成活率，需要创造特殊的条件，否则，难以成功。通常在仔猪体重 4 ～ 5 kg 以上或 3 ～ 5 周龄断奶较为适宜。

③ 全进全出工艺技术。全进全出模式，就是将日龄、体重相近的同一批猪，同一天转进同一栋（或单元）猪舍，再同一天转出，不同批次猪只不能相互混合。猪只统一从一个饲养阶段转移到另一个饲养阶段，如仔猪从产房转移到保育舍，当这批猪转移走后，产房栏舍要进行彻底的清洗消毒空置，直到下一批次猪只进来。

全进全出生产工艺是实现规模化养猪按流水线生产的前提。规模化养猪的连续性、节奏性、均衡性都很强，每一道工艺都有明确的分工，而且对圈栏设备的占用时间也都有较明确的限定；否则，猪群的周转就会出现问题，生产的节律一旦被打破，流水线就不会保持畅通，将给生产和管理带来较大的混乱。

全进全出饲养模式是切断猪场疾病循环的重要措施，因为在猪舍内有猪的情况下，始终难以彻底洁净的冲刷和消毒。全进全出工艺技术加上空栏彻底清扫消毒，可避免猪群之间发生交叉感染，从而控制疾病发生。

4.2.4　节能猪舍规划设计

猪舍的规划设计首先应充分考虑到猪的生理需求和行为模式，满足生猪福利需求；

其次，猪舍内部应合理布局、合理配置，符合猪场生产工艺流程和节能环保的要求。

4.2.4.1　猪舍的平面设计

猪舍建筑上一般选用矩形平面。猪栏在舍内与猪舍长轴平行排列，种猪舍猪栏多为两列，中间用一条饲喂走道隔开，两侧靠纵墙各留一条供猪进出猪栏的通道。对于生长和育肥猪舍则只设中央一条通道，饲喂和赶猪共用，以最大限度利用猪舍面积。

（1）猪舍开间。

按我国通用的建筑模数设计猪舍开间和跨度尺寸，可使用标准构件，便于施工，节约材料。根据猪舍的不同类型，需根据不同的结构要求配相应的梁和柱。

猪舍纵向总长度根据生产工艺和场区总平面布置要求，按开间的整数倍数确定，一般控制在 45 ～ 75 m 较合适。采用机械设备时，猪舍长度还要考虑与设备生产能力配套，猪舍过短，设备利用效率低；猪舍过长，不便于饲养管理。

（2）猪舍跨度。

猪舍跨度同开间一样，通常按建筑模数选用 9 ～ 15 m 跨度。跨度过小会相对增加单位面积投资成本，但跨度过大又降低自然通风和采光效果。采用自然通风的猪舍，跨度以不超过 15 m 为好；采用机械通风的猪舍，跨度可加大到 18 m 以上，但跨度过大同样会加大梁、柱等构件的造价。

（3）猪舍布置形式。

猪舍的布置形式分为单列式、双列式、多列式，具体如图 4-2 所示。

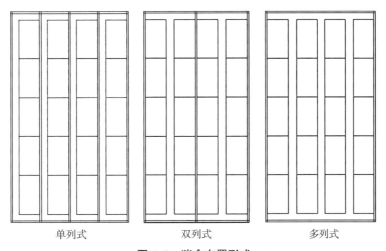

单列式　　　　　　双列式　　　　　　多列式

图 4-2　猪舍布置形式

① 单列式猪舍。猪舍内，猪栏排成一列，根据形式又可分为带走廊的单列式与不带走廊的单列式。其通风采光良好，空气清新，保温、防潮效果好，构造简单，便于清洁卫生，有利于生物安全防护。缺点是工程建设和生产管理路线拉得过长。此种布置多见于养猪专业户和小规模猪场。

② 双列式猪舍。猪舍内猪栏同向两排并行排列，这种猪舍生产区净污道区分明确，

结构紧凑、容量大，同时又能缩短工程建设和生产管理的路线，其劳动效率高于单列式猪舍，是目前常用的布置方式。双列式猪舍的缺点是猪舍跨度较大、结构复杂。造价比单列式猪舍高。北面猪栏采光较差，冬季寒冷。

③ 多列式猪舍。猪舍内猪栏呈同向两排以上并行排列，这种猪舍容纳猪只数量多，但生产区净污道无法明确区分，存在线路交叉现象，且南北跨度较大，因此，通风、采光差，舍内空气污浊，在当前防控非瘟疫情的形势下，不建议采用该模式。

除以上 3 种猪舍布置形式外，还有开放式和半开放式猪舍，由于其保温性较差，在我国北方地区无法适用。因此，北方地区也有采用冬季塑料大棚养猪，夏季将塑料薄膜去掉，猪舍又恢复到开放或半开放形式。

不同类型猪舍布置形式不同，如种公猪舍通常采用单列式和双列式布置，每栏饲养 1 头种公猪或 2～3 头后备公猪，每栏的使用面积为 8～10 m²，栏高 1.2～1.4 m。种公猪舍还配有运动场。母猪舍和育肥舍可采用单列式和双列式。母猪舍每栏面积 7～9 m²，并附有 2 m² 左右的仔猪补料间，栏高 0.9～1.0 m。育肥舍每栏面积 12～16 m²，隔栏高度 0.8～0.9 m。

（4）几种主要猪舍的平面设计。

① 公猪舍。公猪舍内栏位一般为单列或两列布置，为提高场地利用率，以两列布置居多。栏位通常距离两侧墙体 1 m 以上排列，两列式猪舍中间的通道保证不少于 1 m，便于限位饲养的公猪进出。

② 空怀母猪舍。空怀母猪常用的饲养方式是分组大栏群饲，一般每栏饲养空怀母猪 4～5 头。栏位面积一般为 7～9 m²，地面坡降不要大于 2%，地表不要太光滑，以防母猪跌倒。现在越来越多猪场采用限位栏饲养。

③ 妊娠母猪舍。妊娠母猪对冷热都较为敏感，夏季怕热，冬季怕冷，对环境调控要求高，宜采用大窗通风的封闭猪舍。妊娠母猪主要采用限位饲养方式。栏位通常呈两列三通道布置，两侧离侧墙约 1 m，中间通道不少于 1 m。

④ 哺乳母猪舍。母猪和仔猪对环境温度的要求不同，母猪的适宜温度为 15～20℃，而新出生的仔猪适宜的温度为 30～32℃，如何同时满足母猪和仔猪的需要是分娩舍的设计重点。通常舍内温度保持在母猪适宜的范围，仔猪则采取局部加温方式达到其适宜温度要求。分娩舍可以呈单列、两列或三列布置。哺乳母猪采用限位饲养。在母猪限位栏的旁边设置仔猪活动区，将母猪与仔猪隔开，防止仔猪被母猪躺压。

⑤ 保育舍。保育仔猪对环境的适应能力比较弱，适宜的温度为 22～26℃，尤其是刚出分娩舍的仔猪，要求舍内温度达到 26～30℃。因而保育舍在保温隔热性能上有较高要求，建议采用隔热的屋顶和墙面，地面也要有一定的绝热性能，同时舍内要装备加温设施。仔猪采用大栏饲养，栏舍面积一般按每头 0.35～0.4 m 计，通常一个栏位饲养 1～2 窝仔猪。

⑥ 育肥舍。生长育肥猪对环境适应能力较强，适宜温度在 15～22℃，设计猪舍时要同时兼顾防暑和保温两个方面，可采用大窗封闭猪舍。猪栏布置通常呈两列和多

列式，以两列一通道更为常见。

（5）大栋小单元猪舍。

大栋小单元猪舍采用大面积建筑，通常长度在 40 ～ 100 m，跨度在 30 ～ 60 m。猪舍通常按纵向分成若干小单元，相互之间有实体墙隔断，完全独立，单元内呈两列或四列式布置。该类型猪舍土地利用率高且外围护结构少，保温隔热性能良好。管理上采用全进全出饲养模式，生物安全防护性能优良，因而在非瘟疫情下得到大力推广运用。

（6）楼房猪舍。

楼房猪舍是近年兴起的猪舍结构模式，因其超高的土地利用率受到不少养殖户的青睐。楼房猪舍的建筑要求和对养殖设施的要求都高于平层猪舍，总体建设成本要高于平层猪舍。由于养殖密度大，楼房猪舍的环境调控设计非常重要。同时，各楼层粪污与废气的排放、收集和处理非常关键，尤其要防止左右单元、上下楼层之间的疫病传播。

4.2.4.2　猪舍建筑结构规划设计

（1）猪舍朝向。

猪舍朝向选择与当地地理纬度、气候特征及局部环境条件相关。选择适宜的朝向既能规避夏季过多的光照，又能接受冬季太阳光的照射，同时还能合理利用主导风向改善猪舍的通风条件，有利于创造猪只健康生长的环境。

根据猪场坡度、光照、风向及水流朝向等确定猪舍朝向，我国地处北纬，太阳高度角冬季小、夏季大，猪舍朝向采用坐北朝南，或南偏东、偏西 30° 为宜。

猪舍布置除朝向外，同时也应考虑风向，主导风向能直接影响舍内通风和冬季保温。当风向与建筑物垂直时，风会直接穿过猪舍，不利于舍内有害气体和病原微生物的排出，且易在建筑物之间形成涡流，不利于全场通风。当风向与建筑物成 30° ～ 60° 角时，风可引导舍内气流均匀流动，提高通风效果，使全场气流流动顺畅，利于舍内有害气体和病源微生物的排出。从防寒角度考虑，冬季主导风向与猪舍垂直时，热能损耗最大，并极易导致猪只受凉生病，应尽量避开。

（2）猪舍间距。

猪舍间距主要根据光照、通风、防火、防疫、节约土地 5 个因素来确定。在满足光照、通风、防疫和防火要求的前提下，应尽量缩短猪舍间距，以减少猪场占地面积，节约用地。猪舍的采光间距为猪舍高度的 1 ～ 2 倍；通风和防疫间距为猪舍高度的 3 ～ 5 倍；防火间距参照民用建筑三级、四级标准，最小防火间距为 8 m 和 12 m，与通风和防疫间距要求大致相当。因而，通常间距为猪舍高度的 3 ～ 5 倍即可满足防火要求。多层猪舍的间距可根据层数科学设置，如风机端相对的两栋猪舍间距不宜低于 20 m。

（3）猪舍结构。

猪舍结构大体包含框架、墙壁、屋顶、地面（含基础）、门窗、粪污坑道等。

① 框架。猪舍一般采用混凝土框架结构，目前也有越来越多的现代猪场采用钢结构。

② 墙壁。猪舍墙体除应坚固耐用、保温隔热，除满足猪舍承重、有围护结构、防

火等基本需求外，还要求表面光滑，不易藏污纳垢，易于清洁消毒，且能经受消毒剂腐蚀。目前猪舍墙体多用砖混结构，也有采用聚苯乙烯夹芯板等新型保温隔热材料。猪舍墙脚是墙壁与基础之间的过渡部分，应比室外地面高 20 ～ 40 cm，并在墙脚与地面交接处设置防潮层，防止墙壁受潮，通常用水泥砂浆涂抹墙脚。

③ 屋顶。猪舍屋顶要求结构简单、坚固耐用、排水便利，且保温性能良好。因此选择屋顶材料时，应选用保温隔热效果好、便于清洁消毒的材料。猪舍屋顶目前常采用的材料有聚苯乙烯夹芯板。

④ 地面（含基础）。猪舍基础深入地下的程度由建筑物大小、地下水高低及冻土层深度等决定。在任何情况下，基础都应高于地下水位 0.5 m 以上。猪舍地面是猪只活动和休息的主要场所，据观察统计，猪的躺卧和睡眠时间长达 80%。如果地面设计不合理或有缺陷，不但不利于猪的生长，还会使猪易患病或给猪造成机械损伤。

对地面的设计要求有：地面坚实平整、保暖性能好、易于清洗消毒，地面过于粗糙不利于病菌的彻底清除，导致消毒不彻底；地面不返潮，易保持干燥；潮湿的地面无疑会增加猪患病的风险；防滑性能好，易于猪只行走；坡度、沟坎跨度不宜过大过高，减少猪只机械性损伤，降低感染机会。

目前猪舍地面多采用实心混凝土地面和漏缝地板相结合的构造模式，操作通道多采用实心地面，猪栏则多配置漏缝地板。

⑤ 门窗。为保证猪群自由出入，猪舍的门一般不设置门槛及台阶，应建成斜坡状，避免猪群出入时损伤蹄脚。北方寒冷地区，门的设计应保温密封性良好。猪舍窗户对猪舍采光通风有重要影响，但窗的面积也不是越大越好，窗户面积过大，冬季散热量快，不利于保温。窗户数量和面积应根据猪舍结合和当地气候条件合理设计。

⑥ 粪污坑道。粪尿沟和漏缝地板是粪污坑道的重要组成部分，现代化规模养猪场普遍采用机械刮粪板清粪模式和水泡粪（尿泡粪）模式。机械刮粪板清粪模式的粪污坑道又可分为平坑道和 V 形坑道，并在粪尿沟上铺设漏缝地板。生长育肥猪舍和成年种猪舍宜采用水泥漏缝地板。猪分娩舍内，分娩床两旁小猪活动区可采用全塑漏缝地板；母猪活动区采用铸铁漏缝地板，利于排污和清洁；保育猪舍多采用塑料漏缝地板。

4.2.5 猪舍环境控制设计

随着生猪养殖逐步向规模化、集约化转变，猪舍的环境控制技术显得尤为重要。只有让猪只在适宜的环境下生长，才能发挥出猪只的生产性能和养猪的经济效益。猪舍的环境控制技术主要体现在猪舍的通风、保温降温以及光照等方面。

4.2.5.1 不同生长阶段猪适宜的生长条件

各阶段猪有不同的适宜生长的环境条件（表 4-6），根据不同的要求，有时需要选择不同的设备类型或不同的设备型号。

表 4-6　猪舍环境参数要求

环境参数		猪舍种类								
		空怀、妊娠前期母猪	种公猪	妊娠母猪	哺乳母猪	哺乳仔猪	断奶仔猪	保育猪	育肥猪	后备猪
温度（℃）		14～16	14～16	16～20	16～18	30～32	20～24	14～20	12～18	15～18
湿度（%）		60～85	60～85	60～80	60～80	60～80	60～80	60～85	60～85	60～80
换气量（m³/h）	冬季	70	70	70	85	10	10	10	45	45
	春秋季	90	90	90	110	20	20	20	55	55
	夏季	120	120	120	150	50	50	50	120	120
风速（m/s）	冬季	1.2	1.2	1.2	1.2	1.2	1.2	1.2	1.2	1.2
	春秋季	1.5	1.5	1.5	1.5	1.5	1.5	1.5	1.5	1.5
	夏季	≤2.0	≤2.0	≤2.0	≤2.0	≤2.0	≤2.0	≤2.0	≤2.0	≤2.0
光照度（lx）		75	75	75	75	75	75	50	50	75
噪声（dB）		≤70	≤70	≤70	≤70	≤70	≤70	≤70	≤70	≤70
细菌总数（万个/m³）		10	6	6	5	5	5	8	8	5
有害气体浓度（mg/m³）	CO_2	4 000	4 000	4 000	4 000	4 000	4 000	4 000	4 000	4 000
	NH_3	20	20	20	15	15	20	20	20	20
	H_2S	10	10	10	10	10	10	10	10	10
栏圈面积（m²/头）		1.3～1.5	8～12	1.3～1.5	3.8～4.2	/	0.3～0.4	0.6～0.9	0.8～1.2	0.9～1.05

4.2.5.2 猪舍温度控制

在适宜的温湿度能够促进猪的生长发育,温度过冷过热都会影响猪只的生长。不同生长阶段的猪只最适温度不同(表4-7),应根据猪只的不同生长需求调节猪舍温度。

表 4-7　不同年龄猪只的最适温度

猪只年龄、体重	最适温度(℃)	温度范围(℃)
哺乳母猪	16	10～21
初生仔猪	35	32～38
3周龄仔猪	27	24～29
保育前期仔猪(5.5～13.6 kg)	27	24～29
保育后期仔猪(13.6～22.7 kg)	24	22～25
生长猪(22.7～34.1 kg)	18	16～21
生长肥育猪	16	10～21
怀孕母猪	16	10～21
种公猪	16	10～21

(1)猪舍降温措施。

①降温湿帘。在猪舍外围的通风口安装上风机,另一端安装上湿帘(水帘),风机开始运转,将猪舍内的空气排出,使猪舍内的大气压低于猪舍外的大气压以形成压差,猪舍外的空气就可以通过湿帘进入猪舍内。由于空气必须穿过湿帘,因此,进入猪舍的空气温度低于猪舍外的空气温度,达到给猪舍降温的目的(图4-3)。

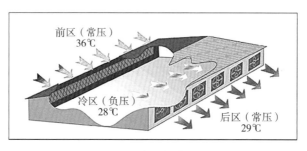

图 4-3　湿帘风机降温原理

②蒸发降温。利用汽化热原理使猪只散热或使空气降温。因此,蒸发降温分为畜体蒸发降温和环境蒸发降温两种。

猪体蒸发降温包括向畜体表面洒水、喷淋和使猪只水浴。这种降温方法仅适用于干热地区且养殖规模很小的猪场。环境蒸发降温包括向屋顶、地面洒水或喷淋、舍内喷雾和蒸发垫。这种方法的效果取决于空气的湿度,不宜在湿热地区使用。

③机械制冷(如使用空调)。根据物质状态的变化过程中的吸热、放热原理设计而成。这种方法的降温效果最好,但成本很高,一般只用于公猪舍。

④ 对流降温。即通风降温，包含两种含义：a. 借助空气的流动以逐渐散热的方式放散猪舍内的体热和其他热，防止热在舍内蓄积而导致舍内温度升高；b. 在猪体周围形成适宜的气流，以促进猪体对流散热与蒸发散热。

对流散热在舍内、舍外均适宜采用。但对流降温所要求的气流速度并不是越大越好，一般 0.8 m/s 的气流即可产生能察觉到的凉意，若气流速度达到 2.5 m/s 则已失效。

（2）猪舍保温措施。

① 集中供暖。猪舍集中供暖主要利用热水、蒸汽、热空气及电能等形式，通过管道将热介质输送到猪舍内的散热器，放热加温猪舍的空气，保持舍内适宜的温度。目前多采用热水供暖系统，该系统包括热水锅炉、供水管路、散热器、回水管路及水泵等设备。

② 局部供暖。常用电热地板、热水加热地板、电热灯等设备。目前，大多数猪场实现了高床分娩和育仔，因此，最常用的局部环境供暖设备是红外线灯或远红外板，前者发光发热，后者只发热不发光。这种设备本身的发热量和温度不能调节，但可以调整灯具的吊挂高度来调节仔猪群受热量。

如果采用保温箱，则加热效果会更好。红外线灯安装方便灵活，只要装上电源插座即可使用，但红外线灯泡使用寿命短，常由于舍内潮湿或水滴溅上而损坏，因此，使用电热保温板优于红外线灯。

4.2.5.3　猪舍通风控制

（1）猪舍通风措施。

猪舍的通风换气是猪舍环境控制的一个重要手段。其目的有两个：一是在气温高的情况在，通过加大气流使动物感到舒适，缓和高温对猪只的不良影响；二是在猪舍密闭的情况下，引进舍外的新鲜空气，排出舍内的污浊空气，改善猪舍的空气环境质量。如猪舍的排风系统通风形成了舍间风的互窜，则利于流行性疾病通过空气、粉尘或蚊蝇等媒介传播，不利于防疫。猪舍通风有自然通风和机械通风两种方式。

自然通风主要设进风口、排风口，靠风压和热压为动力通风。自然通风节约能源、成本低廉，不会受到停电等突发情况的影响，但不能进行有效控制通风效率，同时，对猪舍所在地的自然条件要求严格，在气温突变的情况下，容易导致猪舍温差过大，造成冷应激，同时，无法对猪舍臭气进行有效收集处理，已经被逐步淘汰，目前，仅有部分小型半开放和开放式猪场仍在采用自然通风的模式。

猪舍的机械通风模式主要用于密闭猪舍引入舍外新鲜空气，排除舍内污浊空气，以此改善舍内空气环境质量。根据通风原理，主要分为正压通风和负压通风。

① 正压通风。正压通风就是通过动力将新鲜空气通过管道输送到猪舍内，把猪舍内的污浊空气排到舍外的一种通风方式。正压通风需要的能耗高，但正压通风对猪舍的密闭性要求不高。

② 负压通风。负压通风就是用轴流式风机或地沟风机将猪舍内的污浊空气抽出去，造成猪舍内空气压力下降，猪舍外面的新鲜空气通过进风口进入猪舍，从而达到

通风换气的目的。负压通风能耗低，但对猪舍的密闭性要求较高。轴流式风机把舍内污浊空气抽出猪舍外，新鲜空气通过水帘进入猪舍，从而达到夏季猪舍通风降温的目的。猪舍内不同猪只之间只能以猪栏相隔，不能使用实体墙，以此保证纵向通风的效果。

负压通风的另一种形式就是通过地沟风机将污浊空气抽出去而形成负压的通风方式。地沟风机通风一般是冬季通风的主要方式，新鲜空气通过屋檐进入，经屋顶简单预热后通过通风小窗进入猪舍，然后通过漏缝地板的缝隙进入地沟，再经地沟风机排出舍外。地沟风机的负压通风能够有效减少冬季舍内有害气体的含量，保证猪舍猪只的最低通风量。地沟风机下面的气流风道一般为长城形状的通气口，地沟风机的抽气管道要排布平衡。

负压通风由于猪舍的密闭性强，必须加强对猪舍停电报警的监管，如安装停电报警器、设置备用的发电机组、人员定期巡视等，否则发生猪舍停电而无人知晓的情况，会给猪场带来巨大损失。

（2）猪舍采光与照明控制。

光照是构成舍环境的重要因素，不仅影响猪只的健康和生产力，而且影响管理人员的工作条件和工作效率，为使舍内得到适宜的光照，通常可以通过自然光和人工照明实现。前者用自然光，后者借助人工光源。

开放式或半开放式猪舍的墙壁有很大的开露部分，可主要靠自然采光；封闭式猪舍有两种情况：无窗舍则完全靠人工照明，有窗舍则可主要靠自然采光。为了取得光作用的最大生物学效果和节约用电、降低生产成本，应充分利用自然光。人工照明在于补充自然光照的不足，以延长冬季和过渡季节的光照时间。

在猪舍中不仅应保持合乎要求的光照强度，还应根据畜种、年龄、生产方向（肥育、种用等）以及生产过程等确定合理的光照时间。

① 自然采光。自然采光就是让太阳的直射光或散射光通过猪舍的开露部分或窗户进入舍内以达到照明的目的。

封闭舍的采光取决于窗户面积。窗户面积越大，进入舍内的光线越多。但是，采光面积不仅与冬天的保温和夏天的防辐射热相矛盾，还与夏季通风有密切关系。所以应综合诸多方面因素合理确定采光面积。在生产中通常用"采光系数"衡量与设计猪舍的采光。采光系数指窗户的有效采光面积与猪舍地面面积之比。

② 人工照明。人工照明一般以点灯做光源。人工照明，通常除在早、晚延长照明时间外，还可根据自然照度系数来确定补充光强度以满足动物的生物学要求。猪舍照明标准规定，当舍内实际自然照度系数小于 0.5% 时，哺乳仔猪舍、断奶仔猪舍、后备猪舍、种公猪舍、母猪舍等家畜活动区的人工照明强度可视情况相应增大到 40、50、75、125、150 lx。

4.2.5.4 猪舍的清洁消毒

目前，在世界范围内还没有研发出可以有效预防非洲猪瘟的疫苗，但是可以做到杀死病毒或降低空气环境中的载毒量。因此，生猪养殖场要做好生物安全防护，防控非洲猪瘟的发生。

猪舍清洁消毒可以消灭舍内散布在空气中的病原体，阻止疫病蔓延。猪舍常用的清洗消毒设备有高压清洗设备、消毒设备。

4.2.6　猪舍粪污清理工艺设计

猪舍清粪工艺是猪舍设计工艺的重要组成部分，是影响猪舍内外环境空气质量及后续粪污处理工艺选择的关键因素之一。现代化猪舍清粪工艺主要有水（尿）泡粪、机械清粪、猪厕所等清粪工艺。

（1）水（尿）泡粪。

水（尿）泡粪是指在猪舍内的排粪沟中注入一定量的水，将粪、尿、冲洗和饲养管理用水一并排放至漏缝地板下的粪沟中，贮存一定时间，待粪沟填满后，打开出口，然后沟中的粪水排出。目前欧美国家猪场仍以水泡粪工艺为主，我国也有许多规模化猪场采用了水泡粪工艺或改进版的称为尿泡粪的清粪工艺。

设计合理的浅坑拔塞水泡粪舍内空气质量好，人工用量少，投资运行费用相对较低。但是目前环保部门的相关规范明确指出新建、改建、扩建的猪场宜采用干清粪工艺。现有采用水（尿）泡粪工艺的养殖场，应逐步改为干清粪工艺。水（尿）泡粪工艺的使用在很多地区受到了限制，无法通过环评。所以，近年来的规模化猪场项目更多的开始考虑采用机械清粪的方式。

（2）机械清粪。

机械清粪是采用电力驱动刮粪板，每天运行多次清空地沟的清粪方式。形式上可以分为平刮板和"V"形刮板两种。平刮板工艺相对简单，粪尿一起刮出舍外，舍内没有实现干湿分离，但后续要增加干湿分离设备，由于地沟坡度不大，尿液容易挥发，相对舍内外空气质量较差。近几年来，国内新建猪场为了施工进度和成本考虑，机械清粪都以平刮板为主，导致后续臭气污染带来处理难度和成本加大。

4.2.7　猪场三废处理工艺设计

4.2.7.1　猪场水处理工艺

猪场废水主要包括猪尿、猪舍冲洗水和部分猪粪。废水中有机物浓度高、悬浮物和氨氮含量大，废水排入自然水体会污染环境，需进行集中处理。猪场的废水处理工艺主要有物理处理法、化学处理法和生物处理法。其中应用最广泛的是生物处理法，即通过微生物的生命过程把废水中的有机物转化为新的微生物细胞及无机物，从而达到去除有机物的目的。

猪场废水首先经过格栅的预处理，筛分出大块颗粒物（ < 30 mm ），再经过固液分离机，去除小颗粒（ 0.5 mm ）。同时在废水中投加混凝剂，去除废水中的磷。采用生化处理工艺降低污水中的 COD。污泥经过污泥脱水设备脱水后被运输到粪污处理设备中

和粪污一起处理。

4.2.7.2　猪场臭气处理工艺

养殖场的臭气会对人体和环境产生严重危害，开展好臭气治理是养殖户面临的重大挑战之一。当前，养殖场常采用的臭气处理工艺种类较多，常采用的臭气处理工艺有物理洗涤法、化学洗涤法（中和法、氧化法）、生物分解法等，可选用一种除臭工艺进行处理或两种及两种以上的除臭工艺组合在一起使用。

（1）物理洗涤法。

物理洗涤就是水淋处理，即将水通过高压喷雾装置形成喷雾喷洒在除臭空间中，当猪舍的空气通过除臭空间时，与水雾充分接触，去除臭气中的部分颗粒物和可溶于水的恶臭气体；或者将水通过管道喷淋在过滤介质表面，形成一层液相薄膜，气体污染物在介质表面最大程度地与水接触并被去除。

（2）化学洗涤法。

化学洗涤法就是酸淋处理。即将一定浓度的硫酸等酸性物质通过高压喷雾装置形成喷雾喷洒在除臭空间中，当猪舍的空气通过除臭空间时，与空间里的酸雾充分接触，NH_3 先溶于水形成碱性溶液，再与水中的酸性物质发生中和反应，达到去除的目的；或者将酸性溶液通过管道喷淋在过滤介质表面，形成一层液相薄膜，气体污染物在介质表面最大限度地与水接触并被去除。NH_3 与酸液反应可以达到良好的去除效果。

（3）生物分解法。

生物分解法是指利用微生物的代谢作用去除臭气中的挥发性有机物及其他可被氧化的无机物。例如，空气污染物中的 NH_3 溶于过滤介质中附着的水珠中，形成可逆反应，生成 NH_4^+，水珠中的硝化细菌通过代谢作用将 NH_4^+ 转化成 NO_3^- 或 NO_2^-，达到去除 NH_3 的目的。

（4）综合处理法。

综合处理除臭技术是集物理、化学、生物 3 种处理方法为一体的除臭方法。物理过滤为一级处理，化学过滤为二级处理，生物过滤为三级处理的末端控制技术。物理处理法是将收集的废气通过含水的过滤层，去除废气中携带的粉尘颗粒和部分氨气；化学处理法是在水中添加化学药剂，通过喷头喷淋，将含化学药剂的溶液喷淋到过滤层中，氨气通过该过滤层时，与过滤层中的化学药剂进行氧化反应，达到去除氨气的目的；生物处理法是将微生物附着于过滤介质中，利用微生物的代谢活动，将废气中的大部分易挥发物质和硫化氢等无机物氧化成二氧化碳和水，达到去除目的。

4.2.7.3　猪场粪污处理工艺

猪粪便中含有大量有机物质，可做肥料、饲料及沼气发电。粪污处理有以下几种方法。

（1）干燥处理。

高温干燥是采用干燥设备对畜禽粪便进行机械干燥的方法。该方法干燥效率高，灭菌除臭效果好，但投资费用和能耗均较大。

　　自然干燥一般利用阳光晒干或风干的方式使畜禽粪便干燥，经过自然干燥的畜禽粪便可直接作为肥料。此方法节省成本，但处理效率低，处理时间长，且自然干燥过程中产生的 NH_3 等污染气体会对环境造成二次污染。

　　烘干膨化干燥是利用热效应和喷放机械效应共同作用，使畜禽粪便膨化疏松，达到灭菌、杀虫和除臭效果。具体工艺是将已经干燥的畜禽粪便置于压力窗口内，通过短时间的低中压蒸汽处理，再突然减压使其喷放，所以又称热喷处理。经该技术处理过的猪粪可直接作为饲料或经过造粒后进行肥料化利用。

　　（2）饲料化处理。

　　饲料化处理是综合利用畜禽粪便，减少污染物排放的一种畜禽粪便处理方式。因为畜禽粪便中含有较多粗蛋白质、粗纤维、碳水化合物、矿物质等营养物质，可通过一系列加工，转化为饲料。目前，主要的饲料化处理方法有干燥法、青贮法、生物法、热喷处理法、膨化处理法等。但畜禽粪便中携带病原微生物、重金属及农药残留等，畜禽粪便饲料化处理的安全性问题需进一步讨论。

　　（3）物理化学处理。

　　①物理法。将天然石料加工成粉状，按一定比例与畜禽粪便充分混合，使粪便呈固体状态。该方法成本低，能迅速将有害气体、污水吸附，减少对环境污染，但此方法只能对粪便进行前期处理，粪便仍需进一步净化。

　　②化学法。畜禽粪便的化学处理技术是在粪便中加入一些化学试剂达到杀菌消毒的效果，如福尔马林、醋酸、氢氧化钠等。但化学处理投资较大，成本高，难以大规模使用。

　　（4）生物处理技术。

　　①生物菌剂除臭。微生物的末端除臭即将菌剂直接喷洒到畜禽粪便上，或作为发酵液添加剂添加到畜禽粪便中，利用微生物之间的共生、繁殖及协同作用分解转化粪便中的有机物质，微生物的代谢产物如乳酸、乙酸等形成酸性环境，抑制腐败类微生物和病原菌的繁殖，从而达到减少恶臭气体释放的目的。

　　目前，市场上已出现不少畜禽除臭的微生物菌剂，大部分既可用于喷洒，又可直接作为粪便或堆肥添加剂使用。但养殖企业在选购市场上的微生物添加剂时，需要谨慎选择，有部分微生物添加剂对臭气减排没有影响。

　　②好氧堆肥。又称好氧发酵，主要在有氧条件下向畜禽粪便中添加发酵菌剂，利用好氧微生物群达到粪便处理稳定化、无害化的目的。好氧堆肥在发酵过程中微生物活动杀死病原微生物，使堆体温度升高并达到腐熟状态。经过好氧堆肥后的有机肥有利于土壤性状改良并对作物生长有益。人工湿地、太阳能大棚发酵等都是采用这种技术原理。

　　堆肥工艺包括自然堆肥、条垛式主动供养堆肥、机械翻堆堆肥 3 种类型。自然堆肥是指在自然条件下将粪便拌匀摊晒，降低粪便中的含水率，同时在好氧微生物的作用下发酵腐熟。自然堆肥投资小，容易操作，成本低廉。但是占地大，处理量小，干燥时间长，易受气候环境影响，堆肥会产生臭味、渗滤液等污染环境。条垛式主动供氧堆肥首先将堆肥物料成条垛式堆放，然后不定期通过人工或机械设备对物料进行翻堆，从而实现供氧。也可在垛底设置穿孔通风管，利用鼓风机强制通风，加快发酵速度。条垛的高度、宽度和形状取决于物料的性质和翻堆设备的类型。该技术成本低，但占地面积大，处理时间长，易受气候环境影响，会对大气及地表水造成污染。机械翻堆堆肥是利用搅拌机或人工翻堆机对堆肥进行通风排湿，粪污均匀接触到空气，堆肥物料能够迅速被好氧微生物发酵分解，防止臭气的产生。该技术操作简单，有利于空气污染防治，但一次性投资较大，运行费用较高。转筒式堆肥是指在一定的旋转速度下，物料从上部投加，从下部排出，物料不断滚动从而形成好氧的环境来完成堆肥。该技术自动化程度较高，利于空气污染防治，但一次性投资较大，运行费用较高。

③厌氧发酵。对畜禽粪便采用厌氧发酵技术，能够实现畜禽粪便的资源化、减量化利用，提供清洁能源，还能减少病菌传播、降低臭气排放。

厌氧发酵是利用厌氧微生物菌群，在无氧条件下，将有机物降解并稳定化的一种生物处理方法。厌氧发酵的气体产物是沼气，可作为能源；固体产物可以回田利用或作为有机复合肥基质，液体产物包含有机、无机盐类，属于高浓度有机废水，需要经过污水处理。厌氧发酵最终产物的恶臭气体减少，产生甲烷可以作能源利用，但存在发酵过程中 NH_3 挥发大和处理设施体积大等缺点。

（5）低等动物处理技术。

低等动物处理技术是利用低等动物（家蝇、蚯蚓、蜗牛）饲喂畜禽粪便，该技术通过封闭式培养的方式，培养蝇蛆，立体套养蚯蚓、蜗牛，从而达到处理畜禽粪便的目的。低等动物处理技术不仅能够采用低等动物分解粪便，而且也能提供优质动物蛋白饲料及有机肥。这种方式经济收益好，生态效益显著。同时，该处理技术也存在前期畜禽粪便需进行脱水处理、后期蝇蛆不易收集、饲喂蚯蚓和蜗牛的难度较高、饲喂环境条件要求高等问题，目前尚未得到广泛推广。

4.2.7.4 猪场病死猪处理

养殖场病死畜禽尸体如不及时处理或处理方法不当，不但会滋生大量细菌，引起疾病传播，还会产生恶臭气体，对周围大气环境造成污染。因此，对所有病死畜禽尸体及其排泄物、污染或可能污染的饲料、垫料和其他物品，都应按照《病死及病害动物无害化处理技术规范》农医发〔2017〕25 号的规定进行无害化处理，主要采用物理、化学等方法处理病死动物尸体及相关动物产品，消灭其所携带的病原体，消除动物尸体危害的过程。

规模养殖场应集中设置焚烧、化制、高温、消毒等方式的无害化处理设施和设备，特别是焚烧设备应具备二次燃烧和防尘防病害微生物的性能，在处理过程中不产生其他危害。

对于不具备无害化处理条件的养殖场，应在场内设置病死猪暂存冷库，采用冷冻或冷藏方式进行暂存，防止无害化处理前动物尸体腐败，定期将冷库中的病死猪运到当地无害化处理厂进行无害化处理，并对暂存场所及周边环境进行清洗消毒。

4.3　现代猪场主要设施设备

4.3.1　栏舍设施

4.3.1.1　猪栏

猪栏一般分为砖砌隔栏、金属隔栏。砖砌隔栏坚固耐用、造价低，但影响舍内空气流通；金属隔栏用钢管焊接而成，利于通风，便于清扫消毒，是目前规模猪场主要采用的方式（图 4-4）。猪栏面积和高度随猪只种类、体型、数量不同而有所差异。

（1）公猪栏。

限位栏一般长 2.2 m，宽 0.75 m，高 1.2～1.4 m。采精栏面积一般为 7～9.2 m²。栏栅结构材质有金属和混凝土结构两种，但栏门应采用金属结构，便于通风和管理人员观察和操作。

（2）配种、空怀、妊娠栏。

繁殖母猪的饲养方式通常有大栏分组群饲、小栏个体饲养和大小栏相结合群养等3 种方式。母猪大栏的栏长、栏宽尺寸可根据猪舍内栏架布置来决定，而栏高一般为0.9～1.0 m。限位栏一般长为 2.2 m，宽 0.65 m，栏高为 1.0～1.2 m。栏栅结构有金属和混凝土结构两种，但栏门应采用金属结构（图 4-4）。

图 4-4　限位栏

（3）分娩栏。

分娩栏是一种单体栏，中间为母猪限位架，是母猪分娩和仔猪哺乳的地方；两侧是仔猪活动栏，用于隔离仔猪，是仔猪采食、饮水、取暖和活动的地方，母猪限位架一般采用圆钢管和铝合金制成。分娩栏尺寸与猪场选用的母猪品种体型有关，长度一般为 2.2～2.4 m，宽度为 1.8～2.0 m，母猪限位栏的宽度为 0.6～0.65 m，多采用宽度 0.65 m，高度 1 m，母猪限位栅栏离地高度为 30 cm（图 4-5）。

图 4-5　分娩栏

（4）保育栏。

保育栏的尺寸根据猪舍结构而定，常用的规格为长 2 m，宽 1.7 m，高 0.6 m，侧栏间隙 6 cm，离地面高度为 25 ～ 30 cm（图 4-6）。

图 4-6　保育栏

（5）生猪育肥栏。

现代化猪场的生长猪栏和肉猪栏均采用大栏饲养（图 4-7），有的猪场为了减少猪群转群麻烦，给猪带来应激，将这两个阶段合并为一个阶段，采用一种形式的栏，生长猪栏与肉猪栏有实体、栅栏和综合 3 种结构。生长育肥栏的栏高一般为 1 ～ 1.2 m，采用栏栅式结构时，栏栅间距为 8 ～ 10 cm。

图 4-7　育肥栏

4.3.1.2　漏缝地板

常用的漏缝地板有铸铁漏缝地板、水泥漏缝地板、钢筋漏缝地板、塑料漏缝地板和 BMC 复合材料漏缝地板等（表 4-8）。要求漏缝地板具有耐腐蚀、不变形、表面平、不滑、导热性小、坚固耐用、漏粪效果好、易冲洗消毒、适应各种日龄猪的行走站立、不卡猪蹄等特点。

表 4-8　不同材质漏缝地板对比

地板类型	制作工艺	优点	缺点	适用场景
水泥漏缝地板	采用塑料或金属漏粪板模具，内加钢筋网浇灌水泥凝固	制作工艺简单，耐腐蚀，不变形，表面平整光滑、坚固耐用，便于冲洗消毒		主要用于妊娠配怀舍和育肥舍
铸铁漏缝地板	采用球墨铸铁铸造而成，其品质与铸造工艺密切相关	表面光滑，漏粪效果好，不伤猪蹄，不夹乳头；抗承载能力强；坚固耐用，导热性好，抗腐蚀，使用寿命长	要求漏缝边沿圆润整齐	主要用于分娩舍的母猪活动区
钢筋漏缝地板	根据加工工艺不同，又可分为钢筋编织漏缝地板、钢筋条排列焊接漏缝地板	漏粪效率高、易清洁，不伤小猪肢蹄	导热快，易腐蚀	适用于所有猪舍
塑料漏缝地板	采用高强度工程塑料整体注塑成型	表面光滑、质地柔和、不伤小猪肢蹄；导热性能低、仔猪躺卧舒服，适应快、热量损失少；成活率高；耐腐蚀、酸碱，高强度，高韧性，抗脆裂	不能火焰消毒，承重力较差，易打滑，大猪行动不稳	主要用于分娩舍的仔猪活动区和保育舍
BMC 复合材料漏缝地板	以不饱和树脂、苯乙烯、聚苯乙烯等为基体，轻质碳酸钙为填料，采用钢筋作为加强筋，经压力机热压成型	有良好的阻燃性、电绝缘性和机械强度；导热系数低，有利于小猪保温需要；表面平整，下粪效果好；易清洗、防腐耐压、抗酸碱度、耐老化，使用寿命长；不伤猪蹄、不伤乳头	制作时易形成披锋，需除去	适用于所有猪舍

缝隙宽度是选择漏缝地板的重要参考参数。一般来说，漏粪板的缝隙越大，其漏粪效果越好，但是缝隙过大，容易造成猪只卡蹄。故不同阶段的猪群因体重的变化，需要选取相适应宽度缝隙的漏粪板。通常配怀舍适宜的漏粪板缝隙宽度为22～25 mm，分娩舍适宜的漏粪板缝隙宽度为10～12 mm、保育猪12～15 mm、生长猪18～20 mm、育肥猪20～25 mm。不同材质、不同缝隙宽度的漏缝地板各有优劣，在不同的猪舍类型中要选用相适宜的漏缝地板或不同类型组合使用。

4.3.2 饲喂设备

4.3.2.1 供料设备

猪舍的喂料设备可分为普通食槽和自动喂料设备两种。普通食槽按材质分为水泥食槽和金属食槽。目前，规模养猪场普遍采用的是自动喂料设备。

自动喂料系统由贮料塔、驱动装置、饲料输送机、输送管道、传动装置等部分构成。智能化饲喂系统以计算机软件系统作为控制中心，由一台或多台饲喂器作为控制终端，计算机系统通过读取感应传感器的信息，并根据编辑的猪只科学饲喂运算程序进行数据处理，处理后指令饲喂器的机电部分进行操作，实现对猪只的数据管理及精确饲喂管理。智能喂料系统的运用，不仅能提高猪场的科学管理水平，还能节约生产成本，是高效集约化养猪的发展方向。

（1）料塔。

料塔主要由料仓主体、翻盖、爬梯、立柱等组成。一般有镀锌板料塔和玻璃钢料塔两种。

镀锌板料塔主体采用275 g/m^{2}的镀锌板制成，下锥设有透视孔，可查看料仓中的料位情况，料塔容积可根据实际需求进行自由组合（表4-9）。料塔具有强度高、耐腐蚀、使用寿命长、安装便捷等优点。

表4-9 部分镀锌板料塔参数

容积（m^3）	支腿数	层数	直径（mm）	高度（mm）	壁厚（mm）
4.4	4	1	1 834	4 100	1.2
6.8	4	2	1 834	5 000	1.2
9.2	4	3	1 834	5 900	1.2
11.7	6	1	2 750	4 700	1.2
16.9	6	2	2 750	5 600	1.2
22.1	6	3	2 750	6 500	1.2
24.5	8	1	3 668	5 700	1.2
33.8	8	2	3 668	6 600	1.2
43.1	8	3	3 668	7 500	1.2
52.4	8	4	3 668	8 400	1.2

　　玻璃钢料塔主要采用玻璃钢（FRP，纤维增强塑料）制成，部分玻璃钢料塔参数见表 4-10。玻璃钢材质的饲料塔具有质量轻、硬度高、耐腐蚀、密封存储饲料、隔热性能好等特点。这种材质的玻璃钢饲料塔不会发生锈蚀、雨水渗漏至桶内污染饲料从而引起饲料易变质发霉等情况。玻璃钢饲料塔的热传导系数为铁制 1/250 倍，温度稳定，不会因桶内日夜温差大，使桶内壁发汗结露、饲料内维生素易变质腐坏、污染饲料、饲料变质发霉等。

表 4-10　部分玻璃钢料塔参数

容积（m³）	支腿数	塔体片数	直径（mm）	高度（mm）	壁厚（mm）
1.9	3	2	1 400	3 150	3.0
3.7	3	2	1 630	3 850	3.0
7.3	3	2	2 080	4 850	5.0
11.0	3	2	2 300	5 550	5.0
14.6	4	2	2 300	6 450	5.0
18.2	4	2	2 630	6 450	5.0

　　（2）气动送料系统。

　　气动送料系统是以高速的低压气体为动力，通过管道输送方式将集中储存的饲料"按类""按量""按时"输送到指定的料塔中的一种送料系统。该系统主要由集中料塔群、气动送料房、输送管道三部分组成（图 4-8）。该系统单刀直入，输送距离远。类似于绞龙料线，单向输送，单条线路打料最远距离可达 480 m；灵活性强，可任意拐弯、分叉。较好地解决了料塔分布不均匀、猪场布局分散等问题所引起的送料困难；动力足，爬坡性能好。有利于解决猪场不在同一平面，有落差时的送料问题；送料速度快，送料速度可达 2 ～ 8 t/h。

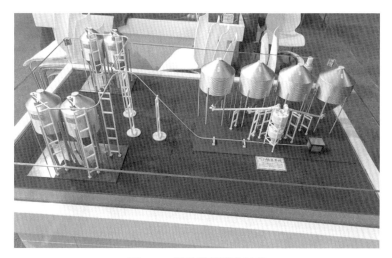

图 4-8　气动送料线路示意

（3）采食槽。

①不锈钢食槽：不锈钢食槽一般用于母猪舍（图4-9），具有表面光滑、无死角、清洁方便、抗腐蚀、应用广泛等特点。既可以固定安装，又可以采用翻转食槽的安装方式。不锈钢双面食槽一般用于保育舍和育肥舍（图4-10）。食槽一般通过焊接加工制作而成，焊缝采用不锈钢光油处理，表面光滑、平整、耐腐蚀，不易生锈。食槽双面均匀落料，可配置不同的落料组件，满足不同生长阶段猪只的需求；配置饲料调节装置，可快速、准确地调节料台的高度，便于猪只采食。根据不同的栏位尺寸、饲养密度和饲喂需求，可选择不同的采食位数量和采食槽间隔的食槽，采食位数量一般为每侧 2 ～ 8 孔，保育猪的采食槽间隔一般为 200 ～ 250 mm，育肥猪为 350 ～ 400 mm。

图 4-9　不锈钢单体食槽

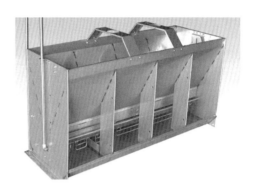

图 4-10　不锈钢双面食槽

图 4-11　仔猪补料槽

②仔猪补料槽：仔猪补料槽由托盘、分栏架、固定螺帽等组成，设置多个采食位，通常为不锈钢、塑料等材质（图4-11）。

（4）喂料器。

①干湿喂料器：干湿喂料器的筒体由不锈钢或塑料制成，常用于保育舍和育肥舍（图4-12）。根据猪群不同的阶段，可选用不同容积的喂料器。喂料器一般采用分体式下料口，不堵料，不浪费饲料。干湿喂料器一次可装满猪只一天饲喂需求的饲料量，一个喂料器一般可提供两个栏位的饲料。一般会在喂料器食槽两侧布置饮水器，供猪只食料后饮水使用。干湿喂料器一般参数见表4-11。

图 4-12 干湿喂料器

表 4-11 干湿喂料器参数

容积（m³）	饲喂能力（头）	适用猪群体重（kg）
65	30	6 ～ 30
100	40	30 ～ 110
140	40	30 ～ 110

②定量筒：定量筒多用于母猪自动供料系统，采用圆柱体或立方体的筒体，筒体下沿连接合适的锥角圆锥形漏斗，饲料能流畅落下（图 4-13）。定量筒一般容量为 5 ～ 8 L，根据需要，筒体一侧可设置刻度线，监控每次下料的数量。

③母猪自由采食器：母猪自由采食器与定量筒相似，多用于母猪自动供料系统。料筒采用一体式注塑成形，密封性能良好。自由采食器可以减少饲料的浪费，保持饲料的新鲜度（图 4-14）。

图 4-13 定量筒　　　　　　　　图 4-14 母猪自由采食器

图4-15 母猪精准喂料器

④智能化哺乳母猪管理系统：智能化哺乳母猪管理系统一般由计算机作为控制中心，结合射频识别、无线通信技术等技术手段，对每头母猪智能化管理，多餐饮，精准饲喂来最大限度增加母猪哺乳期采食量。该系统可在群养状态下对个体母猪进行精准饲喂，降低采食成本，减少采食争斗（图4-15）。

4.3.2.2 饮水设备

不同阶段的猪只对水的需求量不同，一般认为仔猪哺乳阶段的饮水量可忽略，不同阶段的保育、育肥猪的饮水量大约为采食量的2～3倍，处于哺乳期的母猪饮水量可达采食量的5～8倍。不同生长阶段的猪只的饮水喜好也各不相同，保育猪喜欢接受喷嘴器饮水，育肥猪喜欢短时吞入大量水。饮水设备通常由饮水器和水位控制器组成。

（1）饮水器。

①鸭嘴式：鸭嘴式猪只饮水设备主要由阀体、阀芯、密封圈、回位弹簧、塞盖、滤网等组成，具有整体结构简单、耐腐蚀、工作可靠、不漏水、寿命长等特点。

②鸭嘴式饮水器（图4-16）的安装角度一般为水平或与地面成45°倾角。在使用过程中，鸭嘴式饮水器容易产生一些问题。例如，如果安装在栏舍中较广阔的位置常常划伤猪只身体；如果安装在角落但角度不对会增加猪只饮水难度；有时自动饮水器被咬堵塞会导致水嘴流量不足；若饮水器松动后方向被扭转，造成猪只难以够着等问题。

③乳头式：乳头式饮水器（图4-17）由壳体、顶杆和钢球大件组成，其最大特点是结构简单。猪饮水时，顶起顶杆及钢球，水从钢球、顶杆与壳体间隙流出至猪的口腔中。猪松嘴后，靠水压及钢球、顶杆的重力（饮水器向下倾斜安装），钢球和顶杆落下与壳体密接，水停止流出。这种饮水器对泥沙等杂质有较强的通透能力，但密封性较差，且需要减压使用，否则水流过急不仅猪喝水困难，还会使水流飞溅，浪费用水。

图4-16 鸭嘴式饮水器

图4-17 乳头式饮水器

④吮吸式：吮吸式饮水器设有猪只随意摆弄的零件，能减少玩水的现象，并且饲料和其他脏物不容易进入，具有故障少、使用寿命长等特点。符合小猪的生理特性，故比较适合哺乳仔猪使用。

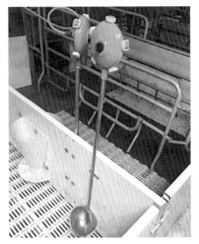

⑤杯式：杯式饮水器是以盛水容器为主体的单体式自动饮水器，常见的有浮子式、弹簧阀门式和水压阀杆式等类型。杯式饮水器的供水部分结构和鸭嘴式、吮吸式大致相同，具有可靠、耐用，出水稳定，水量足，饮水不会溅洒，容易保持栏舍干燥等优点。缺点是结构复杂，造价高，还要定期清洗。

（2）水位控制器。

水位控制器一般由塑料制成，配套进水软管和出水钢管（图 4-18）。控制器中的水流在水管内向下流动过程中形成水柱，水柱因拉动管中的空气产生负压，利用负压吸合水位控制器中的硅胶膜片，从而止水。利用水位控制器可以减少猪只饮水过程中的浪费，达到节水减排、降低污水处理压力的目的。

图 4-18　水位控制器

4.3.3　环控设备

4.3.3.1　猪舍通风设备

（1）进风窗。

进风窗主要布置在屋顶和侧墙。屋顶进风窗有单面、双面、四面进风模式（图 4-19，图 4-20），有重力驱动和电动推杆驱动等模式。通过环境控制器，根据舍内环境、风机开启数量等自动调节进风口大小及方向。

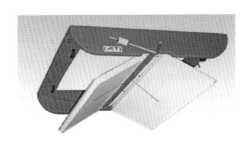 

图 4-19　屋顶进风窗

图 4-20　侧墙进风窗

（2）湿帘。

湿帘系统的湿帘纸由波纹状的纤维纸黏结而成，通过在造纸原材料中添加特殊的化学成分、特殊的后期工艺处理，因而具有耐腐蚀、强度高、使用寿命长的特点。设计上具有一定角度的波纹状纤维系统，可为空气和水的热交换提供足够大的表面积，并能够净化外部进入的空气，具有一定的自然过滤器性能（图4-21）。

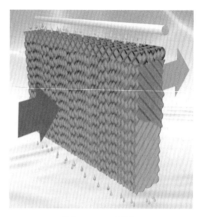

图4-21　湿帘

根据不同猪舍的通风条件可选用不同规格的湿帘组合。湿帘厚度一般有0.1 m、0.15 m等规格，宽度有0.3 m、0.6 m等规格，高度有1.5 m、1.8 m、2.0 m等规格。

（3）风机。

风机是依靠输入的机械能，提高气体压力并排送气体的一种从动的流体机械，它主要由叶轮、机壳、进风口、支架、电机、皮带轮、联轴器、消音器、传动件（轴承）等部件构成。

风机有许多不同的分类方法。按材质，有铁壳风机（普通风机）、玻璃钢风机、塑料风机、铝风机、不锈钢风机等；按气流方向，有离心式风机、轴流式风机、斜流式（混流式）风机和横流式风机等；按加压形式，有单级、双级或者多级加压风机；按驱动方式，有直驱风机和皮带驱动风机；按用途，有轴流风机、混流风机、屋顶风机、空调风机等。基于猪场腐蚀性气体含量高的特殊使用环境，对风机的材质和配件有一定的条件，外框和拢风筒可用玻璃钢、镀铝锌板等防腐耐久材质制作；扇叶可用玻璃钢、铸铝、不锈钢等耐腐材料制作；结构构件、紧固件等采用不锈钢或其他耐腐材料制作。基于规模化猪场跨度大、夏季通风量大的特点，可选用单级或多级加压的负压轴流风机，加压级数越多，对舍内的通风控制越精确。

图4-22　风机

风机（图4-22）的性能参数主要有流量、压力、功率、效率和转速，另外，噪声和振动的大小也是主要的风机设计指标。猪场在选用风机时，主要需关注流量、压力和功率。

4.3.4　猪场清洗消毒设备

4.3.4.1　猪舍高压清洗设备

高压清洗机是通过动力装置使高压柱塞泵产生高压水来冲洗物体表面的机器，它能将污垢剥离、冲走，达到清洗物体表面的目的。高压清洗是世界公认最科学、经济、环保的清洁方式之一。

高压清洗机一般由进水口、后轮、清洗剂吸嘴、高压水管、电源线、温控开关、电源开关、高压水枪、护罩、前轮、底盘、电机、高压泵总成、加热器、喷油嘴、点火电极总成、烟囱、车扶手、油箱、枪托、燃油滤清器、油泵、风机、高压点火线圈等结构组成。

按清洗水温，高压清洗机可分为冷水机和热水机（图4-23）。两者最大的区别在于，热水清洗机加了一个加热装置，利用燃烧缸或是电加热装置把水加热。由于需要柴油或电把水加热，热水清洗机价格和运行成本较冷水机更高。

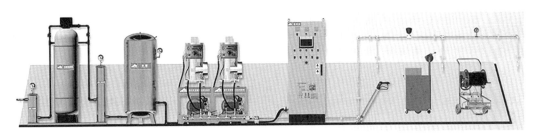

图4-23 热水高压清洗机

4.3.4.2 猪舍消毒设备

理论上来讲，消毒的方法有两类：物理方法和生物化学方法。

物理方法主要有干热灭菌、蒸汽灭菌、紫外线法等。干热灭菌是利用干热空气灭菌或火焰灼烧灭菌等干热方法杀死细菌达到灭菌的目的，适合干燥粉末、凡士林、玻璃器皿和金属器具等；蒸汽灭菌是利用高压蒸汽使菌体蛋白质凝固达到灭菌目的，适用于玻璃器械、医药化学用品等；紫外线可以让细菌死亡或变异，适用于室内空气、物体表面和各类液体消毒。

生物化学方式主要是利用化学消毒液进行消毒灭菌。消毒时要掌握好化学药液的浓度，才能起到作用。其中，84消毒液是最常见的化学消毒液。用化学消毒液消毒后，最重要的是彻底清除餐具表面的消毒液的残留，避免对使用者造成伤害。

（1）火焰消毒枪。

火焰消毒枪（图4-24）利用煤油高温雾化、剧烈燃烧产生高温火焰对舍内的猪栏、食槽等设备及建筑物表面进行瞬间高温燃烧，达到杀灭细菌、病毒、虫卵等消毒净化目的。其特点是高温消毒、安全持久、无污染、性能稳定。

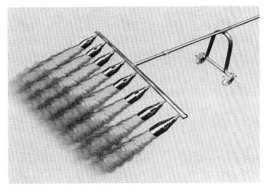

图4-24 火焰消毒枪

（2）紫外线消毒机。

紫外线消毒器应用广泛，在水处理中价值极高。它通过紫外光线的照射，破坏及改变微生物的DNA结构，使细菌当即死亡或不能繁殖后代，以达到杀菌的目的。紫外线消毒器属于纯物理消毒方法，具有简单便捷、广谱高效、无二次污染、便于管理和实现自动化等优点。

（3）紫外线杀菌灯。

紫外线杀菌灯（图4-25）是一种低压汞灯，利用较低的汞蒸气压被激化而发射出紫外光，其发光谱线主要有两条，一条是253.7 nm波长，另一条是185 nm波长，这两条都是肉眼看不见的紫外线。它利用适当波长的紫外线能够破坏微生物机体细胞中的DNA（脱氧核糖核酸）或RNA（核糖核酸）分子结构的原理，造成生长性细胞死亡和（或）再生性细胞死亡，达到杀菌消毒的效果。

图4-25 紫外线杀菌灯

（4）臭氧消毒机。

臭氧消毒机按工作原理可以分为高压放电式、紫外线式、电解式3种。

高压放电式臭氧消毒机利用一定频率的高压电流制造高压电晕电场，使电场内或电场周围的氧分子发生电化学反应，从而制造臭氧。

紫外线式臭氧消毒机利用特定波长（185 mm）的紫外线照射氧分子，使氧分子分解而产生臭氧。由于紫外线灯管体积大、臭氧产量低、使用寿命短，所以这种发生器使用范围较窄，常见于消毒碗柜上使用。

电解式臭氧消毒机通过电解纯净水产生臭氧。这种发生器能制取高浓度的臭氧水，制造成本低，使用和维修简单。但由于存在无法大量产生臭氧、电极使用寿命短、臭氧不容易收集等缺点，其使用范围受到限制。目前，这种发生器只在一些特定的小型设备上或某些特定场所内使用，不具备取代高压放电式发生器的条件。

（5）超声波消毒机。

超声波消毒机（图4-26）采用超声波高频振荡的原理，将水变成可漂浮于空气中的极细小的微雾并与空气充分混合，从而达到加湿的目的，可用于人员通道的清洗消毒。超声波消毒剂具有空气加湿、净化、防静电、降温、降尘等多种用途；既可以对较大空间进行均匀加湿，也可对特殊空间进行局部湿度补偿，具有较高的使用灵活性。机体主要由出雾口、感应器、工作指示灯、机身散热孔、机箱、内置水桶、移动万向轮

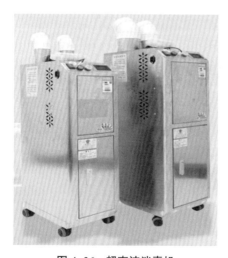

图4-26 超声波消毒机

等部分组成。

（6）次氯酸钠消毒设备。

次氯酸钠（NaClO）发生器是水处理消毒杀菌设备的一种，该设备以食盐水溶液为原材料，通过电解反应产生次氯酸钠溶液。

次氯酸钠是强氧化剂和消毒剂，它取源于广泛价廉的工业盐或海水稀溶液，经无隔膜电解产生。为确保次氯酸钠质地新鲜和有较高的活性，保证消毒效果，次氯酸钠发生器可一边发生，一边将发生的次氯酸钠投加使用。它与氯和氯的化合物相比，具有相同的氧化性和消毒作用。

次氯酸钠发生器（图 4-27）为组合形式，盐的溶解、稀盐水的调配、投加计量及次氯酸钠循环发生在一只槽体内进行，投资少、占地小、设置灵活。发生器为管状、内冷、单极、串开相接的组合形式，发生器阳极以钛为基体，涂二氧化钌，电位低、寿命长。在正常操作情况下，每次可连续发生 200～300 h。次氯酸钠发生过程为隔膜式自然循环形式，具有盐利用率高、电解过程电流效率高、次氯酸钠产率大、能耗小、运行费用低等优点。

图 4-27　次氯酸钠发生器

（7）二氧化氯消毒器。

二氧化氯（ClO₂）是一种黄绿色到橙黄色的气体，是国际公认安全、无毒的绿色消毒剂。二氧化氯消毒器（图 4-28）一般由供料系统、反应系统、反冲洗系统、PLC 控制系统、真空吸收系统、安全系统以及残液处理系统构成。二氧化氯消毒器工作时，由计量泵将氯酸钠水溶液与盐酸溶液输入反应器中，在一定温度和负压下充分反应，产出以二氧化氯为主的产物，经水射器吸收与水充分混合形成消毒液后进行消毒作业。

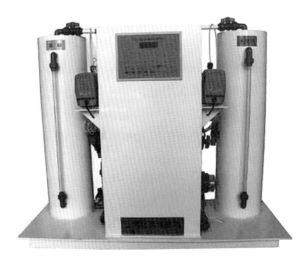

图 4-28　二氧化氯消毒器

4.3.5 环保设备

4.3.5.1 猪场污水处理设备

污水处理主体池和格栅、液下搅拌机、提升泵、回流泵、曝气器、排泥装置、加药池搅拌、压滤机等设备共同构成了猪场的污水处理系统。

（1）格栅。

格栅又称钢格栅，由扁钢和扭钢焊接而成，主要用做休息平台、走道、水沟盖和踏步板等方面，也可用于污水处理的预处理。

格栅设备（图4-29）一般设置在污水处理的进水渠道或提升泵站的集水池进口处，主要用于去除污水中较大的固体杂质，减轻后续处理的负荷，并起到保护水泵、管道、仪表等作用。

图4-29　机械格栅

（2）液下搅拌机。

液下搅拌机又称潜水搅拌机，主要由潜水电机、密封机构、叶轮、导流罩、安装系统以及电气系统组成，可以将含有悬浮物的液体搅拌均匀，防止颗粒在池壁或池底凝结成块，适用于污水、废水、污泥水的混合液、污泥脱水过程、稠化过程等。

液下搅拌机工作时，搅拌叶轮在电机驱动下旋转搅拌液体，使之产生旋向射流，并利用沿着射流表面的剪切应力进行混合，使流场以外的液体通过摩擦产生搅拌作用，在极度混合的同时，形成体积流，利用大体积流动模式使受控流体得到输送。

（3）提升泵。

提升泵是一种集泵、电机、壳体、控制系统于一体，用于将液体从低处提升至高处（图4-30）。

图 4-30 污水提升泵

（4）曝气机。

曝气机（图 4-31）由机身、进气管、泵体、叶轮等组成。新型涡凹曝气机（曝气头）通过散气叶轮，将"微气泡"直接注入未经处理的污水中，在混凝剂和絮凝剂的共同作用下，悬浮物发生物理絮凝和化学絮凝，从而形成大的悬浮物絮团，在气泡群的浮升作用下"絮团"浮上液面形成浮渣，利用刮渣机从水中分离。

4.3.5.2 猪场粪污处理设备

（1）清粪设备。

现代化猪舍清粪模式主要有机械刮粪板清粪模式和水泡粪（尿泡粪）模式。相应配套的清粪设备分为全自动机械清粪机和粪塞。

①全自动机械清粪机。自动清粪机有针对漏缝地板的漏粪式刮粪机，也有针对水泥地面的组

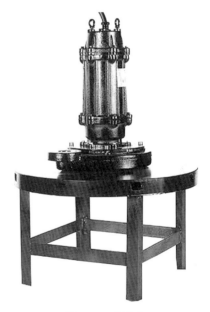

图 4-31 曝气机

合式刮粪机。其原理是一个电机通过链条或钢丝绳带动两个（或一个）刮板形成一个闭环，一个刮板前进清粪，另一个刮板翘起后退不清粪。养殖场常用的自动清粪机有平板式刮粪机（图 4-32）和"V"形刮粪机（图 4-33）两种。"V"形清粪工艺又称为干清粪工艺，可实现粪尿分离，极大地降低舍内的臭气污染物浓度，保障舍内空气质量。

图 4-32　平板式刮粪机

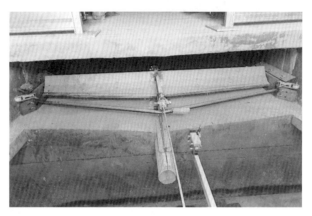

图 4-33　"V"形刮粪机

②粪塞。目前，哺乳母猪舍和保育舍常采用前坑式水泡粪模式。水泡粪工艺的设备配置中，排污口管径主要有直径 200 mm、直径 250 mm 和直径 315 mm 等规格，每种排污口对应的粪槽面积和长度是不一样的（表 4-12），因此配置的粪塞规格不同。超过这个粪槽面积和长度就会出现排污不干净、干物质沉淀的问题。

表 4-12　粪塞配置规格

排污口管径（mm）	面积（m²）	最大长度（m）
φ315	10 ～ 35	12
φ250	5 ～ 25	10
φ200	0 ～ 10	5

（2）固液分离设备。

目前，常采用的分离方法有沉降法和过滤法，生猪养殖业通常采用过滤的原理进行固液分离。

固液分离机由主机电机、减速机、电控箱、回水管、出水管、出料口以及泵电机组成，如图 4-34 所示。

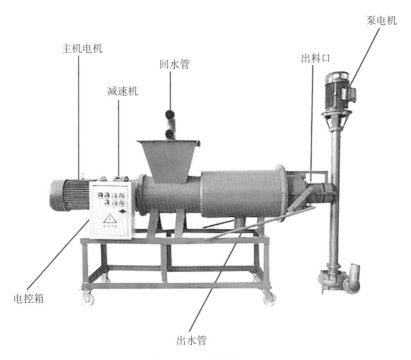

主机电机

减速机

回水管

泵电机

出料口

电控箱

出水管

图 4-34　粪便脱水机

（3）粪污处理设备。

国内主要采用的猪粪处理方法有异位发酵床和发酵罐。发酵罐分为卧式发酵罐和立式发酵罐。目前，常用的是立式好氧发酵罐——密闭式高温发酵罐。

①发酵床。采用发酵床处理猪粪需投入有机肥翻抛机、搅拌机等。翻抛机又称翻堆机，主要用于将猪粪等物料与菌种、秸秆粉搅拌均匀，为物料的发酵创造较好的有氧条件（图 4-35）。

翻抛机结构：传送装置由电机、减速机、链轮、轴承座以及主轴等组成；行走装置由行走电机、传动齿轮、传动轴、行走链轮等组成；提升装置由卷扬机、联轴器、传动轴、轴承座等组成；翻堆装置由链轮、支撑臂、翻堆滚筒等组成；转移车由行走电机、传动齿轮、传动轴、行走轮等组成，为翻抛机换槽提供临时运载工具。

翻抛机工作原理：由于槽式翻抛机滚筒的高速旋转，滚筒上的刀片对发酵槽内发酵物料进行破碎、混合搅拌，同时物料被滚筒向后翻抛并松散堆置。通过电动传动装置，翻抛机可以实现滚筒自动升降、转动。翻抛机通过转移车实现从一个发酵槽到另一个发酵槽的移行，多个发酵槽可以采用一台槽式翻抛机。

翻抛机分为槽式翻抛机、履带翻抛机、链板式翻抛机、轮盘式翻抛机、行走式翻抛机、铲车式翻抛机。

图 4-35　升降式翻抛机

搅拌机：搅拌机采用双层"U"形通体设计，内壁为全不锈钢制造，清洗容易、避免锈蚀。按放置方式分为立式搅拌机、卧式搅拌机。

②发酵罐。发酵罐指用来进行微生物发酵的装置。其主体一般为由不锈钢板制成的立式圆筒，容积可达数百立方米。在设计和加工中应注意发酵罐结构的严密性和合理性，要求能耐受蒸汽灭菌、有一定操作弹性、内部附件较少、物料的能量传递性强。发酵罐一般有卧式发酵罐和立式发酵罐两种。

卧式发酵罐（图 4-36）由进料系统、罐体发酵系统、动力搅拌系统、出料系统、加热保温系统、检修系统以及全自动化电器控制系统组成。它可以有效利用微生物在有氧环境中的代谢作用对发酵罐中的物料进行连续的有氧发酵，代谢产生的热量可对物料进行腐熟并杀死粪便中的虫卵和病原微生物，可使物料的含水量降低，体积减小，进而形成含有大量有机物质的有机肥。

立式发酵罐（图 4-37）与卧式发酵罐原理与工作机制基本相同，但占地面积大大减小。发酵罐工作时，首先，将待发酵的物料通过皮带机从进料口投放到发酵罐中，在投放物料的同时，启动主电机，通过电机减速机带动主轴开始搅拌。同时，搅拌轴上所带的螺旋叶片带动物料翻转，使物料与空气充分接触，使得发酵物料开始进行有氧发酵阶段。然后，通过电箱控制底部电加热棒的加热系统开始对发酵罐体夹层的导热油进行加热，在加热的同时通过温度传感器对罐体的温度进行调控，将发酵罐的温度控制在发酵所需的状态。在物料发酵完毕后，通过出料口排出罐体，进行下一步处理。

图 4-36　卧式发酵罐

图 4-37　立式发酵罐

4.3.5.3　猪场臭气处理设备

（1）过滤层。

过滤层（图 4-38）由过滤介质构成。过滤介质是指能使介质通过，又能将其中的固体颗粒或液滴截留以达到净化或分离目的的多孔物。除臭过程中，将一定液体（水或酸溶液）喷淋（雾化）在过滤介质表面形成一层液相薄膜，空气中的部分污染物和携带的固体颗粒在介质表面最大限度地与液体接触并被去除。除臭系统中的过滤层厚度因除臭工艺的不同而有所差异。

图4-38 除臭空间过滤外层

（2）生物除臭设备。

为减少化工厂、污水处理厂或其他工业系统在运行中产生和散发的臭气对场区及周围环境的影响，可以将臭气源进行密封、收集处理。恶臭气体从其组成可分为五类。一是含硫化合物，二是含氮化合物，三是卤素及其衍生物，四是烃类，五是含氧的有机物。这些恶臭物质，除硫化氢和氨外大都为有机物。生物过滤池除臭工艺就是一种安全、可靠的生物处理方法，它采用微生物降解法将 H_2S、SO_2、NH_3 等极大部分挥发性有机恶臭物质进行吸附、吸收、降解达到除臭的目的，并且不产生二次污染，除臭率可达95%以上。

（3）高压粪污除臭装置。

高压喷雾除臭是一种湿式除臭法，高压泵将过滤后的除臭液（剂）加压到所需压力，经过管道抵达喷头以雾化形式喷出，充分地与空气中的臭气物质接触，将臭气物质分解、乳化，从而达到除臭目的（图4-39）。

图4-39 喷雾除臭装置

4.3.6 运输设备

猪场的运输设备包含饲料车、运猪车、病死猪转运车和运粪车等运输设备。

（1）运猪车。

运猪车（图4-40）是专门用于生猪运输的车辆，通常有开放式运猪车或封闭式温控运猪车。封闭式运猪车由保温箱体、整车电气系统、智能加热系统、冷机制冷系统、空气循环系统、智能温度检测以及监控系统、饲喂系统、粪便污水回收装置等组成，适合活猪的长途运输或仔猪转运，能有效提高猪只长途运输中的成活率。开放式运猪车适合出栏育肥猪短距离运输，运输成本相对低廉，但猪只健康及生物安全风险高。

图4-40　封闭式运猪车

（2）病死猪转运车。

①病死猪转运车。病死猪转运车适用于猪场病死猪收集运输使用，将病死猪从猪舍转运到病死猪冷冻库的过程中使用。主要由滑轮、电动式绞盘、尼龙辊轮、蓄电池、可旋转充气轮胎以及可充电式轮胎组成（图4-41）。

图4-41　病死猪转运车

②动物无害化收集车。动物无害化收集车在将猪场的病死猪转运到场外的动物无害化集中处理中心的过程中使用。一般由消毒系统、制冷系统、杀菌系统以及积液防腐系统等几个系统组成（图4-42）。

图4-42　无害化收集车

③粪污运输车。粪污运输车主要用于具有流动性的粪污运输，全程实行自动操作，密封运输。

4.3.7　检测仪器设备

猪场的检测设备主要分为两大类，一类是针对猪只的检测设备，另一类是针对环境的检测设备。针对猪只的检测设备包括精子密度测试仪、兽用B超机、温度计、PCR常用检测仪等。

（1）精子密度测试仪。

精子密度测试仪主要由主机、指示灯、系统开关、芯片以及芯片枪等多个部分组成，用于检测公猪精子的质量、活力和活性等，方便工作人员合理安排母猪配种等工作。精子检测仪（图4-43）具有操作简单、准确度高、减少精液浪费以及缩短工作时间等优点。

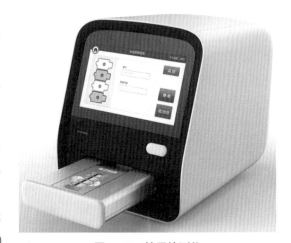

图4-43　精子检测仪

（2）兽用B超机。

随着人们养猪观念的不断改变、更新，兽用B超机（图4-44）不仅在母猪妊娠早期的诊断中使用，也用于母猪的排卵时监测卵泡的发育和排卵情况、妊娠时预测胎龄和胎数以及对种猪进行活体背膘厚度和眼肌面积的测定等方面。

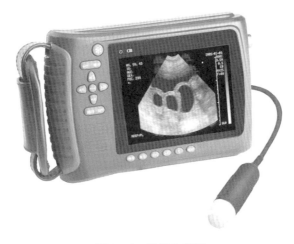

图 4-44　兽用 B 超机

（3）温度计。

①兽用体温计。兽用体温计（图 4-45）是一种利用红外接收原理测量物体表面温度的温度枪，主要由显示屏、手柄、红外线传感器、测量扳机、红外线发射器等部分组成。使用时，只需将枪口对准被测物，就能快速、准确地获得被测物的体温数据。

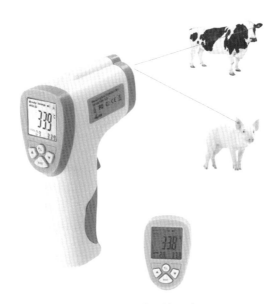

图 4-45　兽用体温计

②猪舍温度计。猪舍温度计由显示屏、通风栅格孔、外置传感器接口等部分组成，主要用于测量猪舍内的温度与湿度。温度计的显示屏可以同时显示出猪舍内的温湿度，方便工作人员及时了解猪舍内温湿度变化情况。

（4）PCR常用检测仪。

主要用于养殖场的非洲猪瘟检测。检测仪由PCR常用检测仪（图4-46）、离心机、高压灭菌锅、金属浴、涡旋振荡器和手动移液器组成，是一个能够快速、专业、准确地解决非洲猪瘟现场检测问题的移动实验室。

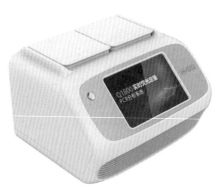

4.3.8　数字化设备

（1）监控设备。

图4-46　PCR常用检测仪

养殖场采用的监控设备一般为摄像头，是一种具有视频摄像/传播和静态图像捕捉等基本功能的设备，镜头采集图像组件电路及控制组件对图像进行处理并转换成电脑所能识别的数字信号，然后借由并行端口或USB连接输入电脑后由软件再进行图像还原。养殖场采用半球形和球形两种摄像头（图4-47），半球形摄像头可180°监控，球形摄像头可进行360°无死角监控。

图4-47　半球形摄像头（左）球形摄像头（右）

（2）ETC道闸系统。

ETC道闸系统（图4-48）是专门用于道路上限制机动车行驶的通道出入口管理设备。

图4-48　ETC道闸

（3）人脸识别门禁控制系统。

人脸识别门禁控制系统（图4-49）是基于先进的人脸识别技术，结合成熟的ID卡和指纹识别技术，创新推出的一款安全实用的生物识别门禁控制系统。该系统采用分体式设计，人脸、指纹和ID卡信息的采集和生物信息识别及门禁控制内外分离，实用性高、安全可靠。系统采用网络信息加密传输，支持远程控制和管理。

（4）智能巡检。

智能巡检系统（图4-50）是自动进行巡回检验的智能系统。一般在猪舍内顶部建设轨道式智能巡检系统或者配置地面自主导航智能巡检机器人，智能巡检设备自动巡回检验。

图4-49　人脸识别门禁系统

图4-50　智能巡检设备

（5）环控中心。

环控中心（图4-51）用于全面采集栋舍内部的温度、湿度、二氧化碳、水电等基础数据，并根据采集的数据，自动化操作风机与水帘等设备，实现场内及远程实时报警。

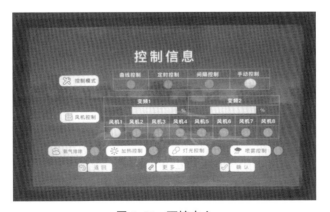

图4-51　环控中心

（6）耳标。

耳标（图 4-52）是动物标识之一，是用于证明牲畜身份，承载牲畜个体信息的标志，加施于牲畜耳部。在生产过程中，引入电子耳标，实现猪场的生物资产管理及全流程数字化追踪。

（7）数据大屏。

通过数据大屏（图 4-53）实时展示猪场整体的生产数据、生物安全防控情况、各类统计分析报表、预警信息；猪舍内部的环境参数、空气质量指标、饲喂情况、猪只数量及个体体温、体重、膘情等信息。

图 4-52　耳标

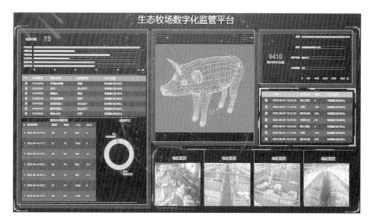

图 4-53　数据大屏

（8）养殖管理系统。

养殖管理系统全面覆盖实际生产的各个环节。将养殖过程中产生的数据，可通过 PC、PAD、自动化采集等多种方式将生产过程中产生的数据输送至系统中，并提供对相关数据的综合分析，提供生产报表，其管理界面如图 4-54 所示。

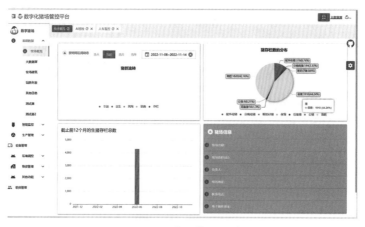

图 4-54　养殖管理系统

4.4　现代猪场建设与工艺设计案例

4.4.1　项目简介

淳安郁林农业开发有限公司高水平美丽生态牧场项目位于浙江省杭州市淳安县中洲镇徐家村，总用地规模 306 亩，总投资约 5 816.9 万元，设计建设存栏基础母猪 1 200 头，年出栏优质商品猪 2.7 万头，年产有机肥 2 718 t 的高水平美丽生态牧场。项目主要建设 3 栋大跨度、小单元、智能化的猪舍（舍边管理用房）、有机肥车间、污水处理区等生产设施，总建筑面积约 24 030 m²。建设场区内外管理用房、员工宿舍、行政管理与洗消中心、兽医室和实验室、配电房等附属设施，总建筑面积约 3 362.28 m²。项目建筑总面积 27 392.28 m²。

4.4.2　建设条件

（1）地理环境。

项目位于浙江省杭州市淳安县中洲镇徐家村。中洲镇位于淳安县西部，"两省三地四县"交汇之地，东接汾口镇，南临开化县，西北与安徽省歙县狮石乡、休宁县白际乡、璜尖乡接壤，处于"上海—杭州—千岛湖—黄山"黄金旅游线上及浙皖赣交接旅游圈内，集老区、边区、山区为一体，距离千岛湖镇 78 km，是淳安县最偏远的乡镇，也是杭州地区最偏远的乡镇。徐家村位于中洲镇西南部，东南部与汾口镇相邻，西接本镇苏家畈村和叶村，北连霞童村和李家畈村。项目西侧主要为生产区，东侧主要为管理区，猪场西面距徐家村 420 m。

（2）气候条件。

项目所处淳安县中洲镇徐家村地处淳安县西南角，属亚热带季风气候，冬冷夏热，四季分明，降水充沛，光照充足。由于地形有高山、低山、台地和丘陵等复杂因素，有春季回暖迟，秋季降温早，无霜期短（200 ～ 243 d）等特点。气候上总体较适合各种生物种群繁殖生长，给畜牧业生产提供有利条件。

项目所在地春夏季主导风向为东南风，秋季主导风向为东北风，冬季主导风向为西北风。2020 年东南风频次为 107 d，占全年的 29.2%；东北风频次为 90 d，占全年的 24.6%；同年西北风频次为 74 d，占全年 20.2%；西南风频次为 28 d，占全年的 7.7%。

（3）交通条件。

项目建设地淳安县中洲镇徐家村距淳安县 70 多千米，距开化县 40 余千米，距建德市 100 余千米，距杭州市 260 余千米，距 G3（京台高速）26 km，紧邻 603 县道（霞叶线）、706 县道（淳开线）、713 县道（淳杨线），主干交通较为便捷。猪场只需扩建不到 1 km 进场道路。

（4）供水供电条件。

猪场供水主要来自山水汇聚而成的水塘，水量充足，水质良好，经过简单消毒处理即能使用，可满足生猪养殖场生产和生活用水的需求。为满足建成后猪场的生产生活用电需要，拟新建 500 kVA 容量的变压器。同时猪场将购置功率 400 kW 的柴油发电机组，以备不时之需。

（5）通信条件。

中国电信、中国移动、中国联通信号畅通无阻，中国电信宽带接入养殖场。

4.4.3 项目设计依据

本项目设计主要依据相关法规与政策、标准与规范来编制。

具体法规与政策如下：

（1）国务院办公厅《关于稳定生猪生产促进转型升级的意见》（国办发〔2019〕44 号）；

（2）《关于稳定生猪生产保障市场供给的意见》（农牧发〔2019〕9 号）；

（3）《浙江省人民政府办公厅关于推进生猪产业高产量发展的意见》（浙政办发〔2019〕52 号）；

（4）《浙江省畜牧业"十三五"规划》（浙农计发〔2016〕18 号）；

（5）《关于深入推进畜禽养殖综合治理加快建设美丽生态畜牧业的意见》（浙农专发〔2016〕14 号）；

（6）《农业基本建设项目管理办法》（农业部令 2017 年第 8 号）；

（7）《畜禽规模养殖污染防治条例》（国务院令第 643 号）；

（8）国务院办公厅《关于加快推进畜禽养殖废弃物资源化利用的意见》（国办发〔2017〕48 号）；

（9）《浙江省畜禽养殖废弃物高水平资源化利用工作方案》（浙政办发〔2017〕108 号）；

（10）《畜禽粪污资源化利用行动方案（2017—2020 年）》（农牧发〔2017〕11 号）；

（11）《浙江省畜禽养殖污染防治规划（2016—2020 年）》（浙环发〔2017〕19 号）；

（12）《中华人民共和国大气污染防治法》（2018 修正）；

（13）《国务院关于印发打赢蓝天保卫战三年行动计划的通知》（国发〔2018〕22 号）；

（14）《土壤污染防治行动计划》（国发〔2016〕31 号）；

（15）《浙江省土壤污染防治工作方案》（浙政发〔2016〕47 号）；

（16）《到 2020 年化肥使用量零增长行动方案》（农牧发〔2015〕2 号）；

（17）《"十三五"全国农业农村信息化发展规划》（农市发〔2016〕5 号）；

（18）国务院办公厅《关于加强非洲猪瘟防控工作的意见》（国办发〔2019〕31 号）；

（19）《浙江省生猪运输车辆区域性洗消中心建设与运行指南（试行）》（浙牧发

〔2020〕14 号）；

（20）《关于切实做好美丽生态牧场示范创建工作的通知》（浙牧畜发〔2016〕17 号）。

标准与规范如下：

（1）《畜禽养殖业污染防治技术规范》（HJ/T 81—2001）；

（2）《环境空气质量标准》（GB 3095—2012）；

（3）《恶臭污染物排放标准》（GB 14554—1993）；

（4）《畜禽养殖业污染治理工程技术规范》（HJ 497—2009）；

（5）《畜禽粪污土地承载力测算技术指南》（农办牧〔2018〕1 号）；

（6）《畜禽粪便农田利用环境影响评价准则》（GB/T 26622—2011）；

（7）《生猪产业高质量发展"六化"规范（暂行）》《浙江省万头以上规模猪场建设指南（暂行）》（浙牧机发〔2019〕43 号）；

（8）《浙江省畜禽粪污减量化无害化和资源化利用技术导则》（浙农发〔2017〕78 号）；

（9）《规模猪场建设》（GB/T 17824.1—2008）；

（10）《规模猪场环境参数及环境管理》（GB/T 17824.3—2008）；

（11）《有机肥料》（NY 525—2012）；

（12）《畜禽粪便还田技术规范》（GB/T 25246—2010）；

（13）《畜禽规模养殖场粪污资源化利用设施建设规范（试行）》（农办牧〔2018〕2 号）；

（14）《畜禽舍通风系统技术规程》（NY/T 1755—2009）；

（15）《畜禽舍纵向通风系统设计规程》（GB/T 26623—2011）。

4.4.4　总体技术思路

4.4.4.1　养猪行业技术状况及发展趋势

（1）繁殖水平是生猪养殖业的基础。

在生猪养殖过程中，为了达到最大的经济效益，就必须将生猪的遗传潜力与动物营养、动物健康、环境因素和日常管理因素结合起来，以发挥出生猪最优的生产水平。因此，繁殖作为生猪养殖业的起始环节，是生猪养殖业的基础环节，也是未来生猪养殖企业获得核心竞争力的重要环节。目前发达国家母猪的 PSY 已达到 27 ～ 32 头，我国平均水平仅为 16 ～ 22 头，我们在品种、营养和兽药等方面与发达国家相近，影响育种潜力和繁殖水平的主要因素在于生猪饲养环境调控和精准饲养的水平等方面。

（2）疾病防控能力是生猪养殖业的关键。

疫病的暴发会给生猪养殖业带来很大的冲击，不断提高疫病防治水平是生猪生产技术发展的必然趋势。科学的猪场布局、功能区划分与管理、良好的饲养环境调控与管理、严格的防疫措施及疫苗的投入机制等将会进一步提高生猪疫病防控能力。

（3）畜产品安全控制能力是生猪养殖业的生命线。

随着生活水平的提高，国家对畜产品安全的管理将会越来越严格。保证畜产品安全，控制兽药残留是生猪养殖行业技术发展的必然要求。畜产品安全的控制能力将成为生猪养殖企业持久发展的生命线。生猪养殖技术除在合理用药、完善食品卫生标准、提高检验检测技术、提高畜产品安全的控制能力外，通过应用生猪饲养环境的智能精准调控技术、精准饲养管理技术等来保障生猪健康福利水平和确保猪肉品质安全是未来发展的趋势。

（4）企业智能化管理模式将成为行业发展趋势。

企业智能化的管理模式，有利于建立完整的品质控制体系，提升生猪的产品质量；有利于建立完善的疫病防控体系，提升企业疫病防控能力；有利于各关键生产环节的管控，提升企业的盈利能力；有利于实施标准化、机械化和集约化养殖，提升劳动生产效率，节约社会资源。因此，企业智能化经营的模式，将成为生猪养殖业的发展趋势。

4.4.4.2 技术来源及技术水平

本项目由浙江大学农业环境工程研究所畜牧工程技术中心的专家团队负责规划设计，项目技术优势主要表现在以下方面。

（1）优化生产工艺，节人减排减耗。

通过"全进全出"的批次化生产、全漏缝地板、自动喂料、自动清粪、智能环控、清洁饮水、高效工艺生产流程、精准饲养管理等先进技术与设备的应用，以及粪污资源化处理和高效低耗的臭气治理、成熟的生产工艺流程、智能化清粪和环境智能调控，便于人员专业化和集约化管理、减少运营成本，实现节约人力资源、显著降低生猪饲养过程中污染排放和资源（饲料、水等）浪费。同时通过大跨度、小单元的猪舍设计，可节省建筑面积，节省土地。

（2）精准环控饲养，提升生产性能。

精准饲喂、个体关怀、舒适的环境控制和良好空气环境质量，通过 24 h 连续通风保持舍内恒温，避免动物环境应激，保证生猪健康，减少用药约 80%，提高饲料转化率，节省饲料成本约 20%，为生猪安全和猪肉品质保驾护航。

（3）整体绿化设计，美化场区环境。

淳安县中洲镇徐家村自然条件特征明显。地处亚热带季风气候区，温暖湿润，四季分明，雨热同季，土地肥沃，排灌条件良好。针对场区现状，结合当地土壤、气候条件，在满足生物安全防控基础上，按园林化和景区化设计原则，开展猪场内外整体绿化设计和建设，配置丰富的树灌花草，场区内外的绿化环境层次分明、四季有景、色调协调、整洁美观、特色鲜明，实现绿化减臭和环境美化双效合一。

4.4.5　猪场规划设计

4.4.5.1　猪场建设内容

猪场建设内容包括以下方面（表 4-13）：①兴建 3 栋大跨度单元化管理的猪舍、有机肥车间、污水处理车间；建设管理用房、实验室、兽医室、消毒间、出猪台、员工休息室、配电房、停车坪等。②安装智能精准饲喂管理系统、节水型饮水系统、智能精准环控系统、猪舍全自动粪污清理系统、臭气收集与处理系统、粪污无害化处理系统、数字化监管系统和配套公用设备。③建设绿化工程、给排水管网和供配电工程等其他设施。④建立监管制度。

表 4-13　猪场建设内容

序号	内容	数量
	猪舍	
1	母猪舍	1 栋，2 层
2	保育舍	1 栋，2 层
3	育肥舍	1 栋，4 层
	其他设施	
1	有机肥车间	
2	污水收集池	
3	污水处理车间	
4	兽医室和实验室	
5	生产管理用房	
6	生活用房	
7	行政管理与洗消中心	
8	配电房	
	附属设施	
1	围墙	
2	道路	
3	绿化	

4.4.5.2　总体布局

（1）布局原则。

功能区明确，生产工艺流程规范；场区内动物卫生防疫符合要求；生产区、管理区、生活区既不交叉又联系方便；场区内物流、车流顺畅，净道污道分开；废弃物处理符合环境保护要求。

（2）布局方案。

猪场主要设置有行政管理区、洗消中心、生产管理与员工生活区、生产区、粪污处理区以及病死动物暂存区等，其中行政办公区位于场区东南侧，靠近正大门，处在上风口；生产区位于场区西北侧，依山而建；粪污处理区位于场区西南侧。行政办公区相对远离生产区、粪污处理区、病死动物暂存区，其间有绿植隔离。各区相对独立，功能区分清晰。场区道路主要沿养殖场外围修建，中间建有一条从行政办公区通向生产区的道路，路面全部硬化，净污道分别作醒目标记，严格分开无交叉。大门靠近场外路口，所有建筑物整体整洁美观，风格统一，与周边自然环境相协调。

养殖场周围植被茂密，环境优良。场区绿化覆盖率近60%，主要分布在场区和道路两侧，在南侧建有一个小花园，绿植品种丰富，四季有花卉，作为行政区室外休闲的主要场所。场区按雨污分流设计，雨水沟主要沿建筑物和道路布置，接入场外雨水管网；污水沿生产区建筑物西侧收集纳入污水池（图4-55）。

图4-55　场区全景图

4.4.5.3　猪场建设措施

项目以"标准化、绿色化、规模化、循环化、数字化、基地化"为打造标准，新建一座年出栏2.7万头生猪的规模化猪场，通过合理选址、优化工艺设计等措施，将本项目建设成环境优美、空气清新、设施先进、治污有效、管理规范、效益突出的现代化牧场，促进畜牧业数字化发展，推动数字化赋能乡村振兴，加快杭州市生猪产能恢复，提高猪肉自给率，保障市场生猪供应，引领杭州市生猪养殖高质量发展（表4-14）。

表 4-14　猪场建设措施

目标	方面	具体措施
标准化	选址用地	①选址地势平坦，水电气和道路布置方便； ②合理设计猪舍面积与出栏量关系，每头出栏生猪配套猪舍建筑面积控制在 0.95 ~ 1.00 m²
	场区布局	①严格区分场内不同功能区域，以实体墙隔离； ②办公区设置在场区入场口，粪污处理区设在海拔较低处； ③猪场内外净道和污道分开
	场区环境	①利用臭气收集和处理设备严格控制废气排放，舍内 NH_3 和 H_2S 浓度日均值分别不超过 25 mg/m³ 和 10 mg/m³； ②利用精准环境控制管理系统维持在猪群生长的最佳状态，舍内相对湿度控制在 60% ~ 80%
	生物安全	①在生产区入口和净污道入口建设车辆、人员、物品的清洗、消毒和烘干的设施设备； ②建立车辆、人员、物品清洗消毒和进出的数字化平台，并制定规范的管理制度； ③配置分析实验室相关生物检测设备与器材
	生产运营	①采购种猪时，严格选择商品猪，生产品种组合明确、系谱清楚并符合相应品种的标准和质量且来自具有《种畜禽生产经营许可证》的种猪场； ②明确饲料成分及添加剂方案； ③兽药疫苗的使用，严格遵守相应法律法规
绿色化	源头减量	①采用清洁饲养技术，从源头上管控用料、用水，安装智能饲喂系统和节水设施设备，减少浪费和污染排放； ②严格落实停止使用抗生素等要求
	过程控制	①使用干清式清粪工艺，做到粪、尿、清洗水分流； ②猪舍区和粪污处理区、下风向场界等区域配置精密 NH_3 传感器，实时监测预警 NH_3 浓度； ③猪舍内 NH_3 浓度与猪舍清粪工作和通风系统运行等实现联动； ④猪舍及舍外排污沟密闭； ⑤在猪舍、舍外排污沟、发酵车间、污水处理间等臭气主要排放源以及猪场场界配置除臭系统设置臭气收集处理设施
	末端治理	①设置有机肥车间，集中收集猪粪，统一运送到场外有机肥厂进行好氧发酵处理； ②将病死猪存放到指定地点，现场安装有视频实时监控系统； ③与无害化处理厂对接，及时运走病死猪进行无害化处理
规模化	生产规模	①项目存栏能繁殖母猪 1 200 头，规模符合"六化"规模化标准； ②项目出栏生猪年 2.7 万头
	生产设施	①猪场采用全进全出、单元化生产模式； ②猪舍配置自动化喂料系统、安装节水型自动化饮水设施设备； ③猪舍设置全自动干湿分离式机械，采用自动清粪工艺； ④配置风机、水帘等自动防暑降温设备并与环境监测传感器联动
	经营管理	①实现喂料供料的计量管理； ②实现饲料进出库、输送、投放和饲喂等电子化跟踪记录与管理； ③实现生猪免疫和生长电子化记录与管理； ④定期对自动供料、喂料系统进行检修、维护并建立维保记录档案； ⑤建立粪尿清理、储运等管理制度； ⑥建立完善的猪舍降温、通风和保温等环控管理制度，定期对节水和防漏设施设备进行检修和维护并建立维保记录； ⑦建立饲料及原料安全仓储和有效期管理制度，实现饲料原料产地和质量可追溯； ⑧猪场定期对粪污处理等设施设备进行检修和维护并建立维保记录； ⑨建立完善的财务管理制度，配置专职财务人员； ⑩按规定记账制档，规范制作会计核算、发票、台账，并保存完整； ⑪制定项目建设档案管理制度，完整保存项目相关资料

续表

目标	方面	具体措施
循环化	猪粪处理	①设置有机肥车间，集中收集猪粪，统一运送到场外有机肥厂进行好氧发酵处理； ②按国家和省市相关标准和规范要求执行有机肥发酵处理
	废水回收	①建设密闭防渗集污池，暂时贮存养殖粪污和生活污水； ②养殖场内配置不渗漏的污水收集和输送系统，建立污水管理制度
数字化	智能识别设施	①猪场的所有种猪将应用电子耳标，所有种猪信息智能采集、保存； ②配置出场仔猪 ETC 称重系统
	智能巡检	①猪场出水口配备 COD、氨氮、pH 值等在线监测系统； ②安置与智能平台相连精密的传感器，用于自动检测猪舍内环境温度、湿度、CO_2、NH_3 浓度，以及猪体表温度
	视频监控设施	①在场外区域（洗消中心、中转站、进出场道路）和场内每个区域、每栋猪舍内安装视频监控设备，对人流、物流、猪流，以及污水处理各环节等进行全程视频监控； ②在猪舍、有机肥车间、污水处理间等臭气主要排放源的收集处理设施处安装视频智能监管系统
	智能管理平台	①建设数字化智能管理平台，实现对猪舍环境的智能控制； ②实现精准喂料、水电管理、生产管理、生物安全、物料进出等核心业务的智能管理和上云，实现全程可追溯； ③安装猪场实时数字化监管大屏
基地化	基地稳定	①拟建项目是对原产能的升级实现"小变大、大变强、强变优"； ②拟建项目将成为杭州市重要的生猪产能保障基地
	项目管理	①项目将实行项目管理； ②立项、土地审批、环评和防疫等严格执行项目管理相关审批手续

4.4.6 猪场生产工艺

（1）生产工艺流程。

本项目的生产流程按照早期断奶、全进全出、分阶段分区饲养的生产模式进行规划设计。怀孕母猪限位饲养、分娩母猪高床产房、保育和育肥猪全漏缝地板群养。生产过程分为母猪配种妊娠、分娩哺乳、仔猪保育和生长猪育肥 4 道工序，每道工序完成一个生产阶段的任务，完成一道工序进行一次转群，共需 3 次转群，即"四阶段饲养三次转群生产流程"（图 4-56，表 4-15）。

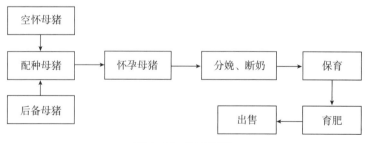

图 4-56　生产流程

表 4-15　猪群养殖阶段饲养周期

生长阶段	实施区域	饲养周期
配种期	配怀舍（鲜精人工授精）	①初产母猪约 230 日龄可配种；②经产母猪在仔猪断奶后 21 d 左右可再次配种，配种后观察 21 d；③种公猪约 240 日龄左右可采精
妊娠期	配怀舍	86 d
哺乳期	分娩舍	①母猪 28 d；②仔猪 21 d。
保育期	保育舍	49 d
育肥期	育肥舍	外销商品猪（按 125 kg 计）：约 203 d

（2）主要生产技术参数（表 4-16）。

表 4-16　主要生产技术参数

序号	项目	指标水平
1	母猪窝产仔数（头）	11.5
2	哺乳期天数（d）	21
3	断奶受胎间隔天数（d）	3 ～ 7
4	母猪产仔猪窝数（胎 / 年）	2.34
5	仔猪保育期天数（d）	49
6	生长育肥期天数（d）	133
7	仔猪哺乳期成活率（%）	92
8	仔猪培育期成活率（%）	96
9	生长育肥期成活率（%）	98
10	每头母猪年提供商品猪数量（头）	24
11	母猪群年更新率（%）	40
12	种猪群公母比例	1:60
13	人工授精受胎率（%）	92

（3）猪群生产批次设计（表 4-17）。

表 4-17　猪群生产批次设计

生产期	哺乳期	保育期	育肥期	合计
周数	3	7	19	29

（4）各阶段猪常年存栏数量及饲养周期（表4-18）。

表4-18 各阶段猪常年存栏数量及饲养周期

猪生长阶段	存栏量（头）	饲养周期（d）
公猪	26	365
空怀母猪	136	21
妊娠母猪	840	107
分娩母猪	224	28
哺乳仔猪	1 848	21
保育猪	3 967	49
育肥猪	10 337	133

4.4.7 猪舍设计

繁育舍1栋2层，其中第1层配怀舍，第2层母猪舍，母猪舍（图4-57）包含分娩区、空怀区和公猪区，母猪舍含公猪限位栏、采精栏、公猪大栏及母猪限位栏、大栏、分娩栏；配怀舍含母猪限位栏。

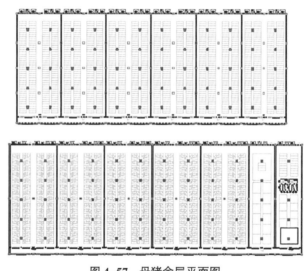

图4-57 母猪舍层平面图

保育舍1栋2层，共16单元，共有保育大栏256套（图4-58）。

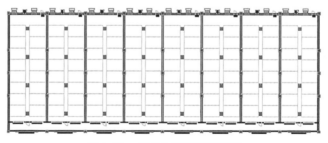

图4-58 保育舍层平面布置图

育肥舍 1 栋 4 层，共 20 单元，共有育肥大栏 400 套（图 4–59）。

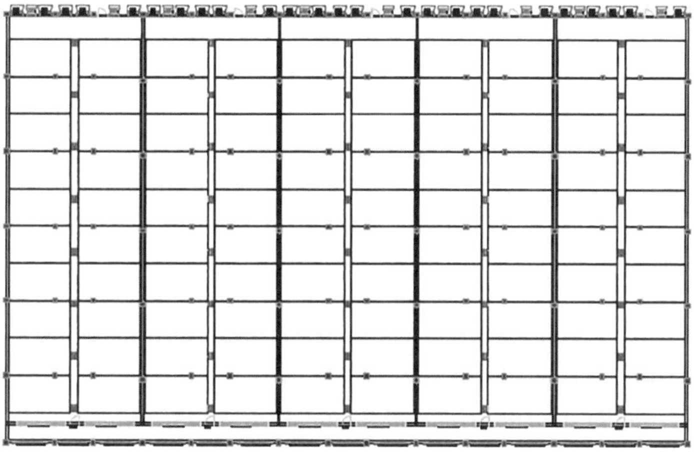

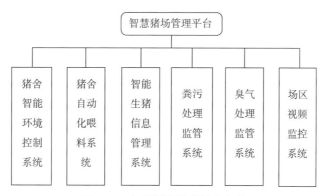

图 4–59　育肥舍层平面布置图

4.4.8　猪场数字化建设

4.4.8.1　数字化监管平台

智能监管平台集智能生猪信息管理系统、精准饲养管理系统、猪舍智能环控系统、粪污清理收集与资源化处理系统、臭气收集与处理系统、视频监控系统等于一体，收集养殖场在饲养管理、环境调控、污染物排放与处理等方面信息，掌握养殖场动态变化，及时处置生产中出现的各类问题。平台设有异常情况报警机制，一旦出现生猪采食量下降、舍内环境指标异常、设施设备运行故障、污染浓度超标等情况将自动发生警示，与相关人员手机联动以及时处置。监管平台总体架构见图 4–60，数字化设备详见表 4–19。

图 4–60　智慧猪场监管平台架构

表 4-19　数字化设备一览表

序号	系统或平台	设备
（1）	视频监控系统	
①	猪舍视频监控	摄像头
②	粪污处理中心和排污关键点	摄像头
③	场区	摄像头
④	场外周边	摄像头
⑤	出猪台	摄像头
（2）	猪舍环境质量监控系统	
（3）	污水的流量、COD、氨氮、pH 值监测系统	
（4）	猪舍及场界 NH_3 浓度监测系统	
①	猪舍	传感器
②	舍外及粪污处理区	传感器
③	场界	传感器
（5）	数字化管理平台	

　　数字化管理系统采用宽带网络连接到牧场，光纤到栋舍，网络信号全覆盖，为信息化做好基础。

　　数字化管理系统依托云资源及本地存储，建设数据中心，实现数据的存储、分析、展示以及远程数字化管理。通过建设设备数据管理平台，将物联网、环控设备产生的数据，统一部署、清洗及提供分析和应用接口。通过数据大屏实时展示猪场整体的生产数据、生物安全防控情况、各类统计分析报表、预警信息，以及猪舍内部的环境参数、空气质量指标、饲喂情况、猪只数量及个体体温、体重、膘情等信息。耗水、耗电数据配置智能水表、电表等设备，采集水电消耗信息。粪污处理数据配置监测探头、传感器等，采集污水水质、水量等数据信息（图 4-61）。

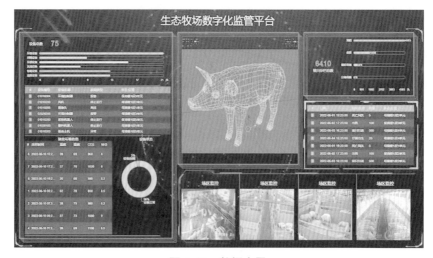

图 4-61　数据大屏

4.4.8.2　智能养殖系统

应用数字化、智能化先进技术及设施设备，对养殖生产信息进行采集和处理。建立配种、喂料、饮水、免疫、生长等生产全过程信息化软硬件管理系统，实行智能管理。数字化饲养管理系统由自动喂料系统（图 4-62）、自动饮水系统、数字化称重系统等组成。建设生态养殖管理系统，全面覆盖实际生产的各个环节。将养殖过程中产生的数据，通过 PC、PAD、自动化采集等多种方式将生产过程的数据汇入数据库中，并提供对相关数据的综合分析，提供生产报表。

所有猪舍单元配置自动供料、喂料系统，并设有供料和喂料的计量管理，其中公猪舍和母猪舍，每栏料槽均设置计量器。猪的繁殖、转群和饲料的进出库、输送、投喂实行电子化跟踪记录管理；定期对自动供料和喂料系统进行检修、维护并建立维保档案；使用具有防漏或漏水报警功能的节水型、自动饮水和冲洗水设备设施，定期对节水和漏水设施进行检修并建立维保档案。

图 4-62　母猪单体食槽智能喂料系统

4.4.8.3　智能环控系统

对所有猪舍单元安装智能降温、保温、通风设施设备和智能环境监控系统；根据舍内温湿度、CO_2、NH_3 等浓度进行精准通风，实现猪舍内 NH_3 浓度与猪舍清粪工作和通风系统运行的联动；建立猪舍防暑降温、通风等环控管理制度，定期对环控设施设备进行检修并建立维保档案（图 4-63，表 4-20）。

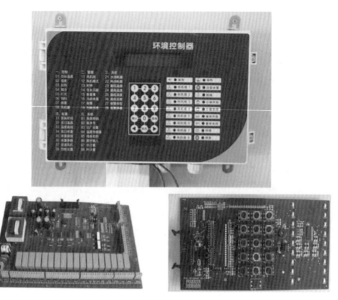

图 4-63 舍内环境精准控制器

表 4-20 猪舍内环控技术参数

猪舍	通风模式	风速（m/s）	最小通风量（m³/h）	最大通风量（m³/h）	NH₃浓度（ppm）
母猪舍	智能负压	1.2～2	908 600	1 514 500	< 20
保育舍	智能负压	1.2～2	348 300	580 700	< 10
育肥舍	智能负压	1.2～2	1 525 300	2 542 300	< 20

4.4.8.4　生物防疫监控

通过制定生物防疫制度，依托 AI 摄像头、ETC 道闸、人脸识别门禁等设备，对人流、车流、猪只进行监管（图 4-64 至图 4-66）。

图 4-64　监控设备

图 4-65　人脸识别设备

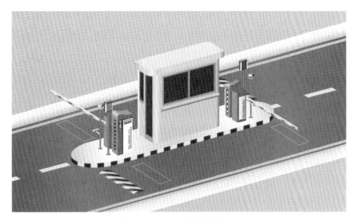

图 4-66　车辆识别设备

4.4.9　猪场生物安全设计

4.4.9.1　生物安全建设目标

预防为主，建立综合疫病防控系统。针对环境、人、猪和饲料等方面，分别采用不同的方式进行消毒、隔离、净化、检疫、检测等措施，建立从饲料原料到肉猪出场全过程质量控制和保障制度，严防病原及其他有害物质进入生产线，执行无公害肉猪生产标准，保证猪场健康发展。牧场拟采用日常从严、适时加强的严格防控策略应对时下猪瘟疫情和可能出现的生物安全威胁。通过合理布局、设置洗消制度、门禁制度和定期消毒来具体落实。

4.4.9.2　生物安全措施

①场外洗消中心和中转站。若有条件，可在场外 2 ～ 3 km 处建设专业洗消中心，切断病原传播链条。在距离养殖场 1 ～ 2 km 建立场外中转站，配备与进出车辆规模相适应的高压清洗消毒和烘干设施设备，对车辆进行全面清洗消毒。

②洗消中心。在猪场生产区入口处建设入场洗消中心，对进入养殖场的车、生产和生活物资及人进行严格的分类消毒。

③生产区洗消室。在每个子生产区配置洗消室，进入猪舍的员工、物资都需经相应的洗消。

④兽医室、诊断室。建设兽医诊断和疫病监测室。

⑤病猪解剖及病死猪处理。在猪场西南角建病死猪暂存区，用于病死猪的日常临时贮存与收集。

⑥动物疫病和质量安全检测实验室，配置电子天平、显微镜、酸度计、冰箱、电脑等相关检测设施设备。

4.4.9.3　执行严格的隔离制度

做好生物隔离措施，是阻断疫情传播的关键。

①隔离外来人员、车辆、猪。严格限制外来人员、车辆、生猪产品等进入养殖场。

建立场内饲养、管理人员严格的出入场消毒、洗澡、换衣制度和程序；建设实体围墙将猪场与外界、生活生产管理区与生产区、生产区与粪污处理区严格隔离；场区道路全部硬化，生产区内的净道和污道分开。

②隔离外来饲料、兽药。进入养殖场的饲料、兽药，必须在场外装卸、消毒，再用场内消过毒的车辆运入场内。

③配置场内专用车辆。养殖场要配备场内、场外专用车辆，划定车辆活动范围和车辆清洗消毒点。严禁随意租用社会车辆，严禁场内生产用车混用。

④配置引猪隔离舍。引进的生猪必须经非洲猪瘟检测合格和检疫合格、必须进行严格消毒并在隔离猪舍隔离观察45 d以上，健康者方可合群饲养。

⑤严禁人员串舍及舍间工具混用。严禁饲养人员串舍饲养、饲养用具及防疫器具混用，防止交叉感染。

⑥病猪隔离与死猪处理。患病生猪应及时送隔离舍隔离，死亡生猪按规定进行无害化处理。

4.4.9.4 清洗消毒制度

（1）建立多道消毒制度。

从场外洗消中心到进入生产区建立三道清洁、消毒防护线。第一道防护线从公路进入场外洗消中心，外来车辆进入需经过高压清洗消毒间，在此用高压清洗枪进行全车360°无死角的清洗和消毒。第二道防护线在生产区大门设置洗消中心，此处外来人员不得进入，只准许本场生产人员进入。第三道防护线在各生产区门口和各猪舍门口设消毒间，进入人员洗澡、更衣后才能进入猪舍。

（2）建立日常消毒制度。

每星期确定固定的一天为全场消毒日，全场的猪舍、道路及配套设施用消毒液喷雾消毒1次。食槽和日常用具每天清洗，定期消毒。

（3）执行全进全出的猪舍清洗消毒制度。

每栋猪舍实行全进全出制度，当猪群转出后要对猪舍、饲养用具等彻底清洗消毒，猪舍按由上至下顺序对顶棚、墙面、设备、地面上的污物彻底清扫，先喷洒物体表面清洁剂浸润1 h以上，再用高压冲洗机彻底清洗干净，待干燥后，喷洒不同消毒剂3次或火焰消毒，空闲5～7 d后再转入下一批猪。

4.4.9.5 建立严格完善的疫病监测和免疫程序

通过抗体监测，监控疫病和猪群抗体水平，制定猪群免疫计划。

4.4.9.6 建立疫病净化和猪群保健制度

净化猪病是提升养猪绩效、节约饲料、减少猪肉药残、保障猪肉质量、维护公共安全等的必要手段，本项目猪场将建立健全疫病净化和猪群保健制度。

①通过完善的生物安全体系和引进健康的种猪，防止输入性疫病发生，保障猪群的健康。

②建立并执行合理免疫程序，配套实验室科学监控手段，根据危害程度和经济性评估，因病制宜地建立疫病控制和净化目标。

③建立规范消毒和隔离制度，对舍内外环境、水源、器材用具、猪群等进行规范有效的消毒，对引进猪、病弱猪及时进行隔离和诊疗、加强饲养管理，维护猪群健康。

④依法实施必要的药物防治和功能性替抗保健方案，在一些疫病的多发季节或易感阶段进行群体性预防保健，并严格停药期管理，在提高猪群健康水平的同时，确保生猪品质。

⑤采用"4+1"模式对猪群进行常规体内外驱虫保健，防止寄生虫感染。

4.4.9.7　制定严格的防疫规章制度

受非洲猪瘟疫情影响，我国生猪和能繁母猪的产能持续下降，猪肉市场供给偏紧的效应开始集中显现。猪场作为防疫主体，将按《规模猪场（种猪场）非洲猪瘟防控生物安全手册（试行）》等建立健全并执行动物防疫规章制度，加强动物防疫条件建设，强化生物安全管理，提高生物安全水平，切实做好非洲猪瘟等疫病防控工作。

4.4.9.8　加强病死猪及粪污处理

本项目将根据《畜禽规模养殖污染防治条例》（国务院令第 643 号）、《病死及病害动物无害化处理技术规范》（农医发〔2017〕25 号）等相关规定严格做好病死猪、粪便、污水等废弃物的无害化处理。

4.4.9.9　加强灭鼠、灭蚊蝇等工作

养殖场禁止饲养任何小动物。定期投放灭鼠药，及时收集死鼠、残鼠和残余鼠药，并做无害化处理。选择高效、安全的抗寄生虫药进行寄生虫控制。

4.4.9.10　扑灭疫情

发生疫情时，需按"早、小、严、快"的方针及时扑灭。

4.4.9.11　质量安全检测系统

根据《浙江省农业农村厅关于进一步加强非洲猪瘟检测能力建设的通知》（浙农专发〔2020〕18 号）通知，新建规模猪场要优化设计方案，将兽医检测室列入必建内容。猪场要参照《生猪养殖场非洲猪瘟监测方案（试行）》，加大采样检测力度，常态化开展非洲猪瘟自检。做到猪场每周至少采样检测 1 次；在猪群出现异常情况时，随时检测；猪场周围有阳性场的，要增加监测周期和频率，及时评估本猪场的病原及生物安全风险情况，有效消除疫情隐患。

新建动物疫病和质量安全检测实验室，配置电子天平、显微镜、酸度计、冰箱、电脑等相关检测设施设备，配备专业人员，制定管理制度和操作规程，按要求定期对猪进行非洲猪瘟检测、免疫抗体检测和药物残留、违禁药物的监测，并对出厂商品猪进行质量抽检和做好监测记录。

4.4.10　猪场三废处理工艺与设备

4.4.10.1　污水处理

（1）给排水。

猪场供水主要来自附近的自来水公司，以满足生猪养殖场生产和生活用水的需求。在场区四周道路设有完整的市政雨、污水管网，便于养殖场排水。

本项目生活用水水质要求达到《生活饮用水水质标准》，水压要求不低于 0.3 mPa。生产用水水质要求达到《无公害食品畜禽饮用水水质标准》。猪场年耗水量为 10.3 万 t。

根据各用水对象对水质、水压的不同要求，全场设生活给水系统、生产给水系统、臭气治理给水系统和消防给水系统四大水系统。生活给水系统主要供职工的生活饮用水和洗涤用水；生产给水系统主要供猪饮用和地面清洗用水；臭气治理给水系统主要用于净化臭气的用水；消防给水系统主要为场区消防设施提供水源。

根据清浊分流、便于处理的原则，场区排水共分生活污水系统、生产污水系统、清洁废水系统与雨水系统四大排水系统。

项目新建改建重建建筑物将严格执行雨污分离。生产污水和生活污水收集后进入一体化 CSTR 污水厌氧发酵罐处理，清洁废水系统主要接纳各车间空调室冷凝水排水及部分未受有机污染的洗涤排水，就近排入室外雨水系统。屋面雨水采用外排水，经散水就近排入室外雨水系统。

（2）污水处理能力。

本项目生猪的排泄污水年排放量约为 3.4 万 t，栏舍洗消污水年排放量为 1.42 万 t，生活污水年产生量为 0.11 万 t。综合考虑本项目所有猪舍均使用自动机械清粪工艺，预计每日需处理污水约 110 t，设计部分日处理余量，项目建设厌氧发酵罐 1 座（1 200 m³）。

4.4.10.2　臭气处理

猪场的恶臭污染减排是个系统工程，应从源头减排、饲养过程减排和末端治理等不同环节上科学采取相应措施控制恶臭污染。降低饲料中的粗蛋白质水平可有效降低猪的臭气排放，同时在饲料中添加微生物制剂可改善猪的肠道功能，降低单位畜禽粪污产生量，实现从源头减少畜禽粪污和臭气减排。为改善舍内外环境空气质量以满足猪只生长需要，显著减少猪舍臭气对周边环境的影响、改善舍内外环境空气质量，在不同排放源采用相应技术和"一场一策"的恶臭污染全程控制是发展趋势。结合猪舍清洁饲养技术、主要臭气排放构筑物，负压机械通风猪舍配置臭气收集处理设施设备、场内绿化减臭工程及场界臭气治理系统，对粪污收集处理系统进行封闭并配置除臭系统，以实现猪场的全方位全过程减臭。

（1）臭气处理工艺流程。

臭气处理工艺如图 4-67、图 4-68 和表 4-21 所示。

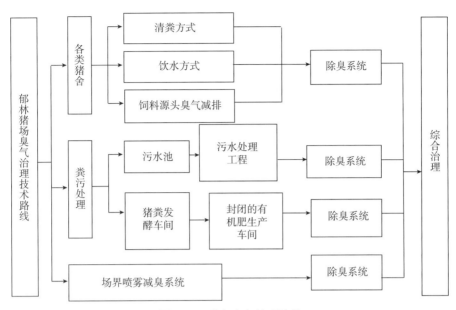

图 4-67　猪场臭气治理路线

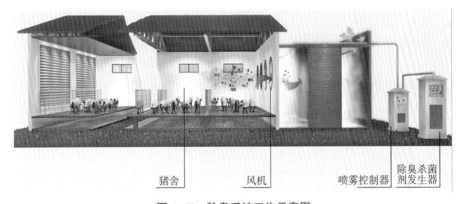

图 4-68　除臭系统工作示意图

表 4-21　除臭工艺汇总

源头减排	①采用饲料减臭技术，通过降低饲料中粗蛋白含量和添加微生物菌剂的方式，提高蛋白质利用率，降低臭气产生量； ②精准饲喂和清洁饲养技术相结合，从源头上管控用料、用水，安装智能饲喂系统和节水设施设备，减少资源浪费和臭气排放
过程控制	①采用全漏缝地板，粪污直接落到粪沟中，无须用水冲洗，减少臭气排放； ②使用 V 型刮粪机清粪，做到粪、尿、清洗水分流； ③采用高楼封闭饲养技术，减少疫病传播，猪舍未处理臭气不外泄； ④采用智能化环控系统，猪舍内温湿度控制、污染物浓度监测与通风系统联动，做到舍内空气质量实时把控
末端治理	①全方位臭气收集处理系统，在所有猪舍、粪污收集池、有机肥车间安装臭气收集处理间，多种技术结合处理臭气； ②资源化处理粪污和污水处理减臭化

（2）臭气处理方式。

① 源头减排。项目通过降低饲料中的粗蛋白质水平和在饲料中添加微生物制剂改善猪的肠道功能，同时采用"单元化、全进全出"的饲养管理模式，应用智能精准饲养管理系统，实现自动喂料系统、自动饮水系统、数字化称重，结合清洁饲养技术，从源头上管控用料、用水，安装智能饲喂系统和节水设施设备，减少浪费和污染排放。养殖全程进行封闭式管理、分阶段精准饲养，确定每周转群数量。猪群转接信息入库、明确不同阶段管理人员各自的责任、完善员工饲养管理操作规程、建立合理的绩效评价标准和奖惩制度。

养殖场通过加强饲养管理、发挥设施设备潜力、保障猪群健康与福利、挖掘生猪遗传潜力来降低料肉比和提高生产效率。饲料采购选择稳定的长期合作的供货企业，明确饲料成分和添加剂方案，掌握饲料相关性能特征。建立合理的饲料仓储制度，确保安全储料和有效期控制，杜绝储料环节隐患。猪场每日饲料消耗量约为 28.63 t，年消耗量约为 1.045 万 t。

② 过程控制。项目采用全漏缝地板与"V"型刮粪机（图 4-69）清粪相结合的饲养方式，实现粪污清理过程中的干湿分离并及时排出猪舍内的粪污，减少粪污在猪舍停留时间，既可减少污水量，又可显著降低猪舍内的 NH_3 等恶臭气体浓度。此外，可购置舍内清粪设备和舍外清粪设备，做到了舍内外全机械化清粪。

图 4-69 "V"型刮板清粪设备

采用高楼封闭式饲养（图 4-70），高楼饲养模式节约土地，封闭式饲养模式减少疫病传播和臭气排放。每个猪舍排风口有配套臭气收集处理间，进风口有降温湿帘。

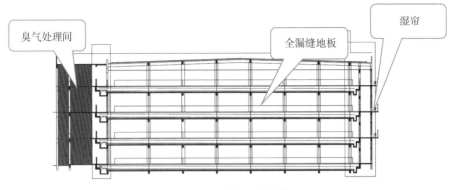

图 4-70　育肥舍立面图

③ 末端治理。项目对猪场所有臭气排放源进行臭气收集处理，以猪舍为例，高楼猪舍排风端安装臭气收集处理间，为保证臭气处理效果，臭气在臭气处理间内有足够的停留时间，臭气处理间内有除臭剂发生器、除臭剂喷淋系统及多层除臭滤膜，保证了不同组分的臭气经过除臭剂、水膜、滤尘等方式得到有效去除。

猪粪在有机肥车间集中后运送到场外有机肥厂处理，有机肥车间暂存过程中，会产生臭气，因此在有机肥车间墙体上安装有抽风风机，臭气通过风机到喷淋系统预处理，预处理后的臭气经过管道进入臭气处理间，通过多层除臭过滤膜和除臭剂喷淋系统，除尘除臭，使臭气达到排放标准。

对于猪场污水，含有大量的粪便，为了减少粪便中污染物的溶出，需要在新粪时尽早进行粪水分离，堆粪场有臭气收集处理系统。污水通过收集池进入一体化 CSTR 污水厌氧发酵罐，产生的沼液暂存沼液池。集水池、污水厌氧发酵罐及沼液池封闭后的臭气集中收集处理。

建立场界喷雾减臭系统，在场界设置 NH_3 浓度监测传感器，减少场界及周边环境的臭气污染。

4.4.10.3　猪粪（渣）处理

本次建设方案本着科学合理的设计思路，包含两套粪污处理系统，一是采用好氧发酵工艺处理固体粪污；二是采用高效厌氧处理工艺处理污水。项目设计充分考虑了养殖场产生的粪污无害化处理和资源化利用。通过灵活且科学的运营管理，变废为宝，生产优质的成品有机肥出售创收。本次生态牧场有关粪污处理的运营管理技术受到浙江大学畜牧工程技术团队的指导和监督，旨在保证粪污生态化处理的同时，实现经济利益的最大化。猪舍采用全自动干湿分离式机械清粪系统将粪便收集至集污池，猪舍地面设计 1.5%～3% 的坡度，以便于排水及清栏后的地面清洗。猪粪运往场外有机肥厂经好氧发酵工艺处理制成固体成品有机肥出售。污水经过处理后制成沼液，暂存于沼液池中，可作为液态肥施用于周边农田。

（1）粪便收集与处理。

猪场的粪便和臭气治理以"源头减排、过程控制、末端治理、环境友好、资源节约"为指导原则。从饲料配方、清粪工艺、除臭工艺、粪污循环利用和净化排放工艺等主要方面入手，配合合理的饮水、排水方式，防止增加粪污或臭气的处理难度。猪舍采用雨污分流、自动清粪、节水型饮水技术实现污水和臭气的减量化。

项目设计使用"V"型刮板机械清粪设备对猪粪进行收集，收集到的猪粪和尿液基本分离，再利用高温密闭式发酵罐处理粪渣，利用高效厌氧处理工艺处理污水，利用臭气处理设施设备处理生产各个环节产生的臭气，真正做到污染的零排放和资源化利用，实现可持续的循环化养殖目标。且项目充分考虑养殖粪污的无害化处理和资源化利用，通过灵活、科学的运营管理，变废为宝，生产优质有机肥出售创收，实现经济利益的最大化（图4-71）。

本次生态牧场有关粪污处理的运营管理技术得到浙江大学畜牧工程技术团队的指导和监督。

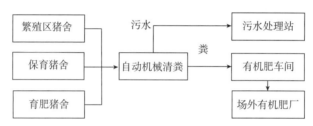

图4-71 粪污处理方式

（2）粪污资源化。

项目产生的猪粪采用高温密闭式发酵罐进行好氧发酵。猪粪直接投入该密闭发酵罐内，当温度、水分、氧量等条件合适时，罐内的微生物大量繁殖，并分解猪粪中的有机物。通过微生物生命活动的合成及分解过程，把部分被吸收的有机质氧化成简单的无机物，并提供生命活动所需的能量；同时把另一部分有机物转化合成新的细胞物质，使微生物增殖（图4-72）。

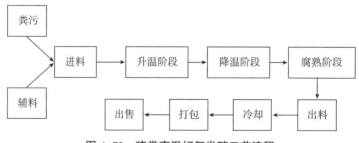

图4-72 猪粪高温好氧发酵工艺流程

经初步估算，项目日产粪渣约22.4 t，可年产有机肥约2 718 t。

项目产生的污水采用一体化CSTR污水厌氧发酵罐进行高效厌氧处理。污水直接投入该厌氧发酵罐内，利用厌氧微生物的代谢过程，在无须提供氧的情况下，把有机物转化为无机物和少量的细胞物质，这些无机物包括大量的生物气（即沼气）和水（图4-73）。

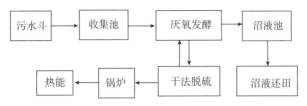

图 4-73　猪场污水厌氧处理工艺流程

经初步估算，本项目日处理猪场污水 110 t，产生的沼液暂存于沼液池中，可作为液态肥施用于周边农田；粪污日产沼气共约 628 m³（CH$_4$ 占 55% ～ 60%），用于沼气锅炉，为发酵系统增温保温提供热能。

撰稿：汪开英

主要参考文献

陈顺友，2009．畜禽养殖场规划设计与管理 [M]．北京：中国农业出版社．

代小蓉，NiJiqin，潘乔纳，等，2016．华东地区典型保育猪舍温湿度和空气质量监测 [J]．农业机械学报，47（7）：315-322．

农业农村部，2020．非洲猪瘟常态化防控技术指南（试行版）[EB/OL]．https://www.gov.cn/zhengce/content/2020-09/27/content_5547612.htm

郭宗义，郭恒翠，李兴桂，等，2020．中小规模猪场规划设计存在的主要问题 [J]．中国猪业，15（4）85-87．

李良华，宋忠旭，董斌科，2019．猪场规划建设的生物安全短板 [J]．养殖与饲料，（12）：8-10．

苗旭，贺军，李国治，等，2019．规模化猪场建设状况对猪群健康的影响 [J]．中国猪业，14（8）102-108．

马承伟，苗香雯，2005．农业生物环境工程 [M]．北京：中国农业出版社．

汪葆玥，刘玉良，马静，等，2020．非洲猪瘟：传染源和传播途径研究进展与分析 [J]．中国动物传染病学报，28（5）：103-110．

汪开英，李开泰，李王林娟，等，2017．保育舍冬季湿热环境与颗粒物 CFD 模拟研究 [J]．农业机械学报，48（9）：270-278．

汪开英，代小蓉，李震宇，等，2010．不同地面结构的育肥猪舍 NH$_3$ 排放系数 [J]．农业机械学报，41（1）：163-166．

颜培实，李如治，2011．家畜环境卫生学 [M]．第 4 版．北京：高等教育出版社．

周永亮，黄建华，侯昭春，2020．规模化猪场科学建设与生产管理 [M]．河南：河南科学技术出版社

中华人民共和国农业部，2008．规模猪场建设：GB/T 17824.1—2008[S]．北京：中国标准出版社．

张宏福，2021．畜禽环境生物学 [M]．北京：科学出版社．

WANG X，WU J A，YI Q，et al.，2021．Numerical evaluation on ventilation rates of a novel multi-floor pig building using computational fluid dynamics[J]．Computers and Electronics in Agriculture，182：106050．

第 5 章　规模化猪场的生物安全与疫病防控

为了防控非洲猪瘟，猪场的生物安全被提到了前所未有的高度。养殖系统的生物安全措施的执行，也为规模化猪场疫病的净化创造了有利条件。本章首先从 9 个方面系统阐述了规模化猪场的生物安全措施，然后描述了非洲猪瘟在世界及我国的流行现状及基本的防控措施，最后介绍了猪场重要疫病的净化与实践，为猪场疫病整体防控提供参考。

5.1　规模化猪场的生物安全

猪场生物安全是指为预防病原微生物传入猪群并阻止其传播而采取的一系列有效的预防和控制措施，包括外部生物安全和内部生物安全，外部生物安全主要是防止病原微生物传入场内和防止场内疫病向外传播；内部生物安全主要是控制场内病原微生物在猪群间的循环传播。猪场生物安全是一门管理和实践学科，既包括科学的方法，也包括有效的实践，其主要内容包括但不限于猪场选址、猪舍布局、猪场生产模式、生物安全制度管理与人员培训、猪场人员管理、猪场猪群管理、猪场车辆管理、猪场物资管理、猪场卫生与消毒、猪场免疫与检测以及猪场生物安全评估等。猪场生物安全工作是猪场所有疫病预防和控制的基础，没有完美的生物安全，只有不断完善的生物安全，本章将从以下 9 个方面对猪场生物安全防控技术做简单介绍，以期对猪场疫病防控提供参考。

5.1.1　生物安全制度管理与人员培训

人是所有工作的执行者，只有生物安全制度深入每一位员工的内心，才能保证其执行到位。因此，只有通过将完善的生物安全制度进行有效的组织管理和人员培训，才能保证其得到有效执行。

5.1.1.1　生物安全制度管理

（1）猪场成立生物安全体系建设小组，负责猪场生物安全制度建立，监督生物安全措施的执行，以及生物安全制度执行情况的评估检查。

（2）针对生物安全管理的各个环节，制定标准操作规程，并要求人员严格执行（可将各项标准规程在合适位置张贴，随时可见并方便获得）。

（3）人员完成生物安全操作后，对时间、内容及效果等详细记录并归档。

（4）制定生物安全逐级审查制度，对各个环节进行不定期抽检，可对执行结果进行打分评估。

（5）制定奖惩制度，对长期坚持规程操作的人员予以奖励，违反人员予以处罚。

5.1.1.2　人员培训

猪场可通过集中培训、网络学习、现场授课及实操演示等形式开展生物安全制度的培训，并进行考核。

（1）猪场应制定系统的生物安全培训计划，新入职人员须经系统培训后方可上岗；在职人员持续定期培训，确保生物安全规程执行到位。

（2）重视人员理论知识学习，对员工就疫病知识、猪群管理、生物安全制度、操作规范及生物安全案例等方面内容进行系统培训，提高人员生物安全意识。

（3）定期组织生物安全实操演练，按照标准流程和规程进行操作，及时纠偏改错，确保各项程序规范执行到位。

（4）对完成系统培训的人员，进行书面考试和现场实操考核，每位员工均应通过相应的生物安全考核。

5.1.2　猪场人员管理

根据不同区域生物安全等级对人员进行管理，人员遵循单向流动原则，禁止逆向进入生物安全更高级别区域。

5.1.2.1　入场人员审查

（1）一般来说不允许来访者进入公司核心猪场；来访人员到访需提前 24 h 向猪场相关负责人提出申请，经近期活动背景审核合格后方可前来访问。

（2）猪场休假人员返场需提前 12 h 向猪场相关负责人提出申请，经近期活动背景审查合格后方可返场。

（3）所有要进场人员在进场前 3 d 不得去其他猪场、屠宰场、无害化处理场及动物产品交易场所等生物安全高风险场所。

（4）在场停留人员不得在猪场生活区以外的范围内接待其他非场区停留人员。

5.1.2.2　人员进入办公区 / 生活区流程

每个流程分区管理，责任到人，监督落实，关键点位安装摄像头进行实时管理。

（1）入场人员需持猪场相关负责人审核合格证明由指定车辆运送到猪场大门处。

（2）所有进入大门者必须登记，内容包括姓名、工作单位、联系方式、来访因由，最近一次接触包括活猪在内污染敏感区域的地点以及具体时间，并签署相关生物安全承诺书。

（3）洗澡后，更换猪场提供的干净衣服及鞋靴入场，注意头发及指甲的清洗。

（4）任何进入农场生活区的个人携带物品都必须接受农场门卫的生物安全检查，只有符合生物安全要求的物品并在按规则消毒后才能进入生活区，严禁携带偶蹄动物肉制品入场。

（5）休假或者离开生活区的本场员工再次进入生产区之前，必须在农场生活区内隔离至少两晚一日。

5.1.2.3　人员进入生产区流程

（1）猪场人员在生产区洗澡间洗澡的同时，携带物品须经生产区物资消毒间消毒后进入。

（2）任何非本场工作人员在进入猪场生产区前必须完成48 h的生物安全隔离。

5.1.2.4　人员进入生产单元流程

（1）人员按照规定路线进入各自工作区，禁止进入未被授权的工作区。

（2）进出生产单元均需要清洗、消毒工作靴，先刷洗鞋底鞋面粪污，后在脚踏消毒盆消毒，人员离开生产区，将工作服放置于指定收纳桶浸泡消毒。

（3）疫情高风险期，人员应避免进入不同生产单元。

5.1.2.5　其他人员管理

（1）运载种猪/商品猪的车辆到达装猪台后，司机只能在指定区域活动，尤其不能进入场区的生活区、生产区以及"灰区"（生活区与生产区交界处）。

（2）运输饲料的司机在饲料卸载期间尽可能停留在饲料车内，不得在工作区域内随意活动。

（3）不同生产区的工作人员在同一个工作日内跨区域流动须得到猪场场长的许可，建议间隔时间大于12 h。

（4）任何进入生活区以内的人员必须遵守和执行场区内的其他相关防疫制度。

5.2　猪场猪群管理

猪场猪群管理主要包括猪场环境控制、后备猪只管理以及猪只转群管理等。

5.2.1　猪场环境控制

（1）了解猪场所处环境中是否有野猪、牛、羊、犬、猫、鸡等动物，这些动物可能携带危害猪群健康的病原，禁止在猪场周围出现，发现后应及时驱赶。猪场内禁止饲养犬、猫、鸡、鸭等动物。

（2）猪场选用密闭式大门，日常保持关闭状态。建立环绕场区围墙，围墙禁止种植攀缘植物，定期巡视，发现漏洞及时修补。

（3）猪舍外墙完整，除通风口、排污口外不得有其他漏洞，并在通风口、排污口安装高密度铁丝网，侧窗安装纱网，防止鸟类和老鼠进入。吊顶漏洞及时修补。赶猪过道和出猪台设置防鸟网，防止鸟类进入。

（4）猪舍周边使用碎石子铺设80～100 cm宽的隔离带，用以防鼠；老鼠出没处每6～8 m设立投饵站，投放慢性杀鼠药；可聘请专业团队定期进行灭鼠。

（5）猪舍周边清除杂草，场内禁止种植树木，减少鸟类和节肢动物生存空间。

（6）猪舍内悬挂捕蝇灯和粘蝇贴，定期喷洒杀虫剂。猪舍内缝隙、孔洞是蜱虫的藏匿地，发现后向内喷洒杀蜱药物（如菊酯类），并用水泥填充抹平。

（7）及时清扫猪舍、仓库及料塔等散落的饲料，做好厨房清洁，及时处理餐厨垃圾，避免给其他动物提供食物来源。做好猪舍、仓库及药房等卫生管理，杜绝卫生死角。

（8）合理的饲养密度，良好的通风换气，适宜的温度、湿度及光照是保证生猪健康生长的必要条件。

5.2.2　后备猪只管理

建立科学合理的后备猪引种制度，包括引种评估、引种前的准备工作、隔离舍的饲养管理及入场前评估等。

5.2.2.1　引种评估

（1）资质评估。

国内供种场需具备《种畜禽生产经营许可证》，所引后备猪具备《种畜禽合格证》《动物检疫合格证明》及《种猪系谱证》；由国外引进后备猪，具备国务院畜牧兽医行政部门的审批意见和出入境检验检疫部门的检测报告。

（2）健康度评估。

引种前，要评估供种场猪群健康状态，供种场猪群健康度应高于引种场，评估内容包括但并不限于猪群临床表现，口蹄疫、猪瘟、非洲猪瘟、蓝耳病、猪伪狂犬病、猪流行性腹泻及猪传染性胃肠炎等病原学和血清学检测，死淘记录、生长速度及料肉比等生产记录。

5.2.2.2　引种前的准备工作

（1）制定引种计划，按照后备猪利用率计算，合理引种。

（2）后备猪到场前完成隔离舍的清洗、消毒、干燥及空栏等工作，做到全进全出。

（3）后备猪到场前完成隔离舍的药物、器械、饲料、用具等物资的消毒及储备，依据季节提前准备好防寒保暖或防暑降温的生产物资，如夏季的喷雾降温装置，冬季的保温灯等。

（4）后备猪到场前安排专人负责隔离期间的饲养管理工作，直至隔离期结束。

（5）采血检测重大疫病，包括猪瘟、非洲猪瘟、口蹄疫、猪伪狂犬病、蓝耳病等，抽检比例不低于引种数的 10%，确保调入隔离舍的种猪健康。

（6）后备猪转运前对路线距离、道路类型、天气、沿途城市、猪场、屠宰场、村庄、加油站及收费站等调查分析，确定最佳行驶路线和备选路线。

（7）运猪车到出猪台后要进行全面严格消毒，夏天可将猪消毒后再卸载，运输人员严禁进入出猪台。

5.2.2.3　隔离舍的饲养管理

（1）进猪后应在饲料或饮水中添加维生素 C 等抗应激药物 2～3 d，进猪当天不喂料，保证充足的饮水，第 2 天喂正常料量的 1/3，第 3 天喂正常料量的 2/3，第 4 天开始自由采食。

（2）后备猪进入隔离舍后，进行强弱分群，同时确保合理的饲养密度。

（3）核对种猪群信息，建立批次免疫档案、保健档案和情期跟踪档案，确保系统数据真实。

（4）根据引进种猪群健康状况，结合实际情况制定适合本场的保健方案，并严格落实。

（5）根据引进种猪群健康状况，结合生产实际情况制定适合本场的免疫方案，并严格执行（如因特殊原因推迟免疫，需做好跟踪记录，恢复后及时补免）。

（6）免疫和保健记录要及时、准确，详细记录每批次后备猪不同疫苗的计划免疫时间和实际免疫时间，计划保健时间和实际保健时间。

5.2.2.4　入场前评估

隔离结束后对引进猪只进行健康评估，包括口蹄疫、猪瘟、非洲猪瘟、蓝耳病、猪流行性腹泻及传染性胃肠炎等抗原检测，以及对猪伪狂犬病 gE 抗体、口蹄疫 O 型抗体、口蹄疫 A 型抗体、猪瘟抗体及猪伪狂犬病 gB 抗体等抗体检测。

5.2.3　猪只转群管理

猪场生产区栋舍主要包括：隔离舍、公猪舍、配怀舍、分娩舍、保育舍及育肥舍等。猪只转群过程中存在疫病传播风险。

5.2.3.1　全进全出管理

（1）隔离舍、分娩舍、保育舍及育肥舍执行严格的批次间全进全出。

（2）转群时，避免不同猪舍的人员交叉；转群后，对猪群经过的道路进行清洗、消毒，对栋舍进行清洗、消毒、干燥及空栏。

5.2.3.2　猪只转运管理

（1）猪只的流动是单向的（准备进群的后备猪除外），即：产房→保育→育肥→出售，净区→灰区→脏区。

（2）猪只转运一般包括断奶猪转运、保育猪转运、后备猪转运、育肥猪转运以及淘汰猪转运；根据运输车辆是否自有可控分为两类：自有可控车辆可在猪场出猪台进行猪只转运；非自有车辆不可接近猪场出猪台，由自有车辆将猪只转运到中转站交接。

（3）建议使用三段赶猪法进行猪只转运。将整个赶猪区域分为净 / 灰 / 脏 3 个区域，猪场一侧（或中转站自有车辆一侧）为净区，拉猪车辆为脏区，中间地带为灰区，不同区域由不同人员负责，禁止人员跨越区域界线或发生交叉。

（4）出猪完成后，猪场指定专人对出猪台栏舍及出猪台范围进行冲洗及严格消毒，顺序为先内后外，重点是对车辆停留位置进行全面清洗消毒。

（5）出猪完成后，出猪人员在大门口洗澡间洗澡换衣服后返回生活区，洗澡前将筒靴清洗、消毒后有序摆放，将换下的工作服及水鞋立即浸泡消毒。

（6）调出猪只只能单向流动，如质量不合格退回时，不得返回生产线。

5.2.4　猪场车辆管理

猪场车辆包括外部运猪车、内部运猪车、散装料车、袋装料车、死猪/猪粪运输车以及其他车辆等。

5.2.4.1　外部运猪车

（1）外部运猪车尽量自有并专场专用，如使用非自有车辆，则严禁运猪车直接接触猪场出猪台，猪只需要经中转站转运至运猪车内。

（2）所有非自有外部运猪车辆在进入中转站以前必须经过 2 次严格清洗、消毒、干燥，最后一次清洗、消毒、干燥完成后与到达农场的间隔期至少 24 h。

（3）上述车辆的间隔期必须是有效隔离期，即在此期间，车辆的内外部避免一切可能发生的动物源性污染，否则，隔离期自重新清洗、消毒、干燥完成后起计。

（4）每次运输完毕后，装猪台或中转站的净区、灰区、脏区应该立即冲洗干净、消毒并将门关闭，运猪车使用后及时清洗、消毒及干燥。

5.2.4.2　内部运猪车

（1）猪场设置内部运猪车，专场专用，并根据实际情况设定合理的专有运输路线。

（2）运猪车应选择场内空间相对独立的地点进行车辆洗消和停放，洗消地点应配置高压冲洗机、消毒剂、清洁剂及热风机等设施设备。

（3）运猪车使用后立即到指定地点高压冲洗，清洁剂处理确保无表面污物，消毒剂喷洒消毒，充分干燥。

（4）车辆按照规定路线行驶，严禁开至场区外。

5.2.4.3　散装料车

（1）散装料车在清洗、消毒及干燥后，方可进入或靠近饲料厂和猪场。

（2）严禁除司机以外的人员驾驶或乘坐。

（3）散装料车在猪场和饲料厂之间按规定路线行驶，尽量避免经过猪场、其他动物饲养场及屠宰场等高风险场所，散装料车每次送料尽可能满载，减少运输频率，如需进场，须经严格清洗、消毒及干燥，打料结束后车辆立即出场。

（4）如散装料车进入生产区内，打料工作由生产区人员操作，司机严禁下车，如无须进入生产区内，打料工作可由司机完成。

5.2.4.4　袋装料车

（1）规模猪场应做到袋装料车自有，且尽量专场专用。

（2）袋装料车经清洗、消毒及干燥后方可使用。如跨场使用，车辆清洗、消毒及干燥后，在指定地点隔离 24 ～ 48 h 后方可使用。

5.2.4.5　死猪/猪粪运输车

（1）死猪/猪粪运输车专场专用。

（2）交接死猪/猪粪时，避免与外部车辆接触，交接地点距离场区大于 1 km。使用后，车辆及时清洗、消毒及干燥，并对车辆所经道路进行消毒。

5.2.4.6 其他车辆

（1）私人车辆禁止靠近场区。

（2）自有租用的停车场的大门应时常锁闭，尽可能阻止无关人员／物进入。

（3）所有车辆门窗应该时刻关闭以防止鸟、鼠侵入。

5.3 猪场物资管理

猪场物资主要包括食材、兽药疫苗、饲料、饮水、生活物资、设备以及其他生产性物资等。

5.3.1 食材

（1）食材生产、流通背景清晰、可控，无病原污染。偶蹄类动物生鲜及制品禁止入场。蔬菜和瓜果类无泥土、无烂叶，禽类和水产品无血水，使用食品级消毒剂清洗后入场。

（2）源自猪场大门以外的任何动物源性畜产品（养猪生产资料除外）不得进入生产区。

（3）进入生产区的饭菜由猪场厨房提供熟食，生鲜食材禁止进入。

（4）食堂剩饭尤其是肉及肉制品和生活垃圾必须由专人专区处理。

（5）农场自用猪只的副产品，包括头、蹄、内脏、毛皮等不得返回生产区，且不得随意丢弃于场外。

5.3.2 兽药疫苗

（1）进场消毒：疫苗及有温度要求的药品，拆掉外层纸质包装，使用消毒剂擦拭泡沫箱后转入场内自用的泡沫箱中，随后转入生产区药房储存。其他常规药品，拆掉外层包装，经臭氧或熏蒸消毒，转入生产区药房储存。

（2）使用和后续处理：严格按照说明书或规程使用疫苗及药品，做到一猪一针头，使用完毕的疫苗瓶等医疗废弃物应按照领取时的数量回收，并及时进行无害化处理。

5.3.3 饲料

（1）袋装饲料中转至场内运输车辆，再运送至饲料仓库，经臭氧或熏蒸消毒后使用。只允许猪场专用饲料入场，饲料的卸载和转运应由猪场员工完成。

（2）散装料车在场区外围打料，降低疫病传入风险。

（3）非猪场专用的饲料／饲料类营养辅料进入猪场前须得到场长／场内兽医的认可。

（4）撒落的饲料／饲料类营养辅料必须在同一个工作日内收集起来并妥善处理，不得进入生产区。

5.3.4 饮水

（1）水源和水塔最好采用封闭式，不要露天。在水源的后端可以加净水系统，确保饮水的安全。

（2）在管线、饮水终端，可以不定期使用低浓度的消毒剂、酸化剂等清除管道中的生物膜和水垢，饮水的安全效率应该可以得到较大限度的提高。

（3）猪场要定期做水源检测，建议 2 ~ 3 个月检测 1 次。有条件的话，可以每个月检测 1 次。根据检测结果选用合适的除垢剂和消毒剂清洗消毒饮水系统，从而保持水线洁净。

5.3.5 生活物资

生活物资集中采购，经恰当的消毒处理后入场，消毒方式包括喷雾消毒、熏蒸、空置、剥离外包装等，同时，注意购买次数和入场频率。

5.3.6 设备

风机、钢筋等可以水湿的设备，经消毒剂浸润表面，干燥后入场。水帘、空气过滤网等不宜水湿的设备，经臭氧或熏蒸消毒后入场。

5.3.7 其他生产性物资

五金用品、防护用品及耗材等其他生产性物资，拆掉外包装后，根据不同材质进行消毒剂浸润、臭氧或熏蒸消毒，转入库房。

5.4 猪场卫生与消毒

为了贯彻"预防为主，防重于治"的原则，减少、杜绝疫病的发生，确保养猪生产的顺利进行，规模化猪场应重视猪场的环境卫生与消毒工作。

5.4.1 防疫区域划分

（1）猪场分生产区和生活区，生产区包括生产线、更衣室、饲料仓库、药物物资仓库、出猪台、解剖室、流水线走廊、污水处理区等。生活区包括办公室、食堂、宿舍等。

（2）加强猪场区（含生产与生活区）与外界的隔离（用铁丝网、围墙、木桩、水泥桩、刺藤等）达到阻止常规动物（狗、鸡、牛、羊等）进入的目的，加强对交界道路的消毒。

（3）生活区工作人员及车辆严禁进入生产区，生活区工作人员确有需要进入者，必须经场长或专职技术人员批准，并经洗澡、更衣、换鞋、严格消毒后，在生产区人员陪同下方可进入，且只可在指定范围内活动。

5.4.2 车辆卫生、消毒要求

（1）原则上，外来车辆不得进入猪场区内（含生活区）。如果要进入，需严格冲洗、全面消毒后方可入内；车内人员（含司机）需下车在门口消毒后方允许入内。泔水、淘汰猪车严禁进入猪场区内，外来车辆严禁进入生产区。

（2）运输饲料的车辆要在门口彻底消毒、过消毒池后才能靠近饲料仓库。

（3）场内运猪、猪粪车辆出入生产区、隔离舍、出猪台要彻底消毒。

（4）运输种猪车辆宜专管专用。如果用其他车辆代替，需提前 24 h 在指定地点由专人负责冲洗消毒，隔离等待。

（5）上述车辆司机不许离开驾驶室与场内人员接触，随车装卸工要同生产区人员一样更衣换鞋消毒；生产线工作人员严禁进入驾驶室。

5.4.3 生活区卫生、消毒要求

（1）生活区大门口消毒门岗。设车辆消毒池、摩托车消毒带、人员消毒带，洗手、踏脚消毒设施及洗澡设施。消毒池每周更换 2 次消毒液，摩托车、人员消毒带、洗手、踏脚设施每天更换 1 次消毒液。全场员工及外来人员入场时，必须在大门口脚踏消毒设施、手浸消毒盆，在指定的地点由专人监督其冲凉更衣。外来人员只允许在指定的区域内活动。

（2）更衣室、工作服。更衣室每周末消毒 1 次，工作服清洗时消毒。

（3）生活区办公室、食堂、宿舍、公共娱乐场及其周围环境每月大消毒 1 次，同时做好灭鼠、灭蝇工作。

（4）任何人不得从场外购买偶蹄类生物制品入场，场内职工及其家属不得在场内饲养禽畜（猫、狗、鸡等）或其他宠物（鸟、鸽子等）。

（5）饲养员要在场内宿舍居住，不得随便外出；猪场人员不得去屠宰场或屠宰户、生猪交易市场、其他猪场、养猪户（家）逗留，尽量减少与猪业相关人员（畜牧局、兽防站、地方兽医）接触。

（6）厨房人员外出购物归来需在大门口洗澡、更衣、换鞋、消毒后方可入内。除厨房人员外，猪场其他人员不得进入厨房。

（7）猪场应严格把控胎衣与泔水输出环节，相关外来人员不得进入大门内。泔水桶应多备几个，轮换消毒备用。

（8）搞好场内环境绿化工作，每月初清理 1 次生活区内杂草及杂物，保持干净整洁的生活环境。

5.4.4 生产区卫生、消毒要求

猪场各级干部、员工应该强化消毒液配制量化观念（比如一盆水加几瓶盖消毒药，一桶水加一次性杯几杯消毒药）及具体操作过程，严禁随意发挥。

（1）生产区环境。生产区道路两侧 5 m 范围内、猪舍间空地每月至少消毒 2 次。1 个季度至少进行 1 次药物灭鼠，坚持日常人工灭鼠，定期灭蝇灭蚊。

（2）员工必须经洗澡、换衣、换鞋，脚踏消毒池、手浸消毒盆后方可进入生产线。更衣室紫外线灯非工作时间段保持全天候打开状态，至少每周用消毒水拖地、喷雾消毒 1 次，冬春季节里除了定期喷洒、拖地外，提倡非工作时间段全天候酸性熏蒸。

（3）生产线每栋猪舍门口设消毒池、盆，进入猪舍前需脚踏消毒池、洗手消毒。每周更换 2 次消毒液，保持有效浓度。可在猪场关键交叉路口设置脚踏消毒池。

（4）做好猪舍的日常消毒。加强空栏消毒，先清洁干净，待干燥后实施 2 次消毒，冬季加强 1 次熏蒸消毒。

（5）猪舍、猪群带猪消毒。配种、妊娠舍每周至少消毒 1 次；分娩、保育舍每周至少消毒 2 次，冬季消毒要控制好温度与湿度，提倡细化喷雾消毒与熏蒸消毒。

（6）注意猪舍各单元之间的防疫，将日常工具分开使用（即使是同一个饲养员管理的单元之间）。

（7）全体员工不得从隔离舍、扩繁场售猪室、解剖台、出猪台（随车押猪人员除外，但需按照前述要求执行）直接返回生产线，如果有需要，要求在洗澡、更衣、换鞋、消毒后才能进入。猪场非兽医严禁解剖猪只，解剖只能在解剖台进行，严禁在生产线内解剖猪只。

（8）出猪台区。每售一批猪后，接猪台、周转猪舍、出猪台、磅称及周围环境要大消毒 1 次。

（9）提高员工的卫生防疫意识，对常见病做好药物预防与治疗工作。对于局部生产线发生疫情，必要时要搭建临时洗澡间、更衣室。

5.4.5　购销猪消毒要求

（1）出猪台场内、场外车辆行走路线不得交叉。出猪台需设一低平处用于外来车辆的消毒，地面铺水泥；设计好冲洗消毒水的流向，勿污染猪场生产与生活区。外来车辆先在此低平处全面冲洗消毒后才能靠近出猪台。

（2）外来种猪进场时，其车辆需在指定地点先全面消毒方可靠近隔离舍。隔离舍出猪台卸猪时，在走道适当路段设铁栏障碍，保证每头猪完成全身细雾消毒后才放行进入隔离舍。隔离舍在外进种猪调入后的前 3 d 加强消毒。

（3）从外地购入种猪，必须经过检疫，并在猪场隔离舍饲养观察 45 d，确认为无传染病的健康猪，经过清洗并彻底消毒后方可进入生产线。

（4）出售猪只时，须经猪场有关负责人员临床检查，无病方可出场。出售猪只只能单向流动，猪只进入售猪区后，严禁再返回生产线。

（5）原则上客户不得进入出猪台内挑猪。若必须进入，则需要按照猪场生物安全要求洗澡、更换场内衣服、穿戴防护服、筒靴、通过消毒间消毒后进入。客户入内看磅也需同样流程。

（6）场内出猪人员上班时在生活区指定地点更换工作服与水鞋，走专门路线去出猪台。在出完猪后对出猪台进行全面消毒，然后洗澡、换衣、消毒后返回生活区。

（7）出猪苗（或种猪）时生产线人员随车押送到出猪台，且不得离开车厢，只能在车上赶猪；必须下车帮忙的，只能在接猪台区域活动，不得进入猪栏或其他地方。回场下车后需严格踏脚、洗手消毒；出猪台人员不得帮忙上车赶猪。

5.4.6 洗消试剂

（1）清洁剂。清洁须重视清洁剂的使用。可选择肥皂水、洗涤净以及其他具有去污能力的清洁剂。

（2）消毒剂。充分了解消毒剂的特性和适用范围。应考虑能否迅速高效杀灭常见病原；能否与清洁剂共同使用，或自身是否具有清洁能力；最适温度范围，有效作用时间；不同用途的稀释比例；能否适应较硬的水质；是否刺激性小，无毒性、染色性及腐蚀性等。猪场定期更换消毒剂。常见消毒剂见表5-1，常用消毒方法见表5-2。

表5-1 常用消毒剂的特性和适用范围

消毒剂种类	优点	缺点	适用范围
过氧化物	①作用速度快 ②适用于病毒和细菌	具有刺激性	①预防病毒性疫病 ②水线消毒，栏舍熏蒸
氯化物	①起效速度快 ②对病毒、细菌均有效 ③价格低廉	①具有腐蚀性、刺激性 ②遇有机物和硬水失活 ③持续效果短	①栏舍熏蒸 ②环境消毒
苯酚	①活性维持时间长 ②对金属无腐蚀性 ③对细菌消毒效果好 ④价格低廉	①具有毒性 ②腐蚀橡胶塑料 ③可能污染环境	水泥地面
碘制剂	①安全性高，无毒无味 ②起效速度快 ③适用于病毒和细菌	①价格较贵 ②某些碘制剂具有毒性	①适合足浴盆 ②预防病毒性疫病
季铵盐类	①适用于水线消毒 ②细菌消毒效果好 ③安全性高	①有机物存在失效 ②对真菌和芽孢效果不佳 ③不能和清洁剂混用	①洗手 ②水线消毒
醛类	对病毒和细菌均有效	可能具有毒性	①水泥地面 ②车轮浸泡
碱类	①起效速度快、价格低廉 ②对病毒、细菌均有效	可能具有毒性	①水泥地面 ②车轮浸泡

表 5-2　常用消毒方法

消毒方式	具体操作方法	适用范围
喷洒	将配制好的消毒液直接用喷枪喷洒	怀孕舍、生长舍、隔离舍等单栏消毒、单头猪场地，猪舍周边、走道消毒
喷雾	用消毒机、背带式手动喷雾器、小型洗发水喷雾器喷雾	车辆表面、器物、动物表面消毒，动物伤口消毒；猪舍周边
高压喷雾	专门机动高压喷雾器向天喷雾，雾滴能在空中悬浮较长时间	任何空间消毒，带猪或空栏消毒
甲醛熏蒸	①甲醛＋高锰酸钾 ②甲醛器皿内加热	空栏熏蒸，器物熏蒸
普通熏蒸	冰醋酸、过氧乙酸等自然挥发或加热挥发	任何空间消毒，带猪消毒
涂刷	专用于 10% 石灰乳消毒，用消毒机喷，或用大刷子涂刷于物体表面形成薄层	舍内墙壁、产床、保育高床、地板表面、保温箱内
火焰	液化石油汽或煤气加喷火头直接在物体表面缓慢扫过	耐高温材料、设备的消毒（铸铁高床、水泥地板等）
拖地	用拖把加消毒水	产床、保育舍高床地板、更衣室、办公场所、饭堂、娱乐场所地面
紫外线	紫外线灯管直接照射（对能照射到的地方起作用）	更衣室空气消毒
饮水消毒	向饮水桶或水塔中直接加入消毒药	空栏时饮水管道浸泡消毒，带猪饮水消毒，水塔水源

5.4.7　消毒剂使用注意事项

（1）消毒剂合理的使用原则包括：彻底清扫卫生、正确选择消毒剂及使用方法正确。

（2）根据实际情况选择使用不同种类的消毒剂。

（3）猪栏、猪舍等清洗干净后消毒效果更佳。

（4）各类消毒药物浓度必须准确配制，不能随意更改浓度，建议猪场自制量杯，量化使用。使用烧碱等腐蚀性较强的消毒药时需配戴乳胶手套、面罩防护工具等，注意人身安全。

（5）过氧化物类及含氯类消毒剂，易挥发，需现配现用；碘类消毒剂需避光保存；低温影响季铵盐类（百毒杀等）消毒剂的使用效果；有机物会影响强氧化性（高锰酸钾）消毒剂的使用效果。

（6）配伍禁忌，不随意混合使用两种消毒药。酚类消毒剂不能与其他消毒剂合用；氧化物类、碱类、酸类消毒药不要与重金属、盐类及卤素类消毒药配合使用；酸性消毒药不能与碱性消毒药配合使用；阴离子表面活性剂不能与阳离子表面活性剂配合使用。

（7）需要两种以上的消毒剂时，要先将一种消毒剂冲洗干净后方能使用另外一种消毒剂。不能长期使用一种消毒剂，不同种类的消毒液每月或每季度轮换使用。

（8）当发生疫情时，根据说明书适当增加消毒药的浓度。各种消毒药物需在阴凉干燥处保存，使用过程避免阳光暴晒。

5.5 猪场免疫与检测

为控制或净化猪场内危害较大的病原微生物（如病毒、细菌等），提高猪只对猪场外流行性疾病的抗病力，规模化猪场必须要做好猪群的免疫和检测工作。

5.5.1 疫苗运输和保存

（1）疫苗运输。疫苗运输要用专用疫苗箱或泡沫箱，里面放置冰块。尽量减少疫苗在运输途中所用的时间。

（2）疫苗保存。疫苗必须按厂家要求进行保存，一般冻干活疫苗需冰冻保存 –20 ℃，灭活疫苗需 2～8℃保存。2～8℃保存的疫苗不要直接贴冰箱、冰柜壁，否则容易发生结冰，可在冰箱内放置塑料篮子隔离冰箱壁和底部，疫苗放置在塑料篮子内。在冰箱各层放置温度计，并每天至少记录 3 次温度情况。

5.5.2 疫苗注射前准备

（1）根据免疫程序与猪群生产流程制定免疫计划，包括跟胎免疫、普免、补免等计划。普免时，除特殊情况或原因外，不得一天之内全部普免完，需分 2～3 次免疫完毕。特殊猪群（如发烧、减料及患有严重疾病时），免疫计划可推迟进行。

（2）严格按猪场制定的免疫程序执行，免疫日龄最多相差 ±2 d，做好免疫计划，计算好疫苗用量。特殊情况需要推迟的，需留档备案，日后做好补免。

（3）注射用具必须清洗干净，经蒸馏水煮沸消毒时间不少于 15 min，待针管冷却后方可使用。注射用具各部位必须吻合良好，抽取疫苗前需排空针管内的残水，或者抽取部分生理盐水涮洗。提倡烘干针头，注意针头型号（表 5–3）、数量，检查是否有倒钩、弯曲、堵塞等。

表 5-3　免疫用针头使用指南

生长阶段	体重	针头型号	免疫位置
14 d 以内哺乳仔猪	1～4 kg	9×15	耳后一指宽，中上部
大于 14 d 哺乳仔猪	4～7 kg	12×15	耳后一指宽，中上部
保育猪	7～30 kg	12×20	耳后二指宽，中上部
育肥猪	30～100 kg	12×25	耳后二指宽，中上部
后备猪	50～140 kg	16×30	耳后三指宽，中上部
基础母猪	140 kg 以上	16×35	耳后三指宽，中上部
成年公猪	140 kg 以上	16×38	耳后三指宽，中上部

（4）疫苗使用前要检查疫苗的质量，如颜色、包装、生产日期、批号。稀释疫苗必须用规定的稀释液进行稀释。冻干疫苗稀释时要检查是否真空，不是真空的疫苗不能使用。油苗不能冻结，要检查是否有大量沉淀、分层等，如有以上现象则不能使用。

（5）注射细菌活苗前后各 3 d 禁止使用各种抗生素，免疫病毒性弱毒疫苗前后 5 d 禁止使用抗病毒性中草药。

（6）疫苗注射前 1 d 开始，连续添加使用 3 d 抗应激药物。

5.5.3　疫苗注射操作

（1）要尽量选择阴凉天气进行疫苗注射，疫苗注射当天要添加使用抗应激药物。注射疫苗时，小猪一针筒换一个针头，种猪一头猪换一个针头。每次吸取疫苗都必须换针头或在稀释后的疫苗瓶上固定一枚针头。

（2）注射器内的疫苗不能回注疫苗瓶，避免整瓶疫苗污染。弱毒疫苗稀释后必须在规定时间内用完（一般夏季 2 h，冬季 4 h）。注射疫苗过程中未使用的疫苗需用泡沫箱加冰块保存疫苗。注射部位为猪只双耳后贴覆盖的区域，垂直于体表皮肤进针，严禁使用粗短针头和打飞针，要避开脓包注射。如打了飞针或注射部位流血，一定要在猪只另一侧补一针疫苗。

（3）分娩舍仔猪免疫。1 人负责疫苗接种，1 人负责抽取疫苗和更换针头，2 人负责抓猪，每一窝仔猪更换一次针头，同时注射器内的疫苗接种完后也要更换一次针头，抓猪的人员负责检查是否有倒流或出血现象，出现倒流或出血时必须补打相同剂量的疫苗，同时做好标记。

（4）定位栏怀孕猪免疫。1 人负责疫苗接种，1 人负责抽取疫苗和更换针头，1 人负责记录，1 人负责检查倒流或出血，同时负责清理猪粪，每头种猪更换一次针头，发现倒流或出血时必须补打相同剂量的疫苗，同时在种猪身上多做一次标记。同时在档案卡上填写"倒流重免""出血重免"等标记。

（5）后海穴免疫。后海穴位于肛门和尾根之间的凹陷处。碘酒消毒后，将尾巴向上提起，寻找中空位置，检查有无长包结节，斜向上 45°进针推注，退针缓慢，观察倒流情况。后海穴若有肿块或脓包，改在颈部注射，每次均需换针头。

（6）疫苗注射时要留心观察疫苗应激反应，对出现倒地、嘶叫、发白或发红的猪只要及时处理，冷水淋头，单独护理直至恢复。必要时可分边肌内注射地塞米松和维生素 C。待猪只体况恢复后缓慢赶至病号栏单独饲喂和治疗，直到完全恢复。疫苗接种后 1 周内观察猪群采食量、体温、呼吸、精神等状态，发现问题及时上报后处理。

5.5.4　疫苗注射后工作

（1）用过的疫苗瓶及未用完的疫苗须作无害化处理，如有效消毒水浸泡、高温蒸煮、焚烧、深埋等。

（2）由专人负责疫苗注射，不得交给生手注射。由专人跟踪免疫实施，严禁漏免。做好免疫记录，以备以后查看。记录需保存 1 年以上。

（3）免疫后要定期抽样送实验室做抗体检测，评估免疫效果。抗体检测不合格的需及时补免，并要求查找免疫效果差的原因，加以改进。

5.5.5 样品送检

5.5.5.1 送检原则

（1）重视疾病检测，当出现可疑情况时及时主动送检，借助实验室的诊断设备辅助诊断。具体送检按照样品采集的要求执行。

（2）样品送检要有目的、有重点，不能什么都检。猪场的检测由兽医统一安排。采样前，由兽医与实验室进行沟通，在兽医指导下采集检测样本。

（3）随样本附上送检登记表一份，标明样本编号、猪群生长阶段、胎次、日龄、来源、免疫情况、检测项目、检测目的等，标记要清楚，排序合理，避免出现重复编号。

如果是疾病检测还要注明猪的症状、发病治疗情况，若送检病料，需附上猪只信息。

5.5.5.2 采集样品的要求

（1）送检数量。

病料作 PCR 检测的一般以 6 份为宜，最多不超过 12 份，特殊疾病的检测需要采集特定病料，例如，查找腹泻病因需要采集新鲜的粪便及小肠，猪流感检测需要采集鼻拭子；抗体检测需要送检血清，送检数量和比例因检测目的不同而异。

（2）采集时间。

根据不同的病型采取不同的病料。病原分离、基因扩增以症状刚出现时最佳；检查抗体时，则应采取病畜的发病初期和恢复期的血清，以便了解抗体滴度的消长程度；监测免疫后抗体时需根据免疫时间来确定；用于分离病毒的样品，采集病畜体内含病毒最多的器官或组织病变部分与正常部分交汇处。样本采集好后尽快送至实验室。

（3）各种样品的采集与送检要求（表5-4，表5-5）。

①血清。量要足够（不少于 1 mL，但又不能装满离心管），采完血后先放室温中 1～2 h，再放冰箱中 4～8℃保存，不能冷冻保存。血样需尽快送到实验室（最多不超过 3 d），送样过程中需有冰块。将编号用记号笔标记在离心管上，离心管必须用纸板或泡沫板打孔固定，以免在运输过程中因血液摇动而影响血液质量，进而影响检测结果的准确度。

②抗凝全血。常用柠檬酸钠溶液抗凝，配制成 5% 浓度，4℃冰箱保存。使用时每一塑料离心管中按柠檬酸钠溶液：血液 =1：9 加入，血样采好后要尽快加入离心管中，并迅速盖好盖上下颠倒 6 次以上，然后正向放置，不可大力摇，以免红细胞破裂。用纸板或泡沫板打孔固定尽快送检。

③内脏。常送检的内脏有肺、肠段、淋巴结、肝、脾、扁桃体等（有时还包含脑与关节，送检关节最好是整只脚，不要将肿大的关节部位切开）。肺脏需尽量保持完整，至少是半个肺。肠段（产房仔猪最好送检整幅肠道，包括肠系膜淋巴结）。所有内脏最好用保鲜袋盛装，尽量减少污染，切开的肺与心脏不能用水冲洗，以免水进入内脏管道中影响检测结果。内脏最好在当天加冰块送到，最迟在第 2 天送到。

④皮屑。主要用于检测外寄生虫，用钝刀刮取皮屑至皮肤微微渗出血，用密封袋将所有皮屑包起来送检。

⑤粪便。做寄生虫检测时用保鲜袋包装送检。做病原检测时可用 1.5 mL 离心管取部分即可。样本加冰块送检。

⑥脓汁、水泡液、鼻腔内容物、直肠内容物等。稀薄的样品可以用注射器抽取，黏稠的样本可以用灭菌的医用棉签取样，然后放入灭菌的 1.5 mL 离心管送检，尽量减少各种污染。样本加冰块送检。

⑦流产母猪病料。收集流产母猪所有流产物，包括死胎、木乃伊、胎衣，用保鲜袋装好，同时，采集流产母猪血样。尽快送至实验室，样本不需要冷冻保存，送检时加冰块。

⑧环境样本。根据猪场的实际情况，用无菌棉签采集适当位置的环境样本，然后放入装有 PBS 缓冲液的灭菌 5 mL 离心管送检，尽量减少各种污染。样本加冰块送检。

5.5.5.3　病料保存及运输要求

全血样品只可冷藏（2～8℃），不能冷冻保存；凡需做细菌分离和药敏试验的病料必须新鲜。凡超过 2 h 的运输路程（从采好样到实验室），样品必须放在装有足够冰袋的泡沫箱中，注意血液样品不可直接与冰袋接触，以免冻结。

表 5-4　常规疾病样品采集要点

疾病名称	需采集的样品	备注
蓝耳病	病弱仔猪的肺、淋巴结、流产猪的死胎，弱仔猪的脐带血、血样	
猪瘟	淋巴结、脾脏、扁桃体、流产猪的死胎、血样	
伪狂犬病	脑组织、扁桃体、肺脏、淋巴结和流产猪的死胎	
猪流行性腹泻	小肠或新鲜粪便	
口蹄疫	水泡皮、水泡液、小猪心脏	
猪圆环病毒病	淋巴结、脾脏、扁桃体、血样	
猪流感	鼻拭子、肺脏、血液	
猪丹毒	发病小猪、肺脏、皮肤疹块	
猪大肠杆菌病	腹泻症状的采集小肠和肠系膜淋巴结；水肿症状的采集肺脏、淋巴结、腔内积液及水肿块	
副猪嗜血杆菌病	活的病猪或采集肺脏、淋巴结、胸腹腔积液	

表 5-5　抗体检测血清送检数量及比例

检测目的	血样采集数量	备注
抗体普查	①种公猪应全部采血； ②每条生产线采集怀孕中期母猪血样 20 份；采集分娩 20 d 左右断奶前哺乳母猪血样 20 份；采集 25 d 左右、免疫猪瘟前的断奶仔猪血样 20 份； ③采集 150 日龄左右的育肥猪血样 20 份； ④采集 210 日龄左右的后备猪血样 20 份	
引种	①商品场引入后备母猪群数量少于 100 头的抽查比例为不低于 30%，100～300 头的为 20%～25%，超过 300 头的为 15%～20%； ②扩繁场引入母猪群抽检比例为 40%～50%； ③后备公猪 100% 检测	

5.6　猪场病死猪无害化处理

规范猪场病死猪只及胎衣无害化处理，避免由于病死猪处理不当而引起疾病扩散、环境污染和食品安全隐患。

5.6.1　病死猪无害化处理方法

根据 GB 16548《畜禽病害肉尸及其产品无害化处理规程》规定，结合猪场实际情况，猪场病死猪及胎衣的无害化处理方法主要为化尸池、降解机降解和堆肥发酵。

5.6.1.1　化尸池

根据猪场生产规模确定化尸池大小，选址应远离猪舍并在下风口位置。化尸池应为砖和混凝土，或者钢筋和混凝土密封结构，应做好防渗防漏，在顶部设置投置口并加盖密封。投放前应在化尸池底部铺撒（洒）一定量的生石灰或消毒液。投放后密封投置口并加盖加锁，并对投置口、化尸池及周边环境进行消毒。当化尸池内动物尸体达到容积的 3/4 时，应停止使用并密封。

5.6.1.2　降解机降解

根据猪场生产规模和种猪死淘情况购置高温生物处理降解机，用于处理病死猪及胎衣。

5.6.1.3　堆肥发酵法

根据处理动物尸体及相关动物产品数量建设发酵车间，并在车间内建设若干个发酵槽。处理前，在发酵槽底铺设 20 cm 厚辅料。辅料上平铺动物尸体或相关动物产品，厚度 ≤ 20 cm。在尸体上撒少量的废旧饲料或米糠，并喷洒微生物制剂，再覆盖 20 cm 辅料，确保动物尸体或相关动物产品全部被覆盖，如此逐层堆置，堆体厚度随需处理动物尸体和相关动物产品数量而定，一般控制在 1.5 ～ 2 m。堆肥发酵堆内部温度 ≥ 50℃，每周翻堆 1 次，3 周后完成。辅料为谷壳、木屑、秸秆、玉米芯等混合物中加入特定微生物制剂预发酵后产物。发酵降解后的辅料可重复利用，对于难降解的骨头、羽毛等物质，可从辅料中清理出来，进行焚烧、填埋等集中处理。

5.6.2　病死猪无害化处理要求

（1）猪场需建有病死猪及胎衣处理的专门场所，应建在粪场附近或在场内下风口，并远离学校、公共场所、居民住宅区、村庄、动物饲养和屠宰场所、饮用水源地、河流等地区，将病死或剖解猪只及胎衣进行无害化处理。

（2）在无害化处理过程中及疫病流行期间要注意个人防护，防止人畜共患病传染给人。

（3）猪场病死或死因不明的猪只及胎衣应由专人负责无害化处理。无害化措施以尽量减少损失，保护环境，不污染空气、土壤和水源为原则。

（4）当猪场猪只发生疫病死亡时，严格执行《中华人民共和国动物防疫法》，必须坚持"五不一处理"原则：即不宰杀、不贩运、不买卖、不丢弃、不食用，进行彻底的无害化处理。无害化处理完后，必须彻底对其圈舍、用具、道路等进行消毒、防止病原传播。

（5）病死猪处理过程必须注意消毒，发生烈性传染病的猪只处理必须在上级主管部门人员的监督下进行，病死猪及胎衣要用专车运到化尸池进行无害化处理。

（6）当猪场发生重大动物疫情时，除对病死动物进行无害化处理外，还应根据主管部门的决定，对同群或染疫的动物进行扑杀，并进行无害化处理。

（7）解剖病猪在化尸池解剖台进行，解剖完后及时消毒，操作人员解剖后不得再进入生产线，解剖后的尸体按前述方法无害化处理。

5.7　猪场生物安全评估

完善的生物安全体系在于有效的组织管理以及措施的落地执行，而猪场生物安全评估作为监督猪场生物安全措施是否执行到位以及发现猪场生物安全漏洞的有效手段，应定期开展并坚持执行，从而保证猪场生物安全措施的执行和漏洞的发现。每个猪场应根据自身猪场的实际情况制定符合自身的生物安全评估检查表（表 5-6），并制定检查周期，从而不断完善和改进猪场生物安全措施的执行。

表 5-6　猪场生物安全评估检查表

猪场：	检查人：	检查时间：	
评估点	状况		措施/整改完成日期
	是	否	

1. 出猪台

装猪台是否经常锁闭？

运输车辆的车体内外是否有肉眼可见的动物组织？

运输车辆的车体内外是否有肉眼可见的动物粪污？

靠近装猪台的运输车开始装运前是否被喷雾消毒？

装卸完毕后是否立即对装猪台的地面进行冲洗？

防鸟网处是否放置消毒盆，并每日更换？

赶猪人员结束工作后是否及时清洗消毒鞋服？

赶猪人员的鞋服是否和其他工作服分开？

上装猪台人员是否在赶猪后直接进入生产区？

2. 隔离设施

大门/入口是否随时锁闭？

门口是否有"防疫管制"标志？

进出猪场的人员是否都需要进行登记？

进入猪场的物资和包裹是否进行开包检查？

是否携带猪肉牛肉羊肉等畜肉制品进入猪场内？

生活区人员是否随意进出熏蒸/消毒室？

熏蒸/消毒室内消毒完毕的物资是否及时运走？

进入猪场的个人物资是否进行消毒处理？

进入猪场的个人物资消毒时间是否大于 2 h?

猪场：	检查人：		检查时间：
评估点	**状况**		**措施/整改完成日期**
	是	**否**	

进入猪场的生产物资是否进行了消毒处理（含生物制品）？

进入生产区物资是否每次熏蒸消毒 2 h 以上？

车辆消毒用烧碱的 pH 值是否进行了确认？

消毒液的添加比例是否及时记录？

门卫室是否有专用洗手盆洗手？

淋浴间洗发精、香皂是否随时可用？

准备进入生活区的人员是否彻底淋浴？

准备进入生活区的人员是否彻底更衣？

准备进入生产区的人员是否遵守隔离期规定？

生产区和生活区的衣物是否共用？

设备/机械进入农场大门是否喷淋消毒？

饲料司机是否在更换外套和鞋子后进入大门？

拉猪车司机的衣服是否跟饲料车司机的衣服分开？

3. 围墙

外围围墙的缝隙大小是否允许 5 kg 以上的动物进入？

内部围墙的缝隙大小是否允许 5 kg 以上的动物进入？

防鸟网系统是否完整？

4. 生产区淋浴或更衣设施

脏区和清洁区分隔是否清晰？

是否有淋浴更衣制度说明？

是否所有人每次进入生产区之前都必须彻底淋浴更衣？

脏区更衣区是否清洁？

是否彻底地更衣换鞋？

是否允许个人物品（手机、饰品等）携带进入生产区？

生产区的衣物是否只在生产区内使用？

生产区的衣物是否和使用人一一对应？

是否有人穿脏区鞋子进入浴室或净区换衣间？

是否有人穿生产区工作服直接进入脏区换衣间？

拖鞋是否和脏区鞋子、净区靴子分开摆放的？

5. 饲料

饲料运输车入场前喷雾消毒后停留时间是否大于 10 min?

饲料运输车是否在内围墙的外面活动？

饲料车运输司机是否在场内用餐？

饲料运输车司机是否进入生产区？

饲料储存塔上口在不打料时是否关闭？

饲料储存塔下洒落的饲料是否每日及时清扫收集？

续表

猪场：		检查人：		检查时间：	
评估点		状况		措施／整改完成日期	
		是	否		

饲料储存塔墙外洒落的饲料是否每日及时清扫收集？

饲料运输车离开猪场前是否进行喷雾消毒？

6. 死猪处理

是否每日集中处理死猪，每日掩埋？

处理死猪时间是否为接近下班时间？

每个区域是否有专用死猪运载工具？

死尸运载工具是否有其他用途？

死尸处理设施的封口是否经常封闭？

栋舍内死猪是否及时清理？

生产区内死猪运输工具是否每日消毒？

生产区内拉死猪人员是否进行靴子和洗手的消毒？

7. 环境样本

有猪栋舍是否定期采集环境样本进行监测？

空栏消毒后是否采集环境样本进行监测？

5.7.1　非洲猪瘟现状及防控

非洲猪瘟（African swine fever，ASF）是由非洲猪瘟病毒（African swine fever virus，ASFV）引起家猪和野猪的一种急性、热性、高度接触性传染病，以高热、皮肤充血、孕猪流产及脏器广泛出血为特征，猪群初次发病时具有传播快、病程短、致死率高的特点，发病率和死亡率可达 100%，严重危害了全球的养猪业。世界动物卫生组织（WOAH）将其列为法定报告动物疫病，我国将其列为一类动物疫病。该病于 1921 年首发于肯尼亚，几经传播，2018 年 8 月初首发于我国。非洲猪瘟不是人畜共患病，ASFV 不会感染人类，由于目前尚无有效的疫苗和治疗方法，任其流行会给养猪业带来巨大经济损失和造成严重的社会影响，并冲击畜产品国际贸易。我国是世界第一大养猪国，养猪产业在我国占有重要的地位，猪肉消费长期占据国内肉类消费比重的 60% 以上。联合国粮食及农业组织（FAO）数据显示，中国的猪饲养量占世界饲养总量的 50% 左右，切实做好非洲猪瘟防控工作，事关我国养猪业持续健康发展，意义重大。

5.7.1.1　非洲猪瘟的病原学特征

（1）分类及形态特征。

2005 年 7 月，国际病毒分类委员会（ICTV）最新病毒分类第八次报告中指出，非洲猪瘟病毒属于 DNA 病毒目，非洲猪瘟病毒科，非洲猪瘟病毒属唯一成员。该病毒是一种具有正二十面体结构，直径为 175～215 nm，有囊膜的双股线性 DNA 病毒（邓俊花等，2017）。非洲猪瘟病毒是由病毒基因组、完成基因早期转录所必须的酶以及一些 DNA 结合蛋白组成，结构蛋白较多，其中，P72 是主要的结构蛋白之一，占病毒总蛋白量的 1/3，而且该蛋白序列保守，抗原性佳，病毒感染后能够产生高滴度的抗 P72 抗体，因此，P72 常作为 ASF 血清学诊断的主要抗原（Bastos 等，2003）。根据 P72 基因末端的一段 478 bp 的核酸序列，已经明确了 24 种 ASFV 的基因型（Gallardo 等，2009）。ASFV 基因组结构主要包含约 125 kb 的中央保守区、38 ～ 47 kb 的左侧可变区和 13 ～ 16 kb 的右侧可变区，基因组变异非常频繁，具有较明显的遗传多样性。ASFV 不能诱导中和抗体，因此还没有对血清型进行分类。

（2）理化特性。

非洲猪瘟病毒粒子在 Percoll 细胞分离液和氯化铯中的浮密度分别为 1.095 g/cm^3 和 1.19 ～ 1.24 g/cm^3。ASFV 可存活于病猪的血液、体液、各种组织、分泌物和排泄物中，也存活于冷冻猪肉、未熟的肉品、腌肉和泔水中，具有很强的生存力和抵抗力。ASFV 在 pH 值 4 ～ 10 的溶液中比较稳定，但对温度非常敏感，病毒可在 5℃的血清中存活 6 年，56℃加热 70 min 或 60℃加热 30 min 可使其灭活。乙醚和氯仿等许多脂溶剂能够通过溶解囊膜使 ASFV 失活，但是 ASFV 能够抵抗蛋白酶和核酸酶降解。

最有效的消毒剂是去污剂、次氯酸盐、碱类及戊二醛。8/1000 的氢氧化钠（30 min）、次氯酸盐 –2.3%氯（30 min）、3/1000 福尔马林（30 min）、3%邻苯基苯酚（30 min）可灭活病毒。碱类（氢氧化钠、氢氧化钾等）、氯化物和酚化合物适用于建筑物、木质结构、水泥表面、车辆和相关设施设备消毒，酒精和碘化物适用于人员消毒。

（3）体外生长特性。

非洲猪瘟病毒体内感染的主要细胞类型为单核 – 巨噬细胞系统，包括组织巨噬细胞和网状内皮细胞，也能在鸡胚卵黄囊和骨髓细胞中增殖。在体外，用于病毒分离培养的细胞分两类：一类为原代细胞，主要为单核 – 巨噬细胞，接种 48 h 后，细胞圆缩肿大，随后脱落、溶解；另一类为传代细胞系，比如猪肾细胞系（PK）、乳仓鼠肾细胞（BHK–21）、非洲绿猴肾细胞（Vero）以及猪睾丸细胞（ST）等，但传代细胞对野毒株较不敏感。一些分离株已适应传代细胞系，并可以产生细胞病变。

（4）不同环境下的存活状态。

非洲猪瘟病毒在环境中比较稳定，能够在污染的环境中保持感染性超过 3 d，在猪的粪便中感染能力可持续数周，在死亡野猪尸体中可以存活长达 1 年；病毒在肉制食品中亦比较稳定，冰冻肉中可存活数年，半熟肉以及泔水中可长时间存活，腌制火腿中可存活数月，未经烧煮或高温烟熏的火腿和香肠中能存活 3 ～ 6 个月，4℃保存的带骨肉中至少存活 5 个月。

5.7.1.2 分子病原学

ASFV 是一种单分子线状双链 DNA 病毒，属于双链 DNA 病毒目，非洲猪瘟病毒科，非洲猪瘟病毒属，也是 ASFV 家族中的唯一成员。病毒基因组末端以共价键闭合，长度 170 ～ 193 kb，含有 151 个开放性阅读框（ORFs），可以编码 150 ～ 200 种蛋白质（王华等，2010）。基因组中央是长约 125 kb 的保守区，左端 48 kb 和右端 22 kb 中间区域存在差异，这也是不同分离株的基因组长度存在差异的主要原因（Dixon 等，2013）。

采用限制性内切酶进行酶切图谱分析表明，分离于美洲和欧洲的病毒株为同一个基因型，而分离于非洲的毒株则具有多种基因型，这进一步说明来自不同区域的毒株之间存在较大的基因型差异，以及来自非洲以外地域的 ASFV 可能有着共同的起源。组织细胞适应株（西班牙 BA71V 分离株）是第一个被确定基因组全序列的毒株，该毒株常作为实验室研究的重要对象。目前，11 株 ASFV 全基因组序列已被测定，其中 1 株为无毒力的西班牙 BA71V 分离株，1 株为有毒力的西班牙 E75 分离株，1 株低毒力毒株分离自葡萄牙软蜱体内，剩余 8 株分离自非洲家猪或野猪体内（Villiers 等，2010）。

5.7.2　病毒形态结构特征

ASFV 是一种正二十面体对称结构病毒，病毒直径 200 nm，其中直径为 70 ～ 100 nm 的 DNA 核心位于病毒中间，直径为 172 ～ 191 nm 的二十面体衣壳和含类脂的囊膜包裹着病毒外周。衣壳呈二十面体对称，由 1 892 ～ 2 172 个壳粒构成，中心有孔，呈六棱镜状，壳粒间的间距为 7.4 ～ 8.1 nm。成熟的病毒粒子由多层结构组成，约含有 50 多种病毒编码蛋白质，其中，包括结构蛋白、基因转录和 RNA 加工所需的酶，这些蛋白是构成病毒粒子结构的主要成分，对病毒粒子的再次感染有着重要作用（Villiers 等，2010）。ASFV 病毒粒子的形成发生于细胞核周围的"病毒加工厂"区域，在病毒粒子形成的最初阶段，P72 结构蛋白从细胞质中富集并与内质网膜结合，然后在膜凸起的表面上形成衣壳，在凹进的表面上形成衣壳心；在病毒装配阶段，首先被病毒蛋白修饰后的内质网膜作为病毒粒子内膜，随后 P72 蛋白被装配到病毒粒子之中，同时多聚蛋白 P220 被酰基化后连接到未成熟的病毒粒子衣壳内膜，接着病毒晚期结构蛋白 P49 得到表达，形成二十面体病毒粒子。下一步是多聚蛋白 P220 和 P62 经 S273R 酶分解加工形成病毒核衣壳和有感染性的病毒粒子，最后病毒粒子二十面体闭合，病毒 DNA 嵌入及核心蛋白浓缩，最终形成成熟的病毒粒子（Andres，2002）。

构成病毒粒子的结构蛋白有 P72、P49、P54、P220、P62、CD2v 蛋白等，其中，P72 蛋白表达于 ASFV 感染晚期，位于病毒衣壳的表面，具有良好的反应原性和抗原性，是病毒二十面体衣壳的重要组成成分，参与病毒吸附过程以及病毒装配过程中 P220 和 P62 的加工。此外，P72 编码基因具有较高的同源性，常用于 ASFV 基因的分型。P54 蛋白位于病毒颗粒类脂外膜上，由病毒 *E183L* 基因编码，P54 的差异表达可能会出现在细胞传代过程中；研究发现在该蛋白氨基末端含有跨膜区域，因此，P54 蛋白在病毒感染过程中发挥重要作用，尤其在病毒蛋白经内质网膜转化成病毒包膜前体时发挥着非常重要的作用（Rodriguez，2004）。P54 蛋白含有一个 LC8 动力蛋白结合结构域，可与 8 kDa 的轻链细胞质动力蛋白 DLC8 发生交叉反应，并在病毒内化以及将病毒运输到复制区的过程中起重要作用（Gallardo 等，2009）。P220 和 P62 为 2 种多聚蛋白前体，是病毒感染的晚期蛋白，经 S273R 酶加工成 P150、P37、P34、P14、P35 和 P15 蛋白，这 6 种结构蛋白位于成熟的病毒粒子的核衣壳之中，在病毒衣壳的装配过程中起重要作用；研究发现，P220 和 P62 的正常加工是病毒粒子成熟的一个重要指标。

除此之外，病毒粒子中还包含一些逃避宿主防御系统的蛋白，A238L 是重要的免疫调节蛋白，该病毒蛋白与细胞 IkB 蛋白具有同源性，可以抑制机体 NFkB 转录因子和钙调磷蛋白磷酸酶的活性。CD2v 与 T 细胞表面黏附因子 CD2 具有相似性，其能使病毒颗粒吸附于红细胞表面，同时，该蛋白可以损坏淋巴细胞的功能；研究发现，CD2v 的表达影响 ASFV 在家猪间的传播（Malogolovkin 等，2015；Sanna 等，2016）。

5.8 非洲猪瘟的流行病学特征与流行现状

5.8.1 流行病学特征

（1）传染源。

带非洲猪瘟病毒野猪和发病家猪的分泌物及排泄物、含有病死猪组织或非洲猪瘟病毒污染的泔水、含非洲猪瘟病毒的猪肉及其制品，以及钝缘软蜱。

（2）易感动物。

家猪和野猪。其他哺乳动物包括人类均不感染非洲猪瘟病毒。目前报道的发病猪群主要是饲喂非洲猪瘟病毒污染泔水的猪。不同品种、日龄和性别的猪均对非洲猪瘟病毒易感。疣猪和薮猪虽可感染，但不表现明显临床症状。

（3）潜伏期。

因毒株、宿主和感染途径的不同而有所差异。WOAH《陆生动物卫生法典》规定，家猪感染非洲猪瘟病毒的潜伏期为 15 d。直接接触感染的潜伏期为 5 ～ 19 d，钝缘软蜱叮咬感染的潜伏期一般不超过 5 d。

（4）传播途径。

感染猪与健康易感猪的直接接触可传播非洲猪瘟病毒。非洲猪瘟病毒可通过饲喂污染的泔水、污染的饲料、垫草、车辆、设备、衣物等间接传播。可经钝缘软蜱叮咬生猪传播。消化道和呼吸道是最主要的感染途径。

非洲猪瘟通过 ASFV 在猪群之间进行传播，ASFV 的宿主主要有 3 类：一是天然宿主，包括野猪、欧洲野猪及非洲野生猪科动物；二是储存宿主，主要是软蜱，相关研究发现，只有钝缘蜱属的软蜱可以传播 ASFV；三是偶然宿主，主要是家养猪。ASFV 的传播途径主要包括直接接触传播、间接接触传播与软蜱（钝缘蜱）媒介传播 3 种。分别来看，一是直接接触传播，主要发生在家养猪猪群之间，无论家猪或是野猪，患病猪与家猪猪群同栏，进而将 ASFV 传播给其他猪，造成猪群感染病毒，引发非洲猪瘟；二是间接接触传播，因猪是杂食性动物，猪进食时摄入带有 ASFV 的肉制品或其他污染物即造成猪群感染病毒，进而引发非洲猪瘟；三是软蜱（钝缘蜱）媒介传播，软蜱叮咬感染 ASFV 的猪而携带 ASFV，再通过叮咬将 ASFV 向未感染猪进行传播，引发非洲猪瘟。

猪是非洲猪瘟病毒唯一的自然宿主，除家猪和野猪外，其他动物不感染该病毒。发病猪和带毒猪是非洲猪瘟病毒的主要传播宿主，病猪各组织器官、体液、各种分泌物、排泄物中均含有高滴度的病毒，因此，可经病猪的唾液、鼻分泌物、泪液、尿液、粪便、生殖道分泌物以及破溃的皮肤、病猪血液等进行传播。欧洲野猪比较容易被病毒感染，表现出的症状跟家猪相似，有 3 种非洲野猪（疣猪、大林猪、非洲野猪）不表现出症状，隐性带毒，成为病毒的贮存器。非洲猪瘟病毒是唯一的虫媒 DNA 病毒，软蜱是主要的传播媒介和贮存宿主。因此，在非洲，非洲猪瘟病毒在蜱和野猪感染圈中长期存在，难以根除，并在一定条件下感染家猪，引起暴发。

另外，猪肉及猪肉制品，被污染的饲料、水源、器具、泔水、工作人员及其服装以及污染空气均能成为传染源，经口和上呼吸道途径传播。

5.8.2 传入中国的可能途径

2018 年 8 月 3 日农业农村部新闻办公室发布，辽宁省沈阳市沈北新区发生一起生猪非洲猪瘟疫情，这是我国首次发生非洲猪瘟疫情。中国人民解放军军事医学科学院军事兽医研究所关于此次疫情的研究发现，非洲猪瘟在 6 月中旬就已出现病例，病毒流行株 $P72$ 基因和俄罗斯、爱沙尼亚、格鲁吉亚的流行株具有 100% 的一致性（陈腾等，2018）。因此，关于非洲猪瘟来源于俄罗斯、爱沙尼亚、格鲁吉亚等国的可能性都存在，但目前并没有确切的信息。

总体来看，ASFV 传入中国的可能途径有 5 种：一是野猪迁徙。中国幅员辽阔，陆地边境线总长度约 22 000 km，在边境地区由境外携带 ASFV 的野猪迁徙至我国境内从而将病毒传入中国，进而引发非洲猪瘟。二是非法进口走私病猪肉。猪肉通过正规途径进口需具备卫生检疫、原产地证明等资质证件，卫生状况可以保障。而非法走私进口猪肉无须具备相应资质证明，且存在较大利润空间，若非法进口的猪肉带有 AFSV 并进入泔水被未感染猪所食用，则极易引发非洲猪瘟。三是国际人员往来携带带病猪肉制品。由外国旅行者非法携带带有 ASFV 的猪肉制品进入我国，或我国旅行人员旅居非洲猪瘟疫区国家非法携带带有 ASFV 的猪肉制品入境，带有 ASFV 的猪肉制品进入餐厅或饭店泔水致使生猪染病，引发疫情。四是国际交通运输工具所带来的厨余垃圾。中国通往疫区国家的交通运输工具上带有 ASFV 的厨余垃圾进入泔水，进而被喂食给境内生猪而感染病毒，引发非洲猪瘟。五是国际交往过程中携带蜱虫。软蜱作为 ASFV 的储存宿主，通过媒介的形式进行传播。在国际交往过程中，大量人流、物流可能使带有 ASFV 的蜱虫传入境内，进而引发非洲猪瘟。

5.8.3 全球历史分布与我国流行现状

1910 年 6 月，发生在肯尼亚的非洲猪瘟疫情首次于 1921 年由英国兽医学家 Montgomery 等进行了报道，随后非洲猪瘟疫情广泛存在于撒哈拉以南非洲中南部和西部地区。1957 年葡萄牙暴发非洲猪瘟，疫情从此入侵欧洲，进而在比利时、荷兰、西班牙等欧洲国家蔓延，并对欧洲的养猪业造成巨大冲击。1977 年，非洲猪瘟疫情蔓延至古巴等拉丁美洲国家。1978 年非洲猪瘟疫情由西班牙传入意大利和马耳他岛并在同年传入南美洲的巴西和多米尼加共和国。2007 年，非洲猪瘟疫情蔓延至格鲁吉亚，进而扩散至俄罗斯。2007—2016 年，俄罗斯境内累计暴发 831 起非洲猪瘟疫情，造成约

50 亿卢布的直接经济损失，其间接经济损失更是高达数百亿卢布。2017 年 3 月，在距离中国边境约 1 000 km 的远东地区伊尔库茨克暴发非洲猪瘟，随后 FAO 特发布报告，并警告非洲猪瘟疫情在未来可能会蔓延至中国。

非洲猪瘟疫情最早可以追溯到 20 世纪初期。病毒学家 Montgomery（1921）在肯尼亚首次报道该病。该报道记载了 1909—1915 年的 15 次暴发，有 1 366 头猪被感染，1 352 头猪发病死亡，死亡率 98.9%。疫情起初集中在非洲东部，随后逐渐蔓延至非洲的中部及南部地区。随着非洲猪瘟传播范围的扩大，1957 年从非洲扩散至西欧，相继在葡萄牙、西班牙、法国、意大利、马耳他、比利时（1985）、荷兰（1985）等国家暴发。1971 年进一步扩散到古巴、巴西、多米尼加、海地等南美洲及中美洲国家。此后，非洲猪瘟疫情相对稳定，主要集中在非洲大部分国家和意大利的撒丁岛流行。然而进入 21 世纪后，随着世界贸易规模的扩大，非洲猪瘟再次流行。2007 年，非洲猪瘟传入东欧格鲁吉亚，进而扩散至亚美尼亚、阿塞拜疆、俄罗斯、乌克兰、白俄罗斯等地。2014 年陆续传入波兰、立陶宛、拉脱维亚和爱沙尼亚；2016 年传入摩尔多瓦；2017 年传入捷克和罗马尼亚；2018 年传入匈牙利（4 月）、保加利亚（8 月）、中国（8 月）、比利时（9 月）。2018 年有波兰、俄罗斯、拉脱维亚、捷克、罗马尼亚、摩尔多瓦、乌克兰、匈牙利、保加利亚、比利时、科特迪瓦、南非、赞比亚和中国 14 个国家发生 3 915 起非洲猪瘟疫情。2019 年以来继续蔓延到越南、柬埔寨、韩国、菲律宾、朝鲜、蒙古、老挝、缅甸、日本、印度尼西亚和印度等亚洲国家。据 WOAH 通报，全球已经有 58 个国家先后报道发生过该病，非洲共有 29 国，欧洲有 17 国，亚洲有 12 国。

5.8.3.1 ASF 在非洲地区的流行现状

非洲大陆作为 ASF 流行的主要区域，也是 ASFV 的最早发源地。近些年来，非洲地区每年都有 20 多个国家出现 ASF 疫情，并且多数呈地方性流行。目前，肯尼亚、莫桑比克、纳米比亚、尼日利亚、卢旺达、南非、坦桑尼亚、多哥、乌干达和赞比亚等国家都相继暴发 ASF。DAVID 等在乌干达的健康生猪血清中，发现具有较高的 ASFV 抗体阳性率，然而，其发病率较低，这与乌干达家猪群中流行的是 ASFV 弱毒株是否有关，还需进一步调查论证。在塞内加尔，科学家通过对流行病学和分子分型进行研究发现，疣猪和 O.sonrai 蜱不太可能参与 ASF 的传播（Jori 等，2013）。2008 年，坦桑尼亚暴发 ASF 疫情，通过对来自该地区的死亡家猪组织样品进行分析发现，坦桑尼亚株（2008 株）为 P72 基因型 XV，并与坦桑尼亚株（2001 株）具有很高的同源性。流行病学调查表明，活猪的运输对 ASF 在坦桑尼亚地区的传播过程中发挥了积极作用。2011 年，有学者从坦桑尼亚无明显症状的猪样品中检测到 ASFV 的基因组，进行遗传分析后发现其与欧洲毒株基因具有很高的相似性，属于基因型 II（即格鲁吉亚 2007/1 株），由此推测，该病毒可能是从欧洲国家传入坦桑尼亚，而非来自其他非洲国家。研究人员在对来自尼日利亚 2007—2011 年的样本中基因 I 型的 3 个独立的基因组区域进行分析，结果发现在 P72 和 P54 基因区域没有变化，P72 序列的系统发育树表明所有的尼日利亚株都属于基因 I 型；B602L 基因分析结果表明四聚体重复数存在一定差异，这将为 ASFV 进化流行病学信息提供依据（Luka 等，2017）。2011 年 2

月，埃塞俄比亚首次暴发 ASF 疫情，采集埃塞俄比亚家猪的 23 个组织样品（2011—2014 年），进行 ASFV 基因组分析，结果显示 ASFV 的部分 P72 基因序列为 1 个新的基因型。对 2010—2013 年暴发于乌干达的 ASFV 进行遗传性相关分析，发现了 2 个新的 CVR 亚型，并且第 1 次对乌干达不同地域中 ASFV 的分子流行病学进行详细评估。

5.8.3.2　ASF 在高加索和欧洲地区的流行现状

2007 年 4 月，在欧洲地区再次出现 ASF 疫情，随后在 5 个国家蔓延，尤其在俄罗斯联邦及其周边的格鲁吉亚、亚美尼亚、阿塞拜疆等高加索地区流行情况更为严峻。由于该地区社会经济、政治和文化等复杂因素的影响，特别是缺乏对 ASF 疫情的协调控制方案，增加了 ASF 在该区域传播的风险。目前，ASF 疫情的扩散对受灾国家的经济造成严重影响。研究者发现，在高加索地区发现的 ASFV 分离株存在相同的 P72、P54 和 CVR 序列，这表明其来源于同一个 ASFV 毒株。2007 年格鲁吉亚出现大范围的 ASF 疫情，随后在 2007—2012 年，大量家猪和野猪感染 ASFV，研究发现，该病毒的循环模式也许是其一直保持高致病性的重要原因。有学者对长期流行于意大利撒丁岛的 ASFV 进行变量序列分析，发现该撒丁岛分离毒株的变异性较低，证实了该地区的毒株存在显著的遗传稳定性。2014 年 1 月，在立陶宛野猪群中首次出现 ASF 疫情，科学家通过对 2014 年流行于立陶宛和波兰等欧盟国家的 ASFV Ⅱ 型毒株实验性感染家猪病毒学、病毒的水平传播、产生的临床症状和诱导家猪体液反应情况进行评估研究发现，该毒株与白俄罗斯流行株（2013 年）相似，与流行于东欧的毒株同源性为 100%，但与格鲁吉亚分离毒株（2007 株）存在一定差异性（Gallardo 等，2014；Oļševskis 等，2017）。

5.8.3.3　ASF 在中国的流行现状

2018 年以前，我国尚未有非洲猪瘟疫情的报道。2017 年 3 月，在距离中国边境仅约 1 000 km 的远东地区伊尔库茨克暴发非洲猪瘟，随后 FAO 特发布报告，并警告非洲猪瘟疫情在未来可能会蔓延至中国。2018 年 8 月 2 日下午，辽宁省沈阳市沈北新区某养殖场发生疑似非洲猪瘟疫情，8 月 3 日 15 时经中国动物卫生与流行病学中心（国家外来动物疫病研究中心）确诊，同时对疫点内 913 头生猪扑杀和无害化处理。然而，非洲猪瘟在我国境内的传播并没有停止。截至 2020 年 6 月 31 日，全国 31 个省份发生非洲猪瘟疫情共 178 起，其中家猪 173 起，野猪 5 起。根据官方公布数据统计，2018 年 5 个月发生 99 起，2019 年发生 63 起，2020 年 1—6 月发生 16 起，其中 2020 年 1 月和 2 月出现零疫情，2020 年 3 月发生 6 起，2020 年 4 月发生 8 起，2020 年 5 月发生 1 起，2020 年 6 月发生 1 起。累计扑杀生猪 100 多万头，造成直接经济损失达数十亿元。整体疫情规模较大，屠宰场、合作社与生猪小型养殖户及规模猪场等各种规模养殖场所均有疫情发生，且暴发频率不断增大。首起疫情发生以来，政府对每一起疫情均进行了系统的流行病学调查。截至 2018 年 12 月 18 日，除近期发生的 11 起家猪疫情尚在调查中，其余 81 起家猪疫情的传播途径均已查明：因异地调运引发的疫情共有 14 起，约占全部疫情的 17%；因餐厨剩余物喂猪引发的疫情共有 32 起，约占全部疫情的 40%；因生猪调运车辆和贩运人员携带病毒后，不经彻底消毒进入其他猪场，引发的疫情共有 35 起，占全部疫情的 43%。

5.9 非洲猪瘟的诊断及防控措施

5.9.1 临床诊断

不同毒株致病性有所差异，发病率通常为40%～85%，死亡率因感染的毒株不同而有所差异。其中，强毒力毒株死亡率可达100%，中等毒力毒株死亡率一般为30%～50%（在成年猪中死亡率为20%～40%，在幼年猪中死亡率为70%～80%），低毒力毒株仅可引起少量猪只死亡。

非洲猪瘟病猪主要临床表现差异较大，不易识别，但通常有以下几种或全部典型症状，包括高热、呕吐、腹泻或便秘，有的便血，虚弱、难以站立，体表不同部位（尤其是耳、鼻、腹部、臀部）皮肤呈红色、紫色或蓝色，有的咳嗽、呼吸困难，母猪流产、产死胎或弱胎。出现上述临床症状后，一般2～10 d内死亡。剖检可见内脏多个器官组织出血，脾脏显著肿大，颜色变暗，质地变脆。部分首次发生非洲猪瘟的养殖场，猪群发病非常急，最急性型不表现任何症状而突然死亡，无特征性剖检病变。非洲猪瘟的特征通常是猪突然死亡、死前呈现体温升高、剖检可见多脏器出血。但临床上可能有多种表现：从感染7 d之内急性死亡，到持续几周或几个月的慢性感染不等（图5-1）。

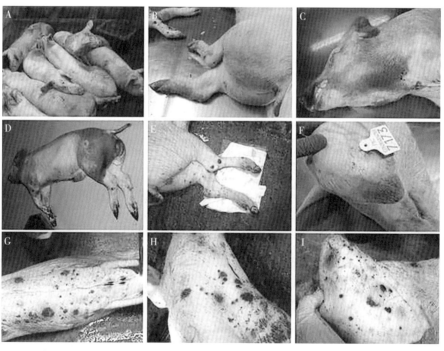

A：猪看起来明显虚弱，发烧，团缩在一起取暖。

B～E：在颈部、胸部和四肢的皮肤上有出血性渗出和明显的充血（红色）区域。

F：耳朵尖端的青色（蓝色）。

G～I：腹部、颈部和耳朵皮肤上的坏死病变。

图5-1　急性非洲猪瘟的临床症状（中国动物疫病预防控制中心，2018）

（1）临床症状。

ASF 自然感染的潜伏期为 4 ～ 19 d。非洲野猪对该病有很强的抵抗力，一般不表现出临床症状，但家猪和欧洲野猪一旦感染，则表现出明显的临床症状。根据病毒的毒力、感染剂量和感染途径的不同，临床症状存在差异，可表现为最急性、急性、亚急性或隐性感染。

最急性：无明显临床症状突然死亡。

急性：体温可高达 42℃，沉郁，厌食，耳、四肢、腹部皮肤有出血点，可视黏膜潮红、发绀。眼、鼻有黏液脓性分泌物；呕吐；便秘，粪便表面有血液和黏液覆盖；腹泻，粪便带血。共济失调或步态僵直，呼吸困难，病程延长则出现其他神经症状。妊娠母猪流产病程 4 ～ 10 d，病死率高达 100%。

亚急性：症状与急性相同，但病情较轻，病死率较低。体温波动无规律，一般高于 40.5℃。仔猪病死率较高，病程 5 ～ 30 d。

慢性：波状热、呼吸困难、湿咳；消瘦或发育迟缓、体弱、毛色暗淡；关节肿胀、皮肤溃疡。死亡率低，病程 2 ～ 15 个月。

（2）病理变化。

非洲猪瘟病毒会引起多种病变类型，这取决于病毒毒株的毒力。急性和亚急性以广泛性的出血和淋巴组织的坏死为病变特征。在一些慢性或者亚临床病例中病变很轻或者几乎不存在病变。

病变主要发生在脾脏、淋巴结、肾脏、心脏等器官组织上。内脏器官广泛性出血。脾脏肿大、梗死，呈暗黑色，质地脆弱。淋巴结肿大、出血，暗红色血肿，切面呈大理石样。肾脏表明及皮质有点状出血。心包中含有猩红液体，心内膜及浆膜可见斑点状出血。

在急性病例中，还会出现其他病变，例如，腹腔内有浆液性出血性渗出物，整个消化道黏膜水肿、出血。肝脏和胆囊充血，膀胱黏膜斑点状出血。脑膜、脉络膜、脑组织发生较为严重的水肿出血。

亚急性型感染猪可见淋巴结和肾脏出血，脾肿大、出血，肺脏充血、水肿，有时可见间质性肺炎。

慢性型感染猪可见肺实变或局灶性干酪样坏死和钙化。病程较长者，大多发生纤维素性心包炎、肺炎以及关节肿大等慢性病变。

（3）最明显的剖检病变。

脾脏显著肿大，一般情况下是正常脾的 3 ～ 6 倍，颜色变暗，质地变脆；淋巴结（特别是胃肠和肾）增大、水肿以及整个淋巴结出血，形态类似于血块；肾脏表面瘀血点（斑点状出血）。

5.9.2 实验室诊断

非洲猪瘟的临床症状和病变与猪的其他一些出血性、高度接触性传染病很相似，比如，猪瘟、高致病性蓝耳病、猪丹毒、败血性沙门氏菌病等。因此，我们很难或者说不能根据临床症状和眼观病变来判断是否为非洲猪瘟，实验室检测是诊断该病最可靠、最准确的方法。

从实验方法上，非洲猪瘟的实验室诊断主要有酶联免疫吸附试验（ELISA）、PCR、荧光定量 PCR、DNA 原位杂交、免疫组织化学检测、病毒分离、动物接种等多种方法。此外，一些新的方法正在被开发和评估，比如，检测抗原的侧流实验、胶体金免疫层析试纸条、检测抗体的免疫化学发光实验等。但到目前为止，在生产实践中，应用较多的还是 ELISA、PCR 以及荧光定量 PCR 等常用方法，现将这几种方法进行简单介绍。

酶联免疫吸附试验（ELISA）：即利用抗原抗体进行免疫反应的定性和定量检测，其已被广泛应用于生物医学领域。一般情况下，非洲猪瘟病毒进入猪体内，7 d 后便可诱导产生较高的 IgG 抗体，当然针对不同蛋白也会出现个别差异，但不管怎样，该方法仍是最为快速、方便的方法。当前，市面上尚未使用非洲猪瘟相关疫苗，因此，只要抗体检测阳性，便可确诊为非洲猪瘟病毒感染。刘丰等利用法国 ID VET 公司的非洲猪瘟抗体检测试剂盒对黑龙江省 18 个边境县开展了非洲猪瘟的流行病学调查，结果均为阴性。但非洲猪瘟引起的急性病例中需结合其他检测方法进行确诊，因为机体可能尚未产生抗体便已死亡。

聚合酶链式反应（PCR）：是体外扩增基因的一种方法。研究表明，非洲猪瘟感染8 h，便可从血液中检测到其核酸物质。因此，针对非洲猪瘟病毒保守区域设计引物，对采集的血液或组织病料等相关物质进行 DNA 提取，进行 PCR 反应，可对其进行快速准确诊断。荧光定量 PCR 是 PCR 的升级版，其更加敏感和准确。

血清学检测：抗体检测可采用间接酶联免疫吸附试验、阻断酶联免疫吸附试验和间接荧光抗体试验等方法。血清学检测应在符合相关生物安全要求的省级动物疫病预防控制机构实验室、中国动物卫生与流行病学中心（国家外来动物疫病研究中心）或农业农村部指定实验室进行。

病原学检测：病原学快速检测可采用双抗体夹心酶联免疫吸附试验、聚合酶链式反应和实时荧光聚合酶链式反应等方法。开展病原学快速检测的样品必须灭活，检测工作应在符合相关生物安全要求的省级动物疫病预防控制机构实验室、中国动物卫生与流行病学中心（国家外来动物疫病研究中心）或农业农村部指定实验室进行。

病毒分离鉴定：可采用细胞培养、动物回归试验等方法。病毒分离鉴定工作应在中国动物卫生与流行病学中心（国家外来动物疫病研究中心）或农业农村部指定实验室进行，实验室生物安全水平必须达到 BSL-3 或 ABSL-3。

5.9.3　血清学检测方法

5.9.3.1　酶联免疫吸附试验（ELISA）

ELISA 应用于血清抗体的检测，具有操作方便、特异性较好、灵敏度高的特点，适用于大批量样品的检测，WOAH 将 ELISA 作为诊断 ASF 的首选血清学方法。ASFV

含有约 150 种蛋白，目前，国内外常用作检测抗原的蛋白有 VP73、VP72、P54、P32、P30 等。1979 年，具有较好的敏感性和特异性能够检测 ASFV 抗体的 ELISA 法首次被建立。

1900 年，科学家分别以 ASFV 主要结构蛋白 VP73 和病毒感染的细胞培养物中高特异胞质可溶性抗原（CS-P）建立了两种间接 ELISA 方法，两种方法特异性均较高，但是 CS-P 抗原比 VP73 抗原至少能提前 2 d 检测出 ASFV 抗体。在 1997 年，科学家通过 VP73 单抗建立的固相 ELISA，能够检测到浓度为 0.5μg/mL 的 VP73 抗原和 2.3×10^2 PFU/mL 的全病毒颗粒。2006 年，有科学家通过比较用全病毒多抗血清和针对 VP73 蛋白的单抗进行间接夹心 ELISA 检测 ASFV，结果显示，多抗血清的敏感性高于单抗。随后，以昆虫细胞表达的 P30 重组蛋白为包被抗原，建立了检测 ASFV 抗体的间接 ELISA 方法，这种方法敏感性高，可用于 ASFV 特异性抗体的早期检测。因此，科学家利用重组蛋白 PK205R、PB602L、P104R 和 P54 建立的 ELISA 检测方法具有较高的敏感性和特异性（Gallardo 等，2011）。此外，越来越多的方法得以发展，如以杆状病毒表达的 ASFV VP72 蛋白为抗原，研究和组装了间接 ELISA 抗体检测试剂盒，具有反应体系小、快速、特异等优点，且比 Dot-ELISA 方法更加敏感；采用大肠杆菌表达的 GST-VP72 融合蛋白为包被抗原，建立了间接 ELISA；也有科学家通过成功获得 5 株分泌抗 ASFV VP72 蛋白单克隆抗体的细胞株，也建立了间接 ELISA 方法；以大肠杆菌表达的 ASFV P ET32a-VP73L 重组蛋白作为包被原，建立了间接 ELISA 方法；利用杆状病毒表达载体在昆虫细胞中表达的 ASFV 的 VP73 重组蛋白作为检测抗原，建立了间接 ELISA 方法；以 VP73 纯化蛋白作为包被抗原，建立了间接 ELISA 方法，这种方法与商品化的阻断 ELISA 相比，其具有较好的敏感性和特异性；此外，还有针对 ASFV P54 蛋白建立了单克隆抗体竞争法 ELISA 并构建了检测试剂盒，灵敏度高于间接免疫荧光（IFA）方法；利用 Bac-toBac 杆状病毒表达系统表达出的 ASFV P54 重组蛋白作为检测抗原建立了间接 ELISA 方法；以原核表达的 ASFV P K205R 蛋白作为包被抗原，建立了间接 ELISA 检测方法；采用瑞典 Svanova ASFV 间接 ELISA 抗体检测试剂盒对内蒙古赤峰、大连东港等地共计 92 份猪血清进行了 ASFV 抗体的检测，结果全部为阴性。在 2016 年，四川省农业农村厅采用西班牙 Ingenasa ASFV 阻断 ELISA 抗体检测试剂盒对来源于四川省内的 92 份猪血清进行检测，结果表明，92 份血清样本均为 ASFV 抗体阴性。

5.9.3.2　胶体金免疫层析（GICA）试纸条

有研究用原核表达的 ASFV P54 重组蛋白制备了 ASFV 抗体快速检测胶体金试纸条，通过对 ASFV 不同感染时期 141 份猪血清样品进行比对检测，结果显示，该试纸条在感染早期的符合率高于 WOAH 推荐的 ELISA 检测方法。随后，通过运用原核表达系统和胶体金免疫层析技术，对 ASFV 快速检测试纸条的技术进行了研究。此外，还有研究运用双抗体夹心法原理纯化后的抗 ASFV 单克隆抗体制备金标抗体，制备了用于检测 ASFV 的胶体金免疫层析试纸条。

5.9.3.3 其他血清学方法

荧光抗体试验（FAT）可用于检测野外可疑猪或实验室接种猪的脾、淋巴结等组织压片和冰冻切片中的 ASFV 抗原。该方法具有快速、经济、敏感性和特异性高等优点，但需要专业试验人员操作，同时需要荧光显微镜及高质量的荧光标记抗体。因此仅作为 ASFV 的辅助检测方法。间接免疫荧光试验（IFA）可用于检测感染 ASFV 的猪血清样品。该方法的优点是当 ELISA 检测结果不确定或制备抗原困难或复杂时，可选用此法。早在 1960 年，有科学家提出并建立了血细胞吸附试验方法，血细胞吸附是指猪的红细胞附着在感染 ASFV 的单核细胞或者巨噬细胞的表面。绝大多数从非洲分离的 ASFV 毒株以及最初从欧洲国家分离的 ASFV 毒株均产生猪红细胞吸附现象。1978 年，研究人员通过应用免疫过氧化物酶噬斑染色技术，对接种 ASFV 的 Vero 细胞进行检测，3 d 后能观察到噬斑。可对 ASFV 进行抗原定量分析。此方法快速、特异，不用借助其他仪器，肉眼便可观察结果。1992 年，通过细胞质可溶性抗原 CS-P，建立了斑点免疫（DIA）检测方法，该敏感性与 WOAH 推荐的 ELISA 方法相当。随后，2007 年，建立了免疫组化法，这可用来检测急性感染 ASFV 猪的扁桃体组织病理学变化，它能够通过检测发现感染 ASFV 猪有出血、单核细胞增多现象。免疫组化法是通用的检测方法之一，但对于临床症状不明显的病例，确诊有一定难度。因此，该方法仅作为 ASFV 的辅助检测方法。

5.9.4 分子生物学检测方法

（1）PCR。

PCR 具有简单快速、灵敏度高和特异性强的优点，是目前 ASFV 最常用的实验室检测方法。例如，通过 ASFV *VP72* 基因设计引物建立的 ASFV 的 PCR 检测方法，具有良好的敏感性和特异性，这种方法可以检测出极低含量的 ASFV，为 ASFV 早期感染的快速诊断提供了有效的分子生物学检测方法；一步法多重 RT-PCR 方法能够鉴别诊断猪瘟病毒（Classical Swine Fever Virus，CSFV）和 ASFV，可以从临床样品（如抗凝全血、细胞培养物和组织）中检测到病毒，这为早期快速、特异性诊断非洲猪瘟和猪瘟提供了可靠的方法；检测蜱 ASFV 的套式 PCR 方法，敏感性高于 WOAH 推荐的 PCR 检测方法；能够检测 CSFV、ASFV、猪圆环病毒 2 型（PCV2）、猪繁殖与呼吸综合征病毒（PRRSV）和猪细小病毒（PPV）5 种病毒的多重 PCR 检测方法，可以用于这 5 种病毒感染的鉴别诊断。此外，还有 ASFV 的高效纳米 PCR 检测方法，该方法采用纳米金颗粒作为热导介子，提高了 PCR 反应效率。通过敏感性试验表明，纳米 PCR 检测技术的敏感性是常规 PCR 检测技术 1 000 倍以上，最低核酸拷贝数检出量可以达到 10 个拷贝。采用该方法对黑龙江、吉林和河南 3 个省份临床送检的 69 份样品进行检测，结果均为阴性，表明该地区均无 ASFV 感染情况。

（2）荧光定量 PCR。

实时荧光定量 PCR 比常规 PCR 具有更高的敏感性和特异性，可同时快速检测大批量样品。例如，分别根据 ASFV *VP72* 基因、*VP73* 基因和 *P54* 基因各自设计引物和探针，建立了 Taq Man 实时荧光定量 PCR 方法。在此基础上还建立了实时荧光定量 PCR 分子信标（Molecular Beacon）技术，该技术具有快速、特异性强、灵敏性和准确性高的特点。使用这种检测方法可快速鉴别 PRV、ASFV、PCV2 和 PPV。随后，ASFV *K205R* 基因序列设计合成引物及 Taq Man 探针，建立了基于 *K205R* 基因的 ASFV 实时荧光定量 PCR 检测方法；根据 9 GL 基因建立了 MGB 探针实时荧光定量 PCR 检测方法，最低可以检测到 20 个拷贝标准 DNA，该方法检测临床样品中的 ASFV，敏感性与 WOAH 推荐 Taq Man 荧光定量 PCR 方法相当；此外，通过利用通用探针库建立了 ASFV 的实时荧光定量 PCR 方法；双重荧光定量 PCR，可同时检测 CSFV 和 ASFV，只需一步即可完成，可作为鉴别两种病毒的诊断方法；根据 ASFV *CP530R* 基因和高致病性猪繁殖与呼吸综合征病毒（HP-PRRSV）*NSP2* 基因为靶序列，分别设计特异性引物和 Taq Man-MGB 探针，建立了一种可同时鉴别检测 ASFV 和 HP-PRRSV 的二重荧光定量 RT-PCR 方法。

（3）重组酶聚合酶扩增（RPA）技术。

RPA 是一种可以替代传统 PCR 的新型核酸检测技术，该方法操作简单、反应快速、检测成本低、结果确实可靠；另外，基于 ASFV *VP72* 基因保守序列设计并合成引物，建立了 ASFV RPA 等温检测方法，为 ASFV 的一线防控提供了一种新的、可靠的技术支持。

（4）线性指数聚合酶链式反应（LATE-PCR）技术。

LATE-PCR 是不对称 PCR 的一种形式，该方法用于检测组织样品的病毒，其敏感性可以达到大约 1 拷贝的病毒 DNA。另外，基于 ASFV *VP72* 基因建立了 LATE-PCR 方法，为 ASFV 的实验室诊断提供了敏感的检测方法。

（5）环介导恒温扩增（LAMP）技术。

LAMP 技术操作简单、灵敏、快速，检测成本远低于荧光定量 PCR，且不需要特殊仪器设备，具有较高的临床实用性。例如，根据 ASFV *VP72* 基因序列设计引物，建立了快速检测 ASFV 的 LAMP 方法，最低检测限可达 10 拷贝质粒 DNA，且具有良好的特异性；根据 ASFV *K205R* 基因序列设计引物，建立了 LAMP 检测方法。LAMP 方法不需要 PCR 中的变性、退火步骤即可进行靶序列的循环扩增，不但大大缩短了时间，且使反应能够在恒温条件下进行，无需特殊仪器设备，肉眼判读，可以满足基层快速诊断的需要，非常适合于基层兽医实验室和养殖场使用。

（6）探针杂交技术。

针对 ASFV *VP72* 基因分别设计合成 1 条与保守区域互补的 5′ 生物素标记及 3′ 烷硫基修饰短链寡核苷酸探针，并将烷硫基修饰的探针吸附到纳米金颗粒上，制备纳米金标记探针，将 PCR 扩增产物与生物素探针及纳米金标记探针进行杂交，杂交产物加入吸附链霉亲和素的酶标板，利用亲和原理，捕获杂交产物，银染增强法对纳米金标记探针进行信号放大，进而建立了检测 ASFV *VP72* 基因的纳米金探针杂交方法。探针杂交技术检测灵敏度高，能有效排除 PCR 检测过程中的非特异性结果，省去了琼脂糖凝胶电泳步骤，操作简便、检测迅速，在酶标板中可批量反应，为 ASFV 核酸检测方法开辟了新的途径，但该方法的建立难度较高、操作较烦琐，对试验人员技术水平要求较高。

5.9.5 防控措施

5.9.5.1 国外 ASF 防控工作给中国的启发

（1）俄罗斯 ASF 防控失败的惨痛教训。

2007 年，ASF 传入俄罗斯，虽政府投入巨大，但如今俄罗斯境内 ASF 疫情发生却更为频繁。ASF 在俄罗斯多年未得到有效根除的原因主要包括：第一，俄罗斯存在大量未经兽医监测的低生物安全水平的小型生猪养殖场，养殖户大都采用自由放养模式，且用未处理的泔水喂养生猪，增加了家猪与感染 ASF 的野猪或者其他感染物直接接触的概率。第二，紧急措施与联动机制不完善，造成出台对相关主体追究刑事责任的法律后却出现了大量养殖户因害怕刑事惩罚而隐瞒疫情，私自掩埋死猪，疫情无法得到及时上报的现象。第三，为减轻疫情给俄罗斯带来的财政负担，在未征求兽医领域相关专家意见的情况下进行兽医体制的行政改革，将兽医服务机构划分为地区和联邦 2 个层次，各联邦独自管理兽医机构，造成各联邦未能充分合作，未及时共享疫情信息。没有明确防控 ASF 的主体责任，在整个 ASF 防控工作中未能实现行动上的有效统一（戈胜强等，2017）。

（2）西班牙 ASF 根除计划的成功经验。

1960 年，西班牙发生了 ASF 疫情，之后一直饱受其害，直到 1995 年，实行 ASF 根除计划的 10 年后才彻底根除 ASF，疫情持续时间长达 35 年。其成功的经验包括：第一，支持 ASF 防控技术，通过建立简单、快速、准确的间接 ELISA 诊断方法，实现对所有猪场进行血清学监测，并设国家农业研究院（INIA）为参考实验室，用于协调地方和省级实验室并给予技术支持。第二，建设 ASF 防控兽医团队，通过建设流动兽医临床团队网络体系，完成全面监测工作。第三，及时上报与消除疫情，严格按照相关法律，对感染猪群的养殖者及时进行足额补偿，确保养殖户积极配合。及时上报疫情，一旦 ASF 发生，立即对所有感染猪群进行扑杀处理，消除所有 ASF 暴发点。第四，顺利引导养殖户提高饲养生物安全水平，督促和鼓励生猪养殖者创建卫生协会，同时，提供低利率贷款，鼓励养殖者进行设备改造，提高饲养场及饲养设施的卫生水平。西班牙 ASF 根除成功的关键在于保证了及时地发现上报疫情和快速地消除疫情点（戈胜强等，2016）。

5.9.5.2 国内 ASF 防控措施

目前，对于非洲猪瘟尚无有效的治疗药物和预防疫苗，因此，加强疫情检测和检疫监管，严格落实封闭管理和消毒、隔离等防护措施，坚持内防外堵，确保生物安全是防控该病的关键。一旦发现疫情，应立即采取封锁、隔离、扑杀、消毒、无害化处理等紧急措施，以控制疫情扩散传播。自该病 2007 年传入俄罗斯以来，我国农业农村部先后印发了《非洲猪瘟防治技术规范（试行）》和《非洲猪瘟疫情应急预案》。如有疫情发生，应立即启动应急预案，要求各地高度警惕疫情风险，严禁从疫区调运生猪，切实做好风险防范工作。采取封锁、扑杀、无害化处理、消毒等处置措施，禁止所有生猪及易感动物和产品运入或流出封锁区。按照《非洲猪瘟防治技术规范（试行）》，为预防控制非洲猪瘟，阻断疫情传入，各边境地区要加强边境地区防控，坚持内防外堵，切实落实边境巡查、消毒等各项防控措施。按照要求，与曾发生和正在发生非洲猪瘟疫情的国家和地区接壤省份的相关县市，边境线 50 km 范围内禁止生猪养殖；国际空、海港所在城市的机场和港口周边禁止生猪养殖；严格禁止来自非洲猪瘟国家和地区的动物及动物产品进口。

各级动物疫病预防控制机构要加强日常监测，密切关注境内外疫情，科学研判疫情态势，加强对非洲猪瘟的监测。林业部门要开展边境地区野猪和媒介昆虫软蜱的调查监测，摸清底数，为非洲猪瘟风险评估提供依据。各级兽医卫生监督检疫机构要强化生猪及其产品流通、移动、跨境调运的检疫监管，严禁从疫区调运生猪及其产品，加强对国际航行运输工具、国际邮件、出入境旅客携带物的检疫，做好非法入境的疫区猪、野猪及其产品的销毁处理工作。同时，做好生猪产地检疫、屠宰检疫和引种检疫工作，严防疫情传入传出。此外，要加强对基层技术人员的培训，提高诊断能力和水平，尤其是提高非洲猪瘟和猪瘟的鉴别诊断水平，及时发现、报告和处置疑似疫情，消除疫情隐患。对养殖场户而言，要积极配合当地动物疫病预防控制机构开展疫病监测排查，特别是发生猪瘟疫苗免疫失败、疑似症状或不明原因死亡等现象，应及时上报当地兽医部门。同时，加强饲养管理，建立并严格实施卫生消毒制度，严格控制人员、车辆和易感动物进入养殖场。进出养殖场及其生产区的人员、车辆、物品要进行隔离、消毒。尽可能封闭饲养生猪，避免与野猪、钝缘软蜱接触，严禁使用泔水或餐余垃圾饲喂生猪。由于目前非洲猪瘟尚无有效疫苗用于防控，因此疫情一经发现，进行扑杀和无害化处理并对疫区进行严格封锁是首要的，也是最主要的扑灭措施，同时应及时启动应急预案，及时发布疫情信息，做好疫情的监控。防控非洲猪瘟是一项长期的工作，历史上根除非洲猪瘟最快的国家用了 6 年，最慢的则历时长达 35 年才将疫情根除。预计接下来是我国非洲猪瘟疫情防控的关键时期，非洲猪瘟疫情仍会呈点状散发的蔓延态势。针对疫情，要充分做好打持久战的准备，并做好如下防控措施。

（1）完善疫病防控体系。

提高疫情发现能力，科学做好非洲猪瘟疫情的风险评估和风险预警工作，针对有可能产生疫情的情况进行风险识别和风险分析，构建疫情风险大数据平台框架，对于非洲猪瘟疫情要做到早发现、早处理，避免因此而造成巨大的损失。同时要增强疫病监测能力，充分利用好科研院校、产业体系以及社会公众的力量，社会各界一起对非洲猪瘟疫情进行全方位监测，提高疫情发生后的应急处理能力，通过联防联控、强化日常监督检查，提升非洲猪瘟疫情控制能力。

（2）加强出入境口岸监测管理。

从非洲猪瘟病毒传播途径来看，携带带有非洲猪瘟病毒的猪肉制品入境是造成非洲猪瘟疫情的原因之一。因此，相关部门要加大入境口岸、交通枢纽周边地区以及国际班列、航线沿线地区监测力度，加强入境口岸检疫和监测，同时严厉打击生猪、猪肉制品的走私犯罪活动，防范非洲猪瘟病毒入境我国。

（3）强化生猪调运车辆监管。

在农业农村部已经查明的非洲猪瘟疫情传播途径中，通过人员与车辆携带有非洲猪瘟病毒传播所占比重近50%，是最主要的传播途径，生猪调运车辆和贩运人员携带病毒后，不经彻底消毒进入其他猪场，导致非洲猪瘟更大范围的蔓延。鉴于此，要对生猪运输车辆与人员的监管提出新的更为严格的要求，生猪运输车辆要严格按要求进行消毒，运输途中、进入猪场前后需进行仔细排查；加强对贩运人员的安全卫生管理，同时也要对相关生猪调运准备进行升级，建立起安全、可追溯的生猪调运管理体系，提高生猪调运过程中的生物安全水平。

（4）严禁泔水喂猪，禁止猪源性饲料添加。

猪是杂食性动物，我国相当一部分生猪养殖户用泔水饲养生猪，而这种方式是非洲猪瘟疫情传播的主要途径之一，猪食用带有非洲猪瘟病毒的泔水而染病，造成疫情蔓延，需要改变这种饲养方式。在猪饲料中加入以猪血为原料的血液制品也已经被证明会存在非洲猪瘟病毒，农业农村部也明令禁止饲料生产企业对猪源性饲料的添加，后续应严格落实规定并加速生猪饲料业的变革，通过新技术生产更加优质、安全的饲料，为非洲猪瘟的防控提供保障。

（5）提高生猪养殖规模化程度。

中国生猪养殖户中散户数量庞大，容易带来生猪养殖卫生条件差、安全防控措施不到位、泔水喂食生猪等一系列问题，非洲猪瘟疫情的暴发存在一定风险，且在疫情暴发后散户难以对此进行有效处理，加剧疫情进一步蔓延。鉴于此，政府要适当鼓励生猪散养户退出，一些大型场的以"公司＋农户"为主要模式的企业应适时提高合作养殖户数量标准，推进生猪养殖规模化程度。未来规模经济仍将推动我国生猪产业转型发展，规模化生猪养殖也是养猪业的主要发展趋势，这对于我国艰巨的非洲猪瘟疫情防控形势也将会是一个利好消息。

（6）改进生猪调运。

面对形势严峻的非洲猪瘟疫情，限制生猪及其产品跨区域调运确实可以起到切断非洲猪瘟病毒传播、降低疫情跨区域蔓延的效果。因此，发生非洲猪瘟疫情后要对疫区的生猪进行严格管控。然而，也正是由于严格的禁运措施，一定程度上也改变了不同区域之间生猪及猪肉产品的供需关系，区域间价差明显；同时，禁运措施也对部分规模养殖场与生猪企业的生产周转造成影响，过长的禁运时间使其难以维系，造成不断亏损的局面。可见，面对形势严峻的非洲猪瘟疫情，应该更加灵活地调整相关生猪跨区域禁运措施。结合目前禁运政策的同时，政府要根据地理特征、风险评估管理体系科学划定疫区范围，部分相邻省区之间可采取供需搭对、定点采购的办法进行生猪调运，同时要严格检疫检验，实行专业化运输，保证生物安全。通过完善调运程序、推广安全专业运输，灵活处理生猪区域间调运，保证我国地区间生猪及猪肉产品供需相对平衡，保护生猪养殖场和养殖企业的利益。

5.9.6　疫苗进展

5.9.6.1　灭活疫苗

传统病毒疫苗可通过病毒灭活和病毒致弱两种方法进行制备。灭活疫苗通过物理或化学手段将病原灭活，使其失去感染能力，但保留其抗原性。迄今为止，采用多种传统方法制备的 ASF 灭活疫苗均不能对强毒攻击提供有效的免疫保护（王西西，2018），包括病毒接种肺泡巨噬细胞以及感染脾组织后匀浆制备的灭活疫苗。虽然用 ASF 灭活疫苗免疫后可产生高效价的抗体，但很难检测到中和抗体的存在。研究表明，即使用新型佐剂 Polygen™ 或 Emulsigen®–D 等与 ASFV 灭活抗原进行配伍，免疫动物后能够诱导产生 ASFV 特异性抗体，但仍未能提高疫苗的免疫保护效力。这可能是由于产生的 ASFV 特异性抗体并不具有中和活性，提示细胞免疫在 ASF 疫苗免疫保护中起重要作用。此外，研究人员也证实在细胞传代过程中，低代次和高代次的 ASFV 毒株对中和抗体的敏感性存在差异。鉴于现有研究结果，采用传统方法研制有效的 ASF 灭活疫苗困难很大。

5.9.6.2　减毒活疫苗

根据减毒活疫苗毒株来源不同，可将 ASF 减毒活疫苗毒株分为三类：传代致弱毒株、天然致弱毒株和重组致弱毒株。减毒活疫苗能够诱导强烈持久的免疫应答，但生物安全是其使用的主要限制因素。采用分子生物学手段，可通过基因重组、靶向缺失以及一次性侵染技术来增强减毒活疫苗的安全性。

（1）传代致弱毒株。

ASFV 可经过猪骨髓来源细胞、Vero 和 COS–1 等细胞系传代致弱。传代过程中，ASFV 致病力逐渐下降，同时病毒免疫原性和稳定性也随之下降。在西班牙和葡萄牙，使用传代致弱毒株免疫动物后产生了灾难性的后果，免疫动物呈现出肺炎、流产和死亡等副作用，在田间多次感染和异源强毒株存在的条件下，许多免疫动物呈现 ASF 慢性感染临床症状。因此，传代致弱毒株的致病性导致此类疫苗的开发一度受阻。研究人员利用分离株 ASFV–G 在 Vero 细胞中进行传代培养，随着传代次数的增加，ASFV–G 在 Vero 细胞中的复制能力增强，同时在猪原代巨噬细胞中的复制能力下降，病毒毒力逐渐衰减，在传至第 110 代时完全丧失。家猪接种完全致弱的 ASFV–G 毒株后并未获得相应保护力以抵抗母本病毒的攻击，表明传代致弱的 ASFV 安全性较差且很难提供较好免疫保护。

（2）天然致弱毒株。

采用天然致弱 ASFV 毒株 OURT88/3 或 NH/P68 免疫动物后，能诱导产生对同源强毒株的攻毒保护，依据实验动物和攻毒毒株的不同，保护率为 66%～100%。研究表明，病毒特异性抗体以及 CD_8T 细胞在免疫保护中均起重要作用，且 OURT88/3 毒株产生的免疫保护与病毒特异性 IFN–γ 产生细胞呈正相关性。采用 NH/P68 免疫后，猪对高毒力 ASFV/L60 感染抵抗力增强（Oganesyan 等，2013）。以 OURT88/3 免疫并用致病性 OURT88/1 毒株进行加强免疫后，可诱导机体产生针对 ASFV I 型不同分离毒株的交叉保护，表明研制具有交叉保护的 ASFV 疫苗是可能的。然而，天然致弱毒株免疫动物后可造成诸多副反应，包括肺炎、流产、死亡等，免疫 NH/P68 毒株后 25%～47% 的猪呈现慢性感染；免疫 OURT88/3 后可导致发热、关节肿胀等症状。总之，天然致弱毒株导致的诸多副反应以及存在散毒的可能性等生物安全隐患限制了其在实际生产中的进一步应用。

（3）重组致弱毒株。

采用分子生物学方法，敲除病毒功能基因、病毒毒力基因或者免疫抑制基因，可降低病毒毒力或增加机体对病毒的免疫应答，研制比传统弱毒疫苗安全性更好且效力更高的基因工程减毒活疫苗。研究表明，一些 ASFV 毒株在缺失单个或多个毒力基因 / 或免疫抑制基因后，如 TK（*K196R*）、9 GL（*B119L*）、CD2v（*EP402R*）、DP148R、NL（*DP71L*）、UK（*DP96R*）和多基因家族 360 和 505（*MGF 360/505*），缺失毒株接种宿主毒力减弱且可诱导产生针对同源母本毒株或异源毒株的特异性免疫保护。ASFV 编码多种蛋白以干扰宿主免疫系统，已报道的病毒免疫逃逸相关基因包括 *A238L*、*A179L*、*A224L*、*DP71L*、*MGF 360/505*、*I329L*、*K205R*、*D96R*、*DP148R*、*A276R*、*D96R* 和 *EP153R* 等，其编码蛋白抑制宿主细胞Ⅰ型干扰素和 ISGs 的产生，调控细胞凋亡、蛋白合成和自噬等多种信号通路。由于这些蛋白质可干扰宿主免疫应答，使 ASFV 强毒株中缺失上述基因有助于增强宿主免疫应答。

安全性和有效性是影响 ASF 弱毒活疫苗田间应用的重要因素，安全性和有效性与病毒毒株、免疫或感染剂量、病毒接种途径以及接种动物密切相关。因此，致弱毒株保护性的强弱、是否有毒力残留和是否导致持续感染是弱毒活毒株能否成为候选疫苗毒株的重要决定因素。因此，还需要进一步研究以确定适合的缺失靶基因及其组合，以研制可诱导保护性免疫反应且没有相应副作用的 ASFV 弱毒活疫苗。

5.9.6.3 病毒活载体疫苗

已有研究表明，细胞免疫和体液免疫在抗 ASFV 感染中发挥作用。有学者将 ASFV 保护性抗原重组入腺病毒或痘病毒载体，以期获得更好的细胞免疫和 CTL 反应。Lokhandwala 等将 ASFV *P32*、*P54*、*P72* 和 *PP62* 基因分别重组入人腺病毒 Ad5 载体中进行"鸡尾酒"式免疫，获得了良好的抗原特异性 CTL 反应；之后他们又将 ASFV *A151R*、*B119L*、*B602L*、*EP402R*、*B438L*、*K205R* 和 *A104R* 共 7 个 ASFV 抗原基因，重组入复制缺陷型腺病毒载体，通过"鸡尾酒"式混合免疫后能够诱导强烈体液免疫反应和细胞免疫应答。上述研究仍需通过攻毒保护试验，进一步验证病毒活载体疫苗在 ASF 疫苗开发中的可行性。

5.9.6.4 核酸疫苗

ASF 核酸疫苗的研究刚刚起步，通过将编码病毒主要抗原的基因克隆入真核表达载体后，直接导入机体内，在宿主细胞内完成转录翻译后产生抗原蛋白，从而同时激活体液免疫和细胞免疫应答。Argilaguet 等将 ASFV *P72*、*P30* 和 *P54* 基因克隆入真核表达载体，制备 ASF DNA 疫苗，但该 DNA 疫苗免疫猪后并不能够提供攻毒保护。同组科研人员将 ASFV *P30* 和 *P54* 基因与猪白细胞抗原Ⅱ的特异性抗体单链可变区基因在真核表达载体中融合表达；接种 ASF DNA 疫苗后，在没有诱导产生可检测水平 ASFV 抗体的情况下，能够使部分动物获得攻毒免疫保护，表明细胞免疫在 ASFV 疫苗的免疫中起重要作用。最新研究表明，根据 1 个或 2 个 ASFV 抗原构建的 DNA 疫苗并不能诱导较高免疫保护，而免疫 ASFV 基因组 DNA 质粒表达文库能够提供 60% 的保护力，说明有待于发掘更多保护性抗原，以提高核酸疫苗的保护水平（Malogolovkin 等，2015）。

5.9.6.5　亚单位疫苗

ASF 亚单位疫苗只包含特定的病毒抗原，需通过合适抗原传递系统免疫动物。鉴定可以引起强烈的免疫应答的抗原及其表位，有助于开发有效的 ASFV 亚单位疫苗。研究表明，针对病毒 P30 蛋白的抗体在细胞水平抑制超过 95% 的 ASFV 内化，P72 和 P54 的抗体能够抑制病毒吸附，表明这些蛋白在 ASFV 感染中发挥作用。用重组 P30 或 P54 蛋白免疫猪后可以诱导中和抗体的产生，但不能提供针对急性 ASF 感染的保护；相比之下，同时免疫 P30 或 P54 蛋白或两种蛋白的嵌合体可以提供部分保护。用杆状病毒表达系统制备的 ASFV 结构蛋白 P72、P30 和 P54 等，以蛋白复合物作为抗原免疫动物后仍不能提供有效的免疫攻毒保护，说明仅依靠上述抗原刺激产生的中和抗体很难获得理想的免疫保护效果。在另一组研究中，Lopera-Madrid 等分别以人源 293（HEK）细胞表达的 ASFV B646L（P72）、E183L（P54）和 O61R（P12）亚单位抗原，或者痘苗病毒载体疫苗进行首免和加强免疫，获得了较好的体液免疫和细胞免疫水平。因此，需要研究鉴定更多的 ASFV 保护性抗原、开发新型免疫佐剂以及采用 DNA 首免蛋白质加强免疫策略，以提高 ASF 基因工程亚单位疫苗的免疫效力。

5.9.7　重点疫病净化实践与发展

5.9.7.1　猪瘟的净化实践与发展

（1）当前国内外猪瘟的流行现状。

猪瘟三大流行区为中南美洲、欧洲和亚洲。其中，中南美洲为疫情稳定区；东欧地区为流行活跃区；亚洲属于老疫区，由于控制措施不力，疫情形势依然严峻。除南非、马达加斯加和毛里求斯外，非洲其他国家未见猪瘟暴发。猪瘟病毒有 3 个基因型和 11 个基因亚型。基因 1 型主要分布在南美、亚洲和俄罗斯；基因 2 型主要分布在欧洲、亚洲等。目前，我国流行的猪瘟病毒以 2.1、2.2 和 1.1 基因亚型为主，偶有 2.3 和 3.4 基因亚型，其中 2.1 基因亚型占优势。目前世界范围内猪瘟的流行发生了很大变化，经典强毒株引起的猪瘟在成年猪中少见，中等、低毒力猪瘟病毒引起的非典型猪瘟和持续性感染比较常见，造成的经济损失不容小觑。我国猪瘟的流行形势和发病特点主要表现为：流行范围广，全国范围内均有流行，但以散发流行为主。目前猪瘟多见于仔猪，成年猪很少出现发病症状，但可持续带毒，并且可通过水平和垂直传播在猪场内恶性循环。由于目前我国猪瘟疫苗种类及免疫程序比较混乱，饲养管理及政策法规都有待完备，加上 C 株疫苗毒无疫苗毒标记特性，无法像伪狂犬 IaE 疫苗一样区分野毒，给猪瘟净化带来了很大的困难。

（2）欧美国家猪瘟净化的经验。

一是早期疫苗免疫结合后期扑杀，开始使用疫苗密集免疫，当感染率降低到一定程度后，减少直至停止使用疫苗，主要依靠检测和扑杀。二是持续监测，及时、快速地查出和清除感染猪。三是早、快、严、小反应机制，一旦出现疫情，需要迅速、果断处置，包括隔离疫点、扑杀病猪、限制动物流动、全面消毒等紧急措施。四是生物安全措施，包括圈舍、人员、车辆、器具消毒，防止野猪散毒，采取猎杀、饵料免疫措施。五是各方联动协作，政府、兽医主管部门、猪场、检测机构和科研单位等相互配合。

（3）我国猪瘟净化的方案思考。

我国的猪瘟净化，前期主要靠经典猪瘟疫苗免疫，但是效果不佳。猪瘟净化需要在借鉴欧美经验的基础上，制定适合国情的猪瘟净化方案。国内净化思路主要按照准备阶段→控制阶段→强制净化阶段→监测阶段→认证阶段程序，通过对猪瘟快速诊断试剂盒、疫苗毒株和致病毒株鉴别诊断方法的筛选和整合，免疫程序的调整，生物安全措施的综合实施，进行我国猪瘟的净化（图5-2）。这一净化方案的前提，仍然是集免疫、野毒识别功能于一体的优质猪瘟疫苗的研发及应用。

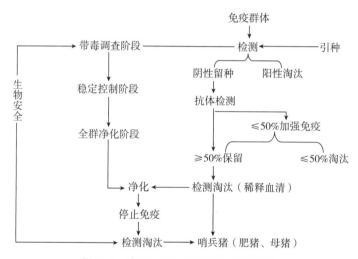

图5-2　我国非洲猪瘟净化的方案思考

猪瘟的净化是一个系统的工程，需要政府的政策支持，科研机构的产品研发，技术鉴定手段，养猪人的疾病防控、生物安全等措施，只有多方面努力合作才有可能取得成功。

5.9.7.2　猪伪狂犬病的净化实践与发展

近年来，随着免疫密度增大，猪伪狂犬病（PR）感染后的临床表现趋于平和，但这却让人们更容易忽视PR带来的问题。但随着2006年我国高致病性蓝耳病的出现及大面积流行，猪群的PR流行发生了一些明显的变化：免疫猪带毒率呈升高趋势；感染猪的临床表现趋于隐蔽；流行毒株的分子特点有了明显不同；猪群对疫苗的应答不敏感，保护持续期缩短；PR感染猪群的免疫抑制现象趋于严重。实行自繁自养是猪场控制伪狂犬病在内各种传染病的最有效措施。如果要引进新猪（包括精液）必须来自传染性疫病阴性猪场，禁止从疫区引种，引进种猪要严格隔离，并进行种猪检疫和做好各种隔离、消毒工作，在引进前或实行自繁自养是猪场控制猪伪狂犬病在内各种传染病的最有效措施。

为了探索后备猪入群前进行猪瘟和猪伪狂犬病毒 gpI（野毒）抗体的筛查在猪场实际生产中对初产母猪生产成绩的影响，2014 年 5 月对安徽省和县某规模化猪场的 36 头后备母猪随机等分为 2 组，试验组在入群前进行上述 2 种抗体的检测，对猪瘟抗体不合格、猪伪狂犬 gpI 抗体阳性的后备猪不予入群，试验组不进行检测直接入群。待此批后备母猪妊娠结束，试验组和对照组的窝平活健仔数分别为 10.42 头、9.78 头；28 日龄平均断奶质量分别为 6.94 kg、6.49 kg，差异显著；断奶育成率分别为 98.63%、96.02%，差异不显著。在后备母猪入群前进行猪瘟和猪伪狂犬 gpI 的抗体筛查能显著提高初产母猪的窝平活健仔数、平均断奶质量。

关于 PR 的免疫程序：后备母猪在第一次配种前间隔 3 ~ 4 周注射 2 次，经产母猪一年注射 3 ~ 4 次，仔猪在 10 ~ 12 周龄注射第一针，14 ~ 16 日龄注射第二针。存在不安全因素或感染压力很高的情况下，给仔猪进行滴鼻免疫，10 ~ 12 周龄进行第一次，14 ~ 16 周龄进行第二次，这是最完整的免疫程序。

清除方法包括：清群与重建（虽然速度快，但成本高）；检测与淘汰；免疫、检测、淘汰；免疫。净化原则是：用伪狂犬基因缺失苗免疫猪群（母猪和生长猪）来阻断排毒，定期检测猪群伪狂犬病毒抗体；用伪狂犬阴性猪更新种群，2 ~ 3 年后伪狂犬野毒阳性猪数量减少，直到最后成为伪狂犬阴性猪场。

5.9.7.3　口蹄疫的净化实践与发展

口蹄疫是由口蹄疫病毒引起的以感染猪、牛、羊等偶蹄动物的一种急性、热性和接触性传染性疾病，病畜主要表现为口、舌、唇、蹄、乳房等部位发生水疱和溃烂，造成行动与饮食不便，从而导致发育迟缓，如果是犊牛或仔猪发病，其死亡率可高达 65%，给养殖业带来重大经济损失。目前防控该病主要通过疫苗免疫和无害化处理方法。

世界动物卫生组织（WOAH）将口蹄疫列为 A 类动物疫病，我国将其列为一类动物传染病，并实行强制免疫政策。FMD 传播途径广泛、方式多样，国家和地区间的动物跨界移动或贸易流通可传递病原。目前，除一些发达国家消灭了 FMD 并保持无疫状态外，FMD 在很多发展中国家仍呈流行或散发态势。我国周边国家的 FMD 疫情不断发生，对我国畜牧业发展也造成了一定威胁，尤其是近年来流行的 OME-SA/PanAsia、O/SEA/Mya-98 和 A/ASIA/Sea97 病毒均是由周边国家传入的。2005 年 5 月至 2017 年 1 月，我国共发布了 125 次 FMD 疫情，主要为 O 型和 A 型。2013—2015 年经国家 FMD 参考实验室确诊的疫情有 40 起，其中 A 型 30 起、O 型 10 起。流行毒株有 A 型 ASIA 拓扑型 Sea-97 毒株、O 型 SEA 拓扑型 Mya98 毒株和 O 型 ME-SA 拓扑型 PanAsia 毒株。其中 O 型 Mya98 毒株和 PanAsia 毒株分别于 2010 年和 2011 年由东南亚国家传入我国，A 型 Sea-97 毒株为 2013 年新传入毒株。国家口蹄疫参考实验室系统测定了重组疫苗株 Re-A/WH/09 毒株对该流行毒株的免疫保护效力，结果表明该疫苗毒株对流行毒株的 PD50 均在 10.81 以上，具有良好的免疫保护；FMDV 是由 1A（VP4）、1B（VP2）、1C（PV3）和 1 D（VP1）4 种结构蛋白组装成病毒衣壳，只有 1 D 能诱导动物产生中和抗体。FMDV 的 4 种结构蛋白构成了病毒的抗原位点，其中 1 个表位改变可影响该区域内相邻表位与相应单克隆抗体的反应。目前，对于 O 型、C 型和 A 型 FMDV 抗原位点的相关研究较多，对其他各型 FMDV 的抗原位点研究报道较少。

国际上控制口蹄疫的基本策略有两种，即以扑杀为主的综合防控措施和以免疫为主的综合防控措施。目前大致采取 3 种方法。

（1）广泛进行免疫预防，也就是对所有的易感动物进行系统的预防注射（采用疫苗接种来限制疫病的流行是很有效的，FMD 疫苗的主要指标是：安全、有效、生产使用方便、价格合理。

（2）如果疫区不大，疫点不多，在经济条件许可的情况下，扑杀疫区内的病畜和易感动物，并在周围 10 km 内进行环形预防注射，也就是所谓的包围圈式免疫预防，建立免疫带。

（3）在很少发生或没有口蹄疫的国家和地区，一旦发生疫情，采取断然措施，扑杀疫区内所有的牲畜，彻底消毒。

采取上述 3 种方法中的哪一种，决定于疫情流行情况以及社会经济条件等因素。目前，发达国家都采用以扑杀为主的综合防控措施，不主张注射疫苗进行预防。但最近在欧洲的英国、法国、荷兰等地由于口蹄疫流行扑杀牲畜造成了巨大的经济损失，许多兽医专家纷纷建议调整现行的防控策略，主张注射疫苗进行预防。而发展中国家都采用以免疫为主的综合防控措施。根据我国的国情，控制口蹄疫只能采取以免疫预防为主的综合防控措施，也就是说疫苗和疫苗的使用在整个防控系统中起到举足轻重的作用。

2012 年 1 月，WOAH 和 FAO 联合发布了 FMD 全球控制策略，制定了全球 FMD 控制路线图，提出了 15 年 FMD 控制目标。作为 WOAH 成员国，2012 年国务院发布了《国家中长期动物疫病防治规划》，对 A 型、O 型和 Asia1 型 FMD 的防控都提出了具体目标；2014 年我国向 WOAH 提交了 FMD 官方控制计划，并在 2015 年 5 月经 WOAH 认可通过。《FMD 渐进性控制路径》（PCP-FMD）是 FAO 和 WOAH 推荐的指导原则，应用于有 FMD 的国家或地区制定控制计划，也是 FAO/WOAH 实施全球控制 FMD 策略的准则，其中将 FMD 疫病风险状况划分为 6 个阶段 / 等级。我国推进 FMD 防控将参照 WOAH 推荐的 PCP-FMD 路线图，继续坚持"预防为主"的方针，对 FMD 实行区域化管理，遵循"因地制宜、分区防治、分型控制"的原则，大力推进综合防治策略，严格落实免疫预防、监测净化、流通监管、应急处置、无害化处理、检疫监督等措施。

经过多年努力，全球 FMD 防控取得了巨大成效，欧洲和美洲已基本消灭 FMD。

随着全球 FMD 控制策略的实施，FMD 无疫区的范围会进一步扩大。近年来，我国采取了大规模免疫接种、强化监测等措施，FMD 防控成效显著。2016 年农业部印发了《国家口蹄疫防治计划（2016—2020 年）》，明确提出了我国 FMD 的防治目标。但由于不同血清型和不同遗传谱系 FMDV 混杂存在、周边国家 FMD 疫情严重复杂、流行毒株跨界传入风险加大等原因，目前我国 FMD 防控形势依然严峻。

5.9.7.4　其他疫病的净化实践与发展

（1）猪蓝耳病。

疫苗和田间攻击之间的遗传相似性水平通常被用作疫苗效力的预测指标，但是疫苗防御某种野毒的能力与它可保护的菌株的序列同源性水平无关，基因相似度不能预测疫苗的交叉保护能力。尽管存在这些挑战，但疫苗接种是控制猪蓝耳病（PRRS）并减少由此引起的损失的一种重要方法。有案例通过合理的使用改良活疫苗，配合改进的生物安全和封闭畜禽管理措施，成功地在受感染的分娩母猪和成年猪群中消除了 PRRS 病毒（PRRSV）。

基于现有的疫苗防控手段逐渐难以对 PRRSV 流行毒株产生充沛的交叉保护、疫苗毒株返强造成的毒株流行逐年加重、疫苗毒株与野毒流行毒株造成的感染无法区别等，采用更加综合的方式来消灭及根除 PRRSV 成了广大研究者的研究新方向。从动物群中消灭某种特定的传染病，基本上具有 3 个阶段：消灭疫病规划设计、组织和执行。规划过程中最重要的是需要了解该国特定性畜种群的动物健康状况。控制和净化 PRRSV 重要的一点就是要正确、快速、低成本的检测。在根除 PRRS 的过程中，在"准备和计划"阶段，有必要确定该区域感染 PRRSV 的大规模繁殖猪群的位置。此方法需要建立严格的资格规则，以明确哪些猪被视为感染，怀疑被感染或没有 PRRSV。根据这些标准，必须对 PRRS 的大型种猪场分类制定明确的要求。

对 PRRSV 多样性（物种、亚型、分离株、变体等）的定量描述对于理解 PRRSV 毒力、细胞嗜性、免疫发病机制、疫苗设计、流行病学和诊断至关重要。在分子水平上，下一代测序技术（NGS）的应用创造了对整个基因组进行测序的机会，可用于鉴定在田间传播的病毒。Cortey 等指出 NGS 现在允许进行更深入的 PRRSV 序列研究，从而改善对 PRRSV 分子流行病学的分析。

除此之外，低成本检测监视工具的开发也是 PRRSV 防控所必须的。Rotolo 总结了基于实时逆转录 PCR（RT-PCR）对口腔液样本进行病毒水平检测，以及在商业猪场中进行基于口腔液 PRRSV 调查的采样准则。这些结果可以指导地区或国家的 PRRSV 控制或消除。

合理的使用 PRRSV 疫苗对净化 PRRSV 有重要意义。分子标记疫苗是实现 PRRSV 净化的重要一环，其能实现野毒感染与疫苗免疫的区分，从而指导有针对性的群体清除和净化。目前，分子标记疫苗多数仍处在实验研究或动物试验评估阶段，常规的分子标记方案包括基于反向遗传学平台的正向标记和负向标记。其中，正向标记是指在 PRRS 病毒骨架中嵌入非同源基因，比如流感病毒血凝素等。负向标记包括缺失

PRRSV 病毒 NSP2 等区域中的部分表位，如部分 B 表位或 T 表位等，从而在分子水平上实现疫苗毒株与流行毒株的区别。

目前，国内外已有许多成功的案例在个别猪场或部分地区实现了 PRRSV 的净化。在采用加载—封闭—均匀（LCH）、使用 2 型 PRRSV MLV 疫苗、10 条金标准（10 gR）和生物安全管理的组合后，丹麦霍恩半岛在 18 个月的时间里实现了在所有猪群中淘汰 PRRSV，且在 18 个月后，所有猪群仍保持 PRRSV 阴性。这是欧洲第一个成功消除 PRRSV 的区域。匈牙利制定了 PRRSV 清除计划，对不同规模和不同流行情况的猪场采取针对性措施，成功从 5 个地区净化 PRRSV。

借鉴国外的成功经验，国内也陆续开展了 PRRS 净化。其核心环节包括封闭猪群避免外来引种、血清阳性猪群淘汰、阴性猪群接种同源标记疫苗，持续跟踪群体抗体水平等。施国锋等早在 2004 年就某三点式布局的现代集约化猪场制定了 PRRSV 清除程序，即通过部分清群，全场清洗消毒等成功实现了该场的 PRRSV 清除。2006 年，HP-PRRSV 的暴发也为 PRRS 净化带来了较大的压力。李卫国等针对高致病性 PRRS 提出了 200 天净化方案，其主要包括"引种、封群、均一化、保健、产房操作、检测"等环节。曲向阳等成功利用封群策略针对 NSDC30-likePRRSV 毒株实现了净化。

这些成功案例对 PRRSV 的清除具有重要参考意义。详细了解 PPRSV 的流行情况，开发具有标记的分子疫苗，并针对不同区域不同猪场的具体情况，制定个体化 PRRS 清除方案，综合使用多种技术是成功实现 PRRS 根除的先决条件。

（2）猪圆环病毒病。

成功地控制与净化猪圆环病毒病取决于以下 3 个条件：一是筛选出对 PCV-2 有效的疫苗，并建立科学的免疫程序；二是开发商品化的可鉴别疫苗诱导抗体和野毒诱导抗体的诊断试剂盒；三是开发对 PCV-2 有效的消毒药品，做好各方面的消毒工作，最大限度地控制病原的传入和蔓延。

每周至少需要对猪舍进行 1 ~ 2 次的带猪消毒，每 2 周要进行 1 次猪场外环境的喷雾消毒，每 2 ~ 3 d 需要对消毒池内的消毒液进行一次彻底的更换。猪舍空栏时要及时冲洗。应定期更换消毒剂的种类。疫苗免疫应在整个猪场内进行全群普免，在基础免疫接种的基础上，3 周以后进行加强免疫，以后每 4 个月进行 1 次加强免疫；在仔猪 21 日龄以及 35 日龄时分别对其进行首免以及二免，后备种猪在配种前以及产前 1 个月分别进行 2 次基础免疫以及 1 次加强免疫。检测采用病原 PCR 法以及抗体 ELISA 法，每 2 ~ 4 年检测 1 次。生产群以及后备母猪，种公猪以及后备种公猪的抽样比例为 100%；育肥猪以及商品猪的抽样比例为 25%。对阳性种猪以及后备种猪一律强制淘汰；母猪繁殖性能低下也应淘汰。种群中出现发病猪应立即进行隔离治疗，检测结果为阳性应立即淘汰。

贯彻"预防为主，防重于治"的方针，PCV 分布很广，猪群阳性率可达 20% ~ 80%；在法国的猪场出现本病期间死亡率达 18% ~ 35%。由于 PCV 侵害猪体后引起多系统进行性功能衰竭，抑制了免疫系统，造成患猪直接死亡或继发、并发其他疾病死亡。很多地方在认真开展猪瘟免疫，甚至加大剂量进行免疫后，仍有猪瘟疫情发生，经查原因多数与猪感染 PCV，导致免疫抑制而不产生抗体有关。

实施全进全出的制度可以有力地切断传染的途径，最好是分开产房与保育舍。如果条件较好的话，可以将产房、保育舍以及育肥舍之间间隔 500 m 以上，以免出现互相感染，导致大范围传播。

在引进猪的时候，引进猪不能直接进入猪群中，而是应该先隔离 30 d 以上，观察到无异样才可以与本地养猪场的猪混养。除此之外，老鼠是传染猪圆环病毒病的主要因素之一，因此，对于灭鼠工作要足够重视，可以适当选用一些对猪毒性不强的灭鼠药。同时，加强猪圈的消毒，消毒前先进行猪舍清扫，以保证消毒效果。

（3）猪支原体肺炎。

目前，国内外净化猪支原体肺炎（Mhp）主要以抗生素类药物为主，然而随着用药时间的加长，支原体对抗生素产生了耐药性。由于单纯的药物治疗和疫苗防疫都有其局限性，所以到目前为止，一旦暴发该病，对其控制的最有效方法就是彻底净化病原。现如今，国外对净化 Mhp 已报道，主要净化方法有完全减群后重扩群、全群检测后清阳性群、瑞士减群法、程序性用药、早期药物隔离断奶技术、封群、直接接触病毒、疫苗免疫等。其中完全减群后用阴性群重扩群是最直接、最彻底的方法，并且能一次性净化多种病原，但是这种方法成本较高，且有较高的再暴发的风险；而全群检测后清阳性群的方法虽然可以用来净化有较好疫苗的病原，但不适用于净化猪肺炎支原体；瑞士减群法是瑞士首先使用的一种净化猪肺炎支原体的方法，也叫不完全减群法，其净化效果较好且可以根据猪场的实际情况进行必要的调整，已在多个国家使用。例如，通过瑞士减群法联合母猪疫苗免疫的猪场后代进行了血清学监测，结果发现，98 头 150 日龄的育肥猪中只有 1 头为血清学阳性；采用封群联合全场给药的方式净化 3 个猪场，结果发现，2 个猪场获得了成功，1 个猪场在用药结束后 6 个月重感染了；采用早期隔离断奶联合多点式生产模式成功净化了 1 个 1 700 头母猪猪场的支原体肺炎。然而国内的净化技术还未成熟，今后需借助其他国家的成功经验结合中国国情建立猪肺炎支原体净化配套体系。

不管是药物还是疫苗均存在一定的局限性，因此，必须合理地将药物与疫苗联合使用，并配合科学的猪场养殖与管理技术，三管齐下，才能有效的控制猪场猪支原体肺炎的感染。即便三管齐下，如果要完全净化猪群中的猪支原体肺炎至少需要 254 d，可见猪群中猪支原体肺炎的净化是个比较艰巨的事情。国内实施猪支原体肺炎净化可以根据各个不同猪场的规模大小、经济实力、商品特点、地理位置及发病情况等多方面因素考虑，制定适合自己场内的净化程序。但为保证国内猪群的健康稳定及长远发展，在核心种猪场内实施国家级或区域性支原体净化控制体系是非常必要和可行的。

（4）猪腹泻病。

仔猪腹泻流行具有明显的季节性。其中，冬春两季是仔猪病毒性腹泻发病的高峰期。传染性胃炎和猪流行性腹泻等疾病大面积传染可见于各种日龄的猪，其中以仔猪发病率最高。针对病毒性腹泻，目前还未研究出新毒株商业化疫苗。但可用抗菌药物来阻止细菌的进一步感染，加强饲养管理，并做好相应的安全措施。病毒性腹泻极易发生，从而使仔猪感染病毒，应加强安全措施。重视猪舍的环境卫生，坚持自繁自养。对于一些引进的种猪必须经过一段时间的隔离观察后方可进入猪舍。禁止工作以外的人员进入猪舍，并且要做好猪舍的卫生工作。要加强饲养管理。合理喂养，做好猪舍干燥通风与保温的工作，并控制好猪舍的温度。做好新生猪舍休息区的干燥，做好疫苗接种工作，防止频发感染。每年10月到11月，首先，要对猪打疫苗，做好疫苗接种工作，其次，做好药物保健，对于一些携带病毒的仔猪，对症下药，并及时控制疫情，从而有效预防一些仔猪频发感染，抑制疫病传播。

猪病毒性腹泻病主要是由于感染三大病原即猪流行性腹泻病毒、猪传染性胃肠炎病毒以及猪轮状病毒引起的传染病。其防控措施有：①疫情处理，隔离消毒、紧急免疫接种；对场内没有发病的猪，可在交巢穴（后海穴）紧急免疫接种猪流行性腹泻—传染性胃肠炎二联苗，或者接种猪流行性腹泻—传染性胃肠炎—轮状病毒病三联苗。②药物治疗。③免疫预防，按期进行疫苗免疫。④加强饲养管理，定期消毒，加强哺乳仔猪的护理。

撰稿：李国兴　王金涛　魏建超　孙元

主要参考文献

陈腾，张守峰，周鑫韬，等，2018. 我国首次非洲猪瘟疫情的发现和流行分析［J］. 中国兽医学报，38（9）：1831-1832.

邓俊花，林祥梅，吴绍强，2017. 非洲猪瘟研究新进展［J］. 中国动物检疫，34（8）：66-71.

戈胜强，李金明，任炜杰，等，2017. 非洲猪瘟在俄罗斯的流行与研究现状［J］. 微生物学通报，44（12）：3067-3076.

戈胜强，孙成友，吴晓东，等，2016. 西班牙非洲猪瘟根除计划的经验与借鉴［J］. 中国兽医学报，36（7）：1256-1258.

王华，王君玮，徐天刚，等，2010. 非洲猪瘟的疫情分布和传播及其控制［J］. 中国兽医科学，40（4）：438-440.

王西西，陈青，吴映彤，等，2018. 非洲猪瘟疫苗研究进展［J］. 中国动物传染病学报，26（2）：89-94.

中国动物疫病预防控制中心，2018. 非洲猪瘟临床表现和剖检病变［J］. 中国畜牧业（22）：70-71.

ANDRES G, ALEJO A, SALAS J, et al., 2002. African swine fever virus polyproteins pp220 and pp62 assemble into the core shell［J］. Journal of Virology, 76（24）：12473-12482.

BASTOS A D, PENRITH M L, CRUCIÈRE C, et al., 2003. Genotyping field strains of African swine fever virus by partial p72 gene characterisation［J］. Archive of Virology, 148（4）：693-706.

DE VILLIERS E P, GALLARDO C, ARIAS M, et al., 2010. Phylogenomic analysis of 11 complete African swine fever virus genome sequences［J］. Virology, 400（1）：128-136.

DIXON L K, CHAPMAN D A G, NETHERTON C L, et al., 2013. African swine fever virus replication and genomics ［J］. Virus Research, 173（1）: 3–14.

GALLARDO C, AACHUELO R, PELAYO V, et al., 2011. African swine fever virus p72 genotype Ⅸ in domestic pigs, Congo, 2009 ［J］. Emerging Infectious Diseases, 17（8）: 1556–1558.

GALLARDO C, FERNÁNDEZ–PINERO J, PELAYO V, et al., 2014. Genetic variation among African swine fever genotype Ⅱ viruses, eastern and central Europe ［J］. Emerging Infectious Diseases, 20（9）: 1544–1547.

GALLARDO C, MWAENGO D M, MACHARIA J M, et al., 2009. Enhanced discrimination of African swine fever virus isolates through nucleotide sequencing of the p54, p72, and pB602L（CVR）genes［J］. Virus Genes, 38（1）: 85–95.

JORI F, VIAL L, PENRITH M L, et al., 2013. Review of the sylvatic cycle of African swine fever in sub–Saharan Africa and the Indian ocean ［J］. Virus Research, 173（1）: 212–227.

LUKA P D, ACHENBACH J E, MWIINE F N, et al., 2017. Genetic characterization of circulating African swine fever viruses in Nigeria（2007–2015）［J］. Transboundary and Emerging Diseases, 64（5）: 1598–1609.

MALOGOLOVKIN A, BURMAKINA G, TITOV I, et al., 2015. Comparative analysis of African swine fever virus genotypes and serogroups ［J］. Emerging Infectious Diseases, 21（2）: 312–315.

MALOGOLOVKIN A, BURMAKINA G, TULMAN E R, et al., 2015. African swine fever virus CD2v and C–type lectin gene loci mediate serological specificity ［J］. Journal of General Virology, 96（4）: 866–873.

OGANESYAN A S, PETROVA O N, KORENNOY F I, et al., 2013. African swine fever in the Russian Federation: Spatio–temporal analysis and epidemiological overview ［J］. Virus Research, 173（1）: 204–211.

OĻŠEVSKIS E, GUBERTI V, SERŽANTS M, et al., 2016. African swine fever virus introduction into the EU in 2014: Experience of Latvia ［J］. Research of Veterinary Science, 105: 28–30.

RODRIGUEZ J M, GARCHI–ESCUDERO R, SALAS M L, et al., 2004. African swine fever virus structural protein p54 is essential for the recruitment of envelope precursors to assembly sites ［J］. Journal of Virology, 78（8）: 4299–4313.

SANNA G, DEI GIUDICI S, BACCIU D, et al., 2016. Improved strategy for molecular characterization of African swine fever viruses from Sardinia, based on analysis of p30, CD2V and I73R/I329L variable regions ［J］. Transboundary and Emerging Diseases, 64（4）: 1280–1286.

第6章 "治未病"养猪生产体系与实践

6.1 建立适合本场的"治未病"养猪生产体系的必要性

养猪生产不同于兽医学科研究，后者专门研究动物疾病，而养猪生产则需要确保整个猪群的健康和稳定性，同时不能过度依赖抗生素和疫苗以预防疾病。因此，需要从生物安全、免疫完善和生产管理3个方面入手，建立符合猪场实际情况的养猪生产体系。

6.1.1 猪场的群发性疾病

猪场常见的群发性疾病可归纳为四类，包括生殖系统综合征、呼吸系统综合征、消化系统综合征和各种疑难杂症。由于这些疾病多为综合征，仅靠抗生素和疫苗等治疗手段难以从根本上解决问题。

生殖系统综合征表现为母猪不发情、发情后拒绝与配、屡配不孕、假妊娠、散发性流产、产程过长、死胎白胎、弱仔或新生仔猪活力不强、产后三联征、泌乳不足等；哺乳仔猪腹泻、断奶体重过小、成活率低；种公猪表现为性欲不强、精液量少、精子活力不足等。

呼吸系统综合征表现为猪群阶段性、季节性的反复咳嗽、气喘，进行性减料。用药治疗后多数能痊愈，痊愈后有复发的可能。

消化系统综合征主要表现为猪阶段性、散发性的腹泻、便秘和饲料便。痊愈后依然可能复发。

各类猪疑难杂症主要表现为生产成绩低下、偶尔发生疫苗免疫过敏、疫苗免疫失败、脑炎、皮炎、胀气、关节炎、跛行、咬斗、异食等症状。

如果上述这四大类猪场群发病是一过性的发生，发病后康复的猪能够产生免疫力，至少在6个月内不用药物控制也不会复发，那么说明该病具有传染性；而如果这些疾病反复发生，且患病猪康复后未能产生免疫力，还会反复发作，那么说明这些疾病是由于动物福利不足、理化因素和应激因素等引起的。这些群发性疾病一直以来都是猪场养殖者要解决的主要问题，也是最为常见的疾病。

6.1.2 养猪生产体系常见疾病概述

每一次养猪生产技术的进步都伴随着对疫情的应对和控制。引发猪疾病的因素众多，包括病原体与动物免疫力之间的博弈、养猪生产环境、营养因素、疫苗和抗生素的使用、饲养管理等。

6.1.2.1 微生物引起的疾病

引起猪病的致病性病原微生物主要包括寄生虫、病毒、细菌、真菌等，它们会通过呼吸道、消化道、皮肤或黏膜等进入猪体内，引起猪产生各种病症。

寄生虫是规模化猪场中最常见而易被忽视的病原之一。由于不同种类寄生虫在寄生和迁移过程中选择的部位不同；不同驱虫谱的驱虫药在不同组织中的血药浓度也不同；许多猪场生产管理混乱导致交叉感染情况严重，这使得彻底消灭寄生虫非常困难。

病毒是引起许多猪疾病的主要原因。猪瘟病毒、猪流感病毒、猪繁殖障碍和呼吸综合征病毒、猪蓝耳病毒、猪肺炎支原体、猪传染性胃肠炎病毒等都是常见的病毒。病毒是最难控制的致病微生物，目前有一些病毒病（如猪瘟、伪狂犬病、口蹄疫等）已经有了安全可靠的疫苗，我们可以通过做好疫苗免疫来防控病毒性疾病。但目前仍有很多病毒病（如非洲猪瘟）没有安全可靠的疫苗，是当前亟须解决的难题。

细菌和真菌的种类繁多，猪场常见的有：猪链球菌、巴氏杆菌、沙门氏菌、假单胞菌、放线菌、曲霉菌、念珠菌等。部分细菌和真菌会在特定的环境下生长繁殖，例如潮湿、温暖的环境，如果猪舍或周围环境过于潮湿或缺乏通风，就可能会导致细菌和真菌的生长繁殖，增加猪感染的风险。人为操作不当也可能导致病菌感染，例如，不洁净的工具、不干净的衣服和鞋子等可能会将病菌带入猪舍，从而增加猪感染细菌或真菌疾病的风险。此外，猪免疫力低下也可能增加感染病菌的风险。总之，细菌和真菌导致猪发生疾病的原因是多方面的，需要从多个角度来预防和控制。

非致病性微生物通常是指那些在猪体内生存，不会引起疾病的微生物，但在一定条件下，这些微生物可能会通过一些机制引起猪发生疾病。一些非致病微生物，如类固醇激素（如肾上腺素、皮质醇）诱导的免疫抑制细菌，它们可能会抑制猪的免疫系统，从而增加猪感染其他病原微生物的风险；非致病微生物也可能通过饲料和水源污染的方式进入猪体内，从而引起感染和疾病；猪舍高温、高湿度、空气不流通、粪便积累等环境因素可能会导致猪的免疫力降低，从而增加非致病微生物感染的风险。总之，引起猪发生疾病的非致病微生物可能会受到免疫抑制、饲料和水源污染、环境等因素的影响。因此，预防和控制猪的非致病微生物感染需要从多个方面入手。

6.1.2.2 环境引起的疾病

养殖舍内由于空气不流通、粪便清理不及时，导致氨气、硫化氢在舍内的积累，这些有毒有害的化学气体长期刺激呼吸道黏膜，造成黏膜水肿发炎，形成化学性肺炎，进而造成呼吸系统、免疫系统的损害。养殖过程中，饲料颗粒物、粉尘等会逸散到空气中，猪只长期吸入会导致异物性肺炎（类似于人类的尘肺病）。猪舍温度不适，会导致猪的热应激或冷应激，出现消化系统和免疫系统功能障碍。光照不足的时候猪只会缺钙，而环境中也会滋生大量致病微生物，增加疾病的易感性。

6.1.2.3 营养引起的疾病

妊娠母猪营养过剩的现象主要发生在前中期，饲喂过肥造成母猪发生繁殖系统疾病，维生素过剩会导致摄食减少、被毛粗糙，严重时出现呕吐和尿血等症状；钙、磷过剩的病猪会出现生长缓慢、饲料利用率低、高磷尿、骨骼抗断能力降低等症状；铜、钠、锌过剩会使猪出现生长迟缓、步行蹒跚、关节炎和跛行等症状。营养不足的现象在养殖过程中较为常见，这可能是由于饲养过程给猪群提供的动物福利不足，在不适宜的环境下，猪只易发生应激反应，并且受疾病感染的风险增加，导致猪只对营养需求量更高。猪群在营养不足时常表现出皮肤干燥、皮毛粗乱、骨骼凸出、精神不振、食欲下降甚至废绝、便秘等现象。霉菌毒素是致病霉菌在繁殖生长过程中产生的代谢产物，广泛存在于均质饲料和淀粉含量高的饲料中。猪长时间食用或一次食用过量会导致猪霉菌毒素中毒，患病猪常表现出无精打采、进食停止、结膜苍白、走路不稳、组织和淋巴结水肿、血液不凝固、异食癖。除了必需微量元素以外，猪体内还有一些生长发育不需要，但因为环境污染等原因使日粮中含有且无法去除的有害微量元素，在猪体内蓄积导致患猪自身损害。常见的有害微量元素有铅、镉、汞、砷、铊、锑、碲等，会影响消化系统和神经系统的正常功能。

6.1.2.4 疫苗和抗生素引起的疾病

长期大量使用抗生素预防疾病的发生，既造成了猪体内有益菌减少，又加剧了抗生素内毒素的自体中毒问题。高频率、大剂量的疫苗接种和三针保健，导致疫苗散毒、应激反应都在加大。由于动物福利不足，猪群能够直接引起生殖系统综合征、呼吸系统综合征、消化系统综合征和各类猪的疑难杂症等，而我们一直把这些群发病单纯地按照传染病来防治，忽视了这些症状是动物福利不足导致的基础病，也是非特异性免疫力紊乱的表现，所以当很多猪群一旦真正发生传染病尤其是非洲猪瘟的时候就会突然死亡惨重。

6.1.2.5 饲养管理不当引起的疾病

若不重视饲养护理，如因配套设施不完善、卫生消毒不科学、饲养密度不合理、防寒避暑不及时等影响，无法给猪群提供舒适的生活条件，不仅会增加猪只发病率，进而还会影响治疗效果。此外，在日常养殖工作中，养殖人员还应密切留意猪的健康状况，发现异常要及时隔离治疗，防止疾病扩散。

6.1.3 养猪生产中的动物福利

在养猪生产过程中，养殖者往往在动物福利方面投入较高，却不知道配套设施、饲养环境是否符合猪群的需求，也不知道如何辨别猪群免疫力的高低，往往在群发性疾病暴发之后，才意识到需要治疗，这就已经为时过晚。群发性疾病的根源是动物福利不足，此时，猪群会出现非特异性免疫力紊乱，其标志是出现亚临床症状。所以在养猪生产过程中，需要根据亚临床症状来判断猪群免疫力，通过调整动物福利来消除亚临床症状，建立猪群强大的免疫力，避免群发性疾病的发生。

6.1.3.1　动物福利的概念

动物福利是指动物如何适应其所处的环境，满足其基本的自然需求。科学证明，如果动物健康、感觉舒适、营养充足、安全、能够自由表达天性并且不受痛苦、恐惧和压力威胁，则满足动物福利的要求。而高水平动物福利则更需要疾病免疫和兽医治疗，适宜的居所、管理、营养、人道对待和人道屠宰。世界动物卫生组织（WOAH）《陆生动物卫生法典》中指出动物福利尤指动物的生存状况，而动物所受的对待则有其他术语加以描述，例如动物照料、饲养管理和人道处置。

6.1.3.2　动物福利与群发性疾病之间的关系

猪场的猪是在集约化、规模化、封闭式条件下饲养的动物。我们可以把对猪的动物福利理解为给猪群所提供的环境、营养、兽医服务和饲养护理。猪群接触环境中的生物性的、化学性的、物理性的、应激性的致病因素后，发生代谢或功能上某种程度的变化，但无明显的临床症状和体征，这种变化称为亚临床变化。当我们给猪群提供的动物福利不满足猪的生存需要时，猪群会出现不同程度的亚临床症状，亚临床症状越严重，也就预示着猪的免疫力越差，群发性疾病发病率也就越高。

在规模化养猪生产中动物福利的不足之处是，由于规模养猪更多的是从经济效益和人的劳动强度角度来设计猪舍环境、配置饲料营养以及提供饲养管理，而并非从猪的生理需求出发，自然很难满足猪的真实需求，也就加剧了疾病的发生。

6.1.3.3　猪场的动物福利不足之处

运动空间不足。规模养猪更多的考虑了生产成本，忽略了猪的基本运动需求，当猪群满足不了基本运动需求时，所有系统都会出现障碍。母猪一生都被关在狭小的限位栏里，无异于"终生禁闭"；生长育肥猪在每头不到 1.5 m² 的拥挤空间中，运动量小、生长受限。当把妊娠母猪改成大栏饲养，配合半限位栏后，母猪有了相对理想的运动空间，疾病减少的同时生产成绩相对得到提高；当把生长不理想的育肥猪的饲养密度降低到此前的 70% 以后，空气质量得到改善，生产性能也得到提高。

空气质量不好。猪每分钟呼吸频率在 15 ～ 35 次，空气质量状况显著影响猪群呼吸系统健康。以往养殖过程更多的关注饲料营养，往往忽略了空气质量——猪的"第一营养"。猪和排泄物接触的距离越近、时间越长，摄入的有毒有害气体越多，氧气越少，会造成血液载氧量下降，并引发化学性肺炎。目前很多猪场开始采用"高饲养床、低饲养密度、充足光照、地下通风与室外粪尿沟配合"的饲养猪舍，大大降低了猪呼吸道疾病的发生。

温湿度与风速不适配。现代猪场大都配有温湿度计和风速仪，实际生产过程中发现：即使同样在理想温度和湿度条件下，风速过快，猪群易发生聚堆，反之风速过小，猪群会表现为呼吸加快、散开睡在潮湿的地面上。对于猪舍温湿度和风速的调控，要根据参考数值，结合设备与猪群的实际情况进行。

睡眠不舒服。猪是喜欢睡觉的动物，每天睡眠时间要超过 16 h 以上。猪群若睡在坚硬的水泥地面或者空心的漏缝地板上，热传导太快，易导致体温散失，漏缝地板下面易形成小范围的空气对流，使猪群腹部受凉；皮肤和蹄肢很容易磨损受伤；哺乳母猪乳房容易受伤导致乳房炎。

采食和饮水不合理。哺乳动物最大的愉悦与来自胃肠道的愉悦有关。现在规模养猪为了减轻劳动强度，多是采用低于 13% 水分的干粉料或者颗粒饲料自由采食，用鸭嘴（乳头）式饮水器饮水，会使得猪群采食不适，采食量降低；在同样环境下，当把饲喂方式换为粥料饲喂配合碗式饮水后，采食量得到提升，并且疾病发生率降低。

猪群密度大、长时间和粪尿同居、反复应激、无序转群混群、呼吸不到清新的空气、光照不足、饲喂条件不舒适、寄生虫反复感染，必然导致群发性疾病的发生。为避免以上情况导致的疾病，长期大量在饲料里面添加抗生素、多次大剂量地接种各种疫苗，饮鸩止渴的养猪方式既不能从根源上消灭疾病的发生，又造成猪群免疫力极度低下。没有外来病原微生物入侵的时候，养殖人员着重于疾病的预防，一旦有外来病原微生物感染，防治不及时就会引起灾难性的传染病。

对于猪来说，应激是对猪群生长性能、机体健康有严重威胁的事情，夏季热应激、转群以及转群后咬斗、反复注射疫苗、三针保健、治疗时注射、去势、反复捕捉、分娩、剪耳缺、母猪限位栏等应激都会对猪群的机体造成严重伤害。这要求我们给猪群提供动物福利时，要以猪为本，站在猪的角度来评价动物福利。

6.1.4 猪群免疫力

猪的免疫力分两种，即特异性免疫力和非特异性免疫力。在养猪生产中，特异性免疫力主要为疫苗免疫。疫苗免疫是刺激机体免疫系统产生特异性免疫力，有针对性地预防病原体的侵染。疫苗在养殖业疫病防控环节应用广泛且具有明显的预防效果，但仍存在给猪群接种了某种疫苗，这种疾病还会发生的情况。针对这种情况，养殖场常采用加大免疫剂量、更换疫苗厂家或者增加免疫接种的频率来应对，此时我们往往忽视了一个问题：所有疫苗都要求接种于健康猪，而如果接种疫苗的猪群是免疫力紊乱甚至是群发性疾病不断的猪群，疫苗接种便可能无法使猪群产生免疫力。非特异性免疫是动物先天具有的对各种不同的病原微生物和异物的入侵都能做出相应免疫应答的防御能力。非特异性免疫力与生俱来，但是受到动物福利的严重影响。动物福利不能满足猪的需求时，非特异性免疫力就会紊乱，表现出亚临床症状，严重时就会发生群发性疾病。维护猪的特异性免疫力和非特异性免疫力的平衡，称之为免疫完善。因此，如果猪群少数个体患病，可能就是因为患病猪自身的原因；如果猪群暴发大面积患病情况，则一定是生产体系出了问题。

猪群大面积患病，有以下几种可能：一是发生了无安全疫苗的传染病，比如非洲猪瘟，这可能是养殖场生物安全检测出现了漏洞，导致非特异性免疫力紊乱的猪群大量感染；而如果这种传染病在猪群内大面积扩散并不可控制，可能是该养殖场生产管理较为混乱造成了场内的交叉感染。二是发生了有安全疫苗的传染病，比如口蹄疫，猪患病原因可能是由于生产管理的疏忽，导致患病猪的漏免；若在免疫之后仍然发病，在排除疫苗质量、保存运输不当、接种干扰的情况下，最大的原因可能是接种的是非特异性免疫力低下的猪群，造成免疫接种失败。

6.1.4.1　猪群非特异性免疫力的评价

免疫力决定着猪群的健康。免疫力来自免疫系统，免疫系统由免疫器官和免疫活性物质以及免疫细胞组成。免疫器官的状态与机体免疫力息息相关，免疫器官健康是机体免疫力发挥的前提，免疫器官的异常会导致免疫力的紊乱。同样，免疫力适配是机体健康的前提，免疫力过剩会出现过敏性疾病；免疫力低下容易导致感染。猪群的外观可以直观地反应其免疫力，我们能通过皮肤—毛、蹄，黏膜—眼周，口鼻，尿道口和肛门，耳静脉，粪便，呼吸频率，睡眠、行走姿势，猪的叫声等初步判断猪群免疫力情况。

皮肤是最大的外周免疫器官，毛是皮肤的附着物，蹄是皮肤的衍生物。健康的皮肤、毛和蹄壳是光滑洁净、有弹性、柔顺有光泽的。我们很容易从耳廓内、脸颊和猪鬃处看到寄生虫感染的痕迹。当皮肤苍白、老皮死皮过多、蹄壳暗淡无光或裂口、呛毛毛长无光泽、尾巴干性坏死、耳朵边卷曲的时候，说明没有足够的营养供应到肢体末端，预示着气血亏虚，或是贫血，或是营养不良；当皮肤有很多铁锈样渗血点时，往往是自体中毒后内毒素造成毛细血管通透性增强、血液外渗的结果。

健康的黏膜是粉红色的，黏膜布满了大量的毛细血管。黏膜的病变往往是从苍白，潮红，发青到发绀。黏膜发绀时往往病变已经非常严重。眼周黏膜病变最容易被发现，眼睛流泪往往是环境中氨气、硫化氢浓度过高刺激的结果，如果猪舍内粉尘过多就会形成泪斑。有毒有害气体不仅刺激眼结膜，长期吸入会损害呼吸道黏膜并造成化学性肺炎，毒素随着肺循环进入体循环后，还会导致多种器官组织炎症。自体中毒严重的时候，黏膜就会发青并发绀。

健康的血管尤其是耳静脉是饱满的，耳静脉如果怒张，往往是有炎症感染，体温升高后需要血液运送大量的免疫细胞和免疫活性物质到病灶造成的；而如果耳壳呈淡蔷薇色、耳静脉不明显，说明猪可能气血亏虚。

健康猪的粪便臭味小，粪便细腻。肠道是机体主要的消化器官，负责供给机体营养物质，肠黏膜的健康程度决定了猪消化吸收能力，由粪便形态作为标志。吸收障碍有3种表现形式：饲料便，粪便很多、臭味很大，粪便中残留大量未充分消化的饲料颗粒。饲料便不仅严重影响猪体对营养的吸收，而且会增加猪舍内氨气、硫化氢的排放；饲料营养不均衡容易导致猪的腹泻和便秘。

健康猪的呼吸频率在每分钟15～30次，呼吸频率越低，说明氧气越充足；呼吸频率加快，说明缺氧，此时如果猪体温正常说明可能是猪舍内空气质量不好造成的缺氧；如果体温有变化说明呼吸道有病变导致氧气和二氧化碳交换障碍。

健康猪睡眠时最舒服的姿势是四肢摊开，表现出其他睡姿时要注意体感温度是否太低或睡眠的地面是否太硬对皮肤有磨损。聚堆睡眠、体温没有明显变化，说明环境温度太低；四散分开睡眠而呼吸频率加快，则说明环境温度过高。

健康猪行走时四肢很有弹性，出现踮脚、跛行时，可能是地面过于光滑、湿度大、太凉，也可能是蹄底球部有裂口。

健康猪的叫声是清脆的，出现嘶哑的叫声时，可首先检测猪舍内空气质量是否存在有毒有害气体超标的情况。

从猪群的外观来观察，我们能够识别出寄生虫感染、内部中毒、营养吸收异常以及贫血4种亚临床症状。这些亚临床症状的存在，反映出猪群没有受到充分的关注和照顾、动物福利不足。尤其对于具备这4种亚临床症状的猪做血常规检查，往往会发现其血红蛋白、红细胞、白细胞和血小板等指标明显区别于健康猪。

6.1.4.2　猪群非特异性免疫力的建立

猪群亚临床症状主要有：寄生虫感染、自体中毒、吸收障碍和气血亏虚。

寄生虫感染：典型的亚临床症状包括猪的面部、耳根处、腋下、耳廓内、蹄冠处以及后背猪鬃处有疥螨感染，个别猪粪便内有寄生虫的成虫。用显微镜做寄生虫虫卵检测会发现大量可疑虫卵，跟踪屠宰猪也会发现体内寄生虫痕迹。体内有寄生虫移行时，猪只可能会有磨牙嚼沫、异食、攻击性增强等行为。而对于那些高温高湿、鼠类猖獗、飞鸟进入舍内的猪群，容易感染钩端螺旋体、衣原体和附红体，饲养管理常用多西环素或中药进行防治。在养猪生产过程中，我们可以把寄生虫分成四类：皮肤寄生虫，主要有疥螨、猪虱和软蜱，尤其软蜱是非洲猪瘟病毒的宿主；肠道内寄生虫，主要有蛔虫、绦虫、结节虫、小袋纤毛虫；血液寄生虫，主要是附红细胞体；组织内、器官内移行的寄生虫主要是蛔虫的幼虫、肺丝虫、肾虫和鞭虫。寄生虫感染后首先和猪体争夺营养，加剧气血亏虚，体内移行之处容易引发炎症。寄生虫的外毒素会加剧自体中毒，还会携带致病微生物。

自体中毒：表现为眼下流泪→泪斑→青眼圈→结膜炎，可视黏膜发绀，皮肤散在大量铁锈样渗血点，新生仔猪外阴红肿，小母猪外阴肿大，阴道流出灰白色黏液，乳房肿胀，蹄壳暗淡无光泽，尾尖或耳尖干性坏死，反复呕吐，个别猪出现水样腹泻、便秘、淋巴结肿大发青等亚临床症状。自体中毒主要来源于饲料原料的霉菌毒素、农药残留和抗生素，其次是环境中的有毒有害气体。

吸收障碍：表现为非传染性腹泻、饲料便、便秘。吸收障碍的外因包括摄入的食物不适应、抗生素等止泻药物滥用，腹部实感温度太低，应激因素；内因是肠道内菌群失调、酶失活。

气血亏虚：皮肤苍白贫血、呛毛，耳壳淡蔷薇色，可视黏膜苍白或黄染，耳静脉不明显（有炎症时静脉怒张），呼吸浅表，肢体末梢干性坏死，体温偏低，蹄底球部裂口、蹄壳开裂等亚临床症状。血常规检测会发现红血球过低，补充铁制剂后并不能改善这些症状，中大猪注射铁制剂极易过敏死亡。猪群中寄生虫感染、自体中毒和吸收障碍加剧了气血亏虚,而集约化养猪模式下,育肥猪需要高速生长,种猪要承担繁重的繁殖任务,猪群又经常处于各种疾病感染的压力之下,这些无疑也加剧了猪群的气血亏虚。

养猪生产是一个和疾病博弈的过程,为确保猪场生物安全,养殖者所有工作的目的都是要根除群发性疾病。想要根除群发性疾病,就要通过搞好动物福利来建立非特异性免疫力从而消除亚临床症状来实现;要防控传染病,就要在做好生物安全、减少病原接触猪的基础上,一方面建立非特异性免疫力,另一方面做好基础免疫。而要实现这两点,还要完善猪场的生产管理体系。

6.1.5 猪场的疾病防控

猪病防控是做好养猪生产的关键。猪病学会把疾病按照寄生虫病、病毒病、细菌病、真菌病、营养代谢病等进行分类,然后逐一进行阐述。而现实中的猪场,一般疾病不会接踵而至的发生。在养猪生产过程中,如果采用一病一防的策略,那猪场只能沦为"兽医研究院",而无法做好养猪生产。由于生物安全体系出现巨大漏洞导致病原体大量进入猪场引发传染病的情况较少,而大多数情况下,困扰养猪生产的是经常性、反复性、阶段性、小范围发生的疾病,这类疾病用药治疗后可以控制,但断药后复发,痊愈后也不产生免疫力,当调整环境、营养或饲养管理方案后,可以降低该类疾病的发病率。

采取适当的防控手段可以帮助减少猪病的发生。养猪场应定期进行驱虫,以减少寄生虫病的发生,驱虫的时间和方法应根据不同的寄生虫和猪的年龄和体重而定,一般建议在猪只 3 个月到 6 个月大的时候进行第一次驱虫,之后每 3 个月进行一次驱虫;猪舍进行定期消毒杀菌,保证猪群生存环境的安全性,并且经常换用消毒剂避免产生抗药性;保持猪舍适宜的温度和湿度、控制氨气浓度、保持通风等都是预防猪群受到环境刺激引发疾病的关键;定期清洗饲喂器具和饮水设备、严格控制饲料和水源的质量、合理安排饲喂计划等都是预防猪病发生的重要措施;对于常见的病毒和微生物,疫苗接种是预防猪群感染的有效措施,同时进行定期的健康状况检测,及时发现和处理患病猪,可以有效地减少疾病的传播和发生。

6.2 建立适合本场的"治未病"养猪生产体系

养猪生产体系由 3 个要素组成:生物安全体系、免疫完善(非特异性免疫力和特异性免疫力建设)体系和生产管理体系。生物安全是指通过加强硬件设施和管理手段等减少病原微生物接触猪的过程,主要方法包括减少病原进入猪场和猪群、阻断病原在猪群内的传播,以及出现病原感染及时有效杀灭病原等。免疫完善是指通过改善动物福利帮助动物建立非特异性免疫力,并在此基础上做好猪群常规的基础免疫。生产管理是指通过制定养猪生产的目标、标准和计划,弥补各项工作的漏洞、协调养猪生产中各项工作的矛盾,并做好各阶段养猪的细节流程,在保证猪群稳定健康的同时,进一步降低生产成本、提高生产成绩。

6.2.1 建立猪场的生物安全体系

大量致病微生物涌入猪群是传染病发生的先决条件。以非洲猪瘟为例，一方面，大量非洲猪瘟病毒入侵导致猪场免疫失败，加速猪瘟传播，另一方面，如果缺乏病毒入侵先决条件，弱免疫状态猪群也不会发病。建立良好合适的猪场生物安全体系，需要注意以下方面：

（1）猪场选址远离生物安全危险因素，如远离其他养殖场、屠宰场、居民区和公路主干线等，同时避免在地势低洼易遭水灾处建场。

（2）猪场完善的生物安全硬件设施是关键。猪场应具备最基本的全封闭的围墙和大门，全场区道路铺设硬化路面；猪场前端有供消洗的封闭房间，猪舍内有供洗手消毒、换靴子和工作服的独立房间；猪舍可以隔离、封闭消毒和加热到室温；猪场墙体使用小单元实心墙，猪舍外配备排污管道；高床饲养，且猪舍建设与批次化生产相匹配。不同地区、不同规模和养殖模式的猪场，硬件设施不尽相同，主要在于方便人员消洗，且阻断病原传播。

（3）重点关注猪场引种和卖猪环节，这对于猪场的生物安全至关重要。

（4）做好饲料原料存取相关工作，根据病原微生物生理特性，采取相应措施降低病原微生物滋生和存活机率。如室温条件下，饲料原料放置11天，可使其中包含的非洲猪瘟以及绝大多数致病微生物丧失致病能力。

（5）禁止接触本猪场以外的猪和猪肉，避免发生交叉污染，破坏猪场的生物安全体系。

（6）水源安全对建立猪场生物安全体系至关重要，避免水中病原微生物成为疾病传染源。

（7）在猪场中，猪作为非单独个体存在，与猪群的相处存在潜在危险，猪群周转危险需格外注意。

（8）在猪场中，人是移动的传染源。饭后洗手、进猪舍洗手和更换衣服靴子要比踩踏消毒效果更佳。

（9）避免猪场内出现猪和人以外的其他动物。

（10）提高优质兽医服务，减少引入最直接的传播病原。如使用合格的生物制品，兽医器材使用前经过严格消毒。

（11）卖猪、转群、物资进场、人员进出等，带猪消毒更有利于猪场的生物安全。考虑到消毒剂（化学消毒）的刺激性和毒性，除了舍内和场地等使用化学消毒，其余建议使用效果更优的物理消毒。

建立生物安全体系时，需根据自己猪场的实际情况，找出所有危险途径，做出相应对策并进行验证。通常情况下，执行力直接关系猪场生物安全的成败。

6.2.2 建立猪群的非特异性免疫力

做好动物福利才能消除亚临床症状,消除亚临床症状才能建立非特异性免疫力,建立非特异性免疫力才能根除群发性疾病。猪场中猪的动物福利主要包括环境、营养、兽医服务和饲养护理等方面。

6.2.2.1 猪场环境因素

猪场环境因素主要包括:温度、湿度、风速、密度、空气清洁度和舒适度。温度、湿度和风速三者之间有着微妙的关系,温度相同,湿度和风速不同时体感温度也不一样。而猪在不同生长阶段的生命体征尤其是体温不一样,所以对环境温度、湿度和风速的要求也不尽相同(表6-1,表6-2)。评判猪舍温度时,不能简单以温湿度表和风速计来认定是否适宜,而应该以猪的体感温度为标准。

表 6-1 不同阶段猪的生命体征

猪年龄	直肠温度(℃)	呼吸频率(次/min)	心率(次/min)
新生猪	39.0	50 ~ 60	200 ~ 250
1 h	36.8		
12 h	38.0		
未断奶猪	39.2		
保育猪	39.3	25 ~ 40	90 ~ 100
中猪	39.0	30 ~ 40	80 ~ 90
怀孕母猪	38.7	13 ~ 18	70 ~ 80
产前 24 h 母猪	38.7	35 ~ 45	
产前 12 h 母猪	38.9	75 ~ 85	
产前 6 h 母猪	39.0	95 ~ 105	
第一仔出生母猪	39.4	35 ~ 45	
产后 12 h 母猪	39.7	20 ~ 30	
产后 24 h 母猪	40.0	15 ~ 22	
产后 1 周至断奶	39.3		
断奶后 1 天	38.6		
公猪	38.4		

表 6-2 不同阶段猪的适宜温度

猪别	日龄(d)	适宜温度(℃)
刚出生	出生几小时	32 ~ 35
	1 ~ 3	30 ~ 32
哺乳仔猪	4 ~ 7	28 ~ 30
	14	25 ~ 28

猪别	日龄（d）	适宜温度（℃）
	14～25	23～25
保育猪	26～63	20～22
生长猪	64～112	17～20
育肥猪	113～161	15～18
公猪		15～20
产仔母猪		18～22
妊娠空怀母猪		15～20

适宜的密度。猪需要足够的生活和运动空间。猪缺乏足够空间会出现代谢障碍、体能和器官机能下降等问题；密度过大，舍内空气质量变差，猪舒适度不好，经常发生打斗现象。在养猪生产中，同面积猪舍饲养70%的猪比满负荷养猪生产成绩更好，利润更高（表6-3）。

表 6-3　猪群适宜的密度

阶段（kg）	密度（m²/头）	群体（头/栏）	食槽宽度（cm）
保育猪	0.4	16～34	18～22
20～50	0.6	16～34	30～35
50～70	1	16～34	35～40
70～100	2	16～34	35～40
100 以上	3	8～16	40～45
种公猪	10	1	55～60

猪舍内有害气体浓度和粉尘数量可以表征空气清洁度，这些物质不仅可以引起化学性肺炎和异物性肺炎，还可以造成自体中毒，严重影响生产成绩。

空气清洁度不好的主要原因：一是粪便消化不充分，产氨、产硫物质含量高；二是粪便在猪舍中留存时间长。解决办法：一是增加有益菌和酶制剂，提高饲料转化率，二是及时清理粪便或者直接把粪尿沟建在猪舍墙壁外侧，如图6-1所示。

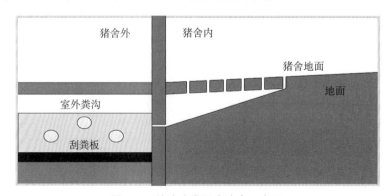

图 6-1　外建式粪尿沟猪舍示意图

6.2.2.2 营养

空气、水和饲料是养猪前三重要的营养要素。饲料在整个养猪生产成本中所占比例最大，而阳光作为重要营养因素可以促进钙的吸收和有效灭菌。不同品种（系）的猪，在不同环境、不同管理模式以及感染压力下，对饲料营养的需求不一样，所以饲料营养应适时调整。规模化猪场可以选择与饲料厂合作代加工生产所需全价饲料，1 000头以下母猪的中小猪场应先选择更加灵活的预混料，与营养师合作进行调整并跟踪应用效果。

6.2.2.3 兽医服务

兽医服务是一把双刃剑，做好了可以有效防控疾病的发生并挽救更多的猪，反之会产生中毒、散毒和更多的应激。绝对禁止使用非法的生物制品，包括自家疫苗、白瓶疫苗、违禁的包治百病的神药，最大限度地减少抗生素和疫苗的使用，应通过更多的动物福利和抗病营养以及护理手段来减少发病。

6.2.2.4 饲养护理

猪场需要管理，猪群需要护理。在尽量做好动物福利的同时，应树立各阶段猪的健康标准，始终关注猪的亚临床症状，并及时消除寄生虫、自体中毒、吸收障碍和气血亏虚症状。

（1）猪场驱虫。

基于猪场实际需要，应从猪体不同部位多发的寄生虫、宿主与猪接触的频繁度、对驱虫药物的敏感度和血药浓度等来全面综合考量。

猪的皮肤寄生虫主要是疥螨和软蜱（非洲猪瘟病毒的宿主）。疥螨和软蜱不仅感染在猪的表皮，在猪舍环境、地面、墙壁、缝隙里都能生存很久时间。伊维菌素、莫西菌素无疑是口服驱虫药中对付这类寄生虫的理想药物，但是对于真皮层以外、环境中的寄生虫就无能为力了，这就需要配合使用辛硫磷或阿维菌素透皮剂做皮肤和环境喷洒杀虫。

猪的肠道内的寄生虫也比较容易驱除，无论是左旋咪唑类还是中药驱虫散都有良好效果。但是蛔虫仅仅是成虫阶段在肠道内，而幼虫阶段是在体内移行的，经右肝入肺；而肺丝虫、肾虫和鞭虫等常见寄生虫也在体内的肺脏、肾脏等器官内、组织内移行。伊维菌素类驱虫药物对他们的效果不理想，左旋咪唑类药物在肠道内又很难吸收，血药浓度不够，这就需要使用发酵中药驱虫散。

猪附红细胞体病是一种血液病原虫，附红细胞体寄生于猪的红细胞表面或游离于血浆、组织液及脑脊液中，引发"猪红皮病"；当猪舍有飞鸟进入时，还需考虑衣原体病的发生；当猪场位于高温高湿、鼠类猖獗的地区时，要考虑钩端螺旋体发病的可能。多西环素和发酵中药驱虫散对以上疾病都是有效的。由于口服驱虫药基本上对寄生虫虫卵无效，而从虫卵发育到蚴或幼虫至少需要7天时间，而很多寄生虫的受精卵发育到感染性虫卵也需要7天时间。因此，一个驱虫给药期不能短于7天。生长育肥猪2次驱虫，每次驱虫时间要大于7天，两次间隔21天；种猪由于饲养年限比较长，一般可采用首次驱虫时间隔 21 天连续 2 次驱虫，之后每间隔 3 个月驱虫 1 次的模式。

很多驱虫药不能直接杀灭成虫，而是麻痹虫体脱离猪体。驱虫给药期间猪会加剧排出虫体和虫卵，因此驱虫期间不能转群和混群。由于现在猪场普遍采用精准饲喂模式，妊娠母猪和种公猪处于限饲状态，有个别的猪因为换料或者其他疾病问题，可能会采食量不足。如果口服驱虫给药期间，按照药物的每吨饲料添加量投药，有很多猪会因吃不到足够剂量的驱虫药导致驱虫不彻底，而在停药后出现再度感染。因此理想的给药方式是按照公斤体重给药方式。寄生虫感染严重的猪群，接种疫苗时出现过敏和免疫失败的可能性比较大，而且会加剧感染。因此，疫苗免疫一般在驱虫之后进行。对于自繁自养的猪场，做月工作计划的时候，就要合理设定驱虫时间，避免与转群等其他工作发生冲突，尽量在驱虫后安排免疫接种。

（2）自体中毒解除和避免。

再好的解毒办法也不如不发生自体中毒，毒素入侵组织和器官后就会发炎病变。尤其毒素会导致肝脏内血流速下降，轻度时肝脏肿大，严重时肝脏萎缩硬化，加剧脾头肿大，并抑制骨髓造血功能。如果是空气质量问题引起自体中毒，猪只会表现从流泪开始、到眼下出现泪斑、到结膜炎，最后到眼圈发青。这就要从流泪开始解决猪舍空气质量问题，可以采取以下几个方法并用。由于越是靠近地面有毒有害的化学气体浓度越高，所以要采用高床饲养，让猪群远离地面，同时做地面通风；粪便、尿液和猪舍内容易发酵的有机物是产生有毒气体的来源，一定要及时清理，有条件的猪场可以采用舍外下水道配合自动刮粪机；保证猪群充足饮水，减少尿液氨气；给猪的饲料中加入酶制剂，让猪消化吸收的更加充分，减少粪便产生硫化氢和吲哚等臭气；降低化学消毒药的带猪消毒频率和浓度，补充、增加猪舍环境中的有益菌。

根据猪的采食、睡眠、玩耍姿势和呼吸频率，判断猪舍温湿度和风速是否符合猪的生理需求，随时调整温湿度与风速，让猪更舒服。如果是霉菌毒素中毒，首先要保证饲料原料的清洁度，加工的饲料原料要经过除尘筛；加工好的饲料不能储存在猪舍，猪舍内的温度高、湿度大极易霉变，饲料槽和料线必须及时清理；水箱和水线也要定期清洗，防止水内有机物腐败变质。饲料添加解霉剂已经是约定俗成的，只是注意区分脱霉剂和解霉剂。如果是以膨润土为主的脱霉剂，使用后猪只会表现呛毛、皮毛无光泽、便秘等症状。现在的复合型霉菌毒素降解酶技术已经很成熟，使用后不会出现饲料中某些微量元素和维生素被吸附的现象，在消除霉菌毒素症状的同时，猪只皮毛也会更有光泽。

关于抗生素。抗生素会诱导内毒素的释放，形成内毒素血症；抗生素本身具备毒副作用；抗生素会造成菌群失调，从而造成机体的免疫抑制。现实猪场中的群发性疾病的治愈，往往是依靠猪群自身免疫力而非抗生素。抗生素的滥用扮演了一个诱导发病的角色，在疾病的治疗中仅仅起到了杀菌的作用，并且会无差别地杀灭有益菌和有害菌。而决定免疫力水平高低的却是动物福利水平。如果把滥用抗生素、疫苗的投入和研究绝招妙药的精力，都放在提高动物福利上，猪病也就不会这么多了。

此外，来自寄生虫的外毒素、饲料原料的农药残留、不洁饮水中的毒素、过度消毒后化药的毒素、反复应激进一步产生自由基等都在加剧对猪体健康的损害。猪的汗腺又不发达，很难通过出汗来排毒解毒。降低各种毒素对猪健康的危害，既要确保摄入食物和水的清洁，又要从动物福利角度增加猪的运动空间和饮水量，还要利用抗病营养剂如酶制剂加速对体内毒素的降解和排出。

（3）吸收障碍的表现、成因与解决办法。

吸收障碍有3种表现形式，分别是腹泻、便秘和饲料便。

腹泻已经引起规模养猪场的过度重视，在过去的很多年，为了防止腹泻的发生，养殖场常在饲料里添加大量的抗生素和锌制剂，此外还会用注射抗生素的方式预防腹泻发生。这一切无疑在加剧自体中毒的同时又加剧了应激。因此，自2020年饲料中全面"禁抗"以来，仔猪腹泻成为一个更加严峻的产业问题。

便秘已经开始得到养猪人的重视，但是重视程度不够。便秘不仅加深自体中毒程度，还会引发更多的疾病表现，尤其对于母猪和仔猪。

饲料便还没有被大多数养猪者重视。其实养猪是一个用饲料换肉的过程，猪吃进去饲料，排出来的粪便少，换来的肉就多，反之排出来的粪便多，换来的肉就少。饲料便不仅造成饲料浪费，由于吃进去的刚好能满足猪的生长需求的饲料没有被充分吸收利用，就会造成营养不良—气血亏虚—免疫力下降。

猪群吸收障碍的主要影响因素是寄生虫病、自体中毒和气血亏虚，而吸收障碍又会加剧气血亏虚程度。其他影响因素还包括腹部实感温度不适宜、日粮组成不适宜、机械化养猪造成肠道有益菌不足、消化酶缺失。生产实践中，我们发现，把母猪从限位栏里解放出来，采用半限位栏，水料饲喂并添加酶制剂后猪群亚临床症状消除很快，而消除亚临床症状的母猪所分娩的仔猪腹泻率降低。断奶后增加奶粉供给量，粥料饲喂，添加酶制剂，做好保温、降低应激等工作，小猪腹泻率降低。

（4）猪群气血亏虚问题。

规模化养猪生产中，人类要获得更高的经济回报，种猪就会长期处于高强度繁殖需要之中，生长育肥猪需要快速地生长，这是气血亏虚的根本。而由于寄生虫、自体中毒、吸收障碍等因素的存在，也就让猪群气血亏虚表现得更加严重。

纠正气血亏虚，首先需要消除寄生虫、自体中毒和吸收障碍这些抑制因素，然后保证猪群有清洁、充足的氧气供应，另外还要保障足够的造血原料（如蛋白质、铁和叶酸），保障肝脏血流速度，才能提高骨髓造血机能。

实践中发现，消除寄生虫、自体中毒、吸收障碍、气血亏虚这4种亚临床症状的猪群，四大群发性疾病也消失了。另外发现，对于蓝耳病阳性猪场，蓝耳病也稳定不再发病了；对于发生新生仔猪3日龄内呕吐、腹泻、高死亡率的猪场，这种病症也不再发生。

猪群建立起强大的非特异性免疫力之后，根据猪场的实际需要，选择本场必须免疫的疫苗，再根据实验室抗体检测的意见和建议设定免疫程序就很难再出现免疫失败的现象。

6.2.3 建立猪场的生产管理体系

生产管理指的是通过制定养猪生产的目标、标准和计划，弥补各项工作的漏洞、协调养猪生产中各项工作的矛盾，并做好各阶段养猪的细节流程，在保证猪群稳定、健康的前提下，进一步降低成本、提高生产成绩。

6.2.3.1 设定生产方向和目标

有了明确的工作方向和目标，才好制定合理的工作计划。在非洲猪瘟没有得到完全净化之前，我们可以把猪场生产管理的方向和目标暂时设定为：

（1）母猪 > 10 胎次高产。三元母猪多、回交母猪多的猪场可以设定如下生产成绩作为目标：PSY > 23 头；MSY > 22 头；仔猪 70 d 最小重 30 kg。

（2）母猪群闭群饲养，选择本场最优秀的母猪划分核心场和商品场。小规模猪场公猪精液可以外引，本场保留试情公猪。

（3）制定周批次生产计划，场内全进全出。生长猪直线育肥，降低转群风险。

6.2.3.2 猪场工作计划设定原则和模板

猪场工作多且繁杂，合理的工作计划有助于建立忙而不乱的工作节奏，减少人力物力资源浪费。如避免长期空窗造成的人力资源浪费现象，也避免买卖猪、转群、接产、配种、免疫、消毒等工作集中在同一时间段，出现人手紧缺现象。主要内容包含：

（1）避免疫苗免疫接种当天及前后一天与消毒、转群、去势等工作同时进行，遵循伪狂犬免疫在先原则，且疫苗免疫最好在驱虫之后进行。

（2）买卖猪、饲料等物品进场、人员进场、猪只转群等生物安全潜在危险发生的同时必须全场消毒，且猪只转群必须单向流动。

（3）配种和分娩时不适合普免疫苗。热应激最严重的时间段不适合普免疫苗和配种。

（4）母猪接产、配种查情、卖猪、免疫等任何两种工作，都不适合在同期（一周之内）发生。

可以根据本场内产房与产床数量、母猪数量和结构以及猪栏情况，设定自己猪场的周批次生产计划，并把这些工作合理地安排到每一个月的某一周，保证工作有条不紊进行。现提供一个猪场的月工作计划模板做参考（表 6-4）。

表 6-4　月工作计划模板

月份	第 1 周	第 2 周	第 3 周	第 4 周	月末	备注
1	口蹄疫疫苗接种	伪狂犬病疫苗接种	上床分娩	下床配种	卖猪消毒驱虫	
2	选后备猪		上床分娩	下床配种	卖猪消毒	
3	猪瘟疫苗接种		上床分娩	下床配种	卖猪消毒	

续表

月份	第 1 周	第 2 周	第 3 周	第 4 周	月末	备注
4		乙脑疫苗接种	上床分娩	下床配种	卖猪消毒驱虫	
5	口蹄疫疫苗接种	上床分娩	伪狂犬病疫苗接种	卖猪消毒	下床配种	
6	选后备猪	上床分娩		卖猪消毒	下床配种	
7		上床分娩		卖猪消毒驱虫	下床配种	
8		上床分娩		卖猪消毒	下床配种	
9	上床分娩	下床配种	卖猪消毒	口蹄疫疫苗接种	猪瘟疫苗接种	
10	上床分娩	下床配种	卖猪消毒	伪狂犬病疫苗接种 选后备猪	猪只流转	
11	上床分娩	下床配种	卖猪消毒驱虫			
12	上床分娩	下床配种	卖猪消毒			
备注	普免疫苗时未免疫猪补免；产前 3 天上床					

月工作计划的执行需要和日常工作（饲喂、检查、清扫等）相结合，因此需要做周工作计划。周工作计划要把每一项工作落实到具体每一天的哪个时间段，落实到具体负责人和执行人。

6.3 猪群各阶段的健康管理模式

如果说猪场生产体系的三要素：生物安全、免疫完善和生产管理是"纲"的话，那么猪群各阶段的健康管理就是"目"，所谓"纲举"才能"目张"。

6.3.1 后备母猪的健康管理

面对非洲猪瘟等重大疫情的压力，每增加一次引种，都会给猪场带来巨大的压力。而要降低引种风险、减少引种次数，就要保证母猪＞10 胎次还能保证高产的成绩，这就需要从后备母猪抓起。

规模猪场一般是饲养纯种母猪和二元母猪，民间的家庭猪场饲养三元母猪已经有很多年历史。而从非洲猪瘟之后，在克服猪场母猪紧缺问题的同时，为了降低车辆或人员的接触风险，三元猪中的母猪被大量挑选出来进行繁殖。三元母猪的生产成绩会略低于二元母猪，但是无论二元母猪还是三元母猪，在对于它们的健康管理上都是一致的。

后备母猪最好在 90 ～ 100 日龄的猪群中挑选体重达到 45 kg 的母猪，这样的母猪健康程度更高。体重 45 kg 之前按育肥猪饲养管理，45 ～ 130 kg 按后备母猪饲养管理，130 kg 后进行短期优饲可进入配种。

后备母猪正处于快速发育的阶段，尤其在 90 日龄到初情期是乳腺的第一次发育期，

209

合理的饲喂才能保证哺乳期的泌乳能力。后备母猪需采取前高后低的营养水平，后期的限制饲喂极为关键，通过适当的限制饲养即可保证后备母猪良好的生长发育，又可控制体重的高速度增长，防止过度肥胖。后备母猪要采用专用的后备母猪饲料，蛋白质、氨基酸、纤维素、维生素、矿物质水平要求略高于育肥猪。当后备母猪体重达到 80 kg 左右时开始适当限料，日喂量在 2.0 ~ 2.5 kg／头，但应在配种前 2 周结束限量饲喂，以提高排卵数，或者体重 130 kg 时换成哺乳饲料自由采食。在后期限制饲养的较好办法是增喂优质的青绿饲料或在日粮中增加膳食纤维，既能有饱腹感又不至于饲喂过肥。注意限饲母猪以排香蕉便为最佳，一定要保证粪便不能干燥或出现饲料便。

后备母猪适合大栏小群体饲养，每栏不超过 12 头，每头占地面积 > 3 m²；睡眠区要有橡胶垫板，活动区地面湿度不能过大、不能过于光滑，最好使用砖制地面。每天至少要有 6 h 的光照时间，最好有室外运动场。

为了方便繁殖母猪的饲养管理，后备猪培育时就应进行调教。一要严禁用粗暴的方式对待猪只，建立人与猪的和睦关系，从而有利于以后的配种、接产、产后护理等管理工作。二要训练猪养成良好的生活规律，如定时饲喂、定点排泄等。三要经常驱赶母猪到运动场运动，防止围产期母猪上产床困难。

后备母猪体重 100 kg 起彻底驱虫后，依次免疫伪狂犬、猪瘟、口蹄疫和细小病毒疫苗，各苗接种间隔 10 天以上。至体重 130 kg 起更换哺乳母猪料自由采食进行短期优饲；每天把结扎的公猪赶到母猪栏内至少 1 h 进行诱情，没有诱情公猪的猪场可以采用模拟公猪配合在母猪外阴上涂抹精液的办法；待配母猪最好与断奶发情母猪做邻居。

后备母猪 8 月龄、体重达到 140 kg 以上，待第二次发情进入配种，未发情的母猪直接转入育肥饲养。母猪适合选择脖子长、体躯长、乳头长，蹄肢粗壮的留种，否则会造成产仔数量少、淘汰率高。

6.3.2 发情配种母猪的健康管理

为了更好地防控疫情，实行批次化生产全进全出管理是必要手段，这就需要从做好母猪的同期发情配种开始。

每一栏中最先发情并且发情最有规律的母猪，一般都是健康评分很高的母猪，这说明消除亚临床症状是非常重要的事情。根据产房周转的需要，可以集中一些已经出现第一次发情并经过 2 周时间的后备母猪，再通过提前断奶或延后断奶的办法把一部分哺乳母猪与这些待配后备母猪混群，加强运动、光照，补充青绿饲料，增加与诱情公猪的直接接触，使之同期发情配种。诱导同期发情是一项繁杂而细致的工作，一定要有足够的耐心。

后备母猪第一次配种最好采用结扎公猪进行一次交配，之后采用人工输精。人工输精之前，一定要对输精管、精液瓶子和待配母猪的臀部、外阴以及输精员的服装、靴子和手做好消毒工作。输精时一定要有耐心，完成一头母猪整个输精过程大约需要 15 min。输精时要对母猪乳房按摩刺激，最好母猪对面有诱情公猪，也可以在输精前 6 h 以内给母猪注射一次促排 3 号，输精时一瓶精液中混入一支缩宫素。母猪发情后外阴会红肿，发情结束前红肿症状会逐渐消退，在外阴红肿刚开始消退而出现褶皱时，一定输精一次，此时受孕率最高。后备母猪配种后可能会出现返情，如果距离上次配种日期间隔短于 18 d，说明上次配种过晚，如果长于 21 d，说明上次配种过早。不发情是后备母猪饲养管理中最头疼的一件事，使用催情药物也不理想，则会造成更多的母猪被淘汰。后备母猪不发情、假发情（外阴红肿流出黏液，却没有静立反射）、产仔数量少或屡配不孕的最主要原因在卵巢。母猪发情期间隔 18 ～ 21 d，每次发情持续 48 ～ 74 h，每次发情排卵 25 枚左右，排卵开始出现在发情后的 24 ～ 48 h，排卵高峰出现在发情后的 36 h。母猪年龄越小，发情后排卵越晚，母猪年龄越大，排卵越早，所以民间经验有"老配早、小配晚、不老不小配中间"的说法。母猪能否怀孕并且受胎率高，至少 50% 取决于母猪，30% 取决于精液品质，20% 取决于输精操作。

　　输精配种前最重要的是母猪健康调理。要想提高配种受胎率，首先需要有发育健全、数量更多的卵子。卵子存在于卵巢的卵泡中，未发情母猪的卵泡很小，发情期母猪的卵泡发育很明显，像一串晶莹剔透的小葡萄，每一个卵巢的直径可达到 5 mm 左右。卵泡由小到大的发育过程中需要供给母猪足够的营养，如果提供的营养尤其是生殖营养不充分，卵泡发育就会不健全；如果母猪处于气血亏虚状态，也就没有足够的血液运输营养到卵巢。此外，卵巢怕毒素，当卵巢受到玉米赤霉烯酮以及其他一些具备类雌激素作用的毒素侵蚀后，卵泡就会发育不全，虽然母猪会表现出外阴红肿、流黏液甚至流脓现象，但是不会排卵，也不会出现静立反射，属于假发情。卵巢怕热，当猪舍环境温度超过 26℃以上，母猪发情排卵就会受到影响，温度更高时，比如夏季热应激条件下，母猪很难发情。

　　因此，要想提高配种受胎率，首先要保证母猪正常发情排卵，在给母猪提供相应的饲料、适宜温度（18 ～ 22℃）的基础上，还要消除 4 种亚临床症状：寄生虫、自体中毒、吸收障碍和气血亏虚。其次要保证精液品质。每次输精之前，对本批次使用的精液都要用显微镜检查精子数量、精子活力和畸形比例，只有合格的精液才能使用。

6.3.3　妊娠母猪的健康管理

　　母猪分娩时最大的难题就是产活仔数量少和新生仔猪活力不足，且这种现象一旦发生，就没有挽救的机会。胚胎的早期死亡以及新生仔猪活力不足的根源一般是母猪健康评分太低，亚临床症状严重。

　　妊娠母猪皮毛的健康标准和体况标准如图 6-2 和图 6-3 所示，如果妊娠母猪都能养到这个标准，那么生产成绩自然就高起来了。

图 6-2　健康妊娠母猪的皮毛情况

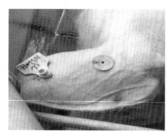
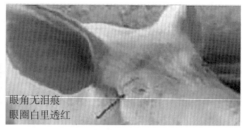
眼角无泪痕
眼圈白里透红
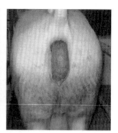

图 6-3 健康妊娠母猪耳静脉、眼睛和粪便情况

母猪配种后，原则上应该换成妊娠母猪料并严格限饲，防止饲喂过肥导致胚胎早期死亡。但是，如果配种后母猪体况偏差或亚临床症状严重，应继续使用哺乳母猪料且适当限饲，以保证高产仔数以及新生仔猪的活力。

新生仔猪体重不均匀，一般是母猪排卵间隔时间太长，后期排出的卵子比前期排出的卵子晚 16～24 h，从受精这一步就晚 1 d 左右，所以体重相差很大。这个问题可以通过输精前 6 h 内给母猪注射促排 3 号，一瓶精液加一支缩宫素的办法来解决。新生仔猪活力不足，体重普遍较小的主要原因是母猪气血亏虚，没有足够的血液和流速供应给子宫内胎儿足够的营养。新生仔猪若患有结膜炎，甚至腹股沟浅表淋巴结肿大发黑，一般是母猪摄入过多毒素造成自体中毒的结果。

母猪妊娠 75～95 d 是乳腺发育的第二个重要阶段，这个阶段不能饲喂过肥，尤其注意膳食纤维的供给，二元母猪以体况评分 3 分为适宜，三元母猪以体况评分 3.5 分为适宜。母猪妊娠 95 d 时检查母猪乳腺发育，乳腺发育不理想的要及时补充生殖营养并关注亚临床症状，否则产后泌乳能力很难满足仔猪的需要。母猪妊娠 95 d 后，胎儿处于高速生长期，需要更多的营养，一般可以从妊娠 96 d 开始更换哺乳母猪饲料，并根据背膘和环境决定饲喂量，水料饲喂或用水槽额外给母猪补充饮水。妊娠母猪适合使用高床饲养，大群饲喂，每栏 4～8 头，每头母猪占地面积要大于 3.5 m²，采用半限位栏饲养，把攻击性最强的母猪关起来。母猪不要直接睡在水泥地面，睡眠区要有橡胶垫板（图 6-4）。

图 6-4 妊娠母猪栏位

6.3.4 围产期母猪的健康管理

母猪分娩前 7 d 至分娩后 7 d，称为围产期。母猪围产期的最大难题就是产程过长。

猪是四肢行走的多胎动物，分娩时不需要打开骨盆启动硬产道，只需要子宫颈口开放打开软产道即可分娩，因此不存在真正意义上的难产，出现的问题往往是产程过长。正常母猪从启动分娩到胎衣排出需要 2 ～ 3 h，如果分娩过程超过 3.5 h 就视为发生了产程过长。母猪分娩时产程过长，可能会出现新生仔猪窒息死亡或活力下降，母猪发生子宫炎、乳房炎、产后不食以及泌乳不足导致仔猪成活率和断奶重下降，还会出现仔猪黄白痢。仔猪发生黄白痢后体能下降，对母猪乳房的吮吸不足，会造成乳腺第三次发育不良，而且会严重影响母猪断奶后的发情排卵。

母猪妊娠 112 d 时胎儿发育停止，不再增重。此时胎儿在子宫内的撞击会诱导脑垂体分泌催产素，在催产素的作用下，一方面乳房开始分泌乳汁，为新生的仔猪准备好足够的食物；另一方面子宫颈开始打开，启动分娩通道。胎儿能够从子宫中分娩出来自两种力量的作用，一种力量叫阵缩，这种力量来自激素作用于子宫角后，子宫角节律性收缩依次把靠近软产道的仔猪逐头送进产道。多胎动物只要启动分娩，催产素一般就不会缺乏，因此给分娩过程中的母猪使用催产素不仅没有必要，而且外源性注射催产素后会引起 2 条子宫角同时收缩，即会造成所有仔猪同时涌向软产道，结果造成产道拥挤，同时，由于大量羊水早期排出，后出生的仔猪由于软产道润滑不足而难产。另一种力量叫努责，这种力量来自肌肉，贯穿于整个妊娠期间，亚临床症状越严重的母猪越是阵缩无力。母猪分娩过程中，如果母猪便秘，大量干硬的粪便在直肠中会压迫软产道从而影响分娩速度，引起产程过长。产程越长，子宫颈口开放的时间越长，细菌越容易感染软产道甚至子宫颈；母猪体能消耗越大，产后恢复越难；脐带断掉的仔猪窒息死亡越多。

母猪妊娠 96 d 更换哺乳料加餐时，要再次对母猪健康程度进行评分，对评分低的母猪要尽快消除亚临床症状，防止分娩时阵缩无力引起产程过长。

母猪产前 7 d 时，一方面要准备好已经彻底消毒的产房，并备好相关分娩接产的用品，包括接生干燥粉、刺激性小的消毒药、温水、消毒毛巾、注射器和减牙钳子等；另一方面需要再次检查母猪体表，有寄生虫的可以用阿维菌素浇泼剂驱虫，皮肤有擦伤、蹄部有裂口的都要及时处理，尤其不能有便秘现象存在。

母猪产前 7 d 至前 3 d 调入产房时，一定要全进全出。实现全进全出要提前做好批次化生产规划。调入产房前，母猪要彻底洗澡并进行全身皮肤消毒，天气寒冷季节要注意防止母猪感冒。

由于母猪妊娠 112 d 起胎儿不再生长，且在分娩前要排空直肠防止软产道受到阻碍，所以在妊娠 112 d 后，可以给母猪每天减少饲料 1 kg，产仔当天不喂饲料。减少饲料量后，在上床应激和分娩应激作用下，母猪产后可能会发生便秘。为了防止便秘发生，母猪要增加饮水，并在饲料中增加足够的酶制剂。母猪饲喂量减少之后，还可能会造成分娩时体能不足，所以在减少饲料量的同时，为了保证母猪分娩时有足够的体能，可以每头母猪每天饲喂乳猪奶粉 150 ～ 200 g。

当母猪最后一对乳头能够挤出放线状的奶水时，羊水开始流出，一般 2 ～ 3 h 内就会分娩。妊娠母猪平时的体温在 38.4℃ 左右，呼吸频率在 10 ～ 20 次 /min，而分娩时体温可能达到 39.7℃，呼吸频率可以达到 50 ～ 90 次 /min。仔猪出生时体温在 39℃ 而

1 h 后就会下降到 36.8℃左右，因此在分娩前，需将保温箱和电热板进行预热。

母猪分娩前需要建立良好的人和猪的亲密信任关系，便于等待分娩的过程中给母猪做乳房按摩或用热毛巾做热敷。挤出一部分初乳备用，装在瓶子里并保证温度不低于 39℃，或准备好乳猪专用奶粉。

每出生一头仔猪，要及时掏净口中黏液，擦干体表，结系脐带并对断端消毒，剪牙后放入保温箱烘干，半小时后取出保证仔猪及时吃饱初乳。不会吃初乳的，要及时用注射器灌入 15～20 mL 准备好的初乳。对假死仔猪在掏净口腔中的黏液后进行人工呼吸，一手抓猪头颈，一手抓住后腿按呼吸频率拉伸。

分娩时如果间隔 20 min 还不见下一头仔猪生出来，要保证有仔猪在母猪旁边吃奶，同时用力在子宫角位置向产道方向推送。用消毒后的输精管试探是否有仔猪进入产道，如果有仔猪在产道，手臂消毒后将仔猪拉出来。如果软产道没有仔猪，可以把母猪驱赶站立运动，调整胎位。

通过固定乳头，试图让初生重小的仔猪吃到泌乳能力强的乳头，目的是让初生重更大的仔猪吃奶水少长得慢一些，然后等待初生重小的仔猪体重追上来，以提高断奶均匀度。

仔猪吃饱初乳后，对于初生重低于平均值的仔猪，把乳猪专用奶粉按 1∶8 的比例兑入 40℃的温水进行人工补奶，补奶量逐渐增加，直到仔猪能用槽子自己喝奶。仔猪能够自己喝奶后，可把兑好的奶粉放入教料槽。由于有的母猪两排乳头间距过宽，而放乳的时间只有短短的十几秒钟，这样就会导致有些仔猪吃不到足够的奶水。可以给母猪的躺卧区铺上 2.5 cm 厚度的橡胶垫板，这样既能够减少母猪乳房和皮肤的磨损，又能保证仔猪吃到更多的奶水。

母猪有 2 条子宫角，当我们在分娩时看到有 2 条只有一端开口的胎衣排出后，说明母猪已经完成本次分娩任务。此时，没有亚临床症状的体能良好的母猪能够站立起来寻找水和饲料以补充体能，而没有能力站立起来寻找食物的母猪，大多数是体力已消耗殆尽，可以用温水兑 150 g 仔猪奶粉，用瓶子从母猪嘴角灌入，吃过奶粉后体能便能补充上来。若母猪不喝奶粉，体温又高达 40.5℃以上，此时可能患有炎症，需要采取恰当的消炎措施。

母猪分娩结束能够采食后，注意饲喂量要逐渐增加，尤其要采用水料饲喂。

并不是所有母猪产后都要清洗子宫，只有产后不食、体温高于 40.5℃的母猪才需要使用药物处理。如果产后胎衣不下，可以对子宫灌注治疗子宫炎的药物，并于灌注 6 h 之后，注射氯胎素加速胎衣排出。

整个母猪围产期出现的问题，绝大多数都是妊娠期没有消除亚临床症状的结果。

6.3.5　哺乳期母仔猪的健康管理

哺乳期仔猪出现腹泻一直是一个棘手的问题。哺乳仔猪腹泻的诱因主要有 3 个：一是产房生物安全问题，带进来大量致病微生物；二是母猪奶水质量问题，这可能是由于母猪奶水供给不足而造成仔猪免疫力低下，也可能是由于母猪奶水中毒素过多造成的；三是产房内给仔猪提供的环境温度、湿度不适宜，卫生条件太差，而在仔猪免疫力下降的同时环境中又滋生了太多的致病微生物。

确保产房生物安全方面要做到以下 5 点。

（1）产房必须全进全出管理，彻底清洗消毒后空置 7 d 才能进入待产母猪。每批次新进母猪前后产仔时间间隔在 10 d 内，然后通过延长哺乳期和提前断奶的办法进行同期断奶，让下一批次母猪同期发情配种，直到下一次同期分娩。

（2）进入产房的饲料、工具、设备、器材、药品包装等所有物品，都要经过严格消毒。

（3）只有产房饲养员才能进入产房，每次进入产房要洗手消毒，更换本栋产房专用的服装和靴子。

（4）产房的所有工具、器材专用。

（5）产房要保证足够的阳光和通风，物理消毒模式的效果是最廉价也是最彻底的，其次，产房还要减少用化学药物带猪消毒。

确保奶水安全和充足要做到以下 2 点。

（1）保证母猪奶水的品质和数量足够。

关键在于妊娠期母猪健康评分（图 6-5）。健康评分越高的母猪，奶水质量越高。这需要从动物福利和抗病营养来调整才能实现。

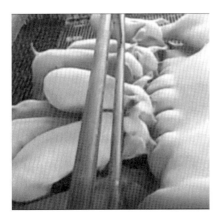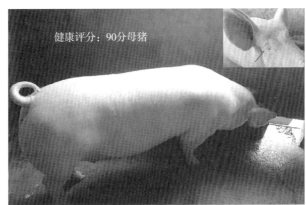

健康评分：90分母猪

图 6-5　健康妊娠母猪

（2）保证仔猪能吃到足够优质的奶水。

母猪躺卧区加 2.5 cm 厚度的橡胶垫板可以防止因母猪乳房间距过宽而导致仔猪吃不饱奶的现象发生。产床设计时也可以直接把母猪躺卧区设计成有橡胶板的，同时最好能够适当升降。哺乳仔猪应用专用的乳猪奶粉教槽直到断奶。在实践中采用此办法的猪场，产房一般看不到黄白痢，员工也不用为母猪产程过长和研究各种治疗方式发愁，仔猪 28 d 断奶最小重可以达到 9 kg。

产房母猪适宜的温度是 18 ～ 22℃，仔猪需要更高温度，因此仔猪要有独立的保温箱和电热板，产床上仔猪的活动区也要有垫板。产房适宜的湿度是 45% ～ 60%，风速 0.4 ～ 0.8 m/s。产房的阳光要有能直射北墙的机会，地面通风良好。

哺乳仔猪的管理：①仔猪出生后及时剪牙，剪牙钳子要消毒彻底。②出生 3 日龄内伪狂犬滴鼻；肌内注射铁制剂；奶粉教槽。③出生 7 日龄去势，伤口和刀片严格消毒。④出生 15 日龄后，教槽时逐渐在奶粉中加入少量开口料。⑤仔猪 20 ～ 25 日龄母猪和仔猪同时接种猪瘟高效疫苗 2 头份。

整个哺乳期的母猪和仔猪尽量不要使用抗生素预防疾病，其他疫苗是否需要应根据自己猪场实际情况来决定。如果担心哺乳仔猪发生腹泻，可以给予酶制剂或小分子活性肽，用抗病营养来解决腹泻问题。

哺乳期间在重点关注母猪亚临床症状的同时，还要关注母猪体况评分，一旦母猪在哺乳期过肥或失重过多就会影响下一产。对于过肥母猪要适当限制饲喂，对于过瘦母猪，如果采食量已经无法提高，就要增加营养浓度。

6.3.6　断奶后母仔猪的健康管理

养殖者都希望断奶后，母猪在 7 d 内完成发情配种，仔猪在 7 d 内不仅不会出现负增重，而且日增重能达到或超过 200 g/ 天。若想实现这个目标，母猪在妊娠—哺乳期的健康评分是至关重要的，断奶后的管理也不可忽视。对断奶后母仔猪的健康管理主要关注以下几点：

（1）选择最佳断奶日龄时要同时兼顾断奶后仔猪日增重和母猪发情天数，尤其要以断奶后仔猪的最佳日增重为主。

（2）断奶时一次让母猪全部下床，仔猪留原栏 7 d 以上。除非保育舍有非常理想的环境，否则不能马上给断奶仔猪转群。断奶仔猪当天自由饮用乳猪奶粉，并在保温箱内铺垫柔软的棉麻类垫子，保温箱提高温度 2 ～ 4℃，以仔猪睡眠时不聚堆并四肢摊开为标准。

（3）仔猪断奶后第 1 ～ 2 d 自由饮用乳猪奶粉，之后逐渐增加开口料，经过 7 d 过渡。断奶—保育仔猪最适合的饲喂方式是粥料饲喂，温水和饲料按 4∶1 的比例最佳。不要使用抗生素，可以添加酶制剂，此时也不要混群。

（4）母猪断奶后集中到大栏饲养，依然使用哺乳母猪料，每天每头母猪 1.8 ～ 2.5 kg，根据膘情决定饲喂量。

（5）为防止断奶母猪混群时过分打架，可以在下床前体表喷洒气味剂后在夜间断奶，先集中到运动场中，第 2 天根据打斗严重程度决定并圈。亚临床症状越严重的母猪越不容易发情，调整亚临床症状是贯穿于养猪生产中最重要的一项工作。

（6）母猪断奶进入大栏后，每天至少让诱情公猪进栏接触 1 h 以上。没有诱情公猪的猪场，可以在母猪外阴涂抹公猪精液诱导发情。有室外运动场的猪场，每天让母猪在运动场活动 3 h 以上。不要用药物催情。

6.3.7　生长猪的健康管理

非洲猪瘟在一个猪场发病时往往首先在妊娠母猪群或者育肥猪群内发病，其核心原因就是妊娠母猪和生长猪的生物安全做的不好，转群混群频繁无序，同时，妊娠母猪和生长猪的亚临床症状要更加严重。由于非洲猪瘟在短时期内还很难净化，因此，为了做好生长猪的生物安全，减少转群次数，断奶后至育肥猪期间可以采用直线育肥模式，期间取消保育转育成、育成转育肥的过程。这对生长猪舍的环境要求很高，而且需要配合做好批次生产计划。

生长猪舍的环境同样要求小单元实心墙，能够配合批次生产进行全进全出管理；有地热能保证温度，每天阳光能有直射北墙的机会；自动清粪、自动投料，减少人进入猪栏；舍外下水道配合地面通风，保证猪舍内空气质量。仔猪断奶后 7 天内日增重超过 200 g，70 日龄最小重达到 30 kg，是养猪生产中追求的基本目标。实现这个目标需要保证生长猪始终维持健康评分在 90 分以上，以这个评分作为标准，给猪提供适宜它们需要的环境、营养、兽医服务和饲养护理等动物福利，才能获得理想的生产成绩。图 6-6 所示是生长猪理想的健康体况：健康评分 90 分的生长猪。

图 6-6　生长猪理想的健康体况标准

生长猪的健康标准：

皮毛：皮红毛亮、蹄壳有光泽、尾巴灵活。

粪便：粪便细腻量少，臭味很小，香蕉便。

耳朵：耳静脉饱满，耳朵边平直；耳廓内干净。

黏膜：眼周干净，眼、外阴等黏膜呈粉红色。

声音：叫声清脆，无喷嚏、咳嗽。

生命体征：初生猪体温为 39.0℃、哺乳仔猪 39.3℃、中猪 39.0℃、肥猪 38.8℃、妊娠母猪 38.7℃、公猪 38.4℃。一般傍晚猪的正常体温比上午猪的正常体温高 0.5℃。保育猪呼吸频率为 25 ～ 40 次 /min，中大猪呼吸频率为 30 ～ 40 次 /min。

当猪耳廓内、脸颊、猪鬃处或腹下出现黏性比较脏的症状，说明出现寄生虫感染，最好同时用显微镜检查虫卵，然后决定驱虫方向。当猪的皮肤尤其是猪鬃处出现散在的、铁锈样的渗血点，眼圈发青、流泪—泪斑、外阴潮红肿大、乳房早期发育、体温偏高等症状时，说明发生自体中毒。预防自体中毒首先要改善猪舍内空气质量，缩短猪与粪便共同相处的时间，做好地面通风，然后调整肠道吸收能力，这可能既需要补充酶制剂，还需要提高腹部实感温度，以减少粪便产生大量氨气和硫化氢。同时查找其他毒素的来源，比如停止抗生素的使用，还可在日粮中添加相应的酶制剂降解体内的毒素。

如果猪的粪便不成形，粪便量很多，臭味很大，体温偏低，说明消化吸收出现了障碍。此时，应检查饲料和饮水的清洁卫生、猪的体感温度、应激源的存在，处理这些诱因的同时补充肠道有益菌或酶制剂。

如果猪的皮肤苍白，皮屑很多，毛长，皮肤、蹄壳无光泽，尾巴干性坏死，耳朵边卷曲，耳静脉不明显，体温普遍低于正常值，呼吸频率超过正常值，说明舍内氧气不足，猪体处于气血亏虚状态。这需要先解决寄生虫、自体中毒和吸收障碍的问题，同时给猪群补充造血原料并加速肝脏血流速度。

"治未病"养猪生产体系是一个避免猪场发生群发性疾病的框架，实践中在某个猪场如何具体应用，需要根据猪场的实际情况来决定并不断调整和改进，才能产生最大效益。

撰稿：华泽峰

主要参考文献

蔡辛娟，2021. 基于非洲猪瘟背景下养猪场生物安全防控评价研究［D］. 北京：北京农学院.

陈代文，2012. 猪抗病营养理论与实践［M］. 北京：中国农业大学出版社.

单妹，凌宝明，李剑华，等，2018. 规模化猪场后备母猪有效乳头和肢蹄选育的探讨［J］. 养猪（5）：44-45.

谷素彩，2015. 猪常见寄生虫病的危害及防治措施［J］. 北京农业（21）：146-147.

胡兴义，张双翔，等，2017. 猪病毒性腹泻弱毒疫苗与灭活疫苗联合使用的免疫效果评价［J］. 中国预防兽医学报，39（10）：826-830.

蒋文昊，李华坤，张振玲，2021. 规模猪场妊娠母猪饲养管理与保健［J］. 今日养猪业（4）：64-66.

李鹏，穆玉云，孙得发，等，2022. 非洲猪瘟病毒在饲料中的传播风险及缓解措施［J］. 中国畜牧杂志，58（10）：328-332.

李思远，陶田谷晟，秦建辉，等，2015. 黄曲霉毒素中毒对猪肝肾功能及免疫指标的影响［J］. 黑龙江畜牧兽医（5）：133-135.

王圣杰，常卫华，2019. 长白母猪发情期体征参数的变化研究［J］. 猪业科学，36（1）：112-114.

王维新，2017. 哺乳母猪营养管理中的常见问题及解决方案［J］. 中国畜牧兽医文摘，33（11）：89.

王晓阳，王彦学，刘芸琳，2010. 浅谈育肥猪生产技术要点［J］. 畜牧兽医科技信息（6）：72.

熊云霞，马现永，郑春田，等，2017. 热应激对猪肠道健康、免疫系统和肉品质的影响及作用机制［J］. 动物营养学报，29（2）：374-381.

许光勇，王朝军，2017. 动物福利对养猪生产的影响［J］. 养猪（1）：71-73.

张宏福，2001. 仔猪营养生理与饲料配制技术研究［M］. 北京：中国农业科学技术出版社.

张勇，杨玉林，齐莎日娜，等，2022. 2021 年国内饲料和饲料原料中霉菌毒素污染状况调查［J］. 饲料工业，43（15）：55-58.

张子仪，2001. 我国养殖业在新世纪中的若干难题与对策刍议［J］. 国外畜牧科技（1）：2-4.

张子仪，2005. 从科学发展观谈我国动物营养科研工作的跨越与回归［J］. 中国畜牧杂志（8）：3-5.

张子仪，2005. 从科学发展观谈我国动物源食物安全生产中的若干问题［J］. 肉品卫生（4）：4-7, 23.

赵德明，2014. 猪病学［M］. 10 版. 北京：中国农业大学出版社.

第7章　养猪废弃物减排与资源化利用

7.1　废弃物资源化利用历史沿革与国内外技术进展

7.1.1　猪场废弃物资源化利用发展史

猪场废弃物资源化利用受到自然资源、人口、社会发展的诸多影响，但其理论发展并不是突然出现的，而是根据时代的不同逐渐变化的，总体可以分为传统农业期、石油农业期和现代农业期。

7.1.1.1　传统农业期

中国农业在传统农业时期一直居于世界前列，而历史上什么时候开始施肥尚缺少有力证据。但关于猪场粪便的利用，则在战国时期已经有了明确的记在。《韩非子·解老》中强调："上不事马于战斗逐北，而民不以马远通淫物，所积力唯田畴。积力于田畴，必且粪灌。"《荀子·富国》中写道："兼足天下之道在明分：掩地表亩，刺草殖谷，多粪肥田，是农夫众庶之事也。"诸子百家的言论反映出战国时期粪便作为肥料已经是非常普遍的认知了，而且与人民安居、国家兴旺、大道推行息息相关。

时至明清，中国的人口已经较之前大为增加，社会生产力进一步提高，不但引发了资本主义萌芽，更在太湖地区引起了一阵生态循环、种养结合的发展热潮。根据明清时期太湖地区的地方志、农书等史料的记载，当时农业生态系统已经形成了一定规模，并呈现了客观的经济效益。明代《沈氏农书·运田地法 十一》写道，"种田不养猪，秀才不读书，必无成功。"又有，"猪专吃糟麦，则烧酒又获赢息。有盈无亏，白落肥壅，又省载取人工，何不为也！"明袁黄在《宝坻劝农书 粪壤》中写道，"北方猪羊皆散放，弃粪不收，殊为可惜。"清代的《马首农言》写道，"豕不可放于街衢，亦不可常在牢中。宜于近牢之地，掘地为坎，令其自能上下，或由牢而入坎，或由坎而入牢。坎内添水添土，久之自成粪也。"以上对于猪场废弃物的综合利用、循环，都体现了我国古时重农、兴农的思想，是目前国际上所谓"循环农业""生态农业"的典型先例，是畜禽养殖粪污资源化利用的理论基础。

7.1.1.2　石油农业期

如果说畜禽养殖业的产生促进了人类生产力的提升，那么石油农业期的农业生产力提升则大大反哺了畜禽养殖业。石油农业是工业革命的产物，是社会生产力大幅提高后的必经之路。石油农业通过机械化、水利化、化学化和电气化等手段，打破了传统农业"靠天吃饭"的生产模式，通过化肥、农药控制作物生长环境；通过使用化石燃料的机械加快耕地、收割、施肥、打药等操作流程；通过种子杂交技术筛选所需性状的作物。石油农业为社会提供了丰富的农产品，也为工业部门打通了连接农业的通道。畜禽养殖业作为农业的主要组成部分，也享受了石油农业的红利，饲料加工成本逐渐降低，饲养规模化逐步提高，单位饲养成本降低，开始重视料肉比、蛋白含量等指标，走上了标准化的道路。

但经过几十年的发展，石油农业逐渐表现出自身存在的巨大弊端。在农业生产上主要有：①前期的利益不足以弥补后续增加的农业生产成本。石油农业的根基之一是工业化产品如农药化肥等。但随着连年大量使用化肥农药，导致土壤的肥力得不到补充，打破了土壤本身的物质循环体系，土壤肥力逐年下降。而为了满足人口不断增长的粮食需要，只能进一步加大农药化肥的用量。同时，自古"面朝黄土背朝天"的农业工作者也逐渐无法回到原先繁重的生产模式，他们对粪肥需求的降低，进一步导致土壤的破坏。②农业造成的环境污染逐步加剧。由于化肥的使用，我国土壤的流失已经严重危害国土安全和农业生产，同时流失的化肥也导致地下水体和地表径流的污染。从我国情况来看，2015 年前后七大水系一半以上的河流受到污染，人口较为密集的太湖、滇池等湖泊污染严重，甚至影响到周边居民的饮水。③农业生态问题严重。种植种类的趋同化减少了作物遗传的多样性，对农业生产造成了极大的隐患。同时农药的大量使用，也导致原先丰富的农业生态系统受到破坏，生物多样性大大降低。

畜禽养殖业同样受到石油农业的影响。一个问题是畜禽养殖粪污的集中。随着饲料产量的丰富，原先小而散的养殖模式逐渐被取代，产业逐渐转向集约化、规模化，但与此同时大量的粪污也被集中起来。2020 年《第二次全国污染源普查公报》显示，2017 年全国畜禽规模养殖场水污染物排放，化学需氧量 604.83 万 t，氨氮 7.50 万 t，总氮 37.00 万 t，总磷 8.04 万 t，分别占农业源排放总量的 56.5%、34.7%、26.2% 和 37.9%。畜禽养殖粪污成为农业面源污染的主要来源。另一个问题是种养脱节情况严重。当畜禽养殖业逐渐走向集约化、规模化的道路后，种养主体也逐渐脱离开来，从经济学的角度这是一种减少风险的防控手段。但这也导致了后续种地人不养殖、养殖人不种地的现象，再想组合到一起，经济、劳动力、生产资料投入等问题就成为双方合作的障碍。

7.1.1.3　现代农业期

现代农业期是基于对石油农业的反思，试图打破石油农业单链条的新型农业。1962 年美国科普作家蕾切尔•卡逊发表了著名的《寂静的春天》，书中描写了因过度使用化学药品和肥料而导致环境污染、生态破坏，最终给人类带来不堪重负的灾难，揭示了石油农业"投入—产品"这一生产系统对自然生态系统造成的巨大破坏。同年，美国经济学家波尔丁提出了"宇宙飞船理论"指出："地球就像一艘在太空中飞行的宇宙飞船，要靠不断消耗和自身有限的资源而生存，如果不合理开发资源，肆意破坏环境，就会走向毁灭"。1972年，罗马俱乐部发表报告《增长的极限》，报告中提出了继续维持现有的发展情况，100年后经济增长将会因资源短缺和环境污染而停滞。20世纪70年代后，许多国家开始发展生态农业，特别是欧盟国家大力发展有机农业、生态农业，禁用化肥农药。

经过半个世纪的讨论与实践，现代农业形成了以"投入—产品—废弃物—投入"为主的生产模式，是健康农业、有机农业、绿色农业、循环农业、再生农业、观光农业互相协作的可持续农业，是田园综合体和新型城镇化的新时代农业，是农业、农村、农民现代化的现代化农业。

在这个过程中，畜禽养殖粪污产生的污染也从20世纪70年代开始在国外得到重视，在中国则是从20世纪90年代开始被重视。畜禽养殖粪污的治理可以简单分为三个阶段。第一阶段主要是20世纪90年代至2000年，在国内以技术示范为主，开展了小规模试验。在这个过程中，经济效益仍是各养殖场的唯一目标，期间新建了大量中小型养殖场，环境受到影响。第二阶段是以达标排放为主，但抓大放小，大部分中小型养殖场仍采用直接排放的形式，但部分大型养殖场已经逐渐重视畜禽养殖粪污带来的环境问题，并寻求解决方法，但迫于环保压力，主要采用的还是达标排放的模式。该阶段主要是2000—2014年期间。第三阶段是种养结合、全面管理阶段。在2014年《畜禽规模养殖污染防治条例》正式施行后，各类型养殖场都开始重视环保问题，而畜禽养殖粪污的治理方向也由原来的达标排放逐渐转为种养结合模式。为更好防治农业面源污染，国家"一控两减三基本"的理念成型，使用粪肥部分取代化肥，实现畜禽养殖粪污的资源化利用已经成为主流。

7.1.2 国外猪场废弃物资源化利用情况

7.1.2.1 美国

美国通过法律要求养殖业污染分类治理。美国国会于1972年颁布了一项净水法案，并委托美国国家环保局（EPA）负责执行这项法案。净水法案的核心内容是，不经EPA批准，任何企业不得向任一水域排放任何污染物。而且该项法律将畜禽养殖场列入污染物排放源。随后，美国环保局还建立了污染物排放制度。在这两项规定中都对畜禽养殖业生产规模给予了认真的考虑。比如，畜牧生产企业牲畜存栏头数在1000个畜牧单位以上（相当于2500头肉猪），被定义为集中饲养畜牧业（点污染源），其余存栏量为非点源污染。而针对点源污染，美国环境政策将使用强制令。强制令是指政府环境保护部门对排放污染企业的具体污染控制技术，强制企业采纳，以使污染控制在所规定的标准以内。对超额排放污染者实行经济制裁（如罚款）或勒令企业停止生产。这种政策主要用于治理点源污染的情况，在美国已经运用20多年，对治理美国点源污染发挥了重大作用。

而治理非点源性污染的方法主要为综合无害化处理，主要方法为：①国家部门和民间团体两个层次分别制定污染物治理措施与项目计划。②通过防污良好、推广广泛的生产者对其他从业者进行培训与经验示范，综合各种方法以达到养殖业废弃物无害化处理利用。1977 年，美国的《清洁水法》中规定，工厂化的规模养殖业看作点源性污染，与工业和城市设施污染相同，要求其排污水平达到国家污染减排系统标准。法律条文要求，畜禽场建设规模超过一定标准的，必须要经过上报审批，取得环境标准许可后，还要严格履行环境法及相关政策要求。此外，美国于 1987 年在水法修订版中还重新定义非点源性污染，并制定了非点源性污染治理计划。

在 1990 年，美国国会通过《污染预防法》，从法律层面认定，污染应当首先消除在其产生危害之前，并表明美国环境污染防治战略的优先级是"污染物应当在源头尽可能地加以预防和削减；如未能防止，应尽可能地以对环境安全的方式进行再循环；无法通过预防和再循环消除的污染物应尽可能地以对环境安全的方式进行处理；处理或排入环境只能作为最后的手段。"至此，美国的养殖企业开始特别注重使用农牧结合的方法来破解养殖业排污治理的难题。美国目前多数大型农场均为农牧结合型农场，合理协调种植与养殖的比例关系，适当安排轮种，科学分配生产与销售等各环节，严格落实"以养定种"的目标，合理分配养殖与种植规模，畜禽养殖液体废弃物不允许排放，在农场内部形成"饲草、饲料、肥料循环"的体系，解决养殖业污染源的污染问题。

为确保粪便中的氮磷等养分含量，美国的猪场主要采用水泡粪方式，猪粪尿及污水长期贮存于猪舍下部的粪坑直至农田利用，或定期从猪舍下的粪坑转移到舍外专用贮存池直至农田利用。除农田利用外，当畜禽粪便的养分供应量超过农作物的养分需求或土地承载力时，为避免产生环境风险，美国养殖场会选用其他的粪污治理利用方法，如堆肥处理、厌氧发酵处理等，但这些技术在美国养殖场粪污治理中所占比重很小。

7.1.2.2　加拿大

同样属于北美洲的加拿大，对畜禽养殖业环境污染的管理主要集中在各联邦省，由各联邦省制定本辖区畜禽污染控制措施。各省均针对畜禽养殖业制订了环境管理技术标准，所有养殖从业者必须按照标准严格管理以防止污染。加拿大畜禽养殖业的环境管理技术标准中规定的内容十分详尽，包括确定最小间隔距离（MDS）、制定营养管理计划（NMP）和严格的评审程序，农场主编制的营养管理计划必须提交市政主管部门或由第三方进行评审，如果营养管理计划符合规定要求，将同意建设或扩建畜禽殖场，发放生产许可证。若申请表中资料不全，或周围群众多数反对就不准办场。

一旦从业者违反管理标准导致环境污染事故，地方环保部门将按照《加拿大环境保护法》及相关省法律有关条款进行处罚。例如，加拿大的畜禽养殖业环境管理技术标准要求，养殖场内部产生的畜禽养殖粪污必须在附近 10 km 内的土地内自行处理并加以利用，如果畜禽养殖场本身没有能够处理本场出产的粪污的足够土地，就必须同其他畜禽养殖场签订粪污处理利用合同，以保证自身产生的粪污可全部处理利用。加拿大对畜禽污染的治理以畜禽粪便的利用为主，实现畜牧业与农业的高度结合，产生的粪便及污水经还田得到利用，基本没有污染物的排放，无须投入大量污染治理设施。在一些邻近城市的集约化养殖场，产生的污水也经处理再进入城市污水管网，粪便经堆肥发酵后还田使用或生产成商品有机肥。

从加拿大畜禽污染的管理状况可以看出，对畜禽粪便环境污染的管理主要从畜牧业与农业的高度结合，并且以充足的土地进行消化作为解决畜禽污染的出发点。同时，加强对畜禽养殖场建设的管理，严格核发生产许可证；加强对畜禽养殖场环境污染的技术指导，畜禽养殖业环境管理技术规范是畜禽养殖场对污染防治管理的强制性技术性文件。

7.1.2.3 荷兰

荷兰粪污治理的核心是粪污的养分管理，在过程环节上注意污染控制，重点目标是进行粪污的农田利用，将农业中氮元素和磷元素向环境（主要是地下水的硝酸盐含量）的排放降至可接受水平。荷兰养猪场和禽类养殖场占地面积很小，受到严格的粪污施肥量的限制，粪污施用量约为 2 头奶牛 /hm^2、20 头育肥猪 /hm^2。荷兰有健全和规范的粪污治理经济制度，于 1971 年立法，禁止将粪污直接排放至地表水中，以此减少畜禽粪便对环境的污染。此外，从 1984 年起，国家不再批准现有从业者扩大养殖规模，并通过法律限制载畜量标准为 ≤ 2.5 畜单位 /hm^2，如果养殖场产生的多余粪污必须外运处置，农场需要支付费用给运输公司，使用粪污的农户可向运输公司收取 3 ～ 10 欧元 /t 的处理费。荷兰牛养殖场和猪养殖场普遍使用漏粪地板，地板下存储粪便，粪便、尿液和清洗水混在一起形成粪浆，属于水泡粪工艺。为减少运输费用成本，降低粪污中的液体比例，提高配送效率，养殖场普遍采用固液分离的方式，固体晾晒或堆肥，液体部分进行密闭式长期储存后可提供给就近农场使用，储存过程中产生的沼气可收集使用，几乎实现全过程的封闭，臭气排放严格控制。目前，荷兰的大中型农场分散在全国 13.7 万个家庭，产生的畜禽粪便基本由农场进行消化。

7.1.2.4 丹麦

丹麦高度发达的农业以畜牧业为主，可以由如下几组数据得到体现：一是人口中的 2% 是农民（约 12 万人），创造的农业总值可以养活 3 个丹麦。二是畜牧业产值占农业总产值的 90%。在畜牧业产值中，养猪业占 40%，奶牛业占 26%，肉牛业占 15% ～ 20%。丹麦生产的畜产品 2/3 供出口，其中，猪肉出口额约 33 亿美元，居世界第一位，黄油出口额约 1.98 亿美元，奶酪出口额约 9.97 亿美元。为防止粪污污染环境，丹麦同样限定了各种严格的环保条件，例如，限制单位土壤内可消化粪污量，制定畜禽密度最大值上限，要求在 12 h 内将裸露田间所施的粪肥犁入土壤中，禁止向冻土或雪地上施粪肥，还要求农场储粪量达到可存本场 9 个月出产的粪便。

丹麦法律规定养殖场必须在中央畜牧管理登记处登记，在新设、扩建或变更畜舍、粪尿及青贮废液贮存设施时必须事先报告，有效地防止了畜禽排泄物的环境污染。中小型畜禽养殖场将种植业和养殖业有机结合，其中，作物肥料和灌溉用水来自无害化处理后的畜禽粪便和冲洗废水，在减少经营成本的同时，保持了种养平衡。在生态补偿机制方面，尊重农民的意愿，提供丰厚的经济补贴，让农民不仅愿意配合政府，还能够积极响应政府的号召。丹麦还对施肥方式做出了明确规定。粪肥必须通过直接深施到土壤中的方式施放到土地中，以便将氨气的排放量降到最低并且有利于保证卫生。在实际生产中还必须考虑到天气条件，有效规划施放粪肥的时间，以避免将粪肥施放到冻土、融雪的土壤或在降雨前施放。

7.1.2.5　英国

英国的畜牧业均远离都市且与种植业相互补，畜禽粪便全部经过处理变成肥料，既不破坏环境，又提高土壤肥力。此外，英国限制建设大型畜牧农场，目的是使畜牧产生的粪污不超过土地的承载能力，英国规定了单一畜牧场畜禽最高数量上限：奶牛 200 头、肉牛 1 000 头、种猪 500 头、肥猪 3 000 头、绵羊 1 000 只，蛋鸡 7 000 只。

7.1.2.6　德国

德国畜禽饲养数量较多，全国约有牛 1 300 万头，猪 2 600 万头，马 400 万匹，家禽 1.15 亿只。庞大的畜禽养殖规模导致每年产生的畜禽粪便折合干物质产量达 2 190 万 t。为科学地处理和利用这些畜禽粪便，实现资源的效益化利用和环保目标，德国规定畜禽粪便不经处理不得排入地下水源或地面。凡是与供应城市或公用饮水有关的区域，每公顷土地上家畜的最大允许饲养量不得超过规定数量：即牛 3 ～ 9 头、马 3 ～ 9 匹、羊 18 只、猪 9 ～ 15 头、鸡 1 900 ～ 3 000 只，鸭 450 只。

德国政府非常重视生物能源的利用，在生物能的生产、利用、废料处理等方面都有领先的技术和实践。德国利用养殖场粪便等废弃物发酵生产沼气，沼气则用于发电和供热，除解决了能源问题外，还增加了农场主收入。2010 年，德国农业实体经营收入中约 1/3 从非传统农业途径获得，而从可再生能源生产中增加的收入，占非传统农业收入的 42%。尽管净化的沼气由于加热值过高不适用于天然气输气管道，但是目前德国已经开始向主要天然气生产厂家供应浓缩沼气，并将覆盖整个欧盟范围。有研究报告甚至对德国发展沼气得出这样的结论，到 2020 年，德国生产的沼气比整个欧盟 2008 年从俄罗斯进口的天然气还多。

7.1.2.7　日本

1970 年左右，日本的畜牧业对环境的破坏十分严重，对此，日本通过了《防止水污染法》《恶臭防止法》和《废弃物处理与消除法》等 7 部相关法规，对养殖场污染治理出台详细严格措施。如《废弃物处理与消除法》规定，在城镇等人口密集地区，畜禽粪便必须经过处理，处理方法有发酵法、干燥或焚烧法、化学处理法、设施处理等。《防止水污染法》则规定了畜禽场的污水排放标准，即畜禽场养殖规模达到一定的程度（养猪超过 2 000 头）时，排出的污水必须经过处理，并符合规定要求。

此外，日本政府还出台国家补贴政策，鼓励从业者保护环境，减少畜禽养殖粪污对环境的污染，即国家和地方财政补贴占农场环保处理设施建设费的 75%，农场自付 25%。

7.1.3 国内猪场废弃物资源化利用技术

猪场废弃物资源化利用的方式和途径众多，但根据主要技术路线，可以将其分为以下两种途径。

7.1.3.1 肥料化

畜禽养殖粪污进行肥料化利用是一种非常传统的利用方式，在我国战国时期就出现文献记载，主要分为直接利用和加工利用两种方式。直接利用是最简单的方式，将粪污直接撒入土壤中，通过土壤微生物群落、原生生物的互相作用，缓慢分解释放其中的各种营养成分，供作物吸收。在这个过程中，粪污中的有机质、腐殖酸、微量元素等物质为微生物、原生生物提供必要的营养，在一定程度上改良土壤结构，增加土壤肥力，恢复土壤活力，进而促进作物生长。但直接利用也有一定的弊端，首先是人工耗费大、时间长，其次效果缓慢，如遇雨水容易流失，最后未经处理的畜禽养殖粪污生物安全性不佳，容易导致烧苗、烂根、致病等情况的发生。加工利用是指畜禽养殖粪污在经过堆沤腐熟、强制发酵等措施处理后，形成性能稳定、肥力较好的有机肥料。加工利用通常分为固体好氧发酵和液体厌氧发酵两种，其中，固体好氧发酵时间短、工业化程度高，成品无异味，是优良的有机肥料；对于液体的厌氧发酵主要是长时间贮存后自然熟化，成为液体肥料使用，也有通过浓缩开发液态肥的技术，在园林绿化和蔬菜大棚上取得了良好的应用效果。

7.1.3.2 能源化

畜禽养殖粪污能源化最早可以追溯到农村的户用沼气推广阶段。我国农村沼气池数量位居世界第一，在厌氧消化技术、建造和运行管理方面整体处于国际先进行列。能源化属于畜禽养殖粪污的高值利用，粪污通过甲烷菌的作用产生沼气供养殖场使用。沼气是一种清洁、高效的可再生能源，以沼气为纽带开展综合利用，加快农业生产结构调整，可以提高农产品的质量和效益，增加农民收入，使农民尽快脱贫致富。我国能源矛盾日益突出，而解决我国能源矛盾的根本出路只能是建设节约型社会。作为良好的沼气生产源，畜禽养殖粪污可以为养殖场节省大量能源成本。但需要注意的是，能源化需要根据养殖场的实际情况开展，尤其是北方地区，维持沼气冬季的稳定运行是畜禽养殖粪污能源化的关键节点。同时如果养殖场的能源化需求并不是特别强烈，过度的推广沼气工程反而会造成沼气白白浪费。

7.1.4 国内外养殖粪污资源化利用思考

从国外经验看，中国的畜禽饲养业发展较晚，其环境保护工作基础薄弱，同发达国家的管理水平具有较大的差距。在发达国家防治养殖业污染的经验中，可以得出一些有益的启示。目前，畜禽养殖业污染问题已经得到全世界各个国家和地区人民的重视，并且已经采取了一些相应的措施，在加强畜禽养殖粪污治理和控制上起到一定作用。但是国外的一些经验还是不符合国内现状的，比如国内庞大人口的营养需求与种植用地之间的矛盾导致粗放的资源化利用模式并不适合中国。同时大多数国家主要还是依靠一些法律法规对畜禽场进行约束，对养殖粪污资源化利用的具体技术也仅停留在沼气工程、有机肥加工等几个节点，没有我国面临的情况复杂。因此，形成我国特定地区、特定环境的畜禽养殖粪污资源化利用模式才是最符合我国现阶段发展需求的。

7.2　猪场废弃物产生及危害

7.2.1　猪场粪污

7.2.1.1　猪场粪便

猪场粪便是养猪生产的必然副产物，猪粪的产生过程和人粪较为类似。一般是在饲料或食物被猪采食后，首先经过口腔的咀嚼，通过牙齿的切割并与唾液混合后形成食物糜，通过食道进入胃里，在胃里经过胃液的进一步消化后向小肠移动，通过小肠内的微生物作用，再加上胆汁、胰液和肠液的配合作用，通过肠壁血管将食物中的营养吸收，同时将残渣或未能消化的食物排入大肠进行二次吸收和排便。由于大肠的结肠段蠕动使各部结肠收缩，将残渣或未能消化的食物推向远段结肠，最终在乙状结肠储存并送入直肠。当残渣或未能消化的食物充满直肠刺激肠壁感受器，发出冲动传入腰骶部脊髓内的低级排便中枢，同时上传至大脑皮层，大脑皮层即发出冲动使排便中枢兴奋增强，产生排便反射，使乙状结肠和直肠收缩，肛门括约肌舒张，同时隔肌下降、腹肌收缩，增加腹内压力，肛门括约肌打开，促进残渣或未能消化的食物排出体外，形成粪便。

猪粪便成分一般含有水、食物中不消化的纤维素、结缔组织、上消化道的分泌物如黏液、胆色素、黏蛋白、消化液、消化道黏膜脱落的残片和细菌，其中水可占 70%～75%。但随着猪场不断追求规模化效益，饲料添加剂和兽药的使用量逐渐增大，猪场粪便中重金属、抗生素的含量也随之提高，对粪便的利用产生了不良影响。

健康的猪产生的粪便一般呈圆形节状，较为柔软湿润，正常颜色为黄褐色。猪粪的性状可以为识别猪急性肠胃炎、猪瘟、寄生虫病、痢疾等疾病提供依据，主要反映在粪便颜色、干稀、臭味等。同时，粪便的颜色还可以体现出畜体对饲料的吸收情况或饲料配方是否正确。如黑褐色粪便代表蛋白质含量过高或锌元素过高。

猪粪便是良好的有机肥原料，具备可观的经济价值，但如果不能及时处理，也会带来严重的环境问题。

7.2.1.2　猪场污水

猪场污水相对猪场粪便比较复杂，主要组成可以分为以下几个来源：猪场尿液、猪场清洁冲洗水、猪场饮水、猪场降温用水等。

猪场尿液是猪场污水中污染物的主要来源之一，同猪场粪便一样是养猪产业生产的必然副产物。猪作为哺乳动物，每天需要饮用大量水，仔猪饮水量可达 3～5 L/d，而妊娠母猪可达 12～15 L/d。大量的饮水进入畜体后，通过消化系统的吸收进入血液，血液在经过畜体的循环到达肾脏部位，通过肾小球进行过滤，将尿素、水、无机盐和葡萄糖等物质过滤出来形成原尿，再经过肾小管的二次吸收后到达肾盂，通过输尿管排出体外形成尿液，排出的尿液主要以水、尿素、尿酸和无机盐为主。正常的猪场尿液是无色或者淡黄色，次数相对固定，如出现尿频、少尿或无尿、深色尿、血尿、浑浊尿等现象，一般代表畜体出现了问题，需要进行医治。

　　猪场清洁冲洗水是猪场污水的主要组成部分，具有量大但污染物浓度低的特点。一般猪场采用栏舍进行饲养，即使通过培训猪定点排泄，也会有 10%～15% 的粪尿排泄在其他位置，如长期不清理会孳生有害微生物，影响正常养殖，还会产生臭气，损害畜体健康。大部分猪场为了确保圈舍的清洁，会使用高压水枪对栏舍进行定期冲洗，这些混合了少量粪尿的清洁冲洗水通过不同的收集方式最终与场区内其他污水混合，成为猪场污水。

　　让猪随时可以饮用足量的清洁饮水，是保证猪正常生长发育的关键条件之一。为了让猪随时可以饮水，猪场一般会选择安装各类型自动饮水器以保证供水。但一方面饮水器的质量参差不齐，易出现渗漏。另一方面猪比较喜欢玩水，在熟悉饮水器后会长期霸占，这种行为在夏季尤为突出。这部分原本清洁的饮水渗漏或泼洒后就成为了猪场污水的一部分。

　　现在通过水帘进行舍内降温已经成为比较普遍的形式了，但在夏季部分中小型猪场仍会选择在有水帘的情况下，在栏舍内喷洒部分降温清水用于为畜体降温。该部分清水最终会成为猪场污水的组成部分之一。

　　除了以上的主要组成部分外，猪场污水还与猪场的粪污收集方式有非常大的关系。现阶段主流的粪污收集方式有干清粪、水冲粪、水泡粪和发酵床模式。干清粪模式是指利用机械或人工定期清理将猪粪单独收集出舍，猪尿和其他污水通过管道收集，与粪便不交叉。水冲粪模式是 20 世纪 80 年代中国从国外引进规模化养猪技术和管理方法时采用的清粪模式，指利用刮板或管道，在额外用水的情况下将猪粪、猪尿冲出圈舍，粪便和污水基本全部接触。水泡粪模式是在猪舍下形成一定的贮存空间，并提前加入一部分水，畜体排出的猪粪、猪尿和其他污水直接在其中混合贮存，待一定时间后集中排出圈舍。发酵床模式是结合现代微生物发酵处理技术提出的一种环保、安全、有效的生态养猪法，在床体内填入大量辅料并投撒菌剂，之后在发酵床上进行养殖，猪粪和猪尿都排放在发酵床上，需要定期翻抛和添加辅料，无须清洁冲洗水。

　　几种粪污收集方式中猪场污水的产量大小和主要污染物浓度如表 7-1 所示。

表 7-1　常见粪污收集方式及主要污染物浓度范围

粪污收集方式	污水量大小	COD_{cr}（mg/L）	TN（mg/L）	TP（mg/L）	建设投资	人工投入
干清粪	中	2 500～3 800	140～400	32～120	小	中
水冲粪	大	5 000～8 000	900～1 800	80～300	中	小
水泡粪	大	10 000～50 000	1 900～2 100	350～550	中	小
发酵床	小	发酵床运作成功的情况下无猪场污水			大	大

根据表 7-1 所示，不同猪场的粪污收集方式对猪场污水的水量、污染物浓度影响较大，猪场应根据本场的实际情况和资源化利用模式合理选择粪污收集方式，以减少猪场污水的产生量，确保污水的资源化利用。

7.2.1.3　猪场粪污的危害

猪场粪污是典型的高浓度有机废弃物，在规模化和集约化发展的情况下，大量猪场粪污也相对集中，如不能有效地处理和利用，会对周边环境造成极大污染，影响人类的健康。

猪场粪污的污染主要有以下 3 个方面（猪场臭气作为单独小节不再赘述）：

对水体环境的污染。猪场粪污对环境的影响主要体现在对水体的影响上。由于不恰当的粪污收储运模式和处理利用方法导致粪污泄漏，通过径流或降水进入河道或渗入地下水。虽然水体具有一定的自净作用，但由于猪场粪污中含有大量的氮磷营养元素，远超水体的净化能力，极易造成湖泊、河道水体富营养化；在渗入地下水体后，易导致地下水硝酸盐、亚硝酸盐含量超标，危害公共水系。

对土壤环境的污染。猪场粪污中含有大量有机物和无机盐，在种养结合模式下如还田量过大，会导致农田富集无机盐，严重的地区甚至可能造成土地盐碱化。同时，由于规模化、集约化带来的效益问题，一些重金属和抗生素作为添加剂进入饲料中，为了确保生猪存活率，兽药的用量也较大，导致部分重金属和和抗生素残存在猪场粪污中，在农田使用的时候形成区域富集，影响作物生产，破坏土壤生态环境。

对社会环境的影响。猪场粪污导致的环境问题近年来愈发频繁，周边居民对猪场的投诉日益增加，已经逐渐影响到人民群众对生猪养殖产业的看法，逐渐由从支持产业发展到反对产业落地。虽然在环保压力面前，生猪养殖产业已经进行了整改、提升，但"生猪养殖＝污染企业"的不良印象始终无法彻底改变。社会环境已经对生猪养殖产业的粪污治理工作提出了更高的要求。

7.2.2　猪场臭气

随着养殖规模的扩大和集约化程度的提高，猪场臭气逐渐成为影响生猪养殖企业生存发展的重要因素。在近年来对生猪养殖场的投诉中，臭气引发的投诉占比逐年上升，远远超过污水偷排等其他问题。臭气是猪场污染物中让人感受最直观的，其成分复杂，来源多样，主要来自生猪自身的排气、皮肤分泌物、饲料残渣发酵、粪便、污水和病死猪等，其中，粪便和污水是猪场臭气的主要来源。

猪场臭气主要分为以下类别：氨气（NH_3）、胺类、硫化氢、酚类、挥发性脂肪酸、硫醇等、吲哚类、部分脂溶性硫化物、羰基类、醇酯类、烃类、酮类，还有一些酸类，具体种类可达 230 余种，大部分是畜体和微生物代谢产生的。

猪场臭气根据位置不同，可以分为圈舍区臭气、粪污运输区臭气、粪污处理区臭气和病死猪臭气几类。

圈舍区臭气的来源主要是日常畜体的生产过程中排放的口气、屁等气体，少量来自汗腺和唾液。同时，由于粪便、污水和饲料残渣含有丰富的碳水化合物、脂肪、蛋白质和其他营养元素，非常适合微生物的生长，从而在圈舍内部产生了大量臭气，影响猪的生长环境。

粪污运输区臭气控制主要取决于粪污的运输方法，如果采用密度式管道输送，粪污运输过程中的臭气就非常容易得到控制。但大部分干清粪猪场并不能做到即运即走，同时运输车辆也存在洒漏的现场，这些残留的粪便就极易发酵产生臭气。主要采用暗渠运输污水的生猪养殖企业容易产生臭气。而采用管道连接运输的企业一般只在检查井附近有少量气体产生，如发现有大范围臭气，应考虑是否是管道断裂和破损。

粪污处理区臭气是粪污处理设施运行过程中产生的，一般在粪便暂存和粪污预处理环节臭气含量较多，在粪污处理后期发酵或处理过程完成后，臭气量就会大幅降低。但同时也应注意粪污在资源化利用过程中尤其是还田时产生的臭气，应尽量选择深施。病死猪臭气主要是由于病死猪存放时间过长导致腐烂、处理过程不当导致二次污染产生的，病死猪尸体腐烂产生的尸胺腐胺类和处理过程中产生的氨气、硫化氢等气体，对人体和环境影响较大。

7.2.3　猪场病死畜

生猪养殖过程因死胎、疾病、自然环境变化等原因的影响会产生一定量的病死猪。据相关统计，我国每年因疾病引发的生猪死亡率为 8% ～ 12%，其中，仔猪的死亡多由于死胎、自然环境变化导致的腹泻等，育肥猪死亡则以疾病和疫情为主。例如，2018 年我国非洲猪瘟暴发，在短时间内造成了大规模生猪死亡。据国家统计局数据显示，2019 年我国猪肉产量比上一年下降 21.3%，生猪出栏比上一年下降 21.6%，严重影响了我国生猪产业的稳定和发展。

猪场病死畜的危害较大，主要体现在传染性、污染性和社会影响 3 个方面。

传染性：大部分因病死亡的生猪体内仍含有大量的致病菌，例如，2014 年中央电视台报道的江西高安病死猪收购事件中，一些病死猪体内仍携带 A 类烈性传染病口蹄疫。非洲猪瘟的扩散也与病死猪的不当处理有一定联系，部分地区采用填埋的方式处置完病死猪，场房消毒后复养又再次发生传染，最终损失巨大。

污染性：病死猪的不当处理不但会导致疾病的传染，而且畜体也是一个巨大的环境污染隐患。病死猪的畜体包含了大量脂肪、蛋白质、血液等，如处置不当就会导致恶臭、污水的产生，甚至会产生部分致癌物质，对工作人员和环境带来危害。

社会影响：因病死猪带来的公共卫生事件近年来层出不穷，一些养殖场和企业为了追求经济效益，忽视法律法规，继续售卖病死猪或直接加工成食物，流入市场；另一些不良企业为了减少病死猪处理带来的成本，将病死猪倒进江河、私自掩埋在山林。

这些行为虽然已经得到了法律的制裁，但对人民的卫生安全已经造成了严重威胁，为生猪养殖产业的发展蒙上了一层阴影。

7.2.4　猪场疫病防控垃圾

猪场疫病防控垃圾主要是指为了治疗生猪疾病或防疫采用的药品、疫苗、防护服等在正常使用后遗留的瓶子、针筒、服装鞋套和过期疫苗等。很多养殖场将疫病防控的垃圾归为生活垃圾随意处理，却忽视了这些垃圾对猪场和周边环境极易产生不良影响。易产生不良影响的猪场疫病防控垃圾主要分为三类：抗生素类、疫苗类和防疫类。

抗生素类。主要是兽用抗生素的药瓶、针筒等。一般兽用抗生素的主要危害来自滥用后产生的细菌耐药性、引起动物免疫机能的下降和药物残留等。在猪场疫病防控垃圾中，兽用抗生素药瓶、针筒的不规范处理同样是耐药病菌的诱因之一，尤其是诱导厂区周边环境中的耐药菌株产生，导致"越防越抗，越抗越防"的恶性循环。

疫苗类。主要是疫苗的药瓶、针筒和过期疫苗等。目前生猪养殖中使用的疫苗包括猪蓝耳病、猪圆环病毒病、猪伪狂犬病、猪瘟、口蹄疫、猪细小病毒病、猪流行性乙型脑炎等病毒苗，副猪嗜血杆菌、链球菌、猪丹毒、传染性胸膜肺炎放线杆菌等细菌疫苗，其中很多疫苗都是具有活性的生物质，如不经处理直接排放到环境中，将会对动物健康生长产生致命威胁，甚至威胁人类生命健康。

防疫类。主要是指进出厂区人员穿戴的一次性防护服、鞋套、手套和帽子等。生猪养殖过程中的疫病很多都是通过飞沫、气溶胶进行传播的，如不能对防疫类垃圾进行妥善处理，不但会导致场内交叉传染，而且还会有疫病区域扩散的风险。

7.3　废弃物处理主要技术模式

开展猪废弃物减排和资源化利用是实现"猪绿色健康养殖"的重要一环，关系到有机废弃物的控源减排和资源循环，关系到节水节肥和土壤改良，关系到养殖环境保护和养殖健康可持续发展。现有的猪场废弃物减排与资源化循环利用的技术模式主要有直接利用模式、能源转化再利用模式、动物转化高值利用模式、植物转化高值利用模式、生态养殖床处理模式、达标排放处理模式以及其他废弃物处理与利用模式，不同的模式类型都具有其特定的适应性，为猪场废弃物的转化和利用提供了技术参考。

7.3.1　直接利用技术模式

（1）模式简介。

该模式主要针对分散且具有一定农田面积的家庭农场类型的小规模养殖场，该类型养殖场周边具有足够的粪污消纳和利用的农田，种植业配套充足，能够实现粪污的简单处理和直接还田利用。该类型养殖场的粪污产量不大，污水一般采用收集、贮存发酵再到农用，粪便传统堆沤后就可直接还田。

（2）工艺流程。

粪污直接利用模式的工艺流程见图7-1。

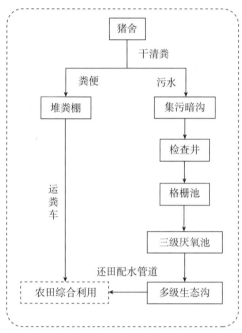

图7-1　粪污直接利用模式工艺流程

（3）工艺说明。

该模式将粪污收集、贮存和农田消纳进行了有机结合，主要包括"1条集污暗沟、1个集污池、1条硬化路、1个堆粪棚、1台泵或1辆运污车"等"五个一"工程，使粪污得到有效收集和及时就近就地消纳，可实施水肥一体化整体设计。

（4）技术特征。

该模式主要包含粪污分类收集技术和低成本农牧结合技术。通过集污暗沟将污水单独收集，要做到严格的雨水和污水的分流收集。集污暗沟、厌氧池和堆粪棚等主要设施要具备防渗、防漏和防雨的"三防"功能，保证废水、粪便和渗滤液单独收集而不走向环境。三级厌氧池和堆粪棚的容量要根据南北方农田用水用肥周期和粪便周转周期来核定，北方和南方一季种

植区，三级厌氧池一般设计水利滞留期90～180 d，堆粪棚粪便滞留期10～60 d；南方两季种植区，三级厌氧池一般设计水利滞留期45～90 d，堆粪棚粪便滞留期10～30 d。多级生态沟主要起到处理后废水在非灌溉季节的稳定贮存，生态沟要做到防渗处理，生态沟的大小和形状可根据场区周边废弃坑塘的条件自由设计，缺少废弃坑塘的区域可用防疫沟进行改造。采用泵送方式开展水肥一体化利用的养殖场，需要预先铺设灌溉暗管，采用运污车输送肥水入田的养殖场，需要在田间地头建立一个肥水暂存池。

（5）适用范围。

适用于家庭农场和中小型规模化养殖场（分散、有一定农田），已在天津市市郊各区示范推广1 000余家，环境改善效果显著，受到养殖场及周边农户的普遍欢迎。

（6）农用方式。

不同作物类型养殖肥水建议使用量及使用方式见表7-2。

表 7-2　不同作物类型养殖肥水建议使用量及使用方式

土地利用类型	消纳量 [m³/（亩/年）]	畜种消纳量 [头（亩/年）]	说明
大田	10	3	建议在小麦、玉米播种翻地前施用。生育期应用需要稀释灌溉，猪场肥水稀释 4～5 倍
园林绿植	33	9	4—5 月、7—8 月共分 2 次施入；行中间挖沟，深度 15～30 cm
果树	20	5	施肥的位置以树冠的外围 0.5～1.5 m 为宜，开宽 20～40 cm、深 20～30 cm 的沟
蔬菜（叶菜）	8	2	避免生食蔬菜灌溉。养殖污水部分可以作为基肥，部分可以作为追肥，追肥需要随灌溉清水稀释灌溉
蔬菜（果菜）	30	8	

注：污水氮素浓度按照 1 200 mgN/L 计算。灌溉的核算以氮素平衡为依据，考虑不同地区的气候、土壤和作物类型因素，灌溉过程以不污染环境为首要原则，因此，建议的灌溉量需要根据作物生长补施适量肥料。

（7）案例分析。

①基本情况。地处于天津市静海县中旺镇张高庄村东的某养猪场，是一家集育肥猪饲养和栽种枣树/露地蔬菜为一体的小规模生猪养殖场，属单一个体经营家庭农场发展方式。该场生猪年出栏量 2 200 头，养殖方式为传统圈养。场内现有果园、菜地、麦田共 15 亩。该场总占地面积约 20 亩，现有猪舍 3 栋。自有枣园、农田，主要栽种枣树、露地蔬菜，并散养一些蛋鸡。粪污日排放量约为 13 t/d，其中粪便约 2 t/d，污水约 11 t/d。

②主要建设内容。在传统养殖的基础上，新建集污暗管 780 m，污水收集暗渠 360 m，新建三级厌氧池 300 m³，改造多级生态沟 180 m³，新建堆粪棚 100 m²，脏道硬化 360 m²（长 120 m，宽 3 m），污水检查井 10 个，格栅池 1 座。配套设备有：污水提升泵 2 台，液位计 2 个，人工浮床 4 m²，还田管道 160 m（图 7-2）。

③效益分析。

经济效益：工程总投资 145.4 万元，其中土建投资 137.2 万元，设备投资 8.2 万元，通过项目的实施，减少了疫病传染源，养殖成活率提升，年间接增收 23 万元，节水节肥 1.2 万元，减少环保罚款 5 万元，年实现效益 29.2 万元，5 年可实现投资成本的静态回收。

生态效益：养猪场年出栏量为 2 200 头，粪便年产量约为 660 t，污水年产量约为 3 650 t。大量粪污如果处理不当，常年向地下渗透，极易造成当地的地下水水质恶化，周围空气质量严重下降，同时造成蚊蝇滋生，促进疾病传播，在一定程度上必定影响养殖业和附近居民正常生活。通过项目实施，显著改善了养殖环境，以往的脏乱差已经杜绝，污水横流、粪便满地、蚊蝇漫天、臭气熏人的景象彻底消失，有效地保护了养殖环境。

社会效益：在环境得到显著改善的同时，粪污能够直接加以利用，转化为农田肥料，减少了化肥用量和农灌用水量，增加粪污设施管理岗位 1 个，周边农户不再受养殖场的恶臭影响，杜绝了养殖场因环境问题而遭到周边农户的不断上访，缓解了群众矛盾，减轻了养殖场的外界压力，杜绝环保罚款造成的损失，促进了畜产品品质提升，促进了养殖健康发展。

三级厌氧池

堆粪棚

脏道硬化

集污暗沟

图7-2　主要建设内容

7.3.2　能源转化再利用技术模式

该模式是以生猪养殖过程中产生的粪便、粪水为主要原料，通过厌氧发酵方式分解有机质，提取沼气转化为生物质燃料的能源化利用方式。该模式中转化沼气的方式适用于各类养殖场。沼气利用方式又分干发酵和湿发酵两大类。湿发酵主要包括粪污收集、调质匀浆、厌氧发酵、沼气净化和利用、沼肥收集和利用几个核心环节，将总固体含量低于8%的粪水混合物转化为沼气；干发酵主要包括粪污收集和装料、产酸发酵、产甲烷发酵、沼液循环喷淋等几个核心环节，大幅缩减沼液产生量，提取沼气。

7.3.2.1　猪沼菜资源再利用模式

（1）模式简介。

"猪—沼—稻"生态种养模式，是以厌氧发酵为纽带，把猪粪和餐厨垃圾等可降解农业废弃物进行降解处理转化沼气，副产物沼液和沼渣作为液态肥替代化肥为稻田提供养分，稻田中养殖一定数量的螃蟹，螃蟹以稻田浮游生物为食，螃蟹排泄物继续肥田，进行养分的固定，实行稻田动物、植物和微生物的养分循环体系，实现养殖粪污的资源化循环再利用。

（2）工艺流程。

猪沼菜资源再利用模式的工艺流程见图 7-3。

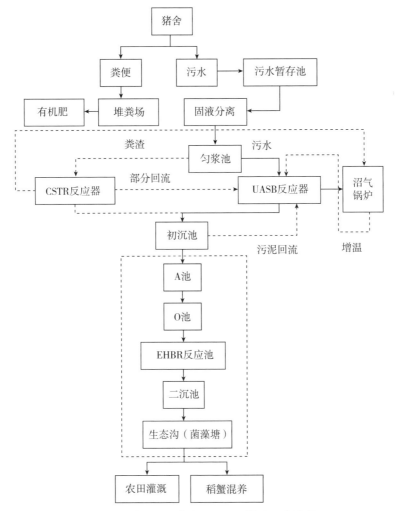

图 7-3　猪—沼—菜资源再利用模式工艺流程

（3）工艺说明。

粪便主要用于制备有机肥，污水分两方面处理，一方面，将部分粪便和等量污水混合进入 CSTR 沼气发酵罐进行沼气发酵以产沼气和沼肥为主；另一方面，将污水经过固液分离后送往 UASB 厌氧发酵罐、通过 A2/O 反应池、两级生态塘净化后进入稻田和蟹塘肥水养蟹，实现稻蟹双丰收，取得良好的环境效益和经济效益。

（4）技术特征。

该模式主要包含高浓粪污沼气化处理与利用技术、低浓度养殖废水深度处理与农业利用技术、养殖废水和沼液微生物除臭技术、多畜种粪污高效制备有机肥技术、沼—稻—蟹循环利用技术5个单项技术。该工艺适合干清粪、水泡粪等多种清粪工艺，污水或液体部分需要进行固液分离机分离后再处理，液体部分含固率要控制到3%以下。非灌溉季节需要通过污水的深度处理技术进一步降解和稳定贮存。沼气要配套沼气发电机或沼气锅炉，配套余热增温循环系统来提高发酵设备整体温度，提高发酵效率。稻田要设置约80 cm高的围栏防止螃蟹外逃导致减产，稻田内应不规则挖几处60～100 cm深的水洼，利于螃蟹栖息和螃蟹收获。

（5）适用范围。

适合有沼气能源需求、有一定量的消纳水稻田，愿意发展稻—蟹循环农业经济的养殖企业，实现以沼代肥、绿色种稻、生态养蟹、稻蟹共产的高品质、高产出的循环农业模式。该模式更适合水稻种植区，旱作农业区不适合发展该模式。

（6）案例分析。

地处天津市宁河县廉庄乡卫星河路南的玉祥牧业有限公司，是一家集生猪饲养、水产养殖、水稻种植、牛羊屠宰加工、水产品加工冷藏库和冷链派送、产品销售等多位一体的大型民营企业，是天津市农业产业化经营重点龙头企业（图7-4）。全场占地750亩，建成养殖、加工、生活和粪污处理等相对独立的功能区域。养殖场生猪存栏量为6 000余头，妊娠猪1 000余头，年出栏种猪13 000头。粪污日排放量约为82.9 t/d，其中粪便约12.9 t/d，污水约70 t/d。

图 7-4　玉祥牧业有限公司位置示意

（7）主要建设内容。

新建粪污贮存池：1 200 m³，预处理池：40 m³，CSTR沼气发酵罐：1 000 m³，UASB厌氧发酵罐：400 m³，沼渣、沼液、沉淀池：250 m³，A2/O反应池：450 m³，一级生态塘（菌藻塘）：200 m³，二级生态塘：250 m³（图7-5至图7-10）。

图 7-5　玉祥牧业养殖废水处理系统

图 7-6　CSTR 厌氧发酵罐

图 7-7　养殖废水深度处理系统

图 7-8　沼液贮存池

图 7-9　沼肥综合利用农田

图 7-10　有机肥发酵车间

（8）效益分析（经济、生态、社会效益）。

经济效益：玉祥养殖场年污水系统处理养殖废水 2.5 万 m³，年可提供沼渣沼液肥 2.3 万 t，可肥料化节支 30 万元；养殖场年产沼气 4 万 m³，能源节支 2.8 万元；年转化高效肥料 0.33 万 t，年增收 50 万元；年产回灌水肥量为 2 万 t，节支灌溉用水 12 万元；稻蟹混养 300 亩，年增收 10.5 万元，合计产生直接经济效益 135.13 万元；粪污工程可有效改善场区环境卫生，大大降低猪场的发病率，减少了仔猪的淘汰率。按照正常生猪出栏率至少提高 1%～3% 计算，项目实施地每年可增加出栏量 130～390 头，年实现总收益为 142.93 万元。

生态效益：项目实施后，年减排 COD_{Cr} 1 057 t，减排总氮 83.7 t，减排总磷 15.3 t，养猪场粪便和废水得到了有效的收集和沼气转化，场区粪污全部实现循环利用和环境零排放，恶臭得到了有效控制，周边卫星河和地下水都得到了有效保护。

社会效益：发展稻蟹种养一体化，增加了农户的亩产收入，为周边农户提供了增加收入的成功样板，带动了周边万亩稻田的种养结构转型，带动了周边村落农户的整体增收和共同致富。

7.3.2.2 猪沼小麦—玉米轮作资源再利用模式

（1）模式简介。

该模式同样以沼气厌氧发酵为纽带，突出沼肥的资源化利用，用沼肥替代化肥满足小麦玉米轮作过程中的用肥和用水，该模式对粪污进行集中式厌氧发酵，对小麦和玉米季的用肥量进行精准评估，选择冬灌或生育期节点灌溉，替代一定量的氮肥、磷肥和钾肥，但不推荐全量替代，而是根据作物的需肥水平、土壤的养分保有量来计算供肥量和替代量，基于土地承载力用肥用水，实现作物养分的供需平衡，实现养殖粪污的循环再利用。

（2）工艺流程。

猪沼小麦—玉米轮作资源再利用模式的工艺流程见图 7-11。

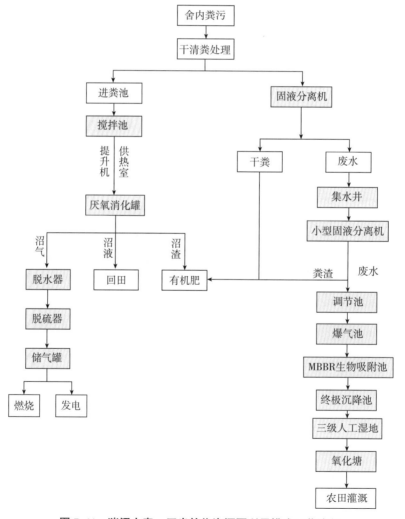

图 7-11 猪沼小麦—玉米轮作资源再利用模式工艺流程

（3）工艺说明。

该示范点将粪污分为两方面处理，一方面，将部分粪便和配水配比成高浓度发酵物进行沼气发酵，沼气净化后用于炊事、取暖和发电，沼液沼渣进行农业利用；另一方面，将养殖废水收集进行固液分离机分离，分离后干粪和鲜粪直接售卖，分离后的养殖废水通过二次分离进入调节池调质匀浆、曝气池好氧降解、MBBR 生物吸附、污泥沉降、人工湿地处理、氧化塘处理后进行农田灌溉。每年减少粪便污染物排放 3 万 t；沼气替代化石燃料，减少了二氧化氮的排放；沼肥与液肥代替了部分化肥，减少了病虫害传染源，美化了环境。

（4）技术特征。

冬小麦施用量（以氮计）为 240 kg/hm²，施肥时间和施肥量为越冬期（追肥）：120 kg/hm²，拔节期或抽穗期（追肥）：120 kg/hm²，夏玉米施用量（以氮计）为 210 kg/hm²，施肥时间和施肥量为播种前（底肥）：150 kg/hm²，喇叭口（追肥）：60 kg/hm²；通过合理施肥，冬小麦肥水氮量较单纯化肥施用量降低 30%，氮利用率增加 23%，产量持平，硝态氮淋溶量降低 26%；玉米肥水氮量较化肥施用量降低 12%，氮利用率增加 30%，产量持平，硝态氮淋溶量降低 21%。该技术模式破解了养殖肥水还田利用技术难题，为打通养殖肥水还田"最后一公里"提供了技术支撑。

（5）适用范围。

适合于我国的华北农业种植区，可开展小麦玉米轮作，周边具有一定规模的猪场，并且对粪污能够进行沼气处理的区域。

（6）案例分析。

①基本情况。天津市宁河原种猪场坐落在天津市滨海新区西北部的宁河县东棘坨镇艾林村南，地处北京、天津、唐山三市之腹（图 7-12）。距天津市区 60 km、县城芦台 35 km。该养殖场为国有企业，全场占地 2 000 亩，舍栏占地面积 1 769 642 m²，猪场全年存栏 17 000 头，其中种母猪存栏 4 500 头，种公猪、保育猪与其他成猪存栏 12 500 头；全年出栏 60 000 头。

图 7-12　天津市宁河原种猪场位置

②主要建设内容。2 个全混合厌氧反应器（CSTR），容积为 500 m³ 和 1 000 m³。调节池分为两级，共 40 m³；曝气池 150 m³；MBBR 生物吸附池 90 m³；二级沉降池 60 m³；人工湿地分为三级，单级规模为 8 m×18 m（图 7-13 至图 7-18）。

图 7-13　堆粪棚与固液分离机

图 7-14　初级沉降池

图 7-15　MBBR 生物吸附池

图 7-16　三级人工湿地

图 7-17　沼气发酵罐

图 7-18　沼气发电机

③效益分析（经济、生态、社会效益）。

经济效益：年可产高效肥 2.2 万 t，年收益 88 万元；年产沼气 43.8 万 m³，年可节支 14.6 万元；年产回灌水肥量为 1.8 万 t，年节支 0.9 万元；年直接效益合计 103.5 万元。粪污工程可有效改善场区环境卫生，大大降低养猪场的发病率，减少仔猪的淘汰率，按照正常生猪出栏率至少提高 1% ～ 3% 计算，项目实施年可增加出栏量 600 ～ 1 800 头，年间接增加收益 120 万元。扣除折旧、设备维护、人工、动力等年运行费用 84.25 万元，年纯收益 139.25 万元，静态投资回收期约为 5.8 年。

生态效益：宁河种猪场沼气系统处理能力为 20 t/d；污水系统处理能力为 60 t/d，其中固液分离机处理能力为干物质 20 t/d，污水 40 t/d，固液分离机分离后的液体 COD、TS 等含量可下降 30% ～ 40%。种猪场粪污处理工程达到《畜禽养殖业污染物排放标准》（GB 18596—2001）的要求，其排放值 COD 为 280 mg/L，NH$_3$–N 浓度为 46 mg/L，其中 COD 在水解酸化池去除率约 37%，MBBR 池去除率约 56%，人工湿地去除率约 2%，氧化塘去除率约 2%，粪污的收集和处理率达到 100%，系统出水满足鱼塘养殖与农田灌溉的要求。

社会效益：发展猪沼玉米种养一体化，节约了用肥用水，在传统玉米种植的基础上，增加了农户的亩产收入，为周边农户提供了成功样板，带动了周边万亩玉米的肥料利用结构转型，带动了周边村落农户的整体增收。

7.3.3　动物转化高值利用技术模式

7.3.3.1　黑水虻转化利用技术

（1）模式简介。

畜禽粪便转化为高营养高蛋白动物饲料已经成为畜禽粪便高附加值转化的一个重要研究方向，黑水虻，隶属于昆虫纲，它的许多生物学特性都适合用于禽畜粪便的转化，例如，幼虫有腐食性，食性杂，食量大、抗逆性强，生活史重叠且弹性很大，预蛹营养价值高，在化蛹前有迁移特性等，因此，在禽畜粪便转化为昆虫蛋白的研究领域，黑水虻预蛹中含有 42% 的粗蛋白质和 35% 的脂肪（干物质基础），很快就从众多的双翅目昆虫中脱颖而出，受到了广泛的关注。研究发现黑水虻体内的蛋白质和脂肪酸的含量十分高，其粗蛋白质含量与蚕豆、葵花籽等植物性蛋白饲料十分相近，但其中所蕴含的脂肪含量较高于它们，氨基酸含量与鱼粉相似，高于普通的豆粉。与其他的蛋白质饲料相比较，黑水虻虫体中几乎检测不出沙门氏菌等有害菌，因此，将黑水虻添加到饲料中可以有效地提高饲料的质量。同时，经黑水虻处理过的粪便可以成为优质有机肥。

（2）工艺流程。

黑水虻高值转化工艺流程见图 7–19。

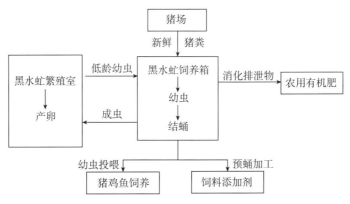

图 7–19　黑水虻高值转化工艺流程

（3）工艺说明。

猪场的新鲜粪便放入黑水虻饲养箱进行分解和转化。低龄幼虫由黑水虻繁殖室来提供，在饲养箱中粪便分解的过程中结蛹并转变为成虫。黑水虻的排泄物转化为有机肥，部分幼虫可直接作为动物饵料投喂给畜禽，部分预蛹则可进一步作为饲料添加剂来替代饲料蛋白。

根据黑水虻的生物习性在选择养殖场地时，应满足以下的要求：

①黑水虻的养殖场地应该远离人类生活的场所，并靠近原料处，可以把它建在离堆粪场较近的地方，这样便于对粪便进行处理。

②黑水虻的养殖场地要具有良好的交通条件，便于运输。因为黑水虻的繁殖速度极快，需要大量的原料运输。

③黑水虻的养殖场要适应黑水虻的生活习性，种虫繁殖需要好的光照条件，温度28～32℃为宜。处理猪粪的黑水虻饲养箱内则不需要光照。

（4）技术特征。

黑水虻生活周期较短（约35 d），容易饲养，幼虫食量大、转化效率高，食物转化率为15%～20%；成虫不带病菌，对人类无害，因此无需隔离设施；幼虫容易分离，便于饲养管理和收获；商品幼虫粗蛋白质含量42%（干基），营养价值高，对粪便中氮的消化能力可达到25%。

（5）适用范围。

本工艺适合于有将猪场、鸡场粪便转化为高附加值饲料蛋白的规模化养殖企业。

（6）案例分析。

①基本情况。天津市广源畜禽养殖有限公司，拥有100万只蛋鸡，全自动化养殖，每天产蛋50 t，日产鸡粪80～100 t。

②主要建设内容。黑水虻种虫繁育车间1 000 m²，黑水虻处理鸡粪车间10 000 m²，生产线1条：鸡粪预处理系统、黑水虻养殖处理箱、筛分与包装系统（图7-20至图7-23）。

图7-20　种虫繁育室1

图7-21　种虫繁育室2

图7-22　养殖处理箱

图7-23　养殖生产线

③效益分析（经济、生态、社会效益）。

经济效益：利用黑水虻转化处理畜禽粪便，使废弃资源得到资源化利用，同时生产出了高价值的虫体蛋白和虫粪生物有机肥。项目可年处理鸡粪 24 000 t，生产鲜虫 3 000 t，虫粪 12 000 t，黑水虻鲜虫的市场价格为 4 000 元/t，虫粪的市场价格为 800 元/t。生产成本为处理转化每吨鸡粪需消耗人力、电力、设备消耗等成本 550 元。鸡粪直接销售的价格为 60 元/t。采用黑水虻处理相比直接销售鸡粪，年收入增加 2016 万元，年利润增加 696 万元。

社会效益：通过研究开发农村有机废弃物畜禽粪便环境昆虫生物转化技术，提高畜禽粪便处理的效率和效益，开辟了畜禽粪便处理的新途径，提高农户和企业处理的积极性。通过大规模处理可形成新产业和经济增长的新亮点，提高劳动者技术水平，增加农民收入。通过项目推广，带动和辐射周边地区，对新时代生态文明建设和乡村振兴具有重要意义。

生态环境效益：通过环境昆虫资源化利用农村有机废弃物畜禽粪便，生产附加值更高的产品。废弃物转化率高，提高了资源循环利用率，减少了资源浪费和低水平利用。在资源利用的同时，解决了畜禽粪污的生态环境问题，具有重大的现实意义和经济、社会、生态价值。

7.3.3.2　蚯蚓转化利用技术

（1）模式简介。

蚯蚓又名地龙，是环节动物门寡毛纲的陆栖无脊椎动物。世界上有蚯蚓 3 000 余种。蚯蚓营养价值丰富，经济附加值高，在物质循环、生物多样性等方面发挥着特殊作用。许多国家利用蚯蚓来处理餐厨垃圾和畜禽粪便。蚯蚓堆肥作为一种生态友好型畜禽粪便处理方式逐渐受到人们的关注，该技术方式不仅能有效地将畜禽粪便转化为具有更高价值的动物蛋白饲料原料、新型有机肥料，还能有效降低畜禽粪便带来的环境污染问题，满足养殖业绿色健康发展需求。在大力倡导"减肥减药"、加强畜禽粪便资源化利用的背景下，"畜禽养殖—蚯蚓堆肥—蚓粪还田"的高值资源化生态循环模式，为我国生态循环农业生产和实践提供新的解决方案。

（2）工艺流程。

蚯蚓高值转化畜禽粪污工艺流程见图 7-24。

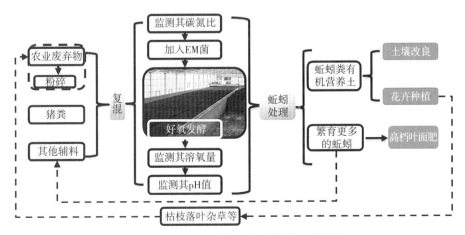

图 7-24　蚯蚓高值转化畜禽粪污工艺流程

（3）工艺说明。

蚯蚓养殖包括"选种—饵料配置—建床养殖—过程管理—蚯蚓收获"5个关键环节，选种要选择体型健壮、年幼、无畸形、无疾病、爬行迅速、粗细均匀的蚯蚓作为种蚯蚓。饵料配制要掌握好碳氮比、酸碱性和湿度，物料碳氮比为（25～40）：1，pH值6.5～7.5为宜，湿度应控制在60%左右，粪便和辅料等饲料用于蚯蚓养殖前，需要通过堆积发酵腐熟处理，以杀死粪便内的寄生虫和病原微生物，物料必须腐熟彻底才能使用，一般为堆体温度无上升、黄褐色、无臭味或酒酸味为宜。蚯蚓建床养殖一般采用条垛式养殖，条垛宽度1～2 m，厚度在0.2～0.3 m，长度根据养殖场边界自行决定。采用自走式骑床投种机或人工投种的方式将混合一定物料的蚯蚓种投放到床体上，每亩投放300～500 kg。将微喷带有序平铺到蚯蚓床上进行喷水，保持蚯蚓床湿度在50%～60%。浇水时间：冬季中午浇，夏季晚上浇，春秋季节可白天浇。每隔3～5 d，投放厚度为0.1～0.15 m的物料，90～100 d，幼蚓长成成蚓。当床内大部分蚯蚓体重已达到400～500 mg时，并且每平方米密度达1.5万～2万条时，即可收取一部分成蚯蚓。年收获蚯蚓3～5次。

同时在养殖过程中还要注意以下几个方面：

①种蚯蚓色泽要鲜亮，身体各部位基本一致，光泽柔润，体态丰满。

②蚯蚓饵料辅料不能添加霉变物料，否则会引起蚯蚓中毒。给蚯蚓投喂饲料需分批进行，以表面吃光为准，不宜堆积过多，否则蚓床含氧量下降，会导致蚯蚓逃逸或死亡。

③要做好繁殖交配管理，蚯蚓4～6月龄达性成熟后即可交配，每年的3—7月和9—11月是繁殖季，一般在夜间进行交配。为防止近交衰退，最好每年到外地引种1次，进行血缘更新。

④要控制好养殖密度，宜控制在每平方米2～2.5 kg，每隔6～7 d清除1次蚓粪，采收的蚓茧投入孵化床保湿孵化，同时翻倒种蚓床，用侧投法补料，以改善饲育床条件，以利繁殖。

⑤防止食盐中毒，当发生食盐中毒时，立即清除发病基料，并用大量净水清洗，面积大且严重的可把基料连蚯蚓一同浸入净水中，待蚯蚓不挣扎时取出蚯蚓待自然苏醒后放上新鲜基料重新饲喂。

⑥防止胃酸症，当发生胃酸症时，立即掀开蚓床覆盖物通风，同时喷洒苏打水或1%新鲜石灰水中和。

⑦防止缺氧，当发生缺氧症时，揭去蚓床覆盖物通风，检查基料干湿程度，并调整到目的干湿度改用腐熟好的基料饲喂。

⑧要做好病害防治，蚯蚓的病害主要有：细菌、真菌、病毒三大类。生产中要经常观察群体发育情况，只要发现体软或体硬、变色、有恶臭味、体色异常的个体应及时淘汰，群体发病的要整体淘汰。生产中应在饲料中添加0.01%土霉素或定期用

0.01% 土霉素喷洒饲养床面。

⑨要做好虫害防治，蚯蚓的天敌有鼠、蛙、蛇等。

（4）技术特征。

成年蚯蚓体长为 9 ～ 14 cm，背面及侧面为橙红色，腹部略扁平，食性广，繁殖率高，生活周期短，但对周围环境十分敏感，适于在温度 15 ～ 25℃、相对湿度 60% ～ 70%、pH 值 6.5 ～ 7.5 的环境中生活，条件不适时会爬出逃走。蚯蚓雌雄同体，异体受精，受精卵在卵壳中直接发育，无幼虫期。蚯蚓一般 4 ～ 6 月龄性成熟，1 年可产卵 3 ～ 4 次，寿命为 1 ～ 3 年。体色为紫红色，尾部浅黄色。喜吞食各种牲畜粪，倾肥性强，适合于人工养殖。蚯蚓体内含地龙素、多种氨基酸、维生素等，有解热、镇静、平喘、降压、利尿等功能，自古即入药。蚯蚓含蛋白质较高，其含量占干重的 50% ～ 65%，含 18 ～ 20 种氨基酸，其中 10 余种为禽畜必需的，故蚯蚓是一种动物性蛋白添加饲料，对家禽、家畜、鱼类的产量提高效果明显。相同饲料组成，细料比粗料可提高幼蚓生长速度 1.5 倍，所以要尽量保持细料状态来提高蚯蚓生长速度。蚯蚓每日可进食与自己体重相当的食物，转化粪污能力强。

（5）适用范围。

本工艺适合于有将猪场、鸡场粪便转化为高附加值饲料蛋白的规模化养殖企业。

（6）案例分析。

① 基本情况。天津市忠涛蚯蚓养殖专业合作社，利用畜禽粪便、秸秆等农业有机废弃物养殖蚯蚓，通过条垛式养殖床与自走式收货机配合，实现半自动化蚯蚓养殖，解决了粪污消纳问题，产出了地龙蛋白和蚓粪有机肥，实现了畜禽粪污蛋白高值转化。

② 主要建设内容。蚯蚓养殖基地 400 亩，蚯蚓饵料混料投种建床车 1 部，自走式蚯蚓与蚓粪分离收货车 1 部，蚯蚓分选与深加工车间 1 个（图 7-25 至图 7-28）。

图 7-25　条垛式养殖床　　　　　　　图 7-26　槽式养殖床

图 7-27　自走式收货车

图 7-28　蚯蚓分选车间

③效益分析（经济、生态、社会效益）。

经济效益分析：建设 400 亩林下—蚯蚓立体种养技术示范区，实现年处理农业有机废弃物 6 万 t，年产蚯蚓体 200 t，蚯蚓粪 2 万 t，帮扶困难村示范户人均年收入提高 1.5 万～2.0 万元。项目累计实现产值 1 500 万元以上，新增经济效益 800 万元。

社会效益：项目组在武清区西后庄、宝坻区杨家庄、静海区惠丰西村 3 个困难村，建立 20 个科技示范户，培训 200 人次。帮扶困难村示范户人均年收入提高 1.8 万元，项目实施带动了农民增收。林下环境可促进蚯蚓高产，产出的蚯蚓粪可加快土壤改良，促进林木的生长，同时林下—蚯蚓立体种养蚯蚓技术，破解了蚯蚓养殖占用农田的难题，增加林业产业的经济效益。蚯蚓生态转化模式为农业有机废弃物产业化发展开辟了新道路，带动了乡村振兴和产业转型升级。

生态环境效益：项目实施将农业有机废弃物畜禽粪便、农作物秸秆、废弃菌渣和农村生活有机垃圾等常规农业污染源进行了资源化高附加值转化利用，改善了乡村生态环境，为美丽乡村建设提供了支撑。

7.3.4　植物转化高值利用技术模式

7.3.4.1　狐尾藻机械化转化利用技术

（1）模式简介。

绿狐尾藻作为湿地植物，在富含氮磷的水体中生长迅速，对环境中氮、磷的吸收能力强，在适宜的高氮磷湿地环境年产鲜草可达 60 t/（亩·年）。绿狐尾藻的蛋白质含量较高，而且氨基酸种类全面，矿物质种类多且含量高，并含有丰富的维生素和必需脂肪酸。绿狐尾藻含有多种酶和未知生长因子的营养特性，决定了它是一种非常适合畜禽养殖业的非常规饲料原料。然而，市场上并没有一种成熟可行的适用于绿狐尾藻田间收割的机械设备，大多依靠人工收割，落后的生产工艺严重制约了绿狐尾藻产业化过程。针对这一突出现实问题，为满足市场上缺乏成熟可行的适用于湿地维护的植物收割设备这一重大需求，当前已初步研发出一套绿狐尾藻田间收割机，降低了生产成本，推进了绿狐尾藻产业化进程。

（2）设备结构图（图 7-29 至图 7-31）。

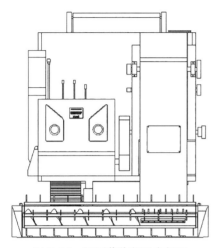

图 7-29　狐尾藻收割机主视图

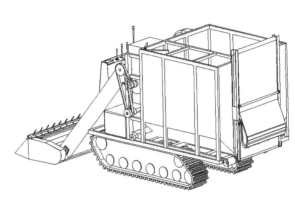

图 7-30　狐尾藻收割机侧视图

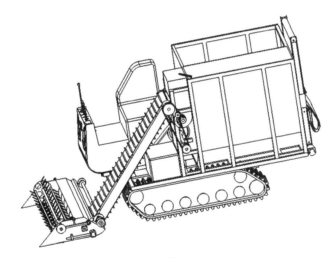

图 7-31　狐尾藻收割机透视图

（3）工艺说明。

该设备包括中控台、收割装置、上料仓、储存仓、下料装置和行进装置。中控台包括了行进速度调节杆、方向操作杆、收割装置高度调节杆、下料装置调节杆，行进速度操纵杆用于控制收割机行进速度，方向操纵杆用于控制收割机行进方向，收割机高度调节杆可以根据水深和狐尾藻高度调节收割高度，下料装置操纵杆用于控制下料并且可以根据运输车高度调整下料装置的可折叠延伸部分的高度以配合卸料。

收割装置与上料仓相连，收割后的狐尾藻经上料仓至储存仓再由下料装置完成卸料。收割装置包括收割装置伸缩轴、复式切割器、拨料杆和双螺旋绞龙输送轴，狐尾藻通过复式切割器切断后由拨料杆拨至双螺旋绞龙输送轴，再由双螺旋绞龙输送轴传送至上料仓完成收割过程，其中收割装置与中控台相连，中控台可以根据水深和狐尾藻高度通过收割装置高度调节杆调整收割装置高低。

上料仓包括上料箱体和链式输送带，收割后的狐尾藻由链式输送带传输至储存仓，其中，上料仓链式输送带与收割装置由中控台同时开启以完成边收割边传输。

储存箱包括储存箱箱体和下料装置，储存箱顶部设有盖板以保证上料过程中狐尾藻全部掉落在储存箱内，底部呈斜面，以保证下落的狐尾藻掉落在卸料绞龙上，尾部设有下料装置，下料装置与储存箱底部卸料绞龙相连，当储存箱装满后机器停靠至路边通过卸料绞龙与下料装置完成卸料，其中卸料绞龙和下料装置与中控台相连，可以通过中控台调整其延伸部分的高度以完成与运输车辆高度对接实现卸料。

行进装置包括履带和滑轮，用于适应田间水深和泥土软硬程度，保证机器正常行驶。

（4）技术特征。

①传统狐尾草采收采用人工收割，耗时耗力、效率低下、成本高，采用收割机大大降低了生产成本，提高收割效率。并且，收割装置和上料传送带联动，实现边收割边传输，收割的过程能初步破碎物料，为后端深加工节约破碎成本，降低整个产业链的生产成本。

②采用一般的工业挖机收割狐尾藻，容易挖到湿地底部泥土，收割起来的泥土会导致湿地植物加工的原料品质难以保证，增加清洗成本，而且挖机收割都是整株收割，湿地植物需要重新布种，增加布种成本。采用湿地植物收割机收获的都是表层的植物营养价值较高且比较干净，由于湿地植物大多是无性繁殖，所以只需要一次性播种，湿地植物的根茎可以保留在下面继续作为种苗繁殖，同时可以降低后续清洗成本。

（5）适用范围。

适用于以畜禽粪污为原料，大规模种植狐尾藻的坑塘水面作业。

（6）案例分析。

①基本情况。河南信阳五星生态科技农业观音山种养基地应用。该设备一天能运行 6～8 h，采收量为 30～40 t。与之前人工采收设备相比，采收量提高了 500%。该套设备运用于水生植物采收具有巨大潜力。

②主要建设内容。设备主要包括：主体机架、中控台、照明灯、驾驶员座椅、行进速度操纵杆、行进装置、履带、滑轮、行进方向操纵杆、收割装置高度调节杆、链式输送带、收割上料联动轴、传动带、储存仓、储存仓盖板、储存箱斜面挡板、伸缩式下料输送带、卸料驱动电机、下料装置（图 7-32）。

图 7-32 狐尾藻规模化采收设备现场

③效益分析。

经济效益：通过使用该设备，可显著提升水生植物的采收量，从而减少其采收成本，收割成本从人工采收每吨 80 ～ 100 元低至每吨 10 元。

社会效益：使水生植物采收设备在我国绿狐尾藻生态湿地中普及应用，提高水生植物的采收效率，降低人工劳动力，促进采收设备机械化，有利于水生植物资源化利用率的提升。通过使用该设备，可以使水生植物收割效率达到 90% 以上，减少人工采收植物不必要的浪费，具有良好的社会效益。

生态效益：通过技术应用，将养殖废水从污水转化为具有营养附加值的狐尾藻饲料，显著改善了养殖区周边坑塘河湖等地表水环境，保护了水源，将水中的污染物氮磷等资源化循环利用，对美丽乡村建设发挥了积极作用。

7.3.5 生态床处理模式

养殖粪污的生态床处理模式建立在微生态和生物发酵理论上，是一种利用微生物技术处理畜禽废弃物，实现畜禽粪便"原位降解"，达到生态环境"零污染"的新型养殖模式。在圈舍（原位发酵床）或者圈舍外单独棚体（异位发酵床）中铺设一层含有大量具有相当活性的特殊有益微生物的有机垫料——即发酵床。生猪排出的粪尿经完全发酵后，被迅速降解、消化和转化；猪采食发酵床中的营养成分（各种菌丝蛋白、微生物代谢产物、微量元素等），实现生物质循环，从而达到无污染、零排放、无公害的健康养殖目的。微生物发酵床养殖技术以免冲洗、低污染和生态化的特点得到了较为广泛的推广应用。

微生物发酵床技术通过微生物发酵分解猪粪、猪尿等养猪废弃物中的有机物质而基本实现养殖零排放、无臭气，是新型生态环保养殖技术。这种技术彻底扭转传统生猪养殖模式污水横流、臭气熏天的局面，有效促进生猪养殖走向生态化，其环境效益明显，主要体现在以下几个方面：

（1）无养殖废水排放。微生物发酵床技术本身就是一种养殖节水技术，是通过有效控制养殖用水量，减少养殖废水产生，并使全部养殖废水参与微生物发酵过程，利用发酵过程产生的热量蒸发水分，从而实现废水零排放，不会引起水体富营养化。

（2）无养殖固体废物排放。微生物发酵床技术通过微生物发酵将生猪养殖产生的猪粪和无害化处理后病死猪等养殖固体废弃物转化为优质的有机肥后，综合用于农业生产，从而实现了养殖固体废物的零排放。

（3）改善养殖环境空气质量。微生物发酵床技术能够有效地将畜禽排放的氨氮吸收降解为无挥发性的有机酸、二氧化碳、水等代谢产物，有效降低养殖环境中氨气、硫化氢、甲烷等有害气体含量，基本实现无臭味，明显改善了养殖环境空气质量。

（4）减少药物污染。微生物发酵床技术由于有大量有益微生物的存在，有害菌无法在其中繁殖，环境中病原微生物的数量会大大降低，肠道病和全身感染性疾病发病率也会下降，从而减少药物的使用，不仅节约药费成本，利于食品安全，而且有效控制了病原微生物向环境扩散，进一步降低了使用药物引起的环境污染，有利于生态环境净化。

（5）调节改良土壤环境质量。微生物发酵床技术通过微生物发酵使得养殖产生的猪粪、猪尿等养殖废弃物转化为有机肥，综合利用农业生产。使用有机肥能够有效调节改良土壤，提升土壤质量。据研究表明，有机肥能够为土壤提供全面养分、促进土壤微生物繁育、提高土壤保水保肥能力、减少土壤养分固定、提高养分有效性、加速土壤团聚体形成、改善土壤理化性质等方面的作用。

（6）避免二次污染的产生。微生物发酵床技术将猪粪、猪尿等养殖废弃物与有机垫料载体发酵腐熟转化有机肥，没有了猪粪、猪尿等恶臭味，避免了以往猪粪、猪尿在运输、使用过程中的恶臭味扩散而引起的二次环境污染。

7.3.5.1 常规原位发酵床技术

（1）模式简介。

原位微生物发酵床养殖技术最早起源于日本、韩国，随后在中国大面积推广应用。在国外称为 deep-litter-system、*in situ* decomposition of mature 或 the microbial fermentation bed。其优点是畜禽在发酵床上运动，增加其运动量，提高了生长性能；畜禽口服益生菌，优化肠道微生物的菌群结构，提高了畜禽免疫力及饲料利用率；避免每天对饲养场进行清理，减少废水产生，降低臭气浓度，不会对环境造成影响；使用后的垫料含有丰富的营养物质，有机质含量较高，可用于生产有机肥，进而实现废弃物的资源化利用。该技术又称为原位降解健康养猪技术，在国外还称为深层垫料养猪技术或自然养殖技术，是一种实现猪粪便原位降解的生态、环保、经济养殖技术。目的是要确保发酵床对猪粪尿的消化降解能力始终维持在较高水平，从而控制病原菌的繁殖，为猪生长繁育提供舒适、健康的生态环境。因其具有促进猪只生长、无臭味、节能减排等优势，而深受养殖户的欢迎。

（2）工艺流程。

原位发酵床工艺流程见图7-33。

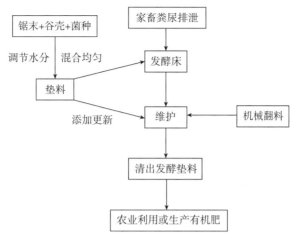

图 7-33　原位发酵床工艺流程

（3）工艺说明。

按一定比例将高效复合微生物菌种、锯木屑以及一定量的辅助材料混合、发酵，形成有机垫料。猪的排泄物被有机垫料里的微生物降解、消化，达到零排放、生产有机肉并减少对环境污染的目的。

建造深为 0.8 ～ 1.0 m 的池，填满有机垫料。有机垫料以锯木屑、稻壳为主，加上采集培养的微生物，再掺入约 10% 的取自当地的土和约 0.3% 的天然盐，进行自然生态混合，营造有利于土著微生物繁殖的环境。

采用单列式猪舍，跨度一般为 10 ～ 12 m，开放式，屋檐高度在 4 m 左右，屋顶加隔热层。猪舍与猪舍之间的距离要在 6 m 以上。圈栏面积一般在 40 m² 左右。饲养密度要根据饲养猪体重大小来确定，一般保育猪 0.5 ～ 0.8 m²/ 只，育肥猪 1.0 ～ 1.5 m²/ 只。在猪舍一边设饲料槽，在适当位置安置自动饮水器，在猪舍东墙处安装湿帘、西墙处安装排风扇。

在南方，垫料主要以锯木屑、稻壳（砻糠）为主，特别需注意的是不能使用防腐处理过的木材生产的锯木屑，泥土也要采用地面 20 cm 以下、未受污染的泥土作垫料使用。当垫料中功能微生物菌群保持在千万级以上时，发酵床就处于正常的发酵状态。垫料原料的组合比例，应根据实际情况来定。以育肥猪为例，垫料中透气性原料（稻壳）应占 40% ～ 50%，吸水性原料（锯木屑）应占 30% ～ 50%，营养辅料应占 20% 以内。垫料层厚度应根据气温高低而定，育肥猪冬季为 80 ～ 100 cm、夏季为 60 cm；保育猪冬季为 60 ～ 80 cm、夏季为 40 cm。要预留 10% 左右的优质垫料原料，用于猪进舍前作为表层垫料来铺设。

菌种能维持猪只肠道微生物的平衡，对有害菌群可起到生物拮抗作用，而且能合成各种酶和营养物质，从而增强机体免疫功能。一般采用的菌种有土著菌种和商品菌种，前者是在本地取料，从腐殖质丰厚区域采集原液，按 1∶500 稀释，再掺入糠或小麦粉，搅拌均匀后进行扩群培养；后者包括国外和国内研制的菌种，应根据产品要求加以操作。

（4）技术特征。

发酵床增加了猪只站立、运动以及在垫料中的翻拱时间，并且减少了猪只取食距离，进而提高猪只的取食量、取食次数以及体重。发酵床中接种益生菌剂发酵后，可以达到 60 ~ 70℃的高温，能够消灭不耐受高温的病原微生物，臭味低，蚊蝇少，但需要注意避免寄生虫污染。

原位微生物发酵床使用后的垫料含有丰富的氮、磷、钾和有机质等养分，为有机肥制作的良好原料。通过测定我国山东、吉林等地 5 个养猪场发酵床垫料成分，发现发酵垫料中富含氮、磷、钾、有机质等营养元素，但是盐分含量偏高、肠道寄生虫卵严重超标，具有安全隐患，所以施用前还需要对其做无害化处理。

（5）适用范围。

该技术方法适用于 500 头以下的猪场使用。利用原位发酵床养殖，环境优良动物较少得病，但正常免疫和消毒工作不可缺少。

7.3.5.2　异位发酵床模式

（1）模式简介。

针对原位发酵床的问题，研究者考虑改变原位发酵床的畜禽养殖模式，将畜禽养殖与发酵床分离，即建立异位发酵床养殖模式。利用发酵床中的垫料对粪污进行分解转化，同时处理养殖粪便和废水，解决了养殖场废水直排对周围水体的环境污染问题。将农作物秸秆（油菜、水和玉米秸秆）应用于异位发酵床填料，实现养殖污染和秸秆焚烧污染的同步解决。该技术可以在一定程度上解决畜禽通过垫料携带病原菌发生病害的隐患，同时也避免了由于床体温度过高不利于畜禽的生长。将养殖场中的畜禽粪便进行固液分离后集中收集，固粪可采用高温堆肥的方式处理，液体可统一在异位发酵床中进行喷洒，分解处理。此技术的研究应用对于解决原位发酵床存在的问题具有实际意义。研究表明，异位微生物发酵床填料温度高于 55℃保持 3 d 以上，可以有效消灭填料中的有害微生物，提高填料的卫生安全系数。每单位填料废水吸纳能力的系数为 2.40，且全过程 pH 值平均浮动于 8 左右，适宜好氧发酵。发酵后填料中的有机质、碳氮比均下降，总氮（TN）、总磷（TP）、总钾（TK）均上升，填料的总养分含量为 6.19%，有机质的质量分数为 56.11%，均达到我国有机肥料关于总养分含量及有机质质量分数的标准，满足其作为再利用的有机肥料的基本要求，提高了农业生产的资源利用率和经济效益。

异位生物发酵床主要由发酵槽、发酵垫料、发酵微生物接种剂、翻堆装备、粪污管道、防雨棚等组成。由于猪不接触垫料，养猪与粪污发酵分开，养殖大棚外建垫料发酵舍，垫料铺在发酵舍内。因此可以按照传统方式养猪，不需要改造或拆建猪场，只要在猪场的地势较低处建设发酵槽，将猪舍产生的猪尿及冲洗水通过管网引至污水池。通过贮粪配比池使其达到合适的比例，通过猪场的自动喷淋装置，均匀地将粪污喷洒在猪舍外垫料池的垫料上，微生物菌群将进行生物降解处理。粪污的降解过程以好氧发酵为主导，并且有厌氧发酵和兼性厌氧发酵。在降解处理中，翻抛机还会对发酵床进行翻抛。使得垫料与猪粪尿混合充分，由于有益的微生物菌种大量地存在于发酵床中，直接发酵猪粪尿，使得猪粪尿能及时、充分的分解，将猪粪污转化生成生物高效的有机肥。由于粪污通过发酵、蒸发大部分的水分，少部分的废水及有机物质保留在垫料内。因此每年有 1/3 的垫料进行更替，更换的垫料作为有机肥使用，从而实现污染物的资源化利用。这种技术通过微生物发酵来降解污染物，既实现污染零排放，同时又获得生物有机肥。与传统的养殖方式相对比，异位生物发酵床综合治污技术真正实现养猪无排放、无污染、无臭气的零排放清洁生产，从而实现生态环保养猪。

（2）工艺流程。

异位发酵床工艺流程见图 7-34。

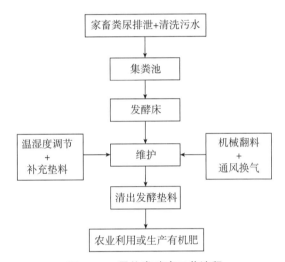

图 7-34　异位发酵床工艺流程

（3）工艺说明。

异位发酵床模式需要在场内建造配套的大棚和集污池，建设尺寸一般要求 5 m 宽，其长度根据养殖量决定。如存栏 500 头猪需要 100 m^2。垫料区与硬化区属于发酵床的主要组成部分，仔猪垫料厚度一般为 50 ~ 70 cm，育肥猪垫料厚度一般在 80 cm 左右。发酵床外侧还应设置渗滤液排放口，当垫料水分较高时应将其作为渗水孔，以有效排出。老猪舍的地基较浅，一般采用地上结构，应做好防漏工作。增设窗户以形成空气对流。

异位发酵床垫料由锯末和稻壳组成，是微生物进行固态发酵的载体。首先将微生物（纳豆芽孢杆菌）接种于发酵床垫料中启动发酵，然后每天定量添加猪粪。猪粪残存的主要营养物质是粗蛋白质、半纤维素，少量粗脂肪和淀粉，这些营养物质都可以作为纳豆芽孢杆菌的发酵底物。猪粪中的营养物在酶的作用下发生一对一的酶促反应，最终将粪便中的可发酵有机物分解。大部分碳水化合物转化为能量，生物热不断在发酵床中蓄积，随着发酵床的翻动蒸发多余水分，少部分难分解的有机物转化为垫料组成成分。其原理如图 7-35 所示。

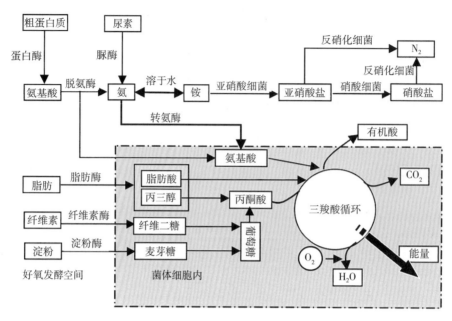

图 7-35　营养成分分解原理示意图

通过收集设备将粪污储藏在集污池中，然后用污泥泵将里面的粪污均匀地散布于预先铺设好的发酵床垫料中，开动翻耙机耕匀垫料，即可进入正常运转。它的优点主要是可以灵活控制进入垫料中的粪污量，更规范也更自动化。异位发酵床垫料来源广泛，消耗少，可持续使用 2 年。

垫料可以充分吸收猪的粪便和尿液，为微生物提供养分，因此，建设发酵床时应采用结构稳定且吸附能力强的有机材料作为垫料，比如花生壳、草木炭及锯木屑等。发酵床制作的关键在于垫料，制作人员应将碎秸秆、木屑及少量辅料根据一定比例进行配合，喷水使其混合均匀，且总含水量应控制在 50% ～ 60%，之后发酵 7 ～ 10 d，即制成发酵床的垫料。

原料为发酵床菌种（1 瓶可用于 7 m³ 垫料）、稻壳 40%，锯末 60%（或麦麸、饼粕等）。需要注意：一是因地制宜选择吸水性、透气性好的原料。如稻壳、锯末、甘蔗渣、蘑菇渣、秸秆粉和谷壳等。二是选择添加麦麸、饼粕、生石灰、过磷酸钙、磷矿粉、红糖或糖蜜等辅料，主要是用来调节物料水分、C/N、C/P、pH 值和通透性，由一种或几种组成，比例不超过垫料的 20%。三是各垫料成分一定要混合均匀，高约 1.5 m。

将干清粪和水泡粪收集至集粪池后使用搅拌机搅拌均匀，利用潜泵均匀喷在垫料上，每立方米垫料喷 20 ～ 30 L。喷淋后 3 ～ 4 h，待其完全渗入垫料内部后方可开动翻抛机进行翻抛，将粪污和垫料混合均匀。粪污与垫料混合后的水分含量以 45% ～ 60% 为宜，即以手捏成团，手指间有水溻出但不流下为度。每次喷洒的粪污量要依据混合后垫料的含水量而调整，确保垫料核心发热层（垫料表面 40 ～ 50 cm 以下）水分含量在 45% ～ 60%，并根据季节和环境温度调节添加量，严防一次性添加过多。

（4）技术特征。

发酵床的核心是微生物对粪尿的发酵和转化，发酵床中的微生物来源于垫料基质、动物肠道、饲料、空气等，微生物群落在垫料发酵和使用过程中起着非常重要的作用。因此研究发酵床的微生物群落结构，对于揭示发酵床对猪粪尿的降解、转化规律等具有重要意义。发酵后混合垫料中的碳氮比、有机质均下降，总磷、总氮、总钾均上升，满足其作为有机肥料的基本要求，提高了粪污资源利用率和经济效益。据推算，每出栏 1 头肥猪可生产发酵基质约 200 kg，获纯利润约 15 元；万头猪场如果按 12% 的配比加工生产有机肥，可产出 1.5 万 t/ 万头。

（5）适用范围。

该技术方法适用于具有相对丰富的垫料资源的规模化养殖场。

（6）相比原位发酵床的技术优势。

异位微生物发酵床技术在养殖污染物处理中带来了良好的经济效益、社会效益和生态效益，在国内是一种新兴的养猪污染物处理模式。异位微生物发酵床技术具有无污染、无排放、无臭气和疾病发生率低的特点，并且从源头上能够控制规模化养猪造成的环境污染问题，最近几年得到了广泛的推广和应用。异位微生物发酵床技术相比原位发酵床而言，较好地解决了养猪对环境的污染。利用干清粪，将猪舍内生猪粪收集后用于有机肥生产，剩余部分猪粪尿进入污水池后，再进入场外垫料场。利用特种微生物迅速有效地降解、消化污水中的有机化合物，最终转化为二氧化碳和水，通过蒸发，排入大气，从而没有任何废弃物排出养猪场，真正达到养猪零排放的目的。

异位微生物发酵床技术同时降低了劳动强度，减少了冲洗环节，减少了工作量，提高了经济效益。从社会效益来看，猪粪尿经发酵床垫料发酵后能提高肥效。还田后还能增加土壤的有机质，减少了化肥的使用；另外，由于粪污在发酵床中产生 50 ~ 70 ℃高温，可全部杀灭细菌、病毒、真菌孢子等有害物质，杜绝疫病传播，大大减少了农药和化肥的施用，避免了再次污染的问题。积极有效保护了土壤环境，大大地提高了农作物的安全，净化村屯环境，使农业生产走向绿色的可持续发展之路。

变废为宝，场外垫料工艺使用的垫料一般可连续使用 3 年，由于垫料有较好的散落性，又是十分优质的有机肥。对土壤改造有良好的作用。3 年左右可将其装包出售。经调查。发酵床内的垫料产生的有机质的含量可高达 35% 以上，经加工可制成高端有机肥，即可替代食用菌栽培料产生食用菌。同时还可用于作物生产，使得原来的污染物即猪粪变为高效有机肥。有机肥产生的经济效益有时甚至超过猪肉的价值。

采用异位发酵床技术，使猪与垫料分离，很好地克服了原位发酵床对生猪生长健康产生的负面影响，育肥猪呼吸道等方面的疾病降低 60% 以上，成活率提高 1% 左右，相同体重出栏天数缩短 1 周，总体效果显著。

养猪业所产生的废弃物即是巨大的污染源，同时也是巨大的有机肥料库。粪污处理采用异位发酵床模式，只需建收集搅拌池，不需建干粪堆积场，不需购买干湿分离机，减少了这方面的投入，节约了投资成本。以治理 4 万头猪场污染为例，每吨有机肥的成本为450～600元。原本需投资200万元建设的有机肥厂，基本上8～9年就可回收投资成本。

7.3.5.3 生态床模式存在的问题

两种生态床模式适用范围不同，各有优点，但在实际生产应用中都存在一些问题。其中，生态床清出垫料中重金属残留问题不容忽视。猪粪中含有较高浓度的铜、锌和砷等重金属，在发酵床养猪过程中可能导致重金属元素的堆积，这主要与饲料添加剂有关。发酵不能降解重金属，猪排出的金属元素会残留在发酵床的垫料中。李娜等研究发现，饲喂高铜饲料的异位发酵床垫料中沉积了高水平的铜，且第一年的垫料干物质铜含量低于使用3年的垫料。据报道，在日本，发酵床使用年限可达5～10年，但国内实际使用年限2～3年，与重金属残留有一定关系。

其次，操作不当导致的"死床"问题时有发生。粪污过量添加会造成发酵床变成"死床"，丧失发酵能力。要求在设计时就计算好粪污产生量，确定发酵池的建造面积。使用过程中单次粪污不能过量添加，要根据基质原料沉降情况补充填料，并定期翻耙垫料。在异位发酵床使用过程中，出现"死床"的原因主要涉及：没有做好雨污分离，导致集污池水分过多，增加处理压力；垫料比例不合适，导致水分含量增加；温度一直低于50℃，湿度增加；出现较多蚊虫，臭味较重；垫料出现板结，在出现死床后没有及时处理；消毒剂选择不合适，可能流入处理池，降低发酵处理效率。预防"死床"的主要措施为粪污量为源头进行污水减量控制，异位发酵床处理粪污的容量有限，需要最大限度在养殖源头减少污水产生量。要求实行完全的雨污分离，采用可减少洒落水的饮水设备，粪污收集管路和收集池要做到防渗防漏。在选择垫料时，保持发酵床底部40 cm左右都是稻壳，其余部分锯末与稻壳为4:6；选择无毒害作用的消毒剂，减少灭菌作用；选择耐高温的菌种，并注意根据粪污处理情况进行更换，保证浓度达到有效指标；翻抛设备最好是先进设备，进行检定，及时翻抛，保持垫料的透气性，保证含有足够的氧气；在底部设置排水沟，将多余的水分排出，避免湿度过大；在雨季做好防雨措施，避免雨水混入，避免水分过多。

另外，生态床应用中潜在的臭气排放风险高。同大多数大表面积堆体的好氧发酵过程类似，均存在NH_3和H_2S等有害气体的大量排放问题。异位发酵床主要通过加入复合发酵菌的方式来抑制NH_3在发酵床中的挥发，维持空气清新，减少氮素损失，但复合菌使用不当会抑制发酵系统，可能造成恶臭气体大量排放。

7.3.6 粪污废水达标排放处理模式

（1）模式简介。

猪场粪污废水是典型的高浓度的有机废水，猪场废水主要包括猪场粪尿和冲洗废水，氨氮和悬浮固体的含量都很高。有关研究资料表明猪场排放废水中BOD5高达2 000～8 000 mg/L，COD高达5 000～20 000 mg/L，且悬浮固体浓度也超标数十倍。

随着养殖场规模的扩大与饲养数量的增多，大量的粪便污水相对集中，以至于无法在周围有限的土地上消化完全而成为污染源。可见，一头猪就是一个污染源，一个养猪场就是一个环境污染物生产场。这些猪场产生的粪尿及冲洗废水如得不到及时的处理，必将对环境造成极大的危害。

国外对养猪业污染的危害性和严重性认识较早，例如，日本于 20 世纪 60 年代就提出了"畜产公害"问题；欧洲的荷兰（南部）、比利时、德国（西部的下萨克森州）、丹麦、法国（布列塔尼亚）等养猪业发达的地区也都为粪尿与废水造成的严重环境危害而困扰。目前，我国的环境科技工作者已经共同认识到随意将猪粪尿向环境中排放的危害性。其危害主要表现在以下 5 个方面：

一是对地表水和地下水源的污染。猪场废水的地表径流是造成地表水、地下水及农田污染的一个污染源。有试验表明，该废水中所含氮、磷及 BOD 等溶淋性很大，如不妥善处理，就会通过地表径流和土壤渗滤进入地表水体、地下水层，或在土壤中积累，致使水体严重污染，使土地丧失生产能力——树木枯死、绿草不生。例如，上海市环保局认为，上海郊区的大部分猪场废水未经处理流入河道，已成为上海人民饮用水源的主要污染源；另一项调查表明，猪场废水是太湖流域最大的氮、磷及有机污染源，也是太湖富营养化的罪魁祸首。有些养猪场位于城市主要河道、饮用水水库或地下水源地附近，这更是造成这些水体被污染的主要污染源。废水渗入地下，使地下水严重污染，造成附近水井报废。特别是废水中所含大量的含氮化合物在土壤微生物的作用下，通过氨化、硝化等化学反应过程而形成了 NH_4^+-N、NO_2^--N 和 NO_3^--N 下渗到地下水，造成地下水中硝酸盐含量增高，使水质不能用于饮用，因其会严重影响人体健康。总之，猪场废水的污染问题已不仅是局部的环境污染问题，而是一个影响大流域环境的大问题，并造成了河口、近海海域的富营养化问题。

二是对大气环境的污染。将养猪废水排放到低洼地，往往造成恶臭熏天、蚊蝇滋生，严重影响大气质量和居民的居住环境。另外，废水在某些微生物作用下产生氨、硫化氢等臭气。这些臭气严重地恶化了养殖场内外环境的大气质量，对养殖工作人员直接产生危害，同时也会影响畜禽的生产性能、降低其生产力水平。

三是传染病和寄生虫病的蔓延。实践表明，排放的猪场废水污染了水、饲料和空气，最终会导致一些传染病和某些寄生疾病的蔓延和发展，影响到猪的生产水平，严重时对其生存也构成威胁。

四是传播人畜共患病，直接危害人的健康。据世界卫生组织和联合国粮农组织有关资料，目前已有 200 种人畜共患传染病，即指那些由共同病原体引起的人和脊椎动物之间相互传染和感染的疾病，其中严重者至少有 89 种，可由猪传染的约 25 种。这些人畜共患传染病的传播载体主要是动物的排泄物。

五是对温室效应的影响。目前，全球性气温逐渐变暖，已成为国际社会十分关注的一个全球性环境问题。其中，畜禽养殖业的快速发展，也是构成全球变暖的重要因素之一。众所周知，自然界存在的甲烷是导致气温高低的重要气体之一，其增温贡献率为 15% 左右。在这 15% 的贡献率中，来自农田土壤活动、农作物秸秆燃烧以及畜禽养殖业 3 个方面的贡献率达70%。根据IPCC（联合国政府间气候变化专门委员会）所推荐的温室气体排放清单编制方法，浙江省农业厅环保站对全省畜禽养殖业的甲烷气体释放总量进行了估算，结果表明：养殖业对甲烷气体的排放贡献最大，占全省畜禽养殖业甲烷气体释放总量的28%~38%。在今后几年内，畜禽养殖业的甲烷气体释放量仍将呈现增长趋势。因此，在发展养猪业的同时，必须解决好猪场粪尿污水的处理问题。采取适当的方法，大力控制畜禽养殖业生产中的环境污染，对于增强环境保护和保障人类健康都具有十分重要的意义。

（2）工艺说明。

我国对畜禽养殖粪污的排放做了明确的规定，畜禽养殖业废水不得排入敏感水域和有特殊功能的水域，并且必须达到对应的处理要求才允许进行排放，表7-3为《畜禽养殖业水污染物排放标准》中冬夏两季不同畜种污水排放量的限值规定，表7-4为对应的排放水质污染物浓度限值要求。

表7-3 不同畜种的日均允许排放量

种类	猪 [m³/（百头·天）]		鸡 [m³/（千只·天）]		牛 [m³/（百头·天）]	
季节	冬季	夏季	冬季	夏季	冬季	夏季
标准值	1.2	1.8	0.5	0.7	17	20

表7-4 不同畜种的允许排放浓度

控制项目	5日生化需氧量（mg/L）	化学需氧量（mg/L）	悬浮物（mg/L）	氨氮（mg/L）	总磷（mg/L）	粪大肠杆菌数（个/mL）	蛔虫卵（个/L）
标准值	150	400	200	80	8.0	1 000	2.0

（3）技术特征。

猪粪污水具有很好的沉淀性，这有利于实现粪污水的固液分离，分离后的固体部分经过堆沤后生产固体有机肥。液体部分处理后进行排放或灌溉。猪粪污水利用自然沉淀进行前期固液分离，减少粪污水的后期处理难度和运行费用，对推动粪污水的处理有很重要的意义。

A/O工艺：将厌氧水解技术用于活性污泥的前处理，除了使有机污染物得到降解之外，还具有一定的脱氮除磷功能。经厌氧处理后的猪场沼液C/N值低，可生化性差，营养比例失调。采用A/O工艺处理猪场厌氧消化液，COD平均去除率为76.3%、NH_3-N平均去除率为79%。该系统对进水有机物浓度变化有较好的耐冲击性，对养猪废水中的有机物、氨氮有较好的去除效果，但出水氨氮浓度仍较高，主要是因为低碳高氮的进水导致系统中的碳源不足，应用过程中未添加碳源，则出水氨氮不能达到理想的浓度。现有养猪场大多建有沼气池，厌氧消化液用作农肥或直接排放，很少考虑达标处理，特别是NH_3-N的去除。基于以上问题，余薇薇采用改良型两级A/O工艺，通过污泥培养及逐渐的微生物驯化后，对SS、COD、NH_3-N、TN、TP的平均去除率分别达到 90.7%、90.7%、92.3%、76.4% 和 84.0%。进一步将沼液与集水池出水混合使 C/N 值为 5，并以 7∶3 的分配比例进入第一、二级缺氧池，对 SS、COD、NH₃-N、TN、TP 的去除率分别达到 89.4%、89.0%、93.2%、87.5%、98.8%，出水水质能较为稳定达标。该方法为畜禽养殖场沼液的处理提供了理论依据。

SBR 工艺：序批式活性污泥法（SBR）是一种按间歇曝气方式来运行的活性污泥污水处理技术，近年来被广泛用于养猪废水直接的处理。但直接将 SBR 工艺拓展到处理猪场厌氧消化液时，处理效率较低，COD 去除率仅有 10% 左右，NH₃-N 去除率 70% 左右，且处理出水的水质较差，处理系统的工作不稳定，效能逐渐恶化。

针对 SBR 工艺改良的研究发现，采用两次进水 SBR 工艺处理猪场厌氧消化液，即反应开始时和反硝化阶段各注入一部分新鲜废水，提高了氨氮的处理效果，氨氮去除率最高可达到 92.91%，出水氨氮浓度平均值为 58.64 mg/L，COD 浓度为 85 ～ 90 mg/L。需要指出的是，此研究优先考虑脱氮，控制泥龄为 15 d，导致生物除磷不稳定，TP 浓度为 79 ～ 89 mg/L，出水总磷仍达不到排放标准。需要在投加硫酸亚铁的同步沉析及絮凝作用下，各项指标才达到排放标准。还有研究通过添加部分粪污原水可以改善 SBR 工艺处理猪场废水厌氧消化液的性能，使得处理系统的处理效率得到明显提高。COD 去除率高于 80%，出水 COD 降到 250 ～ 350 mg/L。NH₃-N 去除率高于 99%，出水 NH₃-N 小于 10 mg/L，同时处理系统的稳定性也得到增强。这种做法能够增加微生物生长和反硝化所需的碳源，强化反硝化作用，不仅提高总氮去除效率，而且通过回补碱度，维持了处理系统的 pH 值稳定。

SBBR 工艺：基于序批式活性污泥法（SBR）的序批式生物膜反应器（SBBR），在反应器内装有不同的填料，使污泥颗粒化，或在反应器中安装填料使活性污泥在填料上形成生物膜，比 SBR 法更为高效。采用序批式生物膜反应器（SBBR）处理猪场废水厌氧消化液时，若直接处理猪场废水厌氧消化液，COD 和 NH₃-N 去除不稳定且效果较差，但通过添加 30% 猪场原水则能有效提高 SBBR 对厌氧消化液污染物的降解能力。研究证实其 COD 去除率可提高到 83.7% ～ 87.95%，氨氮去除率提高到 96.1% ～ 98.9%，TP 去除效果要比未添加的好，去除率增大到 81.21% ～ 82.97%。

组合工艺：采用传统的单一方法处理养猪场厌氧消化液时，处理效果不太理想，并有运行不稳定、建设运行成本较高、没有考虑除磷等缺点，难以在工程中实际运用。针对以上问题，以化学絮凝作为预处理，采用 A/O-MBR 工艺处理养猪场沼液，可在一个月的启动期内通过梯度增加浓度来驯化污泥，稳定后出水 SCOD 和氨氮去除效果较为理想，SCOD 平均去除率为 70.6%，氨氮平均去除率为 99.4%。化学絮凝可去除部分的 TP，但混凝出水中碳氮比较低，MBR 对 TN 的去除率低于 30%，同时导致系统对碱度的需求较大，需要额外投加药剂以保持系统的稳定。

短程硝化-厌氧氨氧化工艺：以好氧活性污泥接种启动短程硝化反应，可较好解决养猪场厌氧消化液氨氮难处理的问题。经短程硝化-厌氧氨氧化工艺处理后，进水氨氮浓度为 431.09 mg/L 的情况下，出水平均 NH₃-N 浓度可降低至 35.63 mg/L，

NO$_x$–N 12.19 mg/L，TN 平均去除率达 83.31%，具有良好的实际应用性和经济性。当反应器中 NO$_x$–N 浓度达到 150 mg/L 以上时，厌氧氨氧化反应受到抑制，反应效率降低，但该抑制可以通过添加少量的羟氨得以解除。

厌氧—好氧联用工艺：近年来，厌氧—好氧联用技术被我国越来越多的规模化养猪场采用，其克服了厌氧和好氧处理法的缺点，不仅可以有效去除废水中的 COD、高氨氮物质，还可大大降低处理费用。在厌氧—好氧联用的基础上，一种新型生物处理工艺 UASB–OAO（上流式厌氧污泥床—好氧 / 缺氧 / 好氧）开始被学者研究，其核心段仍是好氧缺氧联用技术。厌氧好氧联用技术是将厌氧工艺和好氧工艺结合起来，在水解酸化处理单元之后，厌氧处理后沼液可以制成沼气，用于生产养殖区和办公区用电，沼渣用来堆肥。养殖场粪污中大部分的有机物可以在厌氧阶段去除，但是出水可生化性极差，因此，当有机质含量较低时，好氧阶段需要适当地补充碳源，葡萄糖、甲醇、乙酸等。这种方式既能够降解部分污染物，又实现了总量减量化，沼液直接储存后还田，形成沼气、沼渣、沼液"三沼化"综合利用。但是沼液、沼渣不利于输送及现代农业灌溉，并且沼液、沼渣直接还地无标准，会造成二次污染，且还田成本高，方式粗放，容易导致面源污染和地下水污染。UASB–O/A/O 组合工艺应用于规模化养猪场废水的生物脱氮除磷中，UASB 段对 COD 的去除率达 80% 左右，而对氨氮和总磷的去除无贡献，第一段好氧段去除总磷的效率为 88.2%，缺氧区 NO$_2$–N 和 NO$_3$–N 的去除率分别高达 96.6% 和 97.3%。将 30% 原水直接加入缺氧段，可解决缺氧段进水碳源不足的问题，即可达到了良好的生物脱氮效果。例如，利用 UASB 为主要处理单元的生物处理工艺处理清粪方式为干清粪的养猪场废水，其处理后 COD 从 6 000 mg/L 降低至 200 ～ 400 mg/L。

（4）适用范围及存在问题。

猪场粪污的达标排放模式，主要是通过物理化学等方法治理粪污使其达标排放，受地域性影响小，适用于环境政策较严格或者土地承载力小的地区，可以有效去除养殖废水中的 COD、氮磷和悬浮固体，并实现了沼气、沼渣、沼液的资源化利用。但是其投资成本高，技术限制性较大，在处理工艺选择和成本方面问题较多。

厌氧出水后处理成本高。以往大多数工程在对猪场废水直接进行厌氧处理时，以回收沼气能源居多，对厌氧消化液（沼液）用作农肥、或者直接排放、或者经过简单的氧化塘处理后排放，很少考虑达标处理，特别是氮的去除。实际上，猪场废水厌氧消化液中仍含有相当数量的有机污染物，同时在厌氧消化过程中，有机氮被转化成氨氮，因此，厌氧出水中氨氮含量很高，达不到排放标准，对环境的压力仍然很大。随着国家对环保问题的重视，这种厌氧出水直接排放或简单处理后排放的方法已经不能满足严格的污水排放标准。因此，厌氧出水必须进行进一步处理，以达到排放标准。至于厌氧消化程度对好氧后处理影响的研究基本未见报道。

好氧处理难以达到排放标准。对于猪场废水厌氧消化液的好氧后处理，许多研究人员进行了大量的研究，并且在工程上也有应用。前几年，采用的方法主要是活性污泥法和接触氧化法，也有采用氧化沟工艺，但是处理效果均不理想，处理出水 COD 仍有 500 mg/L 以上，尤其对 NH_4^+-N 的去除效果差，出水仍然达不到排放标准，进一步处理需要高昂的处理费用。

部分工艺难以处理高污染物浓度原水。对 SBR 处理模式在猪场废水处理工艺中的应用较为广泛，该工艺对有机物、氮磷均表现出了很好的去除效果。但是这些处理效果好的研究及工程都是采用 SBR 直接处理猪场废水原水，这就意味着要么对原污水进行稀释，要么水力停留时间（HRT）很长。这些都需要很大的反应器以及很高的能耗用于供氧，而且对原废水进行稀释，还要增加稀释水成本，因此这种方法显然是不科学的。采用 SBR 处理猪场废水厌氧消化液的报道很少，已见的实验研究及工程实例报道中，效果都比较差。

7.3.7　病死及病害动物和相关动物产品处理与利用模式

中国近几年出栏的生猪量约 7 亿头 / 年，已成为世界公认的养猪大国。在生猪养殖过程中，由于疫病及生产管理不当等原因，病死猪仍难以避免。目前，我国的生猪死亡率仍较高，有研究统计 2011—2013 年全国不同养殖类型，近 80% 的猪场全程死亡率在 0%~15% 区间，60% 的猪场全程死亡率接近 10%。2022 年河南省某大型生猪养殖企业全程死亡率接近 20%。若按照 5% 死亡率计算（2020 年我国生猪死亡率防治目标是 5%），全国每年死猪的数量约有 3 500 万头；若是按照 10% 来计算，则每年产生约 7 000 万头死猪。也有报道说我国每年死亡猪只数超 1 亿头，估计需要处理的死猪量超过 500 万吨。尤其是 2018 年下半年以来，随着非洲猪瘟疫情在全国的陆续暴发，我国病死猪的情况更加严重，死亡数量也相当可观，但目前的死猪无害化处理程度却并不理想。在部分地区，甚至存在病死肉的地下非法交易，使其流向人类餐桌，严重危害人类的身体健康，更可能引发新型高致病、高传染性疾病的蔓延。病死猪无害化处理涉及养猪安全生产、环境和食品安全等多方面，其重要性不言而喻。前些年由于养殖业对病死猪无害化处理的重视程度尚不足，同时相关法律法规不够完善，一些猪场对病死猪采取简单掩埋或是随意丢弃，如 2013 年发生的"黄浦江死猪漂浮"事件等引起了全社会广泛的关注（图 7-36）。

图 7-36　黄浦江死猪漂浮事件

当然现在情况已经有了很大的改观，不再可能会发生类似事件，然而病死猪乱扔乱抛与病死猪非法流入市场的现象仍时有发生。例如，2019 年福建武平县发布查处两起乱丢滥弃病死猪行为情况的通报，以及广东高州销售病死猪肉报道等。这些从一个侧面反映了当前我国病死猪无害化处理中还存在一些问题。为进一步规范病死及病害动物和相关动物产品无害化处理操作，农业部兽医局在 2017 年依法重新制定颁布了《病死及病害动物无害化处理技术规范》（以下简称《新规范》）。当前，虽然出台了新的技术规范，但我国病死猪无害化处理仍需关注。现结合养猪生产实际以及《新规范》，对当前我国病死猪的无害化处理方法、使用情况及常见问题加以概括和总结，分析其特点及今后的发展趋势，并提出相应的建议，希望能为猪场合理有效处理病死猪提供借鉴。

7.3.7.1　病死猪好氧发酵模式

（1）模式简介。

我们通常所说的发酵其实是一种在食品工业、生物和化学工业中有着广泛应用的生物化学反应，是生物体对于有机物的分解过程。发酵法是指将动物尸体及相关动物产品与稻糠、木屑等辅料按要求摆放，利用动物尸体及相关动物产品产生的生物热或加入特定生物制剂，发酵或分解动物尸体及相关动物产品的方法。堆肥法、沼气法、化尸窖法和生物降解法都主要是利用发酵的原理进行无害化处理。

动物尸体堆肥是指将动物尸体置于堆肥内部，通过微生物的代谢过程降解动物尸体，并利用降解过程中产生的高温杀灭病原微生物，最终达到减量化、无害化、稳定化的处理目的。

国内对于处理病死畜禽的研究随着近几年国家的重视而增加，但基本处于比较初始的研究阶段。一般研究以静态堆肥法处理染疫动物尸体，考察生物安全和降解的效果，研究病原微生物的灭活规律和动物肉尸的降解规律。研究普遍发现，季节和通风是影响动物尸体堆肥处理效果的关键因素。夏季无论通风速率高或低，动物尸体堆肥分解率都达到 95% 以上。但冬季高通风率可以显著提高降解率，随着通风速率的增大，处理过程中 NH_3、CO_2、CH_4、N_2O 的单位重量堆料的累积排放通量也都会增大。目前国内对堆肥法处理牲畜尸体的技术推广还不多，只有少数的一些报纸杂志对堆肥法有简单的报道，如《猪业科学》在 2013 年第 10 期报道中简单介绍了堆肥法对农场死猪进行堆肥处理的方法、优点、安全性及实际应用，以及德国等国家如何处理死猪。实际应用上，福建省永诚畜牧有限公司利用仓箱式堆肥法，已经实践 2 年，其在使用过程中也总结了各种问题并给予解决，实现了死猪的无害化处理。广东省现代农业装备研究所设计开发了生化处理机，死猪处理通过机器电脑软件等控制，但只能处理 35 kg 以下的猪，并且运营成本高，设备操作较复杂。

国外早在 19 世纪 80 年代末期，美国一些农场利用堆肥处理死禽，后来引用到死猪等，目前在牛、马等大型动物都有研究。2004 年，国家农业生物安全中心联盟

（NABCC）和美国农业部（USDA）在死畜禽处理项目中指出了适合不同动物类型的条垛堆肥系统标准。适于小型动物死体的条垛堆肥系统底部宽 3.6 m，顶部宽 1.5 m，高 1.8 m；适于中型动物尸体的条垛堆肥系统底部宽 3.9 m，顶部宽 0.3 m，高 1.8 m，适于大型动物尸体的条垛堆肥系统底部宽 4.5 m，顶部宽 0.3 m，高 2.1 m。自 1988 年马里兰大学已有采用静态垛堆肥方式开展死鸡堆肥试验的报道。他们采用自然通风静态箱堆肥系统中加入秸秆、锯末和养殖垫料等处理动物尸体，发现用麦秸与死鸡进行堆肥要比用锯末与死鸡堆肥的时间长，此外发现锯末对渗滤液的吸收性要好于麦秸。同时还进行了箱式堆肥系统中的分解率、堆肥处理效果等研究，并提出通过堆肥过程中 VOCs 指示死猪分解情况，并监测硫化物和氮化物的释放情况实现对死猪分解情况的评价。通过对转基因动物、病死畜禽等的条垛堆肥系统研究，美国一些州已经建立了适合当地条件的畜禽尸体堆肥手册，为畜禽尸体堆肥处理的大规模应用提供理论和实践指导。

（2）工艺说明。

堆肥处理病死猪同堆肥处理猪粪一样，是在可控的条件下，利用微生物对有机质进行分解，使之成为一种可贮存、处置以及被利用的物质，并且对环境无负面影响。可控因素包括碳 / 氮比、初始水分、孔隙度、堆温、填充料等，填充料主要是锯木屑、谷壳、蘑菇渣、海鲜渣等。在这个过程中，可溶性有机物首先通过微生物的细胞壁和细胞膜，被微生物吸收；固体和胶体有机物则附着在微生物体外，由微生物分解胞外酶将其分解为可溶性物质，再渗入细胞。与此同时，微生物通过自身的代谢活动，将一部分有机物用于自身增殖，其余有机物则被氧化成简单无机物，并释放能量，微生物发生各种物理、化学、生物等变化，逐渐趋于稳定化和腐殖化，最终形成良好的肥料。图 7-37 可以简单说明这个原理。

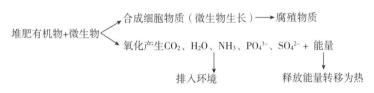

图 7-37　病死猪好氧发酵原理

（3）技术特征。

动物尸体堆肥首先在 20 世纪 80 年代应用于禽类，后又使用在猪、牛等大牲畜的尸体处理上，在美国、加拿大和澳大利亚等许多发达国家被认可，并有在大规模疫病暴发情况下应用的成功实例，是一种较为简单的实现资源循环利用的处理方法。其实堆肥（家庭或小农场水平）的使用已有几千年历史。近年来，堆肥被视为可持续的较有前途的废物处理方式。

被动通风塑料封裹堆肥系统（passively-ventilatedplastic wrapped composting system）

是一种最早用在禽流感引起的病死家禽堆肥处理系统，经过改进用于病死猪尸体的堆肥试验，结果表明，这种方法在紧急情况下对病死猪的无害化和减量化方面的效果良好，有较好的应用前景。

对病死猪进行堆肥具有技术简单、投资小、臭味小、不污染水源、能灭活病原并能产生肥料且能在猪场进行等优点，符合废弃物资源化利用以及循环农业的理念，是一种较为理想的无害化处理方法，建议在我国广大的种养结合区的猪场使用该方法进行处理以达到减量化、无害化和稳定化处理病死猪的目的。但是由于堆肥法堆沤时间较长、处理能力有限，较适合中小猪场或养殖户采用，在我国的南方地区如四川、江西、广西、海南等养殖区由于气温较高效果更好，在北方通过增加保温层、地暖或堆肥菌剂等措施，也可以有效地进行。堆肥法技术简单，成本低，在养殖成本不断攀升的今天，具有较好的应用和推广前景。

（4）适用范围。

堆肥发酵法不会污染地表水源和地下水，几乎可以杀灭所有的细菌、病毒，不会造成疫病传播，降低了生物安全与环境污染风险。该技术操作简便，设施使用年限长。在操作合理的情况下，堆肥区空气中几乎没有腐尸味道，各种规模养殖场（户）都适用。

7.3.7.2　病死猪及疫病防控垃圾焚烧模式

（1）模式简介。

焚烧法是对国家规定的染疫动物及其产品、病死或者死因不明的动物死体，屠宰前确认的病害动物、屠宰过程中经检疫或肉品品质检验确认为不可食用的动物产品，以及其他应当进行无害化处理的动物及动物产品的处理方法。可以分为直接焚烧和间接焚烧两种方法。

（2）工艺说明。

直接焚烧法：将病死及病害动物和相关动物产品或破碎产物，投至焚烧炉本体燃烧室，经充分氧化、热解，产生的高温烟气进入二次燃烧室继续燃烧，产生的炉渣经出渣机排出。燃烧室温度应≥850℃。病死猪直接焚烧是借助辅助燃料的热量并且在富氧条件下对死亡动物直接加热分解，最终成灰渣的过程，多在猪场实行，是许多国家都曾经使用过的传统的处理病死猪的方法，现已基本不使用，但是在一些特定情况下有可能还会用到此方法。

炭化焚烧法：病死及病害动物和相关动物产品投至热解炭化室，在无氧情况下经充分热解，产生的热解烟气进入二次燃烧室继续燃烧，产生的固体炭化物残渣经热解炭化室排出。热解温度应≥600℃，二次燃烧室温度≥850℃，焚烧后烟气在850℃以上，停留时间≥2s。

（3）技术特征。

实际上焚烧法在我国也不太常用，大型焚烧场所很少，许多地方建有小型焚尸炉，因费用较高而纷纷倒闭或停用，因此焚烧法也不符合我国国情。但是在一些情况下还必须保留使用该方法，我国《病害动物和病害动物产品生物安全处理规程》中规定"对确认患口蹄疫、猪瘟、传染性水疱病、猪密螺旋体痢疾、急性猪丹毒等烈性传染病的病死猪须采用焚烧法进行无害化处理"。因此要合理布局一些较大型的焚烧处理中心，以应对上述提及的几种烈性传染病发生时病死猪的处理。

炭化焚烧是经过改进的特殊的燃烧方法，通过热解的原理，在无氧、高温条件下，将死亡动物转化成高温烟气和性质稳定的固体炭化物，高温烟气进一步燃烧的处置过程。其优点主要是能彻底消灭病原微生物、效果可靠且速度快。但是缺点也很明显，即费用高以及存在环保问题，另外该法也无法进行资源化利用，不符合循环农业的理念。目前，欧盟已禁止使用该法，但是作为一种应急措施（如为控制严重传染性疾病暴发而处理大量病死动物时）还允许使用，另外在偏远地区也允许使用。在美国所有的动物尸体处理方法中，该方法因为费用较高而引起的抱怨最大，故最不可能继续保留。

（4）适用范围。

应对烈性传染病的临时紧急处理措施。

7.3.7.3　病死猪高温化制模式

（1）模式简介。

《病害动物和病害动物产品生物安全处理规程》中对高温法的描述较为简单，是指常压状态下，在封闭系统内利用高温处理病死及病害动物和相关动物产品的方法。

（2）工艺说明。

向容器内输入油脂，将病死及病害动物和相关动物产品或破碎产物输送入容器内，与油脂混合。常压状态下，维持容器内部温度 ≥ 180℃，持续时间 ≥ 2.5 h（具体时间随处理物的种类和体积大小而设定），可视情况对病死动物、病害动物及相关动物产品进行破碎等预处理。处理物或破碎产物体积（长 × 宽 × 高）≤ 125 cm³（5 cm×5 cm×5 cm）。加热产生的热蒸汽经废气处理系统后排出，加热产生的动物尸体残渣传输至压榨系统处理，在高温高压的作用下，病死猪产生的病原菌被彻底消灭，经过处理之后可以用作有机肥和工业用油等，能够实现资源的有效利用。

（3）技术特征。

病死猪是一种生物质原料，生物质原料在无氧或缺氧（或是存在惰性气体作为保护气）的条件下进行高温热解，最后生成生物质炭。热解炭化法是一种热解炭化处理的方法，作为一种"绿色"经济的方法，得到越来越多的重视，其热解后的油脂、炭化物等还可以被进一步资源化利用。热解炭化处理病死猪是一种无害化的处理手段，也是我国目前被推广的一种处置方式。

（4）适用范围。

适合个人养殖场、屠宰场、肉联厂以及无害化处理中心使用。

7.4 减量减排与资源化利用技术发展前景

7.4.1 源头减量技术逐渐受到重视

在 2017 年国务院办公厅《关于加快推进畜禽养殖废弃物资源化利用的意见》中，明确了以"坚持源头减量、过程控制、末端利用"为治理路径的指导思想，这就使得源头减量技术已经逐渐取代末端治理技术成为猪场废弃物处理的重点研发方向。从经济学的角度来看，开展源头减量技术的研发可以从根源上减少粪污的产生，进而降低整个猪场粪污处理工程的容积要求和运行成本，企业对于粪污末端治理和运行的投资下降，可以转移更多的资金在种养结合和废弃物资源化利用上，取得更好的整体治理效果。

7.4.1.1 生物制剂

生物制剂的研发主要集中在微生态除臭剂和酶制剂两个方面。微生态除臭剂指利用正常微生物或促进微生物生长的物质制成的活的微生物制剂，从生猪肠道内部进行调节，促进动物肠道内有益菌的生长繁殖，抑制有害菌活动，平衡肠道菌系，提高饲料的利用率，降低臭气排放量。酶制剂主要分为饲料酶制剂和环境酶制剂。饲料酶制剂是为改善动物体内的代谢效能和提高动物对饲料的消化利用而加入日粮中的酶类物质，可提高畜禽消化道内源酶活性、补充内源酶不足，破坏植物细胞壁，提高饲料的利用效率，消除饲料中的抗营养因子，促进营养物质的消化吸收，从而减少臭气排放。同时，酶制剂还可以改善肠道内微生物区系，提高免疫功能。环境酶制剂现阶段主要用于发酵床生猪养殖，可以促进发酵床内微生物的处理效果，实现原位处理和资源化利用，还有较好的除臭效果。

7.4.1.2 节水设备

猪场的节水设备主要集中在饮水节水和冲洗节水两个方面。饮水节水设备是根据生猪的养殖习性，在确保猪只自由饮水的前提下，减少水嘴漏水、猪只玩水等造成的水资源浪费，降低猪舍内部湿度，提高生猪福利，保障猪只健康。饮水节水设备在广西、江西、江苏等地区已经大面积推广。冲洗节水设备现在常用的方式是高压水枪冲洗，冲洗的地面较之前的方式更加洁净，用水量仅为原常压冲洗的 1/3 至 1/2，可以大大减少猪场污水总量，降低后续粪污处理设施的投资。

7.4.1.3 源头全自动固液分离设备

源头分离工艺是针对现阶段主要清粪工艺中，混合收集或简易的初步分离收集造成的固液长期共存，以及后续分离困难问题设计的。由于面临固体物质一旦溶入废水中则再回收颇费周折，同时干粪营养元素流失严重、污水处理负荷高、舍内粪污残留和输送扰动导致养殖环境恶劣等问题，源头分离工艺可以实现粪污产生原位快速分离和收运，在近 2 年快速兴起。该工艺可在粪、尿排泄第一时间进行过滤式重力分离，有效避免由于固液长期共存导致的相分离难度增大，最大程度保持了粪、尿的原有特征。同时，输送过程快速、无扰动，降低粪污在舍内的停留时间和输送频次对气体污染物排放的影响。并独立收集清洗工艺水，实现粪、尿、水的产生原位高效分类和快速收集。

（1）技术原理。

其工作原理为利用具有相分离功能的带式输送系统，实现粪污的舍内高效即时分离（干粪、尿液源头过滤式分离，有效分离率 ≥ 95%，分离时间 < 1 min），分类收集（干粪由过滤带以 2 m/min 输运，尿液由底部 10% 坡度导尿槽连续输送）和快速收运（粪污在舍区停留时间小于 30 min）。采用气刀（30 μm）、高压均流喷嘴（8 bar）和电动刷辊清洗器（130 r/min）定期对分离输送带进行再生作业，维持分离效率，同时节约冲洗工艺水用量（< 0.2 m³/d），并分段独立收集，在产生原位实现粪、尿、水的高效分类和快速收集，为养殖粪污的分别资源化利用创造条件。

在养殖舍围栏约 1/3 面积布置统一的漏粪地板，在漏粪地板下部布置起主要粪污分离和收运功能的分离输送机，粪污由漏粪地板落入分离输送机的滤带表面，进行重力式固液分离，最大程度降低固液共存导致的分离困难，分离后保留在滤带表面的干粪在动力辊旋转动力的驱动下，输送到养殖舍的尾端，再由刮粪板刮落到螺旋输送机，统一输送到舍外的干粪料斗进行封闭式暂存和后续资源化利用。透过滤带的猪尿则由分离输送机底部的导料槽流入一侧管道，靠重力输送到舍外的集尿池，工艺冲洗水与猪尿采用相同的输送方式，通过舍内末端的切换阀进行分时段切换，起到分别收集的目的。

（2）技术优势。

一是有效防疫：源头分离工艺通过全自动的粪污实时分离收运过程和全封闭的配套转运设备，有效杜绝清粪环节的人畜交叉感染和蚊虫滋生的环境，有效防疫。

二是有效改善舍内环境空气质量：通过及时清运和降低收运过程对粪污的扰动，最大程度降低气态污染物产生源基数与扩散动力，有效改善舍内环境空气质量，为生猪生存、生长和生产构建良好的环境。

三是有效分类提质：通过污染物产生原位的分离技术，实现粪、尿、水的高质分类收集，有效将猪粪减量，同时避免宝贵的肥料成分在液相中的损失；实现良好液肥原料的猪尿独立收集；降低冲洗工艺水的粪尿含量，使回用成为可能。有效降低后续处理和资源化利用的难度，提高肥料的品质。

四是节支增收：通过自动化的手段可有效降低人力成本，同时仔猪淘汰率降低 1% ～ 3%，经济及环境效益显著。

（3）存在问题。

缺点为该技术需要相对传统机械清粪工艺更高的初期投资和养殖场技术人员更高的管理水平，家庭式和小规模养殖场不建议采用该模式。

（4）应用案例。

该技术属于加强动物防疫和环境控制的设备设施，适合在稳定生猪生产，促进转型升级的新建、改扩建以及异地重建规模化猪场推广应用（图 7-38，图 7-39）。

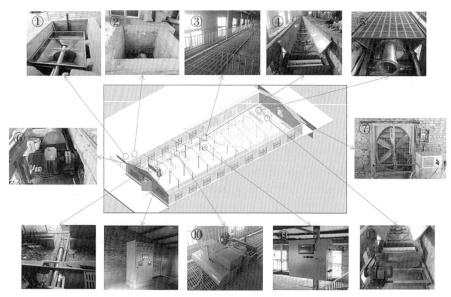

①干粪料斗及黏稠介质输送泵；②尿液收集池；③漏粪地板；④分离输送机；⑤机尾排风系统；⑥机头动力及干粪刮板；⑦通风机及排风量监测系统；⑧干粪封闭螺旋输送机；⑨主控制系统；⑩清扫巡视机器人；⑪环境气体定位监测系统；⑫输送带刷辊及压力清洗器

图 7-38　源头全自动固液分离技术构成图

a. 舍内　　　　　　　　　　　　　　　b. 舍外

图 7-39　源头全自动固液分离技术应用图

天津市益利来养殖有限公司拥有养殖舍 36 栋，为万头级生猪养殖场，清粪工艺均为人工干清粪。于 2019 年进行了源头分离工艺的示范应用，截至 2020 年 1 月的监测数据显示舍内 NH_3 的平均浓度为 6.1 mg/m^3，分离的猪粪总固体含量为 45.5%，有效改善舍内环境和粪污减量。

7.4.2　基于养分平衡的科学利用

国外开展养分平衡的研究和要求较早，1999 年，美国联邦环保总署和美国联邦农业部（USDA）协商制定实施了养殖场的综合养分管理计划（Comprehensive Nutrient Management Plan，即 CNMP）。我国在 2018 年 1 月 22 日也由农业部颁布了《畜禽粪污土地承载力测算技术指南》，按照以地定畜、种养平衡的原则，从畜禽粪污养分供给和土壤粪肥养分需求的角度出发，提出了畜禽存栏量、作物产量、土地面积的换算方法，是粪污作为肥料还田利用的重要指导性文件。但现阶段由于我国土地资源紧张，距离真正实现基于养分平衡的科学利用还有较远的道路需要探索，后期发展主要有以下 3 个方向。

7.4.2.1　逐步落实基于养分平衡的利用主体

近年来，在政府层面，各地纷纷出台县域或市域的粪污资源化利用规划，核算辖区内土地养分平衡情况。但在企业层面，基于养分平衡的科学利用尚未得到重视，也没有像国外一样将养殖企业作为落实综合养分管理计划的主体加以管理。可以预见，最终生猪养殖企业才是落实养分管理系统的主体。后期随着精细化管理的发展和绿色农业的要求，由生猪养殖企业自发地开展适合本场的科学利用模式和养分平衡测算将是重要趋势，包括粪污的预处理和储存、田间设施建设、养分综合管理、优化畜禽饲养管理、备选利用处理方式以及利用台账记录等方面，其核心是解决好养殖场粪便处置、农作物生产区域承受能力和土地上粪肥的应用方式三者之间的平衡问题。

7.4.2.2　更精确的养分测算系统

《畜禽粪污土地承载力测算技术指南》是畜禽粪污作为肥料还田利用的重要指导性文件，但主要目的是为区域性测算提供核算方法，在精确到具体生猪养殖企业时，往往会有所偏差。在《畜禽粪污土地承载力测算技术指南》的基础上，开发出能结合实际土地现状、作物收获情况、气候变化情况、降水降雪情况、生猪养殖情况和粪污处理工艺情况的养分测算系统，是基于养分平衡的科学利用能被生猪养殖企业真正接受的前提。行业科研工作者应贯彻"一场一策"的设计方针，在与生猪养殖企业开展深度合作的基础上，通过试验和检测进一步完善养分测算系统的相关参数，形成更加精细准确的养分测算系统和更简便的操作界面，使生猪养殖企业易接受、看得懂、用得会。

7.4.2.3　更智能和精细的利用管理系统

现阶段部分生猪养殖企业对粪污粪肥开展了养分的测试和使用，但从形式上还是以大田随水漫灌、果园管道沟灌、露地蔬菜手动浇灌等方式开展，既不能控制施肥量，还消耗人工，增加运行成本。因此，从节本增效的角度来看，更加智能化和精细化的还田利用管理系统是企业亟须的。该系统主要针对生猪粪污经过规定时间发酵后的肥水部分或低于有机肥标准的粪肥部分。其中对肥水部分的智能化体现在两个部分，一是依据对发酵后肥水中养分的长期监测，对不同季节、不同作物的需肥量进行提前测算，并根据测算结果实现肥水的定额配给；二是控制系统的智能化，可以对单个养殖企业的整个还田系统进行调控，做到实时操作、简易操作，节约人工成本。对于粪肥部分，则主要侧重通过不定期检测明确粪肥养分指标、无害化和限量指标，依靠田间定量撒肥机实现精细化管理。

7.4.3 第三方服务逐渐形成规模

猪场废弃物处理的第三方服务由来已久。20 世纪 90 年代,我国畜牧大省、粮食和蔬菜主产区就出现了所谓的"粪贩子"从养殖企业收购粪便的情况。2021 年,为落实中央经济工作会议、中央农村工作会议和中央一号文件要求,农业农村部发布了《农业农村部办公厅 财政部办公厅关于开展绿色种养循环农业试点工作的通知》,其中强调"以培育粪肥还田服务组织为抓手,通过财政补助奖励支持,建机制、创模式、拓市场、畅循环,力争通过 5 年试点,扶持一批粪肥还田利用专业化服务主体,形成可复制、可推广的种养结合,养殖场户、服务组织和种植主体紧密衔接的绿色循环农业发展模式。"这是我国畜禽粪污资源化利用里程碑式的举措。在第三方服务逐渐形成规模的情况下,其发展方向主要集中在以下 3 个方面。

7.4.3.1 依据不同区域特点形成第三方服务模式

我国南北方气候差异巨大,依据全国七大区的划分,第三方的服务模式存在较大差异。在南方地区,得益于冬季没有低温影响和多熟作物的优势,在江西、广东、广西、福建等地区均形成了符合地方区域特征的第三方服务模式,如在江西,第三方企业通过有偿收集大于 10% 含固率的尿泡粪模式粪污,通过沼气工程进行处理,产生的沼气并网发电获利,沼渣则与当地产生的农作物秸秆制作有机肥料,沼液则由第三方企业进行象草、苜蓿、果树、大棚蔬菜等经济作物的种植,形成了以"集中收集—沼气处理—发电获利—经济作物供肥"为核心的第三方服务路线,基本实现收支平衡,取得了较好的示范效果。在北方地区,也有以有机肥厂为基础,扩建集中式异位发酵床处理污水,外加干粪有机肥料生产的良好模式。归根结底,第三方服务企业要依据区域特点,制定服务地方实际情况的服务模式,才能长久生存。

7.4.3.2 以实际效果打动目标用户

第三方服务企业的目标用户定位包括养殖用户和种植用户。对于生猪养殖企业而言,粪污处理环节专业性强、投资成本大、运行成本高,尤其是现阶段缺少种植用地消纳的大型企业,第三方服务需要依靠完善的管理制度、合理的处理模式使生猪养殖企业算清楚经济账,形成良好的付费处理机制,为第三方服务的可持续运行提供基础。对种植户而言,第三方服务应该通过作物使用肥水、粪肥后的实际效果让种植户意识到有机肥料替代化肥对作物生长的好处,通过品质数据和产量让种植户接受肥水、粪肥还田,还可以以此拓展协助还田、配方施肥等业务,丰富服务内容,确保即使没有政府补贴的情况也能实现长期稳定运行。

7.4.3.3 打造多级产品链条

随着绿色种养循环农业试点工作的开展,粪肥、沼肥的使用已经逐步得到推广,虽然形成了较多的第三方服务企业,但对原有的有机肥厂却是一种打击。粪肥、沼肥的要求较有机肥料低,无害化处理是重点,对养分并不作过多要求,因此售价上较有机肥低很多,甚至部分都是免费给农户使用的。但要清醒的认识到,这是在有国家项目支撑以奖代补的情况下发展起来的，在 5 年的试点期结束后是否还能维持需要考虑。借国家支持的东风，第三方服务业主尤其是以有机肥厂为主的企业应尽快打造针对高、中、低不同受众的有机肥、粪肥和沼液，打造多级产品链条，站稳资源化利用和粪肥还田的脚跟，为农业产业绿色发展和产业转型提供助力。

7.4.4　政策法规在环保新常态下发展趋势

2015 年新版《中华人民共和国环境保护法》的实施生效代表我国的生态环保工作已经进入新的阶段，"金山银山不如绿水青山"的理念深入人心，民众日益增长的环境需求和环境公共产品供给不足，已经成为社会发展的基本矛盾之一。环境保护的国家财政支撑常态化，环境保护法律化，代表着生猪产业以前落后的饲养方式、粗放的管理模式、简单的粪污治理模式已经成为过去。环保新常态下，生猪产业不但需要扛起保供给的大旗，更需要关注新的粪污技术，坚持种养结合和资源化利用。政策法规作为环保新常态下生猪产业的发展指导方针，会有以下两种发展趋势。

（1）政策方面，支持生猪产业的标准化、生态化，重视猪场废弃物的治理模式，推动猪场实现种养结合和猪场废弃物的资源化利用，鼓励总结我国七大片区的特色技术，鼓励能源化、肥料化等新技术、新产品的的落地，鼓励新主体、新资本参与猪场废弃物资源化利用产业，鼓励构建优势产业集群，加大对区域、县域乃至市域猪场废弃物综合利用布局的支持，为生猪养殖产业的健康发展指明方向。

（2）法规方面，不断改进环保法律法规的覆盖范围，完善猪场废弃物的治理标准，同时加强环保部门和养殖管理部门之间的合作，共同协商管理猪场废弃物的治理问题，并严格执法。从产业发展的角度来看，未来的环保标准肯定是越来越严格的，执法力度也会越来越大，对于脏乱差的猪场形成环保倒逼机制，要求生猪养殖产业进行自我升级，对存在环境问题且无法实现自我升级的猪场关停并转。同时对于生猪养殖企业、生猪养殖场户，相关的法律法规会更加明确"谁污染谁治理"的责任落实方法，建立排污许可制度和第三方监管制度，为生猪养殖产业的生态发展把好质量关。

撰稿：张克强　杨鹏　翟中葳　杨增军

主要参考文献

敖子强，卜妹红，彭桂群，等，2018. 规模养猪废弃物资源化关键技术研究进展［J］. 家畜生态学报，39（3）：81-84.

陈碧美，陆文忠，苏蓉，等，2010. 两次进水 SBR 法处理养猪场废水厌氧消化液［J］. 能源环境保护，24（2）：19-21，26.

程方方，李博文，刘昱宏，2022. 畜禽养殖粪污的处理及资源化利用［J］. 吉林畜牧兽医，43（3）：103-104.

邓良伟，郑平，李淑兰，等，2005. 添加原水改善 SBR 工艺处理猪场废水厌氧消化液性能［J］. 环境科学（6）：107-111.

宦海琳，顾洪如，张霞，等，2018. 养猪发酵床垫料不同时期碳氮和微生物群落结构变化研究［J］. 农业工程学报，34（S1）：27–34.

解晨辉，宋阳，贾乐心，等，2022. 北方猪场有害气体扩散及浓度分布的 CFD 模拟［J］. 吉林农业大学学报，44（4）：488–494.

寇志伟，2017. 浅析农村养猪场消毒方法及注意事项［J］. 中国畜禽种业，13（11）：47.

刘茹飞，2017. 我国猪粪资源化利用技术研究与探讨［J］. 再生资源与循环经济，10（6）：24–27.

万金保，赵萍，吴永明，等，2010. SBBR 处理猪场厌氧消化液脱氮除磷实验研究［J］. 江西科学，28（4）：432–435.

王彦，朱凯迪，孙洪仁，等，2022. 中国苹果土壤养分丰缺指标与适宜施肥量初步研究［J］. 中国农学通报，38（5）：69–78.

肖海龙，闫晶，托乎提·阿及德，等，2020. 环保约束下养殖场户畜禽废弃物资源化利用研究进展及展望［J］. 农业展望，16（11）：41–45.

薛惠莉，2017. 猪场废弃物处理和资源化利用相关法规政策盘点［J］. 猪业科学，34（3）：36–37.

佚名，2019. 猪场废弃物的无害化处理与资源化利用［J］. 猪业科学，36（10）：11.

佚名，2021. 养猪场粪污处理及废弃物资源化利用［J］. 畜牧产业（4）：29–34.

余薇薇，张智，毕胜兰，等，2011. 改良型两级 A/O 工艺处理畜禽养殖场的沼液研究［J］. 中国给水排水，27（1）：8–11.

袁雪波，2018. 规模化猪场粪污处理利用模式分析［J］. 中国畜禽种业，14（3）：90–91.

袁雪波，张护，李志雄，2018. 异位发酵床技术及在猪场粪污处理效果分析［J］. 中国畜禽种业，14（6）：102–103.

赵军，2003. 规模化猪场粪污处理实例［J］. 可再生能源（4）：39–40.

赵明，2012. A/O–MBR 工艺处理养猪沼液的研究［J］. 工业水处理，32（8）：27–29.

ADELI A，VARCO J J，ROWE D E，2003. Swine effluent irrigation rate and timing effects on bermudagrass growth，nitrogen and phosphorus utilization，and residual soil nitrogen［J］. Journal Environmental Quality，32（2）：681–686.

CHMIELOWIEC–KORZENIOWSKA A，TYMCZYNA L，WLAZLO L，et al.，2021. Emissions of gaseous pollutants from pig farms and methods for its reduction – review［J］. Annals of Animal Science，22（1）：89–107.

HU H，LI X，WU S，et al.，2021. Effects of long–term exposure to oxytetracycline on phytoremediation of swine wastewater via duckweed systems［J］. Journal of Hazardous Materials，414：125508.

LÓPEZ–PACHECO I Y，SILVA–NÚÑEZ A，GARCÍA–PEREZ J S，et al.，2021. Phyco–remediation of swine wastewater as a sustainable model based on circular economy［J］. Journal of Environmental Management，278（Pt 2）：111534.

LÓPEZ–SÁNCHEZ A，SILVA–GÁLVEZ A L，AGUILAR–JUÁREZ Ó，et al.，2022. Microalgae–based livestock wastewater treatment（MbWT）as a circular bioeconomy approach：Enhancement of biomass productivity，pollutant removal and high–value compound production［J］. Journal of Environmental

Management，308：114612.

MONTALVO S，HUILINIR C，CASTILLO A，et al.，2020. Carbon，nitrogen and phosphorus recovery from liquid swine wastes：a review ［J］. Journal of Chemical Technology and Biotechnology，95（9）：2335-2347.

SURENDRA K C，TOMBERLIN J K，VAN HUIS A，et al.，2020. Rethinking organic wastes bioconversion：Evaluating the potential of the black soldier fly（ *Hermetia illucens*（L.））（Diptera：Stratiomyidae）（BSF）［J］. Waste Management，117：58-80.

TÁPPARO D C，ROGOVSKI P，CADAMURO R D，et al.，2020. Nutritional，energy and sanitary aspects of swine manure and carcass co-digestion ［J］. Frontiers in Bioengineering and Biotechnology，8：333.

WANG Y，ZHANG Y，LI J，et al.，2021. Biogas energy generated from livestock manure in China：Current situation and future trends ［J］. Journal of Environmental Management，297：113324.

ZHANG J，ZHANG J，LI J，et al.，2021. Black soldier fly：A new vista for livestock and poultry manure management ［J］. Journal of Integrative Agriculture，20（5）：1167-1179.

第8章 数智化养殖发展及应用

中国生猪产业的数智化，大体是经历从猪场生产管理软件，进化到生猪产业数字供应链（包括活体生猪及白条猪的线上交易，以及猪场投入品采购的在线交易），并结合交易场景开展产业金融，再到智能化养猪的过程。期间，新技术和新应用还在不断涌现和日臻完善。未来生猪全产业链也将加快数智化的升级和迭代。

8.1 猪产业数智化发展历程

2015 年，国务院印发《关于积极推进"互联网 +"行动的指导意见》，"互联网 +"各行各业风起云涌，生猪产业也不例外，猪场管理软件 SaaS 应运而生；2016 年，生猪交易平台——国家生猪市场（State Pig E-market，缩写 SPEM）应运而生，而生猪物流数字化也随之发展；2017 年，行业开始探索面向养殖场销售饲料、疫苗、兽药、耗材、智能设备的农牧电商平台，即投入品交易平台；2018 年，猪产业开始布局智能化养猪，被称为"智能养猪元年"；在技术驱动与非洲猪瘟的倒逼下，猪产业数智化发展大潮已滚滚而来。

8.1.1 猪场管理软件

长期以来，我国生猪养殖以中小养殖户为主。这类猪场的场主文化水平相对不高，管理能力弱，没有记录生产数据的意识和习惯，依赖个人主观经验的猪场管理状况严重制约着我国生猪养殖效率的提升。

猪场管理软件主要包括猪场生产管理和猪场财务管理两部分内容。基于猪场每天上传的基础数据（图 8-1），系统能够自动生成报表（日周月）。猪场员工通过猪场管理软件输入种猪、育肥猪在配种、妊娠、分娩、断奶、免疫、保育等方面的信息，系统能够进行生产提示与警告并形成生产报表。除此之外，猪场管理软件亦可为猪场管理人员提供物资管理、财务管理、技术培训、猪价查询、猪病远程诊断和养猪知识学习等一系列在线服务，帮助猪场提升单头生猪的盈利能力。

对单个猪场用户，猪场管理软件以猪场日常积累的数据为基础，帮助猪场自动、实时地实现猪场的母猪 PSY 分析、猪只毛利分析、成本分析等数据分析，通过直观形象的分析图表帮助用户找出生产管理中的问题，提升猪场生产绩效。以 PSY 分析为例，猪场管理软件每月为用户生成 PSY 数据报表，逐一分析影响 PSY 数值的具体指标，清晰地判断出有问题的环节和问题等级，并针对性地给出具体化、操作性强的解决措施。

与此同时，猪场管理软件提供商通过服务数量众多的猪场，形成全国生猪养殖大数据，还可为政府、企业、农户等提供各类大数据决策依据。

图 8-1　为有需求的用户开发游戏化的数据录入界面（农信互联"猪联网"）

8.1.2　猪产业数字供应链

8.1.2.1　生猪交易数字化

用猪场管理软件 SaaS 解决猪场经营管理的问题后，新的行业发展瓶颈又暴露出来——"猪周期"。市场猪价偏低的时候，养猪农户减少，生猪的供应减少，猪价上涨；当猪价上涨，养猪农户又会增多，生猪的供应增多，猪价又会回落，如此往复循环。为了打破"猪周期"，使养殖户不仅能养好猪还能卖好猪，2016 年，生猪交易平台——国家生猪市场（State Pig E-market，缩写 SPEM）应运而生。

国家生猪市场是农业农村部批建的中国迄今唯一一个国家级畜禽产品产地大市场，旨在通过生猪"产销、品牌"两大平台，"价格形成、产业信息、物流集散、科技交流、会展贸易"五大中心建设，提升生猪产业核心竞争力，打造中国生猪产业航母。

国家生猪市场结合传统生猪交易流通现状，在有效解决在线交易标准、疫病防控及实物交收三大难题的基础上，基于互联网、大数据等信息技术，成功开创中国生猪活体网上市场（图 8-2）。截至 2020 年，交易生猪超 8 000 万头，交易额超过 1 000 亿元，覆盖 30 个省市区，注册用户 16 万余户，涵盖生猪、猪肉等主要产品，该市场已成为全国最大生猪活体现货电子交易市场。

国家生猪市场的战略目标是运用"互联网+"、大数据、AIOT 等技术，通过在线化、平台化、生态化重构中国猪肉产业，通过 3～5 年的努力，交易量占中国生猪流通量的 10% 以上，将市场打造成为中国生猪产业风向标和避风港，推动生猪产业稳健可持续发展。

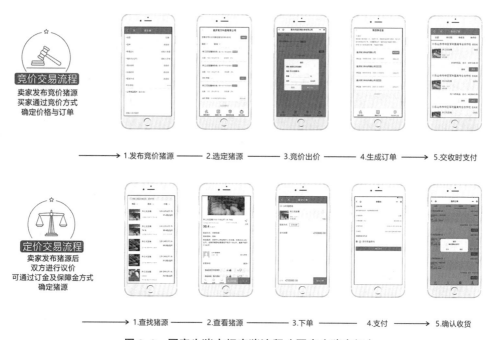

图 8-2　国家生猪市场卖猪流程（国家生猪市场）

8.1.2.2　生猪物流数字化

在整个生猪产业物流中，一直存在着车与货匹配度低、空驶率高的问题。随着猪产业交易的不断发展，行业开始探索生猪物流，以解决日益凸显的货运问题。2016 年，交通运输部为生猪物流领域颁发了第一张"无车承运人"牌照（2019 年更名为网络货运牌照），持此资质的生猪物流平台通过整合第三方货车，在国家生猪市场交易数据的支持下，精确匹配了生猪产业物流中人、货、车三方的需求，同时建立起运输日志和车主信用体系，加强货主与车主的信用度，帮助增加货车车主收入，提高生猪产业的物流效率，降低货主物流成本。此外，还可根据运输大数据，定制开发生猪运输保险等产品。

8.1.2.3　投入品交易数字化

解决了卖猪难题后，2017 年，行业开始探索面向养殖场销售饲料、疫苗、兽药、耗材、智能设备的农牧电商平台，以解决中小散户购买养殖投入品链条长、成本高、质量无保障等问题。这类行业电商平台汇集了大量农牧投入品生产商、经销商和海量优质商品，能够为养殖户提供一站式采购服务，大大缩短中间环节，降低了厂家与养殖户双方的交易成本。

其中如农信商城，在面向行业开放之初，就有众多知名企业如安琪酵母股份有限公司、山东宝来利来生物工程股份有限公司、四川恒通动保生物科技有限公司、山东沃兴畜牧机械有限公司、普立兹智能系统有限公司、北京索诺普科技有限公司等纷纷入驻。该商城为更好地满足客户的多元化需求，打造了"三有三无"的直营模式，即有数据、有贷款、有服务，无库存、无赊销、无经销商，一方面使小企业拥有无限接近大企业的特权，另一方面保障厂商权益，提升交易效率。

8.1.2.4　服务线上线下融合

在猪产业数智化的发展过程中，从猪场管理软件 SaaS 到电子商务平台，始终是以线上的方式在对猪产业进行服务。但在农牧产业行业内，只有线上服务是远远不够的，需要线上线下服务的结合。

在过往，中小养殖户一般通过县乡的经销商购入投入品，同时存在大量赊销的情况。在行业线上线下融合发展中，传统的农牧经销商可借助农牧电商平台及其品牌资源、金融工具，围绕养殖户提供从生产管理到投入品到供应链金融的全品类服务，扩大其业务辐射半径，提升其综合服务能力，从传统的经销商升级为地域颇具影响力的行业服务商。

8.1.3　猪产业金融服务

在中国，生猪养殖产业链上的养殖户、贸易商等主体经常面临资金短缺，同时资金需求时效性高的困扰，但由于中小规模主体征信缺失、生猪养殖风险与市场风险都较大、缺乏有效抵押物等原因，难以从传统金融渠道高效地融资。针对这一痛点，生猪产业探索出结合应用场景、普惠的猪产业金融服务。

猪产业金融服务以猪场管理软件获取的生产经营数据和猪产业交易数据为依据，结合线下业务人员获取的信息，利用大数据技术建立资信模型，形成较强的信贷风险控制力，为符合条件的猪产业用户提供不同层次的信贷产品。同时，产业主体可向银行、保险、基金、担保公司、第三方支付等众多金融机构输出农牧金融场景和金融科技服务，面向猪产业客户推出信贷、保理、融资租赁、保险、结算支付等多元的金融服务。

8.1.4　智能化养猪

随着人工智能（AI）与物联网（IOT）技术的发展，以及非洲猪瘟在中国的传播，行业对生物安全的要求骤然提高，2018 年猪产业开始布局智能化养猪，更有互联网巨头试水智能养猪，因此，2018 年被称为"智能养猪元年"。

2018 年 3 月，阿里云宣布与四川特驱集团、德康集团达成合作，开始人工智能养猪；2018 年 6 月，阿里云正式发布农业"ET 大脑"。"ET 大脑"借助图像机器人识别配种后母猪的行为特征，通过传感器将母猪睡眠的深度情况、站立频次、进食量变化等 20 多种数据传输到"ET 大脑"，根据阿里云披露的论证数据，AI 可以让母猪每年多产 3 头小猪仔，且猪仔死亡淘汰率降低 3% 左右。

2018 年 11 月，京东数科发布"神农大脑（AI）+ 神农物联网设备（IOT）+ 神农系统（SaaS）"三大模块的农牧智能养殖解决方案。养殖场通过猪脸识别技术观测并记录每只猪的体重、生长、健康情况，借助神农物联网设备（IOT）上传至神农系统（SaaS），根据每头猪的状态实现猪饲料的精准配置，猪舍内的温度、湿度等也都完全由系统自动调节，按照京东的测算，这套系统养殖人工成本减少 30% ~ 50%，降低饲料使用量 8% ~ 10%，并且出栏时间平均缩短 5 ~ 8 d。

2018 年，科技初创型企业将物联网、人工智能、算法等技术与猪产业结合，陆续推出猪场智能硬件。而产业平台型企业，如农信互联，则致力于打造智慧养猪生态路由系统，即云平台，用平台的方式融和搭载、兼容行业中所有优秀的智能设备及人工智能算法，为养殖户提供系统的智能养猪解决方案。具体来说，云平台解决方案可以无缝对接阿里、京东、华为等主流云计算服务商，为智慧养猪提供基础、可靠的 IaaS（Infrastructure-as-a-service）平台；PaaS（Platform-as-a-service）平台则连接、打通物联网企业、人工智能算法企业，为智能养猪提供 AI 算法支持；在应用层则与猪场管理软件 SaaS 体系打通，为猪场提供统一入口和人机交互界面（图 8-3）。

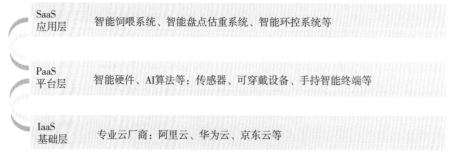

图 8-3　智慧养猪生态平台架构

2019 年，随着更多智能设备研发落地，智能化养猪设备的超级连接器也应运而生，这样的养猪物联网平台可以连接市面上所有的猪场监控、饲喂、环控、检测等智能设备，使猪场管理自动化、智能化（图 8-4）。一方面通过 App 将猪场内的智能设备连接到一起，在手机终端可进行智能盘猪、智能称重、智能监控、膘情监测、智能查情、智能环控（对氨气、二氧化碳、光照、湿度、温度等猪场环境核心指标监测）、智能饲喂等，实现自动化养猪、人猪分离；另一方面通过监管平台，对猪场的人、车、场、设备进行实时预警、远程监控。如猪爬上通道围栏、饲料车运输路线异常、饲养员服装不合规、生猪数量异常、未注册车辆驶入场内、设备异常等风险事件进行监控和预警，实现安全生产。

智能猪场的运行有三大关键点。一是智能硬件，通过传感器、智能手持设备、智能穿戴设备等物联网硬件自动抓取数据，智能连接器连接各类终端设备。二是猪场管理软件，可对物联网采集的数据进行分析处理，通过数字化管控来提升养猪效率。三是中央处理器，即养猪大脑。养猪大脑依托云计算数据中心，可实现远程化管猪，让养猪全程可预警和提醒。

随着养殖成本上升，养殖风险加大，降本增效的智能养殖是未来畜牧业发展的必然趋势。后非洲猪瘟疫情下的 2020 年，智能猪场在新建、复养大潮中如雨后春笋般落地。

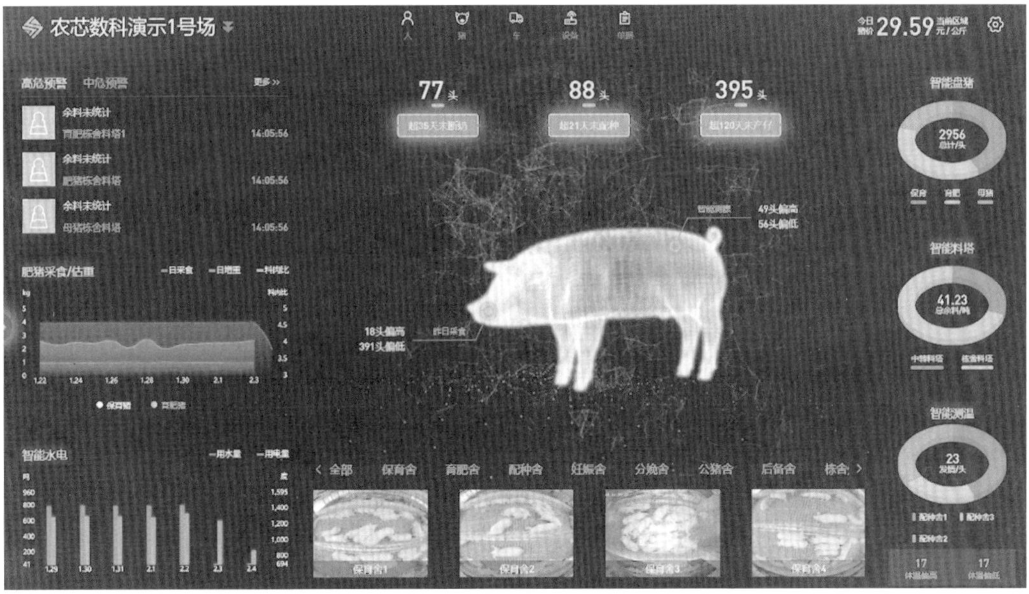

图 8-4　智能养猪监管平台（厦门农芯数科"猪小智"监管平台）

8.2　数智化技术在猪产业的应用

当前我国生猪行业正面临前所未有的挑战，环保整治、非洲猪瘟、新冠疫情等压力加速了落后产能的淘汰、规模化经营的进程。经此巨变，企业开始重新审视如何在不确定性的环境下提高自身的快速应变能力，在此过程中，行业中的多个企业积极引入数智技术，将数字科技与生猪生产紧密结合，取得了瞩目的成绩，同时也涌现了一部分具有代表性的科技企业、互联网企业（图 8-5）。

图 8-5　生猪数智化产业图谱

8.2.1 SaaS 技术在生猪产业的应用

由于生猪产业环节的不同，致使各环节的从业者对 SaaS 平台的需求也各不相同，根据生产环节的不同可将 SaaS 平台分为饲料管理软件、育种管理软件、猪场管理软件、屠宰企业管理软件、店铺管理软件；另外，还有整合全产业链搭建的针对全产业链的 SaaS 平台系统。

8.2.1.1 SaaS 技术在饲料企业的应用

饲料加工业是畜牧养殖业的基础，从产业总体规模来看，我国已成为饲料大国，但饲料加工业的整体水平仍然较低，企业数字化基础薄弱，内部之间信息不透明、不规范，信息得不到有效共享，制约饲料行业的健康发展，而 SaaS 模式应用方式简单以及成本比较低，可以帮助饲料企业迅速实现信息化，建立各自的服务系统。

饲料管理软件一般由系统平台管理，移动 App 管理、饲料成分与营养价值数据管理、畜禽营养需要数据管理和畜禽饲料配方优化管理组成。通过互联网、物联网技术，将生产设备、生产计划、财务审核、员工管理、售后处理等与软件无缝连接，实现从订单生成、生产计划、配方制作、中控配料、自动领料、投放料管理、成品打包、品质检测到存货出入库的智能化操作，并集成企业管理全流程，打通各业务系统的信息孤岛，实现数据流通全闭环，发挥数据整合价值，实现数据化管理，智能化决策（图8-6）。

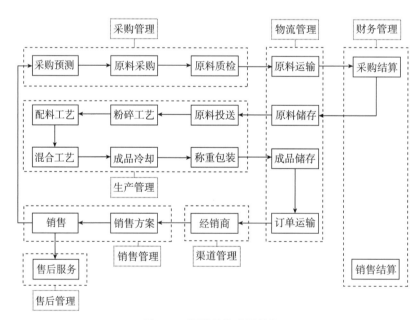

图 8-6 饲料系统功能结构

采购管理精细化：对采购计划、询价、合同、到货、结算、发票等数据进行全流程记录、汇总、分析，精简采购环节、优化采购流程、严控采购成本。

生产管理智能化：将中控配料系统、电表、磅秤、视频等设备进行数字化升级改造，实现生产的智能化、减少人工成本、降低出错率，科学提升生产效率。

销售方案多样化：借助数字化技术分析客户基本数据，根据不同的客户提供差异化的解决方案，提高客单量。

销售模式线上化：创新饲料行业销售模式，借助数字技术自建"线上商城"或与农业电商平台合作，推出适应全场景的销售模式，实现多渠道营销。

渠道管理一体化：通过"渠道商店铺管理软件"打通与经销商的数据通道，支持经销商手机订货，实现经销商商品价格、采销库存、经营情况等的数据分析，提高渠道管控能力。

企业流程数字化：借助数字技术打通饲料生产、供应链、财务、人力办公等各业务系统的信息孤岛，数据全面流通，实现数据化管理和智能决策。

饲料企业服务于猪场，结合"猪场预期"制订生产计划是饲料企业终极目标，未来饲料厂通过分析猪场生产计划、市场供需等数据，优化企业饲料配比方案、革新生产方式、制订企业的生产计划，形成基于数字化的饲料生产 SaaS 服务平台。

8.2.1.2 SaaS 技术在养殖企业的应用

猪场管理软件就是为养殖户提供猪场管理服务，一方面帮助养猪户处理猪场的采购、销售、库存管理等基本业务；另一方面通过获取猪舍的基本数据如生猪数量、健康状况、饲喂情况等进行分析，为养殖户提供饲料管理、待配提示、妊娠提示、分娩提示、断奶提示、智能预警等，指导养殖户生产（图 8-7）。除此之外，有一部分猪场管理软件还为养殖户提供市场信息、物资管理、财务管理、技术培训、猪病智能诊断等一系列服务，为养猪户打造一个 360° 的智能化服务体系。

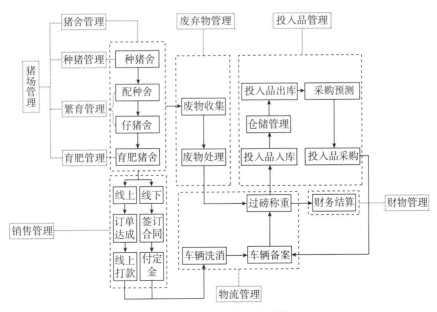

图 8-7 养殖系统功能结构

从企业管理方面看，猪场管理软件可以提高管理效率，消除企业内部数据孤岛；从企业运营方面看，猪场管理软件把猪场人员、设备、资金、材料、信息、时间等有限资源合理地组织起来，不仅提高了生产效率，而且提高资金利用率。

猪场管理：通过对栋舍、人员、组织架构、供应商的管理，打通种猪引种、查情、配种、妊娠、分娩、保育、育肥、上市全过程，实现全业务周期的精细化管理。

育肥管理：根据猪只存栏、生长阶段、猪场产能、市场行情等信息，实现猪只断奶、转保、育肥、上市、免疫保健、饲喂等生产作业，实现生产过程的良性循环。系统包含生猪盘点、生猪测膘、生猪盘估、生猪转舍、生猪转舍查询、生猪死亡、生猪存栏汇总等。

种猪管理：目前我国种猪场主要运营模式基本是引种、扩繁、销售、退化、再引种，针对此种生产模式，种猪管理可以作为一个单独的软件平台服务以繁育为主的种猪场，也可以与其他的管理环节结合嵌入以自繁自养为主的猪场（图8-8）。

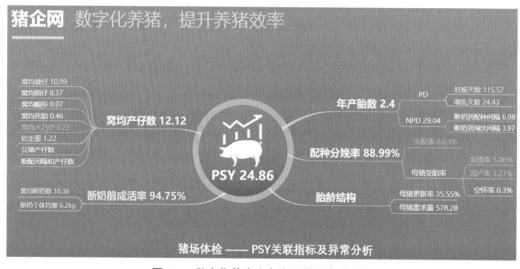

图8-8 数字化养猪（农信互联"猪联网"）

种猪管理主要包含数据采集、数据分析、生产计划管理、生产成本分析、育种数据分析、淘汰种猪管理等功能。①生产和育种数据的采集。借助智能设备采集种猪生长过程数据，如生猪事件、母猪事件、仔猪育肥猪事件和遗传测定等；采集生产过程中种猪配种、配种受孕情况检查、种猪分娩、断奶数据；种猪的免疫情况、种猪育种测定等数据。②生产过程分析。根据采集的生产数据进行汇总、分析，向猪场管理员提供任意时间段统计分析报告和生产指导信息，帮助管理者对种猪的选配、窝选、种猪遗传进展各项生产指标进行选择；结合猪场生产消耗、销售、存栏、产出数据，提供猪只分群核算的基本成本分析数据，帮助用户控制猪场生产成本。③生产计划管理。根据猪群生产性能制定短期和长期的生产、销售、消耗计划，并进行实际生产的监督分析。另外，系统可对录入的数据进行分析并提供工作计划和警示报告，方便猪场按计划工作，并提高现场工作效率，查漏补缺。④统计报告。根据系统内录入的数据而生成的各类报告，例如，母猪群报告、公猪群报告、哺乳和育肥群报告、猪场财务报告、物料使用情况报告和全场综合统计报告等。⑤权限设置。根据员工的职责不同分配不同的权限，设置不同的工作内容，做到权责分明，权限包含猪场内猪舍的新增和修改、人员管理、账号管理、各种生产代码的设置、往来客户管理等。

繁育管理：结合种猪生产情况，对种猪的选种、配种、妊娠、分娩、接产、哺育等过程进行管理。系统包含母猪档案、配种记录、母猪分娩记录、转栏登记、小猪寄养登记等。

财务管理：对猪场各生产环节的利润、成本、收入款等财务数据，进行多维度分析核算，为养殖户提供决策依据。系统包含收入明细、支出明细、成本核算、财务收支汇总信息等，通过财务管理系统能够实现一键计算成本，让猪场成本、利润一目了然，提升精细化管理水平。

投入品管理：对饲料、动保、兽药、耗材等投入品的采购计划、库存明细、出入库管理、基础信息管理、库存管理、领用记录、耗用预测及统计等进行数字化管理。

物流管理：对进出猪场的车辆进行管理，包含车辆洗消、车辆备案、车辆调度、过磅称重等。

销售管理：通过线上、线下对生猪销售全过程进行有效的控制和跟踪。系统包含销售报价、销售订单生成、客户档案管理、价格管理、生猪报价管理、订单管理、销售渠道管理等。

废弃物管理：对猪场及猪场猪只产生的粪便、尿液、污物、病死猪等进行收集和无害化处理，并将处理后的产品进行销售。系统包含污物收集、固液分离、消毒处理、发酵处理等。

另外养猪 SaaS 系统将猪场的 PSY、NPD、窝均产仔数、仔猪成活率等数据进行整合分析，帮助猪场快速、精准找到问题，提供有效的数据决策依据。

8.2.1.3　SaaS 技术在屠宰企业的应用

屠宰生产是养殖环节的终点，同时又是食品加工环节的开端，然而由于屠宰加工各环节存在诸多特性，如原料规格、数量和交期的不确定性、混合型的产销模式、展开型的生产模式、生产过程的随意性、人员流动性较大等因素，加大了屠宰企业的管理难度。因此越来越多的屠宰企业接入数字管理软件（图 8-9），全程跟踪记录生猪检疫、屠宰、分割、修整过程，保证猪肉食品安全可追溯；对接称重系统，及时汇总分析各环节损耗，减少人工记录烦琐操作，帮助企业提高生产效率。

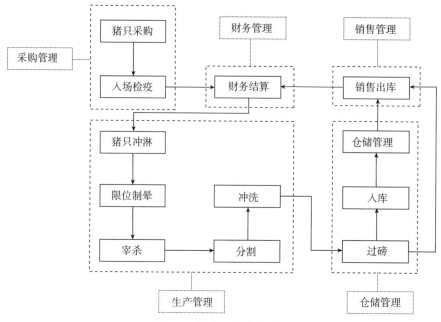

图 8-9　屠宰系统功能结构

销售管理：客户根据自身需求通过线上定购屠宰企业所销售的白条猪、副产品和分割品等；订单审核后，屠宰企业对产品进行二次质检、打码，之后系统联系客户进场称重、提货，最后客户根据提货单到开票室去开票。

采购管理：采购待宰猪只可以从养猪场直接采购，也可以通过生猪贸易商（又称猪贩子）进行采购。猪只到场后需要对车辆进行检疫检验和车辆消毒处理。由于生猪价格每日均有波动，系统根据生产数据指导采购员制定采购计划。

生产管理：对待宰圈猪只应激反应监控；对待宰猪只进行二次称重；对不同供应商的猪只进行分隔管理，并对不同供应商的猪按顺序屠宰；生猪经过刺杀放血、褪毛、去内脏头蹄变成白条和副产品。生产过程需要对头、表体、内脏、胴体进行检验，检验合格，加盖印章。

仓储管理：未销售的白条猪和副产品，通过采购单完成入库并记录库存信息；另外使用的生产耗材在系统上做出库，保证库存数据与系统数据一致。

财务管理：实现业务和财务数据打通，业务数据自动生成财务凭证；一键实现成本核算，月成本、日毛利一目了然，提升数据统计效率，降低企业运营成本，实现精细化管理。

供应链全程管控：采购销售结算快捷、透明，提供多重价格方案；以销定采、定产，库存实时更新，实现从生产端到消费端的供应链全程管控。

基于生产大数据的智能决策：全程数字化，可对接称重系统，自动采集各环节数据，并提供出肉率、出成率、销售采购掉秤、配方耗用等综合数据分析，为企业提高生产经营水平提供有效的数据决策依据。

8.2.1.4　SaaS 技术在零售环节的应用

当前养猪产业链各环节的渠道商存在经营数据混乱、管理水平落后、交易效率低下、金融资源匮乏等问题，严重制约了渠道商的发展，为此一部分渠道商接入店铺管理软件实现进销存管理、财务结算、线上营销、线下交易以及金融服务等功能，通过数据分析，提升科学化经营水平。

市面上较好的店铺管理软件（图 8-10）是集软件、硬件于一体，无缝对接各平台及软件系统，无须单据录入、无须人工对账、账目自动汇总核算、数据报表随时查看，重新定义了智慧门店管理方式。为广大经销商提供了信息化升级解决方案。

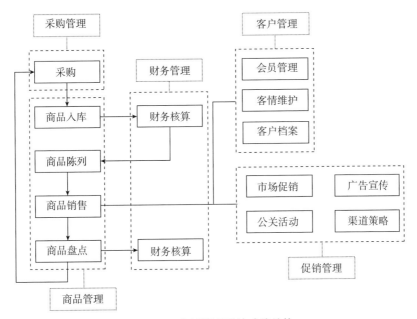

图 8-10　店铺管理系统功能结构

订货管理：帮助企业建立私有、紧密的线上订货渠道，同时满足企业客户差异性定价及区域价格保护的要求，提高企业下游订货效率、订单管理、数据分析及运输管理能力。

业务管理：基于手机应用的企业销售管理的 CRM 软件，针对市场业务人员的信息交流、外勤管理及获客、跟踪、管理客户的有效工具。

档案管理：汇总产品资料、客户档案、供应商信息、业务员归属等数据信息，并建立数字档案，方便管理员查找、分配、使用。

销售管理：线上管理、完成销售流程，如交易客户、商品进出库、商铺价格、挂单、挂账、收银等。

仓库管理：基于销售情况及库存情况，进行滞销预警、库存预警，能够帮助经销商及时了解存货情况，合理调整销售、采购计划。

财务管理：改变传统记账管理的模式，一方面帮助经销商提高财务管理的效率，节省了大量手工记账耗费的时间，规避了手工记账可能导致的遗漏、错账、乱账风险，解决了制作经营数据报表难度大等问题，另一方面经销商借助店铺管理软件对店铺存货成本、采购成本、销售利润、经营利润等进行管理，一键生成财务报表，降低了管理成本，提升了财务管理的效率。

数据分析：根据店铺产品销售数据分析，帮助经销商实时了解经营情况；根据店铺利润分析，帮助经销商快速定位利润贡献最大的商品和客户，使经销商重点聚焦能够创造利润最大的商品，重点服务贡献利润最大的客户。

店铺统一管理：建立从食品企业到终端肉食门店的数字化连锁经营管理体系，实现从食品加工到门店销售一体化全打通，实时获取企业全国门店的经营状况大数据，并实现门店统一配送、统一监管、统一绩效考核。

全程可追溯：绑定二维码，跟踪追溯养殖场、质量检疫、屠宰过程、销售渠道等全程信息，实现食品安全的可追溯，提升产品信赖度，树立企业形象，增强品牌竞争力。

金融服务：店铺管理软件与金融机构数据连通，金融机构根据店铺经营、交易等数据进行征信，店铺获得授信额度，解决店铺赊销、贷款难等问题；另外金融机构可以与店铺合作，对其开通支付结算功能，解决店铺过去现金结算效率低、对账难等问题，提高店铺交易结算效率，助其经营效益提升。

8.2.1.5 SaaS 技术在生猪全产业链的应用

小规模、分散化等特点制约我国养猪业的发展，规模化水平不高影响了生猪生产的稳定性，散养户过多导致猪周期波动加剧，针对以上问题，养猪产业链的各企业需要借助数字技术将产业链融合连通，打通生猪产业链的上下游，打造生猪产业生态运营能力，增强自身抗风险能力。

全产业链管理软件以互联网、大数据、物联网、区块链、人工智能为技术支撑，围绕猪产业链各环节，构建以猪企网、猪交易、猪金融为主的核心平台，将猪产业相关的养猪户、屠宰场、饲料兽药厂商和中间商、金融机构等主体连接起来，变外部产业链为内部生态链，形成"猪友圈"，构建智慧养猪生态圈（图 8-11）。

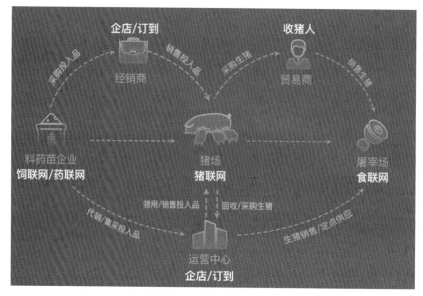

图 8-11　SaaS 技术在生猪全产业链的应用（农信互联）

"猪企网"是融合了物联网、智能设备、大数据等数字技术功能所搭建的智慧猪场管理平台。采用视频盘猪、智能环控、智能背膘、无线B超、电子耳标等功能，将生猪生产数据进行智能采集，在此基础上自动生成猪只毛利分析、成本分析、生产力分析等，基于数据分析改善猪场经营管理，可以有效提升配种分娩率、产活仔数、哺乳仔猪成活率等，快速提升猪场生产效率；另外"猪企网"可以帮助养殖户直观地获取猪只数据，根据数据分析，为养殖户提供待配提示、妊娠提示、分娩提示、断奶提示。除此之外，还提供市场信息、物资管理、财务管理、技术培训、猪病智能诊断等一系列服务，为养猪户打造一个360°的智能化服务体系。

"猪交易"是通过数字技术完成生猪产业链各产品的交易问题。在"猪交易"平台上，用户不仅可以购买饲料、疫苗、兽药等各类投入品，享受集采、优选、厂家促销等优惠服务；还可以借助"猪交易"平台的大数据，面向全国猪场发布猪源信息，对接生猪养殖户和屠宰加工企业，线上（国家生猪市场）完成活体生猪、白条猪的交易，另外"猪联网"平台建立完善的入驻、认证机制，保证交易产品的品质。

"猪金融"是通过全产业链管理软件获取的生产经营数据和商城获取的交易数据，以及线下渠道、业务员对养殖户深度服务获取的基础信息，利用大数据技术建立客户资信模型，形成较强的信贷风险控制力，并与众多知名银行、保险、基金、担保公司和第三方支付等金融机构建立合作，为广大猪联网用户提供全面、健康、便捷的金融产品服务。

8.2.2 智能化技术在生猪产业中的应用

近年来数字技术不断地应用于畜牧生产中，尤其是规模化程度较高的猪企，通过使用以数字技术为依托的设备、软件、技术等，提升了企业生产效率，增加了企业市场竞争力。未来随着国内生猪产业的规模化、集约化程度不断提高，数字技术将被广泛应用以提升猪场生产效率。

养猪数字化，是把数字技术应用到养猪产业上，围绕养猪产业链构建更广泛的网络化平台，在此平台基础上集成各类软硬件设备和技术，建立基于养猪产业链多场景下的各种服务技术的应用，带动整个产业转型升级。

8.2.2.1 智能监控

智能监控是通过获取监控目标（人员、猪只、动物等）的视频图像信息，对视频图像进行监视、记录、整理，并回溯到计算机，借助计算机强大的数据处理能力过滤掉视频画面无用的或干扰信息、自动识别不同物体，分析抽取视频源中关键有用信息，快速准确地定位事故区域，判断监控画面中的异常情况，并以最快和最佳的方式发出警报或指导养殖者做出相应的干预动作，以达到对监控目标的全自动、全天候、实时监控的监视、控制、安全防范和智能管理。

安防监控：通过摄像头所拍摄的图像监控外部人员、车辆、动物等移动动态，对异常行为进行预警，实现管理人员即使不在现场也能实现对猪场全方位、全天候、实时监督管理。

猪只智能监控：猪只智能监控系统由智能摄像头、数字相机、数字录像机、云服务器、云数据库等数字技术产品组成，借助数字采集器采集猪只饮食、运动、体征等信息，并通过互联网将数据上传至服务器；服务器对数据进行分析、处理后，对猪只异常情况进行报警（图8-12）。例如，通过摄像头所拍摄的图像判断猪群状况，对于异常猪只情况如扎堆、岔气、咬尾、咬耳、咬肋、吸吮肚脐等异常行为报警；借助智能监控系统管理母猪舍，则不需要专职饲养员看守，减少了人力成本。通过智能巡视设备及声音监测设备采集猪只争斗、跛脚等行为信息，以及咳嗽等异常声音，送至云端系统进行实时分析，可准确判断主要疾病类型，以便通知管理人员及时干预。结合电子耳标可实现对单头猪只采食及饮水行为的监测，从而对猪只健康状况进行评估，如遇反常情况可及时预警、采取干预。

图8-12　猪场智能监控（农信商城"猪小智"）

人员智能监控：通过人脸识别、人体体型识别等功能，管控出入猪场人员，对异常进出猪场人员进行预警；另外，结合人员身份识别对不同猪舍的人员进行管理，对异常出入猪舍的工作人员进行监控，防止猪场因人员行为的不当造成风险。通过人员智能监控设备监控饲养员的工作情况，降低异常操作的风险。

车辆智能监控：通过车辆号牌识别、车型识别等，监控猪场内异常车辆行驶轨迹、车辆消毒情况、车辆行驶路径、车辆装载情况等，保证猪舍安全。通过车辆智能监控，确定每一辆车在猪场内的行驶轨迹和位置，对异常停靠的车辆进行识别。

动物智能监控：主要针对猪场非猪只动物的监控，如猫、犬等，通过监测动物出现和消失、移动等轨迹，提醒工作人员即时干预；对于经常出现的异常区域，建设被动干预设备，降低动物携带疫病的风险。

8.2.2.2　智能饲喂

采食是养猪生产的最重要环节，而采食质量很大程度上决定了动物的健康程度和生长速度。智能饲喂系统以高效、精准、安全、快捷等经济效益被猪场广泛应用。

智能饲喂通过物联网设备获取猪只饮食量、饮食周期、饮食习惯、个体特征等特点，并通过 AIOT 算法进行深度学习计算，制定最合理的饲喂方案，并通过众多传感器完成精准投料、投水，进行饲喂，将传统养猪的接触式养殖升级为远程操作，并实现 24 h 的可视化（图 8-13）。

图 8-13　养猪智能饲喂（农芯数科——猪小智演示猪场）

称重传感器：通过在料槽、料线、料塔安装称重传感器，获取饲料使用情况，并与生猪生产之间建立数据连通，借助大数据分析饲料使用量与生猪生长之间的关系，如料肉比、增长速度、背膘等。

饲料质量传感器：通过料槽内的饲料质量传感器获取饲料的成分、饲料霉变情况、饲料颗粒度等，保证饲料安全可靠。

采食情况传感器：该传感器与猪只耳标相连通，可准确获知每一头猪只进食情况，一旦猪只吃了足够的饲料就会强制阻断猪只进食，相反，如果某一猪只未吃到足够的饲料就会放开喂养栏引导猪只进食。

智能育肥饲喂器：饲喂器根据猪只大小和数量自动制定群体采食计划，采用智能的无线生物传感器探测猪只的采食活动和食槽剩料，通过下料装置和电磁水阀实现精准水料投放和控制，提高猪只采食适口性、最大化采食量的同时减少饲料浪费和剩料，从而提高猪只生长速度、降低料肉比，具体表现在以下几个功能。

精准饲喂：根据猪只群体数量、日龄等参数动态计算采食需求，然后通过设定的水料比，由电机匀速带动拨片投料和水流计给水，来实现均匀料水混合。

二合一传感器：通过无线探测原理，探测料槽剩料厚度以及动物活动行为来判断最佳投料时机和投料量，按需投料，饲料新鲜不浪费。

智能补水：每一餐结束之后，自动给料槽补水，既能满足动物大口喝水的习性，又能清洗料槽残余饲料，减少饲料浪费和变质。

智能学习：在未进行任何采食参数和猪群生理参数设置时，设备根据每天采食量、采食时段、采食频次以及日期自动分析、推算猪群等效生理参数，以便自动采用最佳投料方式。

智能饲喂设备内装有感应器和识别设备，保证饲喂量严格按照既定计划进行，实现精准到每一个或每一群个体的饲喂，提高猪只监控饮食的同时减少饲料浪费。

8.2.2.3 智能盘估

智能盘估是借助智能传感设备或智能影像分析，对猪只进行智能盘点和智能估重。

当前智能盘点大致分为两种，一种是采取佩戴可视耳标的方式，通过耳标和智能化设备相结合对猪只个体进行盘点；另一种是通过摄像头采集视频、图片数据等对猪只的形态进行分析后，确定猪只数量。前者需要在猪只耳朵上打上耳标，对猪只尤其小猪产生影响，出现应激反应，或者猪只在打斗中咬耳标，增加感染风险；后者借助影像系统对猪只进行盘点，虽然在准确度上还无法媲美耳标技术，但是，安全性远高于耳标技术，而且该系统还可以对母猪及仔猪数量进行无害化监控，一方面便于猪场管理者掌握后备母猪生物资产数量及动态变化趋势，另一方面可以针对猪场绩效目标及后备母猪变化频率进行评估，对影响后续生产目标的状况提前预警。

智能估重是在智能盘点设备的基础上结合智能称重设备或大数据、AIOT技术等对猪只体重进行测量和评估。

物联网估重：在猪场养殖栏下方安装重量采集设备，当猪只采食、饮水、睡觉等静止形态时采集猪只体重数据，之后将采集的数据上传至系统，由系统自动计算每栏群猪只的总重及均重。

智能化估重：通过猪场图像采集设备采集猪只动态数据、所处位置数据等，上传数据至云端，由云端人工智能模型计算出每头猪的体重，另外系统自动计算每栏猪只的总重及均重，并可呈现出猪只在一段时期内栏总重及栏均重的变化图表（图8-14）。该系统还可以对扎堆的仔猪进行盘点，通过视频监测实时获取每一个产床上仔猪的数量，并与母猪数据相结合，精准掌握母猪及仔猪数量。

图 8-14　智能估重（农芯数科——猪小智演示猪场）

8.2.2.4　智能测温

体温变化是猪只健康的风向标。在生猪养殖中，伴有发热症状的疾病占有很大的比重，如猪瘟、猪流感、猪肺疫、链球菌病、弓形体病、传染性胸膜肺炎、伪狂犬病、副猪嗜血杆菌病等；在母猪受孕过程中，母猪体温也会出现异常变化。因此，对猪只体温进行监测和及时预警，是避免养猪业经济损失、提高生产效益的必要方式。

通过温度传感器、可移动测温机器人等设备对猪栏猪只体温进行监测，再结合猪只识别系统自动分辨不同猪只，同步实现对所述猪只准确体温采集，对体温异常猪只系统会进行预警，有利于传染性疾病疫情的早期发现与治疗干预，降低猪场风险（图8-15）。

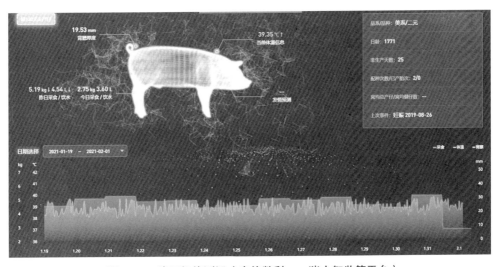

图 8-15　猪只智能测温（农信数科——猪小智监管平台）

通过智能测温可以帮助猪场管理员准确识别母猪发情状况，并记录初情期、第二次和第三次发情的时间及持续时长，准确适时进行后备母猪配种，发挥其最佳的生产性能。

8.2.2.5　智能环控

智能环控通过无线传感器监测温度、湿度、氨气等环境指标，上传至物联网云端进行智能分析，并通过控制器对风机、水帘等设备进行自动调控，为猪只打造舒适的环境。

智能环控由猪舍环境采集设备、猪舍环境调节设备、猪舍环境处理系统等构成。它不仅能将猪舍的实时情况通过摄像头反映在电脑或手机上，还能显示当前的温度、湿度等环境参数，工作人员通过电脑或手机就能随时查看设备情况和实时参数，进行调整。同时，智能环控与手机终端相连接，帮助养猪户实时掌握猪场的环境信息，及时获取异常报警信息，并根据监测结果，远程控制相应设备，真正实现猪场环境智能调控。

猪舍环境采集设备包含温度传感器、有害气体（二氧化碳、氨气、硫化氢等）监测器、空气湿度传感器等，通过这些传感器实时采集养殖场环境信息，获取异常报警信息，并将监测的结果实时传输给后台系统（图8-16）。

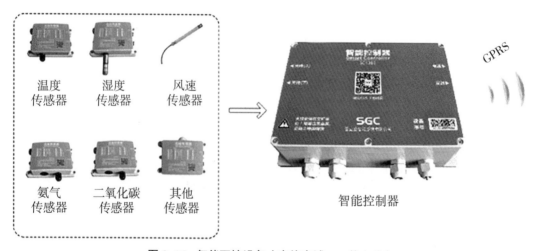

图8-16　智能环控设备（农信商城——普立兹）

猪舍环境调节设备包含风机、水帘、供暖设备等，通过获取猪舍的环境预警，进行手动或自动的调节，为猪只营造舒适的环境。

猪舍环境处理系统对猪舍环境采集设备提供的数据进行分析、计算后得出预警方案，同时集成现有的养殖场环境控制设备，对猪舍温度、湿度、空气质量等进行调节，为猪只营造舒适的环境。

8.2.2.6　智能洗消

洗消是现代化、标准化、规模养殖场生物安全管理的第一道防线，对生物生产安全具有重要意义，对猪场及生产人员的洗消能够降低猪只感染疫病的风险；对车辆的洗消能够阻断疫病传播的途径，因此，清洗消毒流程是控制养殖场生物安全风险的关键因素。

智能洗消是通过借助智能设备对人、猪场、设备、车辆进行清洗和消毒作业，以降低猪只感染疫病的风险，同时智能洗消减少了人员参与，降低了猪场生产成本。

猪场智能洗消：借助智能设备对猪场栏舍、猪场设备等进行清扫、洗刷、通风、消毒等洗消作业，将大量污垢、病原体清除，然后再配合其他消毒方法彻底杀灭病原体。该操作一般在猪只出栏或猪只补栏前进行，以降低猪只对该作业的应激反应。

猪场自动清粪：猪舍猪只出栏后，智能洗消系统结合智能影像评估猪舍粪便情况，对智能刮粪板、智能清理机器人等，下达清理指令，实现猪场粪便精准清理。

猪场自动清洗：粪便清理后，智能洗消系统根据分析，指导工作人员对猪舍残留的排泄物、污物进行冲洗，提高清洗的精准度，减少水浪费，降低人力成本。

智能人员洗消：借助非视觉技术，检测猪场工作人员自身清洗情况；借助清理机器清洗猪场工作人员穿戴设备；借助智能消毒设备对进出猪场人员进行全面消毒（图 8-17）；以此降低进入猪场人员携带疫病的概率，减少猪场猪只感染疫病的风险。

图 8-17 猪场人员消毒（农芯数科——猪小智演示猪场）

猪场工作人员的洗消：借助非视觉技术监测清洗人员沐浴时间、沐浴状态、沐浴水量、沐浴水温、浴室温度变化等，判定猪场工作人员是否按规定完成了沐浴；借助人脸识别、用户编码、指纹验证等技术，实现对洗浴人员的身份识别，确保每一位工作人员完成洗消作业。

工作人员穿戴装备洗消：通过扫描工作服上的二维码确定该工作服的清洗方式、清洗程度、清洗流程等；其他非冲洗完成的清洁工作，由专业人员进行清理消毒后，收回仓库。

智能车辆清洗：主要是针对养殖场运输车辆进行彻底的清洗、消毒、烘干。防止外来运输车辆带来的有害病菌及大面积扩散，从而达到养殖场区的生物安全（图8-18）。

图8-18　智能车辆清洗（农芯数科——猪小智演示猪场）

智能识别车辆：借助智能影像系统自动识别运猪车的车牌、入场时间、出场时间等，确定每一台车辆与入场备案车辆相同，防止非备案车辆进入猪场。

全程智能洗消：通过智能影像设备对车辆的形态进行评估后，由高压冷喷头对车辆进行初洗，再经高压热喷头进行二次冲洗，最后由高压风机对车身进行干燥处理，从而能够对车辆进行充分清洗消毒。

打印消杀凭证：自动打印含有车牌等信息的车辆消杀情况凭证，供猪场接收用并留存。

8.2.2.7　智能料塔

料塔主要用于饲料的存储，是一种适用于大、中型养殖场的一种储料设备，在其出料口配输料设备，可定时向舍内输送饲料。常见的料塔由料仓主体、料仓翻盖、爬梯以及立柱组成。

智能料塔由料塔、输料线、动力系统、控制系统等组成，控制系统与猪场生产系统连通，当猪场需要饲料时，料塔根据系统传回的数据自动补料（图8-19）；另外智能料塔与饲料企业系统连通，实现饲料的智能下单、智能检验、智能结算等，优化畜牧业产销链，降低养殖成本。

图 8-19　智能料塔（农信商城——南商农科）

8.2.2.8　智能水电

智能水电是通过数字技术对猪场水、电设备进行管理、监控，自动、实时记录水电消耗情况的同时，还能通过消耗的数据分析出猪场异常情况。

智能电控系统：通过数字技术对电器设备、电能消耗等数据进行采集、监控，对异常数据进行分析，实时发现电气线路和用电设备存在的安全隐患，并即时向用电单位管理人员发送预警信息。

智能水控系统：通过现代微电子技术、现代传感技术、智能 IC 卡技术，对用水量进行计量，并将收集的数据传递到后台，进行结算以保证猪场的生产继续；除此之外，水控系统内加装温度传感器、监测传感器等，降低猪只染病风险。

8.2.3　大数据技术应用

大数据作为一个产生不久的新概念，受到了人们广泛的关注，也对人类生产生活产生了深刻的影响。大数据的产生有着独特的时代背景，近年来，网络技术和信息技术的不断发展为大数据时代的到来提供了技术支撑。互联网的产生、云计算和物联网等技术的迅猛发展，以及移动设备、射频识别技术（RFID）、无线传感器和智能终端的普及等使得信息管理系统、网络信息系统、物联网系统及科学实验系统等产生的数据总量迅猛增长形成大数据。与此同时，大数据也成为一种新的资源，亟待人们对其加以合理、高效的利用，使之能够给人们带来更大的效益和价值。

目前，关于大数据的概念尚没有统一的定论，表述方式不尽相同。维基百科记录，大数据是利用常用软件工具捕获、管理和处理所消耗时间超过可容忍程度的数据集。全球知名咨询公司麦肯锡在其报告《Big data: the next frontier for innovation, competition and productivity》中对大数据定义如下：大数据是指无法在短时间内用传统数据库或数据分析工具对其进行采集、存储、传输、分析及可视化的数据集合。大数据普遍被人们所接受的特征为4个"V"，即数据体量大（Volume），速度快、时效高（Velocity），数据类型繁多（Variety）和价值密度低（Value）；而有的研究则认为大数据还具有精确度高（Veracity）和数据的在线性（On-line）等特征。

大数据技术具有巨大的价值，大数据的应用与发展和云计算技术及物联网技术相辅相成，其中，云计算技术为大数据技术提供了技术基础，并为物联网技术提供了海量数据存储能力，物联网技术则是大数据技术的重要数据来源，并为云计算技术提供了广阔的应用空间，而大数据技术则为云计算技术提供用武之地，并为物联网技术的数据分析提供了支撑。目前，大数据技术在社会的各个领域得到了广泛的应用，其中，农业大数据涉及农业生产销售过程中的方方面面，包括现代农业生产、经营、管理、销售、投资等各种活动中形成的，具有高附加值的、多时空特征的海量数据，包括生物信息数据、资源环境数据、气象数据、作物及动物生长监测数据和农业统计数据等。农业大数据研究就是开展大数据理论、技术和方法在农业或涉农领域的应用实践的过程，其以农业产业链中产生的海量数据为基础，结合数据可视化、分析挖掘、模拟预测、人工智能等前沿技术，获取有价值的知识和规律，最终指导农业生产经营、农产品流通和消费以及农业金融投资等涉农行业。大数据在养猪行业的主要应用具体包括：育种方面；养殖环境方面；精准饲喂和精准营养方面；猪疾病及疫病防控预警的应用，一是在线诊断，二是疫病预警大数据平台；行业动态应用；政府监管的应用及猪产业金融服务等应用。

8.2.3.1 大数据技术在动物育种方面的应用

动物育种是一种在遗传水平上改良动物群体重要经济性状从而提高效益的方法，其关键点在于遗传优良个体选择的准确性。在动物育种史中，育种方法的发展主要经历了3个阶段：表型选育、最佳线性无偏预测法（Best Linear Unbiased Prediction，BLUP）和标记辅助选择法（Maker Assisted Selection，MAS）。近年来，随着单核苷酸多态性（SNP）分型技术不断发展，芯片检测的成本不断降低，计算方法不断丰富，标记辅助选择法中全基因组辅助选择迅速成为动物育种工作中的热点技术并且越来越多地应用到动物育种工作当中。随着大数据技术的应用越来越广泛，表型数据、环境数据及全基因组数据能更好地在猪种选育上得到应用。

在表型选育阶段，对于种畜的选种最重要的基础就是要有翔实准确的系谱信息和生产性能测定记录等表型数据，以及其所形成的系谱数据库和表型数据库。但由于早期数据库的材质限制，具有不易保存、易丢失、易损坏等特点。在制定育种方案、进行遗传评估时，极易因数据的错误导致参数估计不准确，进而出现选择偏差。最佳线性无偏预测方法是选择指数法的推广，可以在估计育种值的同时对系统环境效应和群体间固定遗传差异进行估计和校正。20世纪70年代，计算机技术的高速发展使得该方法在育种中的应用成为可能，引起了世界各国育种工作者的广泛关注，对其开展了系统研究，并逐渐将其应用于育种实践，利用这一方法，许多数量性状取得了显著的遗传进展。但随着对基因组研究的深入，人们发现仅仅利用分子生物学手段来解决育种实际问题是远远不够的，数量遗传学仍然是不可或缺的重要工具。随着现代数量遗传学和分子生物学的发展，产生了一种新的选种方法，即遗传标记辅助选择育种方法。标记辅助育种包括分子标记辅助育种 [使用简单序列重复标记（SSR）、数量性状基因座标记（QTL）辅助选育] 和基因组辅助育种 [借助基因组、表型组数据，以单核苷酸多态性或表达数量性状基因座（eQTL）为选择标记进行育种]。它是通过分析与目标基因紧密连锁的分子标记，从而直接选择目标基因型个体的一种选择方法。标记辅助选择由于综合利用了遗传标记、表型和系谱等信息，与只利用个体表型和系谱信息的常规选择方法相比，拥有更多的信息量，能更准确的估计个体育种值。同时由于标记辅助选择不容易受到环境因素的影响，并且没有年龄和性别的限制，因此可以进行早期选种，有利于缩短世代间隔，提高选择强度，进而提高选种的准确性和效率。另外，对于低遗传力性状、阈性状、限性性状及活体难以测定的性状，标记辅助选择具有更加明显的优越性。

伴随大数据时代到来，生物系统的复杂性和高度自组织性越发凸显，结合多种不同层次和来源的生物组学数据、分子结构数据、群体遗传结构数据、表型特征数据等，从系统生物学理论和方法的角度来理解生物的组织结构和调控机理是当前研究的前沿领域。高振伟（2019）描述了一种基于大数据的种猪选育工艺：其结合江西正邦科技股份有限公司的生产实际需要，将曾祖代原种猪场数据、祖代种猪数据、三元商品猪数据、饲料厂数据、屠宰场数据和疫苗药品部的数据经汇总后打包统一上传至企业数据库，经信息技术信息化流程对数据进行筛选关联，追本溯源，构建完整的种猪育种流程，不断地修正生猪饲喂数据、环境控制数据、饲料营养配比等，输出生长性能优、抵抗力强、料肉比低的生猪给养殖场使用，可以大幅降低饲料消耗，降低饲养成本，提高生猪出栏量及猪肉供给量，直接提升养殖场的经济效益。

但高振伟（2019）种猪选育中所利用的大数据中只包含了系谱数据、表型数据和环境数据，而对于猪种不同层次和来源的生物组学大数据，尚未进行利用；基于基因组学的遗传评估表明，利用各种组学技术进行动物育种比传统方法具有更高的精确度。因此，未来大数据育种技术的信息建设方面，除品种信息库、核心种质信息库和环境信息库外，重要性状基因功能与调控网络信息库、性状形成的生理生化信息库、基因组数据库和分子标记数据库、生物信息学信息平台、生物统计分析平台等都至关重要。但我国育种领域相关数据量很大，且分散，未能有效组织。目前育种者在育种过程中利用的数据主要为自身内部数据，而公开的文献和基因组相关数据等其他数据很少利用或无法利用。目前，已有一些组织和部门构建了一些数据库和共享平台，但这些数据库往往存在相对分散、整合度不够高、针对性不够强等问题。未来通过大数据技术对家畜育种中各种数据的获取、存储、分析及挖掘、可视化及建模的特点和方法进行整合并应用于动物育种中，必将能够给全球动物育种者的投资带来丰硕的回报和显著的市场收益。

8.2.3.2 大数据技术在养殖环境上的应用

舒适的环境参数是维持动物体自身健康的重要因素。在动物舍内影响猪的环境因素主要有物理因素（如温度、湿度、光照、气压等）、化学因素（二氧化碳、氧气及有害气体氨气和硫化氢等）、生物因素（微生物及寄生虫等）及情感因素（畜禽结构、群体密度等）。猪舍外界的环境因素与猪的成长息息相关，对猪的生长影响巨大，外界环境的变化会引起猪生理状态的改变，并通过神经、内分泌和免疫系统等一系列的应答反应，影响猪只免疫力和抵抗力，从而导致遗传潜力不能得到充分发挥，猪的繁殖性能及生产性能大大下降。如母猪的生长环境温度过高，会造成种母猪子宫内热超高，胎儿温度升高，造成体内胎儿中毒或窒息死亡。同时，高温会影响胎儿的正常发育，造成胎儿出生体重低，出生后生长缓慢。对于不同种类的猪而言，其适宜的生长温度范围也不同，比如种公猪为 17 ～ 21℃，妊娠种母猪为 18 ～ 21℃，而哺乳仔猪则为 29 ～ 33℃。生猪养殖过程中保持适宜的环境参数，包括光照、温热环境、有害气体及气溶胶等，是实现生猪健康养殖并保证生猪产业绿色高质量发展的重要前提。

在大数据技术的背景下，使用基于物联网平台技术的智能终端设备，如温度、湿度、光照强度、风速以及空气中二氧化碳（CO_2）、氨气（NH_3）和硫化氢（H_2S）等猪场环境核心指标监测相关的传感器和摄像头，实时监测猪舍内的温度、湿度、光照、CO_2、NH_3 等有害气体的浓度，并将数据及时上传，从而实现 PC 端和手机端实时监控生产情况和环境状况。首先参考国家颁发的《规模猪场环境参数及环境管理》标准，对养猪场中各猪舍小气候控制系统建立模型和设定阈值，数控中心则将收集的数据进行精确计算，通过大数据技术比对采集数据和与模型预设的环境参数进行对比，针对猪舍环境信息采集及调控程序，结合季节、猪只品种等特点，自动或人为地发送指令信号，控制相应设备，比如检测到舍内温度高于设定值时会自动控制通风或水帘等设备的开启，光照强度过高时做出通风遮阳等操作，实现精准化监控。

大数据技术在猪舍环境控制方面的应用，建立不同养殖阶段、养殖目标、品种的指标体系和生长环境表达模型与报警机制，实现养殖环境快速获取、环境异常自动预警，设备自动控制，保证适宜养殖环境，保障动物的正常发育和生产，进行信息的感知、数据分析、决策反馈和设备调控，监控对象包括温热环境、空气环境、光环境、声环境、空间环境等。可使试验猪舍的有害气体浓度普遍低于采用自然通风的对照猪舍，冬季试验猪舍的温度稳定度高于对照舍，夏季则采用湿帘系统和风机系统能够明显地降低猪舍内的温度。并能够适时调整猪舍内的温度和湿度，有效控制舍内有害气体的浓度，满足生猪生长适宜的环境条件，为繁育母猪、断奶仔猪及生长猪等提供良好的生活环境，有效提高产仔活仔率、断奶仔猪活仔率和育肥猪出栏率。

8.2.3.3　大数据技术在精准营养和精准饲喂的应用

在大数据时代，"精准营养"技术的建立，通过对饲料原料的全数据分析，可以使饲料潜在的营养价值得以充分挖掘，从而使动物精准营养配方成为可能；通过精准营养配方设计，大量非常规饲料原料在养殖业中得以广泛应用，从而降低饲料成本和养殖成本，减少营养物质的排泄，减轻养殖给环境造成的压力。在大数据时代背景下，基于饲料原料全数据分析、营养需要多指标的精准估计使动物精准营养配方成为可能。

在大数据技术的背景下，实现精准营养的首要前提是建立饲料原料的营养价值数据库。大数据时代使饲料原料全数据库成为可能。饲料原料全数据分析，一是饲料原料品种要齐全，作为饲料成本要素，我们需要分析全部原料对饲料成本的影响；二是饲料原料全数据的分析既要关注原料营养成分，同时也要关注非营养成分及抗营养成分，这是实现精准营养配方的关键。使用饲料原料全数据分析使建立饲料原料中非营养成分和抗营养成分的解决方案成为可能，它既可以提高饲料原料的潜在营养价值，又可以促进大量非常规饲料原料应用于养殖生产。大量非常规饲料原料的应用可以改变现有玉米、豆粕为主的单一饲料配方，为饲料产品创造利润空间。养殖对环境的污染主要是动物粪便的富营养造成的，利用饲料原料全数据分析，依靠动物精准营养配方，减少动物粪便的富营养可以很大程度解决这一问题，因此饲料原料全数据分析既是降低养殖成本的重要手段，也是减轻环保压力的重要途径。配方设计过程中原料营养素精准取值至关重要，这关系到所设计的精准营养配方是否能满足实际生产的需要，取值可以参考最新版本《中国饲料成分及营养价值表》或参考农业农村部饲料工业中心的 FeedSaas 饲料大数据平台（http://www.feedsaas.com/）。通过查阅最新的饲料原料营养价值表，确定所选原料各养分含量。在此基础上，还应考虑如何对饲料营养成分进行评定，取值最符合精准营养配方的要求。同一原料，由于品种、产地、品质、级别及加工工艺等不同，其实际营养成分也往往不同，设计配方时尽量选择条件相近的作参考。

饲养标准是根据大量重复的科学实验和生产经验累积的结果，是精准营养的首要依据。而利用大数据技术，能很好地整合不同品种、用途和生长阶段猪只的精准营养需要量。随着畜牧行业专业化和现代化进程加快，饲养标准可根据实际条件进行必要的调整。首先，要根据目标动物的品种、性别、所处的生理阶段明确饲料配方的预期目标值；其次，要考虑气候季节、温度、湿度、环境因素（地域因素）、加工过程等因素带来的影响，科学地规定出每头动物每天需要供给的最佳营养物质成分、数量比的日粮。目前，不同的国家有各自的饲养标准，应结合自身的特点准确选用。

精准配方是根据饲料原料数据库中饲料原料的营养成分和动物营养标准中的动物营养需要量，制定相应的日粮配方。设计精准营养配方时可采取净能体系加平衡必需氨基酸的组成降低粗蛋白质水平。净能体系提供最接近真实的可为动物维持和生产利用的能量值，相对于消化能和代谢能体系具有独特优势；平衡必需氨基酸的组成来降低粗蛋白质水平是解决当前蛋白资源紧缺的重要手段，可达到降低生产成本、改善猪肉品质、减少氮排放的目的。同时要注意，美国NRC（2012）是以瘦肉型猪为模型的营养标准，目标是追求育肥猪的生长速度快，料肉比低，所以NRC这一标准不一定适合我国本地品系猪的饲养。此外，精准配方还需要日粮的营养均衡，即饲料中营养素种类、数量比例能满足不同动物或同一动物不同生理阶段的营养需要，从而保证动物机体正常繁殖和健康生长。精准营养配方饲料不仅强调营养素水平之间的平衡，如能量与蛋白质之间，必需氨基酸与非必需氨基酸之间的平衡，而且重视原料来源不同造成的营养源之间的差异，如蛋白质可来源于植物性饲料和动物性饲料，矿物质分为有机源和无机源；同时注意了营养源组合加工之间的差异，不同的营养源可能存在拮抗和促进作用。饲料原料的选择、精准营养配方设计应与动物不同生理阶段的消化生理特点相适应，饲料本身的适口性直接影响采食量。好的饲料配方不但应满足畜禽营养最适生理需求，而且所使用的原料成本应尽量降到最低，应符合经济性原则。畜禽产品的高品质是养殖业追求的终极目标，是保证我国养殖业可持续发展的立足点。因此，现代畜禽饲料配方设计在满足动物营养需要、均衡元素比例、价格最低3个条件基础上，也要进一步追求畜禽产品的高品质，可以说，在未来的畜禽养殖行业当中，绿色畜禽产品将是未来主要的发展方向。同时精准饲料配方设计应把畜禽生产是否会造成环境污染作为重点关注，从而维持生态环境可持续发展。

在大数据技术和物联网技术的基础上，精准饲喂管理技术以精准、高效、个性化定制为主要特征，根据动物营养、生长状态、生长环境效益目标等多种因素形成针对不同养殖对象的饲喂配方和方案。并将有关动物（基因型）和饲料的更详细资料综合起来后，获得更准确的饲喂策略。精准饲喂也可以针对群体或个体动物进行。在智能化养殖场中，对不同类型的猪只（如母猪、公猪、仔猪或生长育肥猪）和不同生长阶段的动物（如母猪可根据配种到妊娠前期、妊娠中期、妊娠后期、分娩和泌乳期、哺乳期和空怀期等至少6个阶段的不同营养需要量，在各个阶段进行精准饲喂，以满足不同阶段的不同营养需求），利用物联网技术实时收集动物的信息（生理信息、环境信息及采食信息），并通过大数据技术给出最合适的饲喂方案，满足不同类型猪只和不同阶段猪只的不同营养方案下的精准饲喂。在大数据技术应用于精准饲喂之前，虽然智能饲喂设备已经普及多年，但这些智能设备的应用更多的还是依靠设备管理人员的知识经验储备，虽可以节省大量人力，但很难做到精准饲喂。

而大数据技术和云计算技术则很好地解决了这些问题。在大数据技术背景下，基于三维模型和多源图像融合计算的畜禽体况评估，估计体长、体高、体积、体重、体温等数据，对个体体况参数进行计算估计，反馈饲喂策略。对饲料配方进行精准分析，进行饲料配方的动态优化，需在饲料原料种类复杂化，饲料营养精准化，原料饲料添加剂有机化、减量化等方面不断优化。并搭建深度学习模型和试验平台，通过随机梯度下降、动态学习率等方法优化训练过程，构建饲料原料与营养评价的关系。大数据技术在猪精准营养和精准饲喂技术上的应用，可使饲料原料数据库数据更全面，原料种类更齐全，做到全面了解饲料原料。同理，可利用大数据技术对不同品种、不同用途及不同生长阶段动物的营养需求有透彻的了解，根据原料种类和价格、动物营养需要量、畜产品质量、环境废弃物排放等因素的要求，结合精准配方和饲喂技术，可最大化提高养殖收益并降低对环境等的影响。

8.2.3.4　大数据技术在猪疾病及疫病防控预警的应用

我国生猪养殖业规模庞大，养殖过程中生物病害泛滥的问题时有发生，如 2018 年非洲猪瘟疫情，给养殖户甚至给行业带来了严重的经济损失。以往养殖过程中，病害发生时主要依靠人工现场诊断，养殖场或养殖户仅凭个人经验盲目用药容易延误病情，兽医等专业技术人员匮乏的现状也使得养殖过程中的疾病不能得到及时诊治。众多的权威机构、科研院所和单位各自收录了生猪养殖过程中的病害数据，其中蕴含的许多有价值的信息可以借助大数据、深度学习等技术进行充分挖掘和利用，可以根据症状快速确定病害并提供科学的诊治方法，从而降低养殖风险，促进养殖业的建设与发展。根据农业农村部关于推进农业农村大数据发展的实施意见，要强化动物疫病监测预警，建立健全国家动物疫病信息数据库体系、全国重大动物疫病防控指挥调度系统，提升监测预警、预防控制、应急处置和决策指挥的信息化水平。健全覆盖全国重点区域的动物疫病风险监测网点、动物及动物产品移动风险监测网点、兽药风险监测网点、屠宰环节质量安全监测网点，提高动物疫病和植物病虫害监测预报的系统性、科学性、准确性。

随着医疗行业信息化发展，越来越多的医疗信息数据产生，医疗行业与大数据结合成为必然的趋势，医疗领域越来越多的产品将要应用到大数据技术，医生决策、病患诊断离不开大数据技术。同样地，在生猪养殖行业，大数据技术的发展也可为养猪提供在线诊断和疫病预警。以北京农信互联科技集团有限公司（以下简称"农信互联"）为例，该公司于 2018 年在其核心产品"猪联网"基础上，面向 500 头母猪以下规模的猪场或育肥猪场，推出"助养猪场"模式。"助养猪场"强调的是全进全出，批次化管理，分散式养猪，由平台统一管控，全方位解决小农户（小规模经营主体）的各种养猪难题，有效解决了非洲猪瘟下集中式养猪的风险，保障安全的同时，养殖户还能多赚钱。

同时，面向散户，提供"猪病通""行情宝""猪友圈"等服务，将小农户轻松接入猪友群。首先，利用"猪病通"，在线提供专业的职业兽医师做技术服务，实现在线诊断。同时，利用"行情宝""猪友圈"等服务，可实时了解不同地区和养殖厂的养殖信息，大数据技术结合人工智能在猪群健康管理方面，进行畜禽疫病与异常健康状况智能传感采集，通过数字化手段提高患病或异常畜禽动物的诊断效率、缩短诊断周期、降低畜牧养殖中人工巡检劳动力。还能进行畜禽养殖免疫计划智能化提醒，综合应用信息技术，集成防疫管理、检疫管理、病症管理、报表管理、数据管理等，构建出动物防疫检疫一体化的智能免疫养殖数据管理系统，并收集疫苗种类、用药用量和免疫做法，给出每栋猪舍、每批次的防疫工作计划，并根据生产性能、养殖特征和实验室检测的数据信息进行自适应式的智能化调整与智慧化提醒。还可提供体温测定、采食量测定、精神状态测定和排卵时间预测等帮助，结合声学特征和红外测温技术，通过对猪的咳嗽等行为判断是否患病，做出疫情预警，同时对于猪群发病后的疫病确诊及疫病确诊后的应对措施方面能做出很好的处理。

8.2.3.5 大数据技术在养猪行业动态的应用

猪是六畜之一，猪肉是百姓餐桌上不可或缺的食品，素有猪粮安天下之说。2020年，养猪业利润暴涨，养猪户的收益随之上涨，但都知道一个规律，即大涨背后是大跌，那究竟什么时候跌价是无法预测的，由于猪价格预测缺乏有效的数据支撑，尽管政府监管部门会公布生猪的存栏量和出栏量，但是这也只能作为一个参考，缺乏有效的数据，所以猪价格几乎不可被预测，因而受到损害的还是养猪户。如果生猪存栏和出栏数据都能够被搜索出来，那么猪价也可以通过大数据精准地被预测处理，自然养猪户的损失也会减少。任何一个行情分析师，在未来要想准确推测猪价，必须依赖基础数据，经验主义时代已经彻底过去。

以农信互联为例，其开创了猪业流通新模式：猪交易平台主要根据养殖过程中的生产资料采购和生猪销售需求，为行业内中小企业及农户提供电子商务服务，主要包括投入品交易和国家生猪市场两个部分。

一是投入品交易：投入品交易为畜牧行业的用户提供一站式的O2O平台，商品种类包含饲料、动保、疫苗、生物饲料、种猪等。商城采用直营的方式，打掉中间商让利于农户，降低农户购买生产资料及销售的成本。而农信优选服务，利用大数据分析为养殖户推荐适合当地的农资种类和最佳组合，进一步提高生产效率和降低生产成本。

二是国家生猪市场：国家生猪交易市场（SPEM）是农业农村部按照国家"十二五"规划纲要建设的全国唯一一个国家级畜禽大市场，是专业服务于生猪网上交易的平台。其运用移动互联网技术以及成熟的电子商务经验，实现生猪活体"线上＋线下"交易，创新传统交易模式，全年交易不停歇，直接对接养殖户和屠宰场，按照市场经济规律采用自由、公平、方便、快捷的生猪定价交易模式及更加灵活的竞价交易模式，打掉中间环节，让利于养殖户，并对交易全程进行电子化记录，引入评价机制，有效解决了交易过程中公平缺失、链条过长、品质难保、质量难溯、成本难降、交易体验差等问题，有效促进生猪产业升级，提升交易效率，让交易双方获取更多价值。

随着交易数据的积累，平台将建立生猪交易和流通大数据，进一步优化生猪养殖和销售，同时，为疫情预防和疫情传播路径追踪提供基础条件，为我国食品安全提供坚实的保障。为了解决投入品交易和国家生猪市场的物流运输问题，平台将同步开发基于位置服务的第三方物流平台，使生产资料和生猪流通安全可控，实现资源的优化配置。

国家生猪市场有效拓宽了生猪销售渠道，提高养殖户售猪收益，实时获取全国各地的生猪养殖、交易数据，将逐步形成真实可信的猪业流通大数据，建立生猪价格预警机制，帮助种养殖户制定生产和销售决策，促进供给侧结构调整，从而提高整个环节的生产效率。

8.2.3.6　大数据技术在政府监管的应用

目前，大数据已经渗透到社会生活的各个领域，并成为重要的国家战略资源。为满足大数据时代对政府监管的新要求，很多国家都开始利用大数据创新政府监管。大数据可以帮助政府在监管过程中摒弃经验主义，通过实时信息的获取与整合，及时掌握社会的发展趋势和动态，从而提升政府监管的能力和效率。

首先，大数据技术可促进监管信息从"模糊"向"精确"转变。我国现阶段的政府监管在信息层面的问题主要是受传统技术条件的制约，政府监管信息的获取途径狭窄，且相关领域信息较为模糊。大数据技术可以解决政府监管技术层面的难题，通过物联网技术，监管部门能够准确地获取信息，并依靠云计算系统进行科学精准的监管。以在安全生产领域的智慧监管为例，大数据依靠其精确的感知、便捷的信息传递、强大的云计算支持，可以对安全生产活动进行全程记录并实时传送到企业和安全监管部门的数据服务器，供其进行判断，继而实现对危险物品等领域的精准监管。

其次，大数据技术可促进监管方式从"事后"向"事前"转变。现阶段我国的政府监管多是以问题为导向的结果管理模式，先通过被动地获取监管信息后，再通过相应的流程管理履行监管职能。以大数据为基础的政府监管，可以通过物联网技术实时获取监管对象在生产和运行中的实时信息，并对数据进行挖掘和分析，实现对问题的提前预警，继而使监管部门能够根据预警信息采取相关的管控措施。

最后，大数据技术可促进监管效率向"高效"转变。大数据技术在政府监管过程中，不仅能够提升管理效率，降低监管成本，而且通过可靠的信息及云计算，可以实现对市场多领域和深层次的监管，继而促进政府公共服务能力和水平的全面提升。

总而言之，大数据技术的应用使政府能够获取更加精准、实时的信息，切实解决了政府监管过程中由于信息不对称或信息获取误差等产生的决策失误问题，为政府科学决策提供了不可或缺的数据基础。

8.2.3.7　大数据技术在金融服务的应用

如何解决养猪业的金融资源匮乏问题，让养殖户享受到更好的金融服务，是整个农业行业从业者面临的难题。农业金融服务发展缓慢的一个很重要的原因是缺乏信用系统的支持。

首先，传统银行缺乏积极性。当前国内经济结构发生变化，出现社会总需求不足和工业产能过剩现象，影响实体经济融资发展。银行和实体经济有着密切的联系，中国经济结构转型压力很大，引起不良贷款的事件频发。近年来，商业银行不良贷款率有所攀升，尤其是涉农金融机构的不良贷款率维持在高位。因此，传统银行会资金倾向于投入高收益、低风险的稳健行业，对冲资金成本和经济不确定性因素。由于生猪产业存在"猪周期"波动，风险高、收益低，不管从风控效果还是投入回报的角度来看，传统银行等机构都会失去放贷意愿和积极性。其次，养殖业风险高，难获得低成本融资。生猪产业的常见风险类型有市场周期风险、国家政策风险、养殖业风险、信用违约风险等。在这方面，银行没有放贷意愿和热情，农民很难获得低成本的银行资金，只能通过民间借贷，被迫去借高利贷。再次，农户征信缺失，中小猪场面临困境。一方面，农户的养殖场地处偏远农村，信息化程度低、经营主体又弱小分散、收入不稳定等因素，造成征信覆盖缺失。另一方面，中小养殖场是规模小、养殖管理水平低、抗风险能力差，授信条件差，很难获得银行等金融机构融资。最后，缺少有价值抵押物。农村经济薄弱，缺少有价值抵押物。例如，农民自建房没有市场流动性，无法抵押；土地确权政策还未落地，只有土地所有权、承包权和经营权分离，农民可以用经营权抵押贷款；农村土地流转还只是部分地区试点，没有大范围开展，农业规模化生产的路很长，只有规模化容易获得贷款支持。

探索金融服务创新养猪离不开资金的支持，为打通猪金融各环节，以农信互联公司为例：农信互联从猪联网 3.0 开始，布局了从征信、借贷、理财到支付的完整金融生态圈，推出了农信度、农信贷、农富宝、农付通四大产品体系，提供全方位的金融服务。

农信度基于用户使用猪联网、农信商城、国家生猪市场产生的生产、交易大数据，为用户建立了完整的信用档案。从而实现用户能享受到何种金融服务，靠信用说了算，而有多少信用，数据说了算。

农信贷、农信保、农信租等金融产品帮助养殖户、饲料厂等生猪相关企业解决了资金短缺、流动困难等问题，有了充足的资金，小型猪场、养殖企业可以引入更好的设备、更优秀的人才，扩大自身的养殖规模，实现降本增效。农富宝帮助养殖户解决在线支付难的问题，还能在线理财，提高养殖户收益。农信险帮助用户降低养殖交易风险，极大地提高了养殖户的抗风险能力。特别是与中国人民财产保险股份有限公司合作推出的生猪价格保险（图 8-20），在当前猪价持续下跌的行情下，为众多养殖户、猪场保驾护航，减少了养殖户的损失，帮助其平稳度过猪周期。

这些完善的金融产品服务，都是以海量的数据为基础，只要用户有信用，都可以享受得到。这极大地降低了农业金融服务的门槛。并且，互联网线上操作，减少了中间

保险期间内，保险生猪出栏并成功出售的，当约定理赔周期内生猪出栏平均价格低于目标价格时，保险人按照约定负责赔偿。生猪出栏平均价格以国家生猪市场（网址 zjs.nxin.com）发布的数据为准。

理赔周期	4个月	6个月	12个月

约定理赔周期是指在保险期间内，从保险期限起期开始，计算是否发生保险事故所经过的时间。首个约定理赔周期的保险数量不得超过保单数量的50%。

保额固定

承保的目标价格随着国家生猪市场发布的价格指数按周变动

图 8-20 生猪价格保险示例

的各种办理环节，实现便捷与快速服务。现在农信互联通过与知名银行、保险、基金、担保公司、第三方支付等众多金融机构合作，为农业产业的持续发展赋能。

猪联网在发展到 5.0 后，可以利用互联网、大数据、AIOT 技术为猪场及生猪产业链客户提供信息化、智能化等数字化升级服务。已经在征信风控、贷款、保理、融资租赁、保险、理财、结算支付服务等各方面获得了各类优势资源与核心能力。未来，金服将依托自身积累的海量涉农产业数据，向涉农企业和商业银行、保险公司等金融机构输出农业金融场景服务和金融科技服务。农信互联的猪联网，链接了生猪产业上下游的各个环节，并通过人工智能等新一代信息技术，将生猪产业链上的各环节链接在一起，解决了中国传统养猪业管理效率低下、交易链条过长、金融资源匮乏等痛点，助力中国生猪产业实现数字化转型升级。

8.3 未来生猪产业链数智化发展趋势

8.3.1 未来饲料厂

未来饲料行业的重点是满足消费者对安全性和可持续性的需求，同时提高企业效率和生产力，以满足全球日益增长的人口的需求。数智技术将有效提高饲料企业的自动化水平和产业透明度，从而实现企业生产效率提升，减少对供应商的依赖，为生猪全程可追溯提供了条件。

8.3.1.1 数智化的生产管理

饲料企业借助数智化构建覆盖采购、生产、交付、存储等各环节的管理系统，并与企业中控配料系统、电表、磅秤、视频等智能设备无缝对接，订单生成、生产计划、配方制作、中控配料、自动领料、投放料管理、成品打包、品质检测到存货出入库的智能化管理，提升生产效率，打造数智化竞争能力。

8.3.1.2 精细化的采购流程

系统根据企业生产计划、原料库存数据、销售预期等制定采购计划，并通过线上平台发布采购需求，进行网上竞价；原料厂根据饲料企业的产品要求完成报价，线上达成交易需求；原料厂根据订单供货，由饲料厂检验后完成订单交易。采购计划、询价、合同、到货、结算、发票一体化采购全流程记录，严控采购成本。

8.3.1.3 多样化的销售方案

针对未来养猪场的个性化需求和饲料行业特点，饲料企业将根据不同的客户需求提供定制化的生产方案和独立的价格体系，以强化与猪场的链接；另外企业将强化渠道的管控能力，改变当前渠道以销售为主的定位方式，构建以"服务型为基础"的增加"消费黏性"的经营渠道。

8.3.1.4 过程化的企业管理

打通饲料生产、供应链、财务、人力办公等各业务系统的信息孤岛，通过数据全面流通进行过程化管理，实现数据化管理和智能化决策。

8.3.1.5　电商化的一键开店

与电商平台无缝对接，发布产品、参与集采、协同物流，实现多渠道营销。

8.3.2　未来猪场

未来猪场将融入智能化、自动化、生态化、标准化等先进理念，利用人工智能、大数据、物联网、区块链、基因工程等技术实现智慧养猪的跨越式发展。

8.3.2.1　智能化

随着现代信息技术的发展，我国的养殖场将逐渐采用智能化管理系统。规模猪场智能化管理系统不仅能够提高养猪业的生产效率和生产效益，更是未来规模猪场机械设备发展的大趋势。

智能化管理系统根据猪场所处的地域、纬度、温湿度、环境等情况，制定科学、系统的养殖方案，指导生猪养殖、出栏补栏、疫病防控等生产作业。

猪场管理者运用智能化管理系统实现远程养猪、无人养猪。猪场传感器收集猪只各项数据，之后上传至后台系统，系统根据猪只生长情况指导生产，生产全程不需要人员参与。猪场管理者通过手机远程查看猪场生产数据，无须常驻猪场。

智能化管理系统管理猪只运动、作息、饮食等生产活动，调节猪舍环境。猪只生产严格按照物联网设定的流程进行，猪只接受科学的养殖、运动，并在适宜的环境下生长，则不需要接种疫苗，也不会染病。

智能化管理系统监视猪场环境变量，如温度、湿度、氨气、二氧化碳、粉尘含量等，监测水电的消耗，监测猪场设备安全等，根据监测结果和猪场生产流程制定最优的生产计划方案。

借助人工智能技术，猪场人员可以直观地获取猪场信息，并实时控制猪场，在减少人畜接触和人力成本的同时，提高猪场运行的稳定性；另外猪场接入区块链技术和个体监测等技术，实现猪肉从农场到餐桌的全过程数据有效追溯，既利于食品安全管控，又让消费者吃肉更放心！

8.3.2.2　自动化

未来猪场生产自动化是指不需要人直接参与操作，而由机械设备、传感器、仪表仪器和自动化设备完成授精、繁育、饲喂、清粪等全部或部分生产过程。

AI监管预警对猪场进行全场景、全覆盖、全周期、实时监控，保证猪场安全；精准饲喂管理根据最优饲喂方式完成对猪只的饲喂作业；自动盘估系统在不影响猪只健康的情况下对猪只进行盘点、称重；智能环控系统调节猪场的环境，为猪只提供健康的生长环境；生物安全防控通过实时监测猪只体温、猪只体型、猪只体征等方式，监控猪只健康；远程卖猪系统打通买卖双方的信息通路，买家可以在线上直接查看猪只信息，与卖家在线上沟通最终达成交易需求；远程风险监控对猪场存在的自动化设备无法解决的风险进行监控，并及时发送解决方案，由猪场管理者做出决策；员工行为监管是对负责监管猪场的员工进行监管，监督员工检验猪场设备、监督猪只生产过程、检修自动化设备和装置等工作。

8.3.2.3　生态化

未来养猪场的建设及养殖技术将更规范化，这不仅可以加强养猪场的管理，促进养猪场经济效益的提高，还可以对环境进行保护，减少环境污染。

养猪场合理选址与布局，对周边环境无污染、无影响、无危害，不选用基本农田，并且对该地块及周围土地不产生后续影响，远离居民区等；养猪场建设采用可回收的材料，猪舍设计以节能为主；猪场废物处理按照污染物"减量化、资源化、无害化"的原则治理废弃物。

8.3.2.4　标准化

标准化是指将生猪产业中的基建、繁育、饲喂、技术、系统、管理等涉及生猪产业链的生产、生活、交易等重复性的作业和概念，按照统一的方案、流程、制度执行，以获得最佳生产经营秩序和经济效益。

贯彻实施相关的国家、行业、地方标准，以制定和实施生猪行业标准，行业上下游的企业按照行业标准在自身经营范围之内进行生产作业。例如，养猪场在建设之初按照行业标准进行选址，接入指定的数字化产品，实时上传规定的生产数据等。

8.3.3　未来屠宰场

未来屠宰场借助数字技术对屠宰场的采购、生产、销售、仓管、结算等各个工作环节进行升级改造，实现企业高质量发展。

8.3.3.1　业务财务一体化管理

实现业务和财务数据打通，业务数据自动生成财务凭证；一键实现成本核算，月成本、日毛利一目了然，提升数据统计效率，降低企业运营成本，实现精细化管理。

8.3.3.2　采销供应链全程管控

采购销售结算快捷、透明，提供多重价格方案；以销定采、定产，库存实时更新，实现了从生产端到消费端的供应链全程管控。

采购实现直采、宰后结算两种结算方式，其中直采相关费用与采购业务关联，实时提供采购报表，帮助管理人员进行采购决策。

生猪屠宰全程跟踪记录生猪检疫、屠宰、分割、修整过程，保证猪肉食品安全可追溯；对接称重系统，及时汇总分析各环节损耗，减少人工记录烦琐操作，帮助企业提高生产效率。

实现销售业务的规范化管理，包括订货、发货、退货、开票、价格等销售业务流程管理。屠宰企业借助数字化技术构建销售业务信息化平台，实现销售业务全过程的物流、资金流、信息流的有效管理和控制。

8.3.3.3　基于数据的智能决策

全程数字化，可对接称重系统，自动采集各环节数据，并提供出肉率、出成率、销售采购掉秤、配方耗用等综合数据分析，为企业提高生产经营水平提供有效的数据决策依据。

8.3.3.4　实现食品安全可追溯

利于实现品牌肉绑定二维码，跟踪追溯养殖场、质量检疫、屠宰过程、销售渠道等全程信息，实现食品安全的可追溯，提升产品信誉度，树立企业形象，增强品牌竞争力。

8.3.4　未来店铺

未来养猪产业链的各渠道商将实现数字化转型升级，采用集软件、硬件于一体的设备，对店铺进行数智化管理，实现进销存管理、财务结算、线上营销、线下交易以及金融服务等，通过数据分析，提升科学化经营水平。届时店铺人员将从繁杂的纸质单据、工作流程中解脱，无须单据录入、无须人工对账、账目自动汇总核算、数据报表随时查看，将重新定义智慧门店管理方式。

8.3.4.1　店铺进销存数智化管理

店铺进销存管理是借助数智化技术实现店铺的订货、验货、存储、出入库、销售、开票等店铺经营工作，减少店铺经营压力，提升经营效益，实现店铺业财一体化的管理模式。

店铺管理者通过设备能够直观地获取店铺的档案信息、促销活动、产品数量、销售数据、采购品类、会员活跃度等，并一键生成智能报表，帮助管理者做决策；另外设备帮助店铺建立私有、紧密的线上订货渠道，满足差异性定价及区域价格保护的要求，提高企业下游订货效率、订单管理、数据分析及运输管理能力。

8.3.4.2　门店多样化的促销活动

系统集合了专业的数字导购工具和促销活动方案，帮助店铺挖掘更多消费者触点，激励消费者转化。此外，系统对店铺及连锁店铺的业务数据进行沉淀、分析，为销售管理人员提供高效决策的重要参考。

凭借数智化门店运营系统及硬件，赋能门店进行智能高效的促销、收银和货品管理，增加店铺的曝光度，提高店铺的访问量及客流量；创设更丰富的顾客到店、离店业务场景，增加客户的体验度及满意度，提高用户在整个生产周期中的留存率、复购率。

8.3.4.3　员工及客户群的在线管理

员工管理系统是一款基于手机应用的企业销售管理的CRM软件，是针对市场业务人员的信息交流、外勤管理及获取客户、跟踪、管理客户的有效工具。

系统将交易的客户群体直接上传至企业流量池，并建立统一的客户档案；业务员借助手机端轻松联系客户，提高业务员客户沟通效率；业务员离职，客户依然存留在企业流量池由新入职员工进行维护，提高客户留存。

市场业务员通过手机端实时查看企业发布"通知公告"，根据公告信息完成绩效考核；业务员使用"随手记"等功能，通过文字、图片、语音、视频等多种记录方式实时记录客户重要服务信息及工作情况，让管理者实时了解业务工作情况，并可同步抄送同事协助开展市场工作，强化业务员代办管理能力；另外系统实时记录外勤业务员拜访轨迹，帮助企业实现强力监管，强化拜访质量。

撰稿：于莹　贾艳艳　孙波　刘正群

主要参考文献

樊龙江，王卫娣，王斌，等，2016. 作物育种相关数据及大数据技术育种利用 [J]. 浙江大学学报（农业与生命科学版），42（1）：30–39.

方热军，胡胜军，方成堃，等，2019. 浅谈精准营养下畜禽饲料配方设计的几个问题 [J]. 饲料工业，40（9）：1–5.

高振伟，2019. 一种基于大数据的种猪选育工艺研究 [J]. 乡村科技（24）：102–103.

姜侯，杨雅萍，孙九林，2019. 农业大数据研究与应用 [J]. 农业大数据学报，1（1）：5–15.

李雪萍，2019. 破解生猪养殖融资困境的金融策略选择 [D]. 北京：对外经济贸易大学.

娄岩，2017. 大数据技术应用导论 [M]. 沈阳：辽宁科学技术出版社.

鲁绍雄，吴常信，2002. 动物遗传标记辅助选择研究及其应用 [J]. 遗传，23（3）：359–362.

任友理，2019. 大数据技术与应用 [M]. 西安：西北工业大学出版社.

苏蕊，王志英，王瑞军，等，2019. 大数据育种平台建设及应用于《家畜育种学》教学改革的思考 [J]. 家畜生态学报，40（6）：91–93.

王建通，2017. 基于生猪产业大数据的小额贷款模式研究 [D]. 杭州：浙江大学.

王宇航，王西，2020. 论大数据在政府监管应用中的法律障碍与完善 [J]. 河南社会科学，28（5）：25–31.

王重龙，陶立，张东红，2006. 最佳线性无偏预测方法在猪育种中的应用 [J]. 安徽农业科学，34（8）：1586–1587.

邢文凯，刘建，刘燊，等，2021. 猪基因组选择育种研究进展 [J]. 中国畜牧杂志，57（7）：1–11.

詹志春，2016. 饲料原料的全数据分析与养殖业可持续发展 [J]. 养殖与饲料（5）：7–8.

HASHEM I A T，YAQOOB I，ANUAR N B，et al.，2015. The rise of "big data" on cloud computing：Review and open research issues [J]. Information systems，47：98–115.

HENDERSON C R，1975. Best linear unbiased estimation and prediction under a selection model [J]. Biometrics，31（2）：423–447.

HILL W G，2014. Applications of population genetics to animal breeding，from wright，fisher and lush to genomic prediction [J]. Genetics，196（1）：1–16.

MAURO A D，GRECO M，GRIMALDI M，2016. A formal definition of big data based on its essential features [J]. Library Review，65（3）：122–135.

NANDYALA C S，KIM H K，2016. Big and meta data management for u–agriculture mobile services [J]. International Journal of Software Engineering and its Applications，10（1）：257–270.

VERGARA O D，ELZO M A，CERÓN–MUÑOZ M F，2009. Genetic parameters and genetic trends for age at first calving and calving interval in an Angus–Blanco Orejinegro–Zebu multibreed cattle population in Colombia [J]. Livestock Science，126（1）：318–322.